LA PLURALITÉ

DES

MONDES HABITÉS

TRADUCTIONS AUTORISÉES

ALLEMAGNE. — *Die Mehrheit bewohnter Welten* Astronomische, physiologische und naturphilosophische Studien über die Bewohnbarkeit der Himmelskörper. Deutsche, vom Verfasser autorisirte Ausgabe von Dr Adolph Drechsler. *Leipsig,* 1865.

ESPAGNE. — *La Pluralitad de Mundos habitados,* traducida por don José Moreno y Baylen. *Madrid,* 1866.

RUSSIE. — *Téoria obitaëmieh minov,* etc. *Pétersbourg,* 1866.

NORVÈGE ET DANEMARK. — *Beboede Verdener,* populaire astronomiske Betragtninger over Himmellegemernes Beboelighed. Oversat ester den Franske originals gde oplag of P. Mariager. Andet oplag. Kopenhague 1868.

Paris. — Imprimerie de Pillet fils aîné, 5, rue des Grands-Augustins.

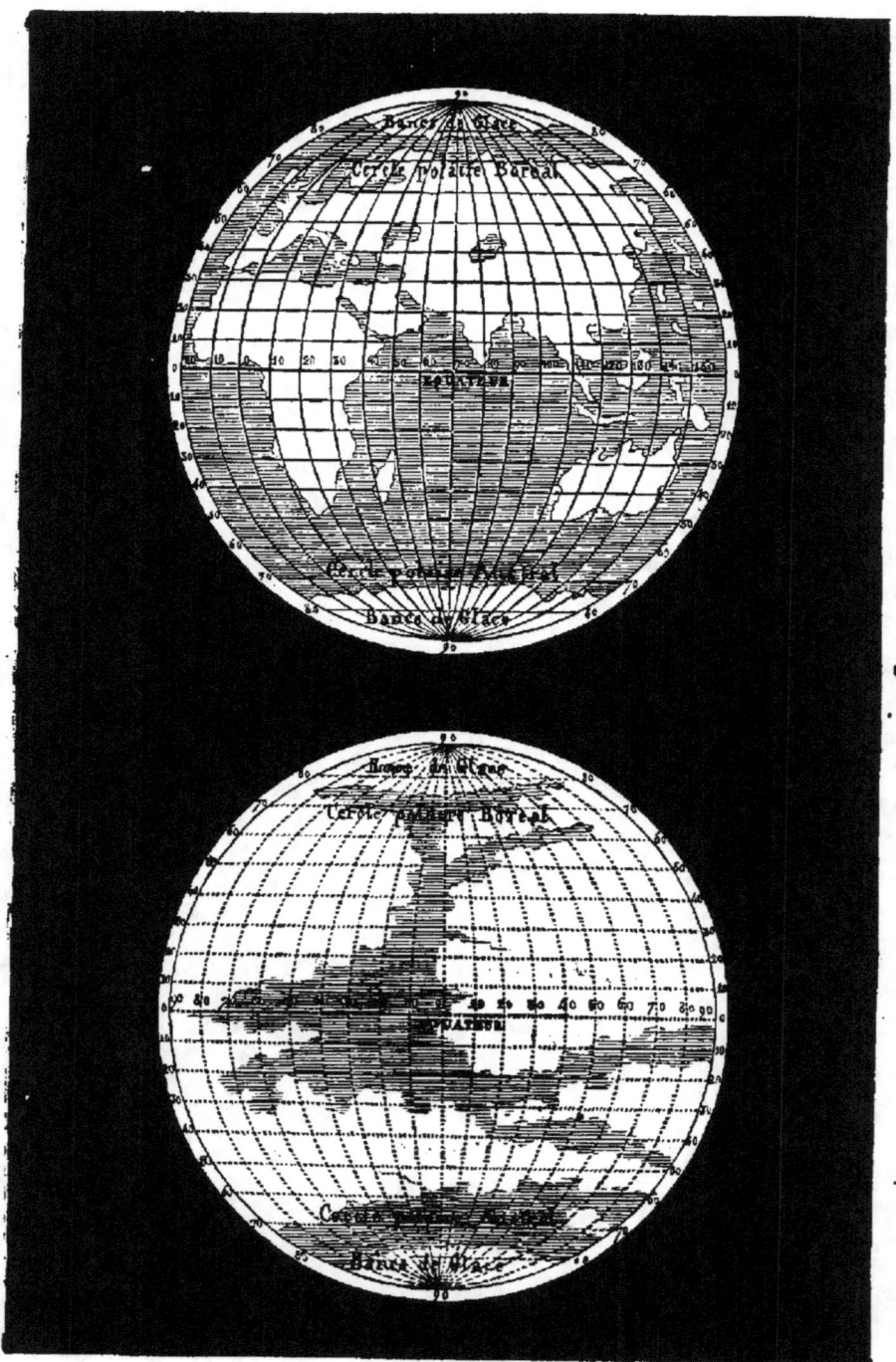

ASPECTS DE LA TERRE ET DE MARS

Grandeurs : Rayon de la Terre égale 1,592 lieues; Rayon de Mars égale 827 lieues.

LA PLURALITÉ
DES
MONDES HABITÉS

ÉTUDE

OU L'ON EXPOSE LES CONDITIONS D'HABITABILITÉ
DES TERRES CÉLESTES

DISCUTÉES AU POINT DE VUE DE L'ASTRONOMIE, DE LA PHYSIOLOGIE
ET DE LA PHILOSOPHIE NATURELLE

PAR
CAMILLE FLAMMARION

Ancien élève-astronome à l'Observatoire impérial de Paris, Professeur d'astronomie
à l'Association polytechnique, officier d'Académie, etc.

> ..... Au sein des ténèbres de l'espace
> Notre terre flotte, petite île,
> Dans le grand archipel des Mondes.

DOUZIÈME ÉDITION

PARIS

LIBRAIRIE ACADÉMIQUE
DIDIER ET Cie, LIBRAIRES-ÉDITEURS
35, QUAI DES AUGUSTINS, 35
GAUTHIER-VILLARS, Imp.-Lib. de l'Observatoire
55, QUAI DES AUGUSTINS, 55

1868

Réservé de tous droits.

DU MÊME AUTEUR :

DIEU DANS LA NATURE

Philosophie positive des sciences et réfutation non théologique du Matérialisme contemporain. Quatrième édition, 1 vol. in-12 avec le portrait de l'auteur. 4 »

LES MONDES IMAGINAIRES ET LES MONDES RÉELS

Voyage astronomique pittoresque dans le ciel, et revue critique des théories humaines, scientifiques et romanesques, anciennes et modernes, sur les habitants des astres. Septième édition, 1 vol. in-12 accompagné d'une planche. 3 50

LES MERVEILLES CÉLESTES

Lectures du soir, traité élémentaire d'astronomie à l'usage de la jeunesse et des gens du monde. Deuxième édition, illustrée de 46 gravures astronomiques et de deux planches, 1 vol. in-12. 2 »

ÉTUDES ET LECTURES SUR L'ASTRONOMIE

Ouvrage annuel, exposant, sous une forme accessible à tous, les dernières découvertes de l'astronomie mathématique et physique, les phénomènes astronomiques de chaque mois, etc.; accompagné d'une carte céleste représentant la marche et la position future des planètes pendant l'année. 1 vol. in-12. 2 50

AVERTISSEMENT

DE LA DIXIÈME ÉDITION FRANÇAISE

En voyant cet ouvrage parvenu en moins de cinq ans à une dixième réimpression dans notre pays et répandu au loin par des traductions étrangères, l'auteur ne peut s'empêcher d'unir ici sa voix aux sentiments bienveillants de la presse et d'avouer qu'il y a là un témoignage digne d'attention pour le philosophe. Si la question de l'existence d'une race intelligente sur les autres globes de l'espace, de l'universalité de la vie dans la création sidérale, de l'unité des lois physiques et morales dans le monde entier, a suscité la curiosité et touché le sentiment sympathique d'un si grand nombre, au milieu des préoccupations de la vie matérielle et malgré l'indifférence habituelle pour les problèmes de science pure, c'est que, d'un côté, cette question a son importance dans la théorie de la destinée humaine, et que, d'un autre côté, on a compris cette importance. Si nous consentions à les laisser publier, les lettres que nous avons reçues d'un grand nombre de lecteurs qui ont puisé dans notre doctrine une force féconde et le sentiment d'une grandeur nouvelle, montreraient quelle est déjà l'influence secrète de cette contemplation scientifique de la nature. Nous avons cru servir utilement notre époque en persévérant dans la même voie et en donnant successivement jour aux ouvrages qui représentent la continuité de nos efforts.

Nous sommes heureux que la publication de cette édition nouvelle coïncide avec celle de l'œuvre à laquelle nous nous adonnions depuis plusieurs années. Le livre de Dieu dans la Nature est, en effet, le développement de l'idée qui a dicté les précédents. Son but est tout entier dans ces mots : « la Religion par la Science. » Nous avons cherché à formuler dans ce travail une *philosophie positive des sciences* et à donner une *réfutation non théologique du matérialisme contemporain*. Puisse cette œuvre, fondée sur l'observation, suivre et montrer la voie sûre du spiritualisme rationnel, à égale distance de l'athéisme et de la superstition religieuse.

Mai 1867.

PRÉFACE

DE LA SECONDE ÉDITION

L'accueil très-favorable que l'on a fait à la première édition de ce livre a dépassé de loin nos espérances ; il témoigne de la haute opportunité des idées qu'il expose, de leur grande utilité et de leur influence sur la marche progressive de la philosophie. Cette bienveillance du public pour notre travail, loin de nous bercer et de nous endormir dans le frivole triomphe d'un succès passager, a été considérée par nous comme un engagement implicite dans l'œuvre que nous avons commencée.

L'époque est venue où l'homme peut dépouiller ce manteau de pourpre dont il s'était orgueilleusement vêtu jusqu'ici, où, examinant sa vraie condition et sa vraie grandeur, il sent le ridicule de ses idées d'autrefois et ne considère plus sa petite personnalité comme le but de l'œuvre divine. La philosophie a fait un grand pas. Elle dormait naguère dans un calme trompeur, suite d'une période agitée ; la tempête est venue, qui la secoua jusqu'en ses couches profondes ; aujourd'hui l'homme, debout, se regarde et songe, il cherche enfin l'explication de l'énigme du monde, il examine quel rang il occupe dans l'ordre des êtres, quelle est sa relation dans la solidarité universelle, quelle est sa destinée dans le plan général ; — il cherche la raison des choses. Devant la grandeur du résultat à atteindre, qui ne serait comblé de joie de pouvoir offrir un élément de plus, — serait-il infinitésimal, — au progrès de notre famille humaine bien-aimée ?

Notre première édition n'était guère que le germe de l'ouvrage que nous publions aujourd'hui ; elle a été entièrement refondue. Nous nous sommes livré à une étude nouvelle et approfondie de la question envisagée sous toutes ses faces, à l'examen des documents qui peuvent servir à son histoire et à l'établissement des grands principes sur lesquels notre doctrine philosophique est fondée. Nous avons fait nos efforts pour présenter ici un livre digne des philosophes et des penseurs, et qui puisse en même temps être lu par les gens du monde qui s'intéressent à ces sortes de sujets tout à la fois curieux et pleins d'importance.

Nos remercîments sincères à tous ceux qui, pénétrés comme nous de la grandeur de la question, ont bien voulu seconder nos efforts par leurs recherches, nous instruire par leurs savants conseils, et nous éclairer par leurs critiques et les discussions qu'ils ont engagées. Qu'il nous soit permis de citer un nom cher à la philosophie, et de laisser tomber ici nos regrets profonds sur la tombe récemment fermée de notre maître et ami, M. Jean Reynaud, qui travailla vaillamment pour l'édifice de l'avenir. Tous ceux qui l'ont connu savent qu'il était une des plus belles âmes de notre époque si tourmentée, qu'il en était l'un des plus profonds esprits et l'un des plus grands cœurs.

Paris, mai 1864.

Novembre 1864.

Au moment de mettre au jour cette *quatrième édition*, nous voulons remercier les philosophes et le public de la sympathie qu'ils ont continué de témoigner à notre œuvre ; nous avons fait nos efforts pour mériter de plus en plus une telle approbation. Notre désir est de maintenir sans cesse ce livre à la hauteur de la science, afin qu'il reste digne de l'estime dont on l'honore et qu'il garde le même rang dans l'esprit de ceux qui ont partagé nos convictions; c'est aussi en gardant la même intégrité d'esprit et le même caractère d'argumentation, que nous espérons élargir sans cesse, du moins dans le domaine de nos études favorites, l'utilité philosophique de l'enseignement des sciences.

LA PLURALITÉ

DES

MONDES HABITÉS

INTRODUCTION

Il suffit d'observer avec attention l'état actuel des esprits pour s'apercevoir que l'homme a perdu sa foi et sa sécurité des anciens jours, que notre temps est une époque de luttes, et que l'humanité inquiète est dans l'attente d'une philosophie religieuse en laquelle elle puisse mettre ses espérances. Il fut un temps où l'humanité pensante était satisfaite par des croyances qui comblaient ses aspirations ; aujourd'hui il n'en est plus ainsi : les vents critiques qui viennent de souffler ont desséché ses lèvres, ils l'ont sevré des sources vives de la foi, où elle trempait de temps en temps ces lèvres ardentes, où elle se régénérait aux jours de défaillance. On lui a pris successivement tout ce qui faisait sa force et son soutien ; que lui a-t-on donné en place ? le vide, hélas ! le vide sombre, insondable, où se meuvent dans l'ombre ces êtres sans forme qu'enfanta le doute — le vide de l'abîme, où la raison elle-même perd sa force vantée, où elle se sent prise de vertige et tombe, évanouie, dans les bras du Scepticisme.

OEuvre de destruction! Il y a cette année un siècle, que faisiez-vous, philosophes modernes! Rousseau, écrivant l'*Émile*, écoutait les premiers craquements de la révolution prochaine; d'Alembert rayait le mot *croyance* du dictionnaire; Diderot parodiait la société avec son ami le *Neveu de Rameau;* Voltaire (pardonnez-nous l'expression) tapait sur l'épaule de Jésus en lui donnant son congé; les abbés-cardinaux rimaient pour leurs maîtresses des madrigaux fleuris; le roi s'occupait de broderies d'alcôve... Voilà ceux qui menaient le monde. Après nous le déluge, disaient-ils. Il vint, en effet, ce déluge de sang qui engloutit le monde de nos pères; mais nous n'avons point encore vu dans le ciel la colombe rapportant dans son bec le rameau vert d'un monde renaissant.

Le passé est mort; la philosophie de l'avenir n'est pas née : elle est encore enveloppée dans les troubles laborieux de l'enfantement. L'âme du monde moderne est divisée et en contradiction perpétuelle avec elle-même. Réflexion grave, la science, cette divinité puissante du jour, qui tient en main les rênes du progrès, la science n'a jamais été aussi peu philosophique, aussi isolée qu'aujourd'hui. Nous avons, ici présents, à la tête des sciences, des hommes qui ne croient pas en Dieu et qui éliminent par système la première des vérités. Nous en avons d'autres, dont l'autorité n'est pas moindre, qui ne croient pas à l'âme et qui ne connaissent rien en dehors du travail des combinaisons chimiques. Voici une pléiade qui proclame ouvertement la question de l'immortalité une question puérile, bonne tout au plus au loisir des gens inoccupés. En voici une autre qui ne voit dans tout l'univers que deux éléments : la force et la matière; les principes universels du vrai et du bien sont lettres closes pour elle. Celui-ci représente nos individualités humaines comme autant de petites molécules nerveuses de l'être-humanité; celui-là nous parle d'une immortalité facultative. Pendant ce temps-là, nous avons des docteurs catholiques qui restent isolés dans leur *statu quo* d'il y a cinq siècles, qui répudient dédaigneusement la science, et qui nous assurent sérieusement que la foi chrétienne n'a rien à craindre !

Que devait-il résulter de ces mouvements divers qui s'agitent en tous sens sous la société, et qui depuis un demi-siècle remuent le monde comme une fluctuation tourmentée? Le résultat devait être celui que nous avons sous les yeux : chacun flotte sur le doute aujourd'hui, attendant le calme qui ne vient pas encore; chacun cherche s'il y a quelques rocs inébranlables, quelques points d'appui solides auxquels il puisse confier sa barque fatiguée.

Aussi, depuis quelques années surtout, remarque-t-on un mouvement philosophique sur la nature duquel personne ne se méprendra. Quelques têtes d'élite, courbées et fatiguées par ce philosophisme négateur, se sont relevées, pleines des aspirations latentes qui restaient ensevelies, et le culte de l'Idée compte de nouveaux et fervents adorateurs. Les agitations politiques, les éventualités financières et l'indifférence de la plupart des hommes pour les questions qui sont en dehors de la vie matérielle, n'ont pas assoupi l'esprit humain au point de l'empêcher de songer encore de temps en temps à sa raison d'être et à sa destinée; des soldats de la pensée se réveillent de toutes parts à l'appel de quelques paroles tombées de bouches éloquentes, et se rallient en groupes divers sous l'étendard de l'Idée moderne.

C'est que l'homme, progressif de sa nature, ne veut point rester stationnaire, encore moins descendre. C'est que le progrès auquel le portent ses tendances intimes n'est point une idéalité perdue dans un monde métaphysique inaccessible aux investigations humaines, mais bien une étoile rayonnante attirant à son foyer central toutes les pensées anxieuses du vrai et altérées de science.

C'est que l'humanité n'a pas encore atteint l'ère lumineuse à laquelle elle aspire, qu'il faut des siècles de préparation lente et de pénibles labeurs pour arriver à la connaissance du vrai, qu'il n'est pas de jour sans aurore, et que si l'époque présente resplendit sur celles qui l'ont précédée, par les grandes découvertes qui la caractérisent, c'est qu'effectivement elle nous annonce le jour.

Salut à cette rénovation de l'esprit! Que tous nos efforts, que toutes nos veilles lui appartiennent. Puisse-t-elle n'être plus seulement une oscillation inévitable du mouvement intellectuel, et signaler enfin l'avénement de l'homme dans la voie réelle du progrès. Puisse la Philosophie n'être plus reléguée dans un cercle de sectes et de systèmes, et s'unir enfin à la Science, sa sœur : c'est de leur union féconde que l'humanité attend sa foi nouvelle et sa grandeur future.

Peut-être, en lisant ces lignes, se demandera-t-on quel rapport existe entre la Pluralité des Mondes et la philosophie religieuse; peut-être sera-t-on surpris de nous voir entrer en matière avec autant de gravité dans un sujet dont nous aurions pu présenter avant tout le côté pittoresque et curieux.

Et, en effet, il semble qu'il importe fort peu à la philosophie que Jupiter soit enrichi d'une nature luxuriante et peuplé d'êtres raisonnables, et que toutes ces étoiles qui scintillent sur nos têtes durant la nuit profonde soient le centre d'autant de familles planétaires.

Ceux qui pensent de la sorte — et nous savons qu'ils forment la majorité, pour ne pas dire la totalité des lecteurs — devront se résoudre à changer d'opinion, et à croire que la Pluralité des Mondes est une doctrine à la fois scientifique, philosophique et religieuse, de la plus haute importance.

C'est pour démontrer cette vérité que ce livre est écrit. C'est en même temps, s'il est possible, pour la rendre féconde.

Pour juger sainement, il faut considérer le tout, et non la partie. Déjà l'on a remarqué que les idées reçues sur l'homme et sur ses destinées sont empreintes d'une partialité terrestre par trop exclusive. Déjà d'admirables pages ont été écrites sous l'impression d'une universalité d'humanités dont nous ne nous rendons pas compte, et qui néanmoins nous entoure de toutes parts dans la vaste étendue? Les psychologues se sont demandé si notre âme ne pourrait aller un jour habiter d'autres mondes, et si alors la vie éternelle, se dépouillant du terrible aspect sous lequel on l'a jusqu'ici représentée, pouvait et conséquemment devait être reçue dès maintenant parmi leurs sujets d'étude; les naturalistes ont cherché à débrouiller l'énigme de la création et le mystère des causes finales, en s'élevant à ces astres lointains, qui semblent d'autres terres données comme la nôtre en apanage à des nations humaines; les curieux — et qui ne l'est pas? — ont interrogé l'horizon, cherchant à deviner quelles races possibles d'êtres peuvent avoir planté leurs tentes là-haut; chacun pourtant doutait toujours de la réalité de l'existence sur ces mondes et retombait bientôt dans l'abîme ténébreux des simples conjectures.

La certitude philosophique de la Pluralité des Mondes n'existe pas encore, parce qu'on n'a pas établi cette vérité sur l'examen des faits astronomiques qui la démontrent; et l'on a vu, ces derniers temps encore, des écrivains en renom hausser impunément les épaules en entendant parler des terres du ciel, sans que l'on ait pu leur répondre par des faits et les clouer au pied de leurs ineptes raisonnements.

Quoique cette question paraisse aux uns d'une haute portée philosophique, mais entourée de mystères impénétrables, quoiqu'elle ne soit pour d'autres qu'une fantaisie de curiosité attenante à la recherche vaine du grand inconnu, nous l'avons toujours regardée comme l'une des questions fondamentales de la philosophie, et du jour où, pressé par la conviction profonde qui était en nous antérieurement à toute étude scientifique, nous avons voulu l'approfondir, la discuter, et essayer d'en faire une démonstration extérieure, nous avons vu que, loin d'être inaccessible aux recherches de l'esprit humain, elle brillait devant lui dans une clarté limpide. Bientôt même il devint évident pour nous que cette doctrine était la consécration immédiate de la science astronomique; qu'elle était la philosophie de l'univers, que la vie et la vérité resplendissaient en elle, et que la grandeur de la création et la majesté de son Auteur n'éclataient nulle part avec autant de lumière que dans cette large interprétation de l'œuvre de la nature. Aussi, reconnaissant en elle un des éléments du progrès intellectuel de l'humanité, nous avons appliqué nos soins à son étude, et nous nous sommes proposé de l'établir sur des arguments solides, contre lesquels les défiances du doute ou les armes de la négation ne puissent prévaloir.

Nous avons pensé que, dans une étude objective du

genre de celle-ci, nous devions nous laisser conduire par l'esprit de la méthode expérimentale, en nous fondant sur l'observation, et nous nous sommes mis à l'œuvre. Tout le monde travaille au grand édifice ; le plan de l'architecte une fois reconnu, c'est à la multiplicité aussi bien qu'à la vigueur des ouvriers que l'on en doit l'avancement et la construction. C'est ce qui fait que nous nous sommes permis, nous parfaitement inconnu dans ce monde des penseurs, d'apporter aussi la modeste pierre qu'il nous a été donné de ramasser sur notre chemin ; non point que nous nous croyions le moins du monde nécessaire parmi les travailleurs, mais seulement parce que notre carrière nous ayant attaché à l'étude pratique de l'astronomie, tant à l'Observatoire qu'au Bureau des Longitudes, nous avons pu donner une base solide à la doctrine de la Pluralité des Mondes, si longtemps reléguée dans le domaine des questions métaphysiques et conjecturales.

Ajoutons maintenant, pour justifier tout de suite à vos yeux, lecteur, la raison d'être de notre publication, qu'indépendamment de l'actualité qui s'y rattache par les travaux récents de la pensée humaine, ce chapitre de la philosophie naturelle est le côté vivant, si l'on peut s'exprimer ainsi, de la science astronomique, laquelle, malgré ses magnifiques découvertes, serait d'une utilité moindre pour l'avancement de l'esprit humain, si l'on ne savait l'envisager sous son point de vue philosophique, et que sous ce rapport elle doit concourir, comme les autres branches de la Science, *à nous apprendre ce que nous sommes*. Le spectacle de l'univers extérieur est, en effet, la grande unité avec laquelle nous devons nous mettre en rapport pour connaître le véritable rang que nous occupons dans la nature, et sans cette sorte d'étude comparative, nous vivons à la surface d'un monde inconnu, sans même savoir où nous sommes ni qui nous sommes, relativement à l'ensemble des choses créées. Oui, l'astronomie doit être désormais la boussole de la philosophie ; elle doit marcher devant elle comme un fanal illuminateur, éclairant les voies du monde. Assez longtemps l'homme est resté isolé dans sa vallée, ignorant de son passé, de son avenir, de sa destinée; assez longtemps il fut endormi dans une vague illusion sur son état réel, dans un jugement faux et insensé sur la création immense. Qu'il se réveille aujourd'hui de sa torpeur séculaire, qu'il contemple l'œuvre de Dieu et en reconnaisse la splendeur, qu'il prête l'oreille à l'enseignement de la nature, et que son isolement imaginaire s'efface pour lui laisser voir dans l'étendue des cieux les humanités qui voguent et se succèdent dans les lointains espaces !

Nous établirons ici notre doctrine sur des arguments de plusieurs genres, ce qui divisera l'ouvrage en plusieurs points fondamentaux. Dans une première étude, nos considérations seront ouvertes par l'exposé historique de la doctrine, d'où il ressortira que les hommes éminents de tous les temps, de tous les pays et de toutes les croyances, furent partisans de la Pluralité des Mondes; nous espérons que cet état de choses fera pencher la balance en faveur de notre thèse. Dans les études suivantes, l'astronomie et la physiologie viendront, chacune en ce qui la concerne, établir que les autres mondes planétaires sont habitables comme la Terre, et que celle-ci n'a aucune prééminence marquée sur eux. Le spectacle de l'univers nous fera connaître ensuite que le monde que nous habitons n'est qu'un atome dans l'importance relative des innombrables créations de l'espace ; — nous saurons (pour prendre un exemple autour de nous) que la fourmi dans nos campagnes aurait infiniment plus de fondement de croire sa fourmilière le seul endroit habité du globe, que nous de regarder l'espace infini comme un immense désert dont notre terre serait la seule oasis, dont l'homme terrestre serait l'unique et éternel contemplateur. — La philosophie morale viendra en dernier lieu animer de son souffle de vie ces raisonnements fondés sur l'enseignement des sciences, et montrer quels rapports relient notre humanité aux humanités de l'espace. Elle fondera ce que nous croyons pouvoir appeler la *Religion par la science*.

C'est là le programme, trop vaste peut-être, qui s'est tracé lui-même devant nous quand nous nous sommes laissé dominer par nos études de prédilection. Puissions-nous l'avoir compris et traité d'une manière digne d'un sujet aussi grand et aussi magnifique, et puissions-nous servir en quelque chose à ceux qui, comme nous, cherchent la connaissance du vrai dans l'étude de la nature!

Septembre 1862.

LIVRE PREMIER

ÉTUDE HISTORIQUE

> Necesse est confiteare
> Esse alios aliis Terrarum in partibus orbes
> Et varias Hominum gentes et sæcla terrarum
> LUCRETIUS.

LIVRE PREMIER

ÉTUDE HISTORIQUE

I

DE L'ANTIQUITÉ JUSQU'AU MOYEN AGE

L'histoire de la pluralité des mondes commence avec l'histoire de l'intelligence humaine. — Qui le premier s'éleva à cette croyance ? — Les Aryas. — Les Celtes-Gaulois et les Druides. — Opinions de l'antiquité historique. — Egyptiens. — Sectes grecques. — La Lune, suivant Orphée. — Ecole ionique ; Anaxagore. — Les pythagoriciens ; harmonie du monde. — Xénophane et les Eléates. — Les cent quatre-vingt-trois mondes de Pétron d'Himère. — Les platoniciens. — L'école d'Epicure ; Lucrèce. — Premiers siècles du christianisme.

« Tout cet univers visible, disait Lucrèce il y a deux mille ans, n'est pas unique dans la nature, et nous devons croire qu'il y a, dans d'autres régions de l'espace, d'autres terres, d'autres êtres et d'autres hommes. » En ouvrant par ces judicieuses paroles de l'ancien poëte de la nature des considérations qui ne doivent avoir pour base que les données positives de la science moderne, nous avons moins l'intention de nous appuyer sur le témoignage de l'antiquité pour établir notre doctrine, que de résumer en une même épigraphe l'assentiment de la plupart des philosophes à cet égard. Toutefois, avant de démontrer par l'enseignement de l'astronomie l'habitabilité réelle et manifeste des mondes planétaires, nous pensons qu'il ne sera pas inutile de tracer en quelques pages l'histoire de la pluralité des mondes, et de montrer par là que les héros du savoir et de la philosophie se sont rangés avec enthousiasme sous le drapeau que nous allons défendre. — Un savant écrivain a dit, précisément sur le sujet qui nous occupe, que ce n'est pas une grande recommandation pour une théorie quelconque, que d'avoir son origine dans l'antiquité, parce que l'opinion contraire pourrait prétendre au même avantage. Nous ne partageons pas cet avis; car s'il est vrai, comme on le verra, que notre doctrine ait été enseignée par la presque totalité des plus grands philosophes connus, il est peu probable que ces mêmes philosophes, ne sachant ce qu'ils disaient, aient avancé le pour et le contre des idées que leurs historiens ont transmises à la postérité. — Nous avons donc tout lieu d'espérer qu'en reconnaissant que, loin de ne compter que de rares champions clair-semés dans les âges, cette cause eut pour défenseurs des génies éminents dans l'histoire des sciences, on saura qu'une telle doctrine n'est point due à l'esprit de système ni à des opinions éphémères de sectes et de partis, mais qu'elle est innée dans l'âme humaine, et que, dans tous les âges et chez tous les peuples, l'étude de la nature l'a développée dans l'esprit des hommes. On pourra alors, sans craindre de perdre son temps à une occupation puérile, indigne des travaux de la pensée, s'adonner à ces études grandioses qui montreront l'homme relativement à la nature entière, et qui feront connaître le véritable rang qu'il occupe dans l'ordre des choses créées. C'est là le but éminent de nos considérations sur la pluralité des mondes.

Pour connaître l'origine de cette admirable doctrine, et pour savoir à quel mortel nous sommes redevables de cette merveilleuse conception de l'intelligence humaine, il nous suffira de nous reporter par la pensée à ces nuits splendides où l'âme, seule avec la nature, médite, pensive et silencieuse, sous le dôme immense du ciel étoilé. Là, mille astres perdus dans les régions lointaines de l'étendue versent sur la Terre une douce clarté qui nous montre le véritable lieu que nous occupons dans l'univers; là, l'idée mystérieuse de l'infini qui nous entoure nous isole de toute agitation terrestre, et nous emporte à notre insu dans ces vastes contrées inaccessibles à la faiblesse de nos sens. Absorbés dans une vague rêverie, nous contemplons ces perles scintillantes qui tremblent dans le mélancolique azur, nous suivons ces étoiles passagères qui sillonnent de temps en temps les plaines éthérées, et, nous éloignant avec elles dans l'immensité, nous errons de monde en monde dans l'infini des cieux. Mais l'admiration qu'excitait en nous la scène la plus émouvante du spectacle de la nature se transforme bientôt en un sentiment de tristesse indéfinissable, parce que nous nous croyons étrangers à ces mondes où règne une solitude apparente, et qui ne peuvent faire naître l'impression immédiate par laquelle la vie nous rattache à la Terre. Ils éveillent une pensée d'infini qui est une source de mélancolie en même temps qu'une source de pures jouissances; ils planent là-haut comme des séjours qui attendent en silence et roulent loin de nous le cycle de leur vie inconnue; ils attirent nos pensées comme un abîme, mais il gardent le mot de leur énigme indéchiffrable. Contemplateurs obscurs d'un univers si grand et si mystérieux, nous sentons en nous le besoin de peupler ces globes en apparence oubliés par la Vie, et sur ces plages éternellement désertes et silencieuses nous cherchons des regards qui répondent aux nôtres. Tel un hardi navigateur explora longtemps en rêve les déserts de l'Océan, cherchant la terre qui lui était révélée, perçant de ses regards d'aigle les plus vastes distances et franchissant audacieusement les limites du monde connu, pour aborder enfin aux plaines immenses où le Nouveau Monde était assis depuis des périodes séculaires. Son rêve se réalisa. Que le nôtre se dégage du mystère qui l'enveloppe encore, et, sur le vaisseau de la pensée, nous monterons aux cieux y chercher d'autres terres.

Cette croyance intime qui nous montre dans l'univers un vaste empire où la vie se développe sous les formes les plus variées, où des milliers de nations vivent simultanément dans l'étendue des cieux, paraît être contemporaine à l'établissement de l'intelligence humaine sur la Terre. Elle est due au premier songeur qui, s'adonnant avec la bonne foi d'une âme simple et studieuse à la douce contemplation des cieux, mérita de comprendre cet éloquent spectacle. Tous les peuples, et nommément les Indiens, les Chinois et les Arabes, ont conservé jusqu'à nos jours des traditions théogoniques où l'on reconnaît, parmi les dogmes anciens, celui de la pluralité des habitations humaines dans les mondes qui rayonnent au-dessus de nos têtes; et en remontant aux premières pages des annales historiques de l'humanité, on retrouve cette même idée, soit religieuse pour la transmigration des âmes et leur état futur, soit astronomique simplement pour l'habitabilité des astres[1].

Les livres les plus anciens que nous possédions, les *Védas*, genèse antique des Hindous, professent la doctrine de la pluralité des séjours de l'âme humaine dans les astres, succédant à l'incarnation terrestre; selon les propres expressions de ces discours que l'écho séculaire des temps nous a si difficilement conservés, l'âme va dans le monde auquel appartiennent ses œuvres. Le Soleil, la Lune et des astres inconnus sont préparés pour l'habitation et ont donné le jour à des formes vivantes incomprises[2]. Le Code de *Manou*, les livres *Zends*, les dogmes de Zoroastre, envisagent l'univers sous le même point de vue[3]. Mais il est difficile, dans ces philosophies anciennes, de faire la part de la physique et de la métaphysique, et nous ne devons les mentionner ici que pour mémoire.

Les Celtes-Gaulois nos ancêtres, et en particulier les Éduens, que certains archéologues de notre race, trop patriotes peut-être, ont considérés comme le peuple primitif du globe (habitants de l'Éden), célébraient dans les invocations des druides à Teutatès et dans les chants des bardes à Bélénos, l'infini de l'espace, l'éternité de la durée, l'habitation de la Lune et d'autres régions inconnues, et la migration des âmes dans le Soleil et de là dans les demeures du Ciel. Les druides, qui connaissaient la diminution de l'obliquité de l'écliptique, la longueur de l'année, longtemps avant les Égyptiens, dont les connais-

---

[1] Voy. Obry, *Du Nirvana indien*, Ire part.; Barth. Saint-Hilaire, *Mémoire sur les Védas*, Ire part.; Colebrooke, *Miscellaneous Essays*.

[2] Voy. Lanjuinais, *la Religion des Hindous selon les Védas*.

[3] *Vendidad zade*, Fargard, 19; *Histoires* d'Hérodote, etc.

sances astronomiques pourraient bien avoir pour origine l'émigration des colonies celtiques; les druides, qui édifièrent au culte de l'astronomie les édifices symboliques dont nous retrouvons aujourd'hui les derniers vestiges dans les plaines de Carnac; les druides, disons-nous, étaient plus avancés dans les sciences physiques et naturelles qu'on ne le croit généralement [1]. Il ne serait pas téméraire d'attribuer à la Gaule une partie des idées saines enseignées par Pythagore sur le système du monde; l'étude de la cosmogonie des druides montre du moins chez eux des conceptions en harmonie avec celles dont ce sage se fit plus tard le digne interprète. Les pâles vestiges qui nous restent de ces civilisations disparues soulèvent nos regrets profonds. Il est malheureux, et c'est une grande perte pour notre histoire de France, qu'un des points fondamentaux de la constitution celtique ait été, comme le rapporte Jules César, de n'écrire aucun de leurs travaux, aucun de leurs faits nationaux, ni aucune de leurs croyances. Sur notre doctrine en particulier, nous ne saurions discerner leurs idées religieuses de leurs idées astronomiques; il en est de même des autres peuples dont l'histoire n'est pas descendue jusqu'à notre âge sans être profondément altérée.

Or, pour nous en tenir à la doctrine de la pluralité des mondes, que nous avons seule à considérer ici, et à l'antiquité historique et classique, qui est la seule que nous puissions étudier avec quelque fondement de certitude, nous remarquerons d'abord que l'Égypte, berceau de la philosophie asiatique, avait enseigné à ses sages cette an-

---

[1] Voy. Henri Martin, *Histoire de France*, t. Ier; Jean Reynaud, *l'Esprit de la Gaule*; Bouchet de Cluny, *Druides et Celtes*; Alfred Dumesnil, *l'Immortalité*.

cienne doctrine. Peut-être les Égyptiens ne l'étendaient-ils alors qu'aux sept planètes principales et à la Lune, qu'ils appelaient une terre éthérée; quoi qu'il en soit, il est notoire qu'ils professaient hautement cette croyance[1].

La plupart des sectes grecques l'enseignèrent, soit ouvertement à tous les disciples indistinctement, soit en secret aux initiés de la philosophie. Si les poésies attribuées à Orphée sont bien de lui, on peut le compter pour le premier qui ait enseigné la pluralité des mondes. Elle est implicitement renfermée dans les vers orphiques, où il est dit que chaque étoile est un monde, et notamment dans ces paroles conservées par Proclus[2] : « Dieu bâtit une terre immense que les immortels appellent Séléné, et que les hommes appellent Lune, dans laquelle s'élèvent un grand nombre d'habitations, de montagnes et de cités. »

Les philosophes de la plus ancienne secte grecque, de la secte ionienne, dont l'instituteur Thalès croyait les étoiles formées de la même substance que la Terre, perpétuèrent dans son sein les idées de la tradition égyptienne importées en Grèce. Anaximandre et Anaximène, successeurs immédiats du chef de l'école, enseignèrent la pluralité des mondes, doctrine qui fut plus tard répandue par Empédocle, Aristarque, Leucippe et autres. Anaximandre soutenait, comme le firent plus tard Épicure, Origène et Descartes, que de temps en temps les mondes étaient détruits et se reproduisaient par de nouvelles combinaisons des mêmes éléments. Phérécyde de Syros, Diogène d'Apollonie et Archélaüs de Milet[3] se rangè-

---

[1] Bailly, *Histoire de l'Astronomie ancienne*. Voy. aussi Lepsius, *Das Todtenbuch der Ægypter*; Bunsen, *Ægyptens Stelle in der Weltgeschichte*; Brugsch, *le Livre des Migrations*.

[2] *Commentaires sur le Timée.*

[3] Stobeus, *Eclogæ Philosophorum*.

rent comme les précédents au nombre des adeptes de notre doctrine; ils pensaient d'ailleurs qu'une Force intelligente, immatérielle, présidait à la composition et à l'arrangement des corps célestes. « Même dès ces temps anciens, disait notre infortuné Bailly[1], l'opinion de la pluralité des mondes fut adoptée par tous ceux des philosophes qui eurent assez de génie pour comprendre combien elle est grande et digne de l'Auteur de la nature. » Anaxagore enseigna l'habitabilité de la Lune comme article de croyance philosophique, avançant qu'elle renfermait, comme notre globe, des eaux, des montagnes et des vallées[2]. Partisan fameux du mouvement de la Terre, il est à remarquer que son opinion suscita autour de lui des envieux et des fanatiques, et que, pour avoir avancé que le Soleil était plus grand que le Péloponèse, il fut persécuté et faillit être mis à mort; préludant ainsi à la condamnation de Galilée, comme si réellement la Vérité devait rester dans tous les temps fatalement voilée aux regards des enfants de la Terre.

Le premier des Grecs qui porta le nom de philosophe, Pythagore, enseignait en public l'immobilité de la Terre et le mouvement des astres autour d'elle, tandis qu'il déclarait à ses adeptes privilégiés sa croyance au mouvement de la Terre comme planète et à la pluralité des mondes. L'illustre auteur de la *Lyre céleste* avait établi que toutes choses dans le monde sont ordonnées suivant les lois qui règlent la musique, préludant ainsi à l'*Harmonice Mundi* de Kepler, aux lois empiriques et aux puissances sérielles de la mathématique. Son grand tort est d'avoir considéré la musique conventionnelle étudiée

---

[1] *Histoire de l'Astronomie ancienne*, p. 200.
[2] Plutarchus, *De Placitis Philosophorum*, lib. II, cap. xxv.

ici-bas, en Grèce et ailleurs, comme la représentation de l'harmonie absolue. Les combinaisons de son heptacorde supposent aux planètes des éléments tout à fait arbitraires, notamment en ce qui concerne leur succession diatonique. Plusieurs de ses déterminations se trouvent vraies cependant : telle est la révolution de Saturne, égale à trente fois celle de la Terre; tel est aussi le mouvement biennal de Mars. Les biographes du mystérieux philosophe de Crotone, qui se souvenait d'avoir été fils de Mercure; puis Euphorbe, du siége de Troie; puis Hermotime; puis Pyrrhus, pêcheur de Délos, ne disent pas si sa doctrine de la métempsycose s'appliquait à la pluralité des séjours humains dans les cieux; cependant l'étude des *Mystères* tend à établir qu'ils enseignaient aux initiés le vrai système et la pluralité des mondes. Après Pythagore, Hipponax de Rhégium, Démocrite, Héraclite et Métrodore de Chio, les plus illustres de ses disciples, propagèrent du haut de la chaire l'opinion de leur maître, qui devint celle de tous les pythagoriciens et de la plupart des philosophes grecs [1]. Ocellus de Lucanie, Timée de Locres et Archytas de Tarente partagèrent la même croyance. Philolaüs et Nicétas de Syracuse, qui enseignaient à l'école pythagorique le système du monde retrouvé vingt siècles plus tard par Copernic dans le livre VII des *Questions naturelles* de Sénèque, défendirent éloquemment notre croyance [2], et leur successeur Héraclide la développa jusqu'à avancer que chaque étoile est un petit univers ayant comme le nôtre une terre, une atmosphère, et une immense étendue de substance éthérée.

Le fondateur de l'école d'Élée, Xénophane, enseigna

---

[1] Fabricius, *Bibliotheca græca*, t. I, cap. xx.
[2] Achilles Tatius, *Isagoge ad Arati Phœnomena*, cap.

la pluralité des mondes et notamment l'habitabilité de la Lune [1]. Ce philosophe est l'un des plus illustres de son siècle; on ne saurait trop le louer de ses efforts contre ceux qui avilirent la majesté divine par des raisonnements où l'anthropomorphisme avait la plus grande part. « L'anthropomorphisme est un penchant naturel, à ce point que si les bœufs voulaient se créer un Dieu, ils le concevraient sous la forme d'un bœuf, et les lions sous la forme d'un lion, de même que les Éthiopiens qui imaginent des divinités noires et les Thraces qui leur donnent une rude et sauvage physionomie [2]. » Xénophane répudia ces analogies dégradantes et indignes de la conception de l'Être suprême. Parménide et Zénon d'Élée vinrent après Xénophane, et comme lui reconnurent l'intervention d'un Esprit supérieur dans les œuvres de la nature et se rangèrent du côté de la croyance en la pluralité des mondes [3].

Vers la même époque, où l'école italique et l'école d'Élée s'étaient assises sur les débris de l'école ionique à peu près éteinte, Pétron d'Himère, en Sicile, écrivait un livre dans lequel il soutenait l'existence de cent quatre-vingt-trois mondes habités. S'il faut en croire Plutarque, cette opinion avait depuis des siècles passé jusqu'à la mer des Indes; un homme miraculeux l'y enseignait. C'était un vénérable vieillard qui avait passé toute sa vie dans la contemplation et dans l'étude de l'univers, et qui, disait-il, après avoir demeuré dans la compagnie des nymphes et des génies, se trouvait enfin un seul jour de l'année sur les bords de la mer Érythrée, où les princes

---

[1] Diogenes Laertius, *in Vitâ Xenophanis*; Cicero, *Acad. Quæst.*, lib. II.

[2] Voy. le savant ouvrage de M. Nourrisson sur les progrès de la pensée humaine.

[3] Diogenes Laertius, *in Vitâ Zenonis Eleatii.*

et les secrétaires des rois le venaient écouter et consulter[1]. Cléombrote, un des interlocuteurs du traité de La Cessation des Oracles, raconte que l'on chercha longtemps et à grands frais ce philosophe barbare, et que c'est de lui que l'on apprit qu'il y avait, non un seul monde, ni une infinité, mais 183[2]. Ce nombre, qui paraît vide de sens au premier abord, vient de ce que ce philosophe regardait l'univers comme un triangle dont les côtés auraient été formés par soixante mondes, et dont chaque angle aurait été marqué aussi par un monde. L'aire du triangle était le foyer commun de toutes choses et la demeure de la Vérité.

Pour en revenir à l'antiquité historique, et avant d'arriver au siècle où domina l'école d'Épicure, nous mentionnerons pour cause le nom de Séleucus, et nous ajouterons que la doctrine ésotérique de Platon fut l'avant-courrière de la nôtre. Mais la croyance de l'illustre disciple de Socrate est un peu mystique, il place les terres du ciel au delà de l'univers visible, il ne se fonde point sur la vraie physique du monde, et même il a passé longtemps pour avoir restauré le système de l'immobilité de la Terre. Riccioli lui impute gravement cette faute ; mais cette accusation ne paraît pas fondée, car on trouve dans le siècle même de Socrate des philosophes en trop grand nombre, qui croyaient à l'immobilité de la Terre. Il n'en est pas moins vrai qu'une telle autorité entraîna dans l'erreur les derniers partisans du cyrénaïsme et de l'éléatisme, et qu'elle mit dans une fausse voie ceux du plato-

---

[1] Voy. Bonamy, *Mémoire adressé à l'Académie des Inscriptions et Belles-Lettres*, édit. in-12, des Mémoires, t. XIII, 1741.

[2] Hist. rapp. par Plutarque, *OEuvres morales : De Oraculorum Defectu*; Barthélemy, *Voyage du jeune Anacharsis en Grèce*, ch. XXX; Ramée, *Théologie cosmogonique*, ch. I, etc.

nisme et plus tard ceux du péripatétisme, sectes illustres qui comptèrent dans leur sein des noms tels que Phédon, Speusippe et Xénocrate pour la première, Aristote, Callippe et Aristoxène pour la seconde, et plus tard encore les savants qui s'appelèrent Archimède, Hipparque, Vitruve, Pline, Macrobe et Ptolémée qui laissa son nom au système. C'est ici le lieu d'observer que si Aristote eût connu le véritable système du monde, il eût assurément moins défendu l'incorruptibilité des cieux, seule raison, comme il le dit lui-même [1], qui l'ait empêché d'admettre d'autres terres et d'autres cieux; et que, ne pouvant de cette sorte peupler les astres, il crut devoir les diviniser, pénétré qu'il était de cette idée, partagée par tous ceux qui étudient la nature, que la Terre est un bien insignifiant atome pour être considérée comme l'unique expression de la Puissance créatrice infinie.

L'école d'Épicure enseigna la pluralité des mondes; et la plupart de ses adeptes ne comprenaient pas seulement les corps planétaires sous le titre de mondes habitables, mais ils croyaient encore à l'habitabilité d'une multitude de corps célestes disséminés dans l'espace. Épicure fondait sa croyance sur cet argument: que les causes qui ont produit le monde étant infinies, les effets de ces causes doivent être infinis [2]; telle fut l'opinion générale des épicuriens. Métrodore de Lampsaque, entre autres, trouvait qu'il serait aussi absurde de ne mettre qu'un seul monde dans l'espace infini, que de dire qu'il ne pourrait croître qu'un seul épi de blé

---

[1] Aristoteles, *De Cœlo*, lib. II, cap. III.
[2] Lucretius, *De Naturâ Rerum*, lib. II; Plutarchus, *De Placitis Philosophorum*. lib. II, ch. I; Ad. Grandsagne, *Système physique d'Épicure d'après les fragments retrouvés à Herculanum* (Paris, Lefèvre, 1845), ch. IV.

dans une vaste campagne¹. Anaxarque disait la même chose à Alexandre le Grand, s'étonnant, lorsqu'il y avait tant de mondes, de ce qu'il n'en eût encore occupé qu'un seul de sa gloire. — Plusieurs auteurs ont avancé que les vers écrits par Juvénal quatre siècles plus tard sur l'ambition du jeune conquérant macédonien faisaient allusion à des idées d'Alexandre sur la pluralité des mondes : il n'en est rien, et ce grand satirique se contente de dire qu'Alexandre étouffe dans les étroites limites du monde comme s'il était confiné sur les écueils de Gyare ou dans la petite île de Sériphe ². — Un grand nombre de sectateurs de l'école épicurienne, parmi lesquels nous aurons tout à l'heure à citer Lucrèce, crurent non-seulement à la pluralité, mais encore à l'infinité des mondes ; c'était, comme nous l'avons vu, l'opinion du maître. Élevés sur les ruines de l'école de Pyrrhon, ingénieusement sceptique, les disciples d'Épicure amenèrent une réaction dans les idées, et, tout en voulant rester dans le positivisme, affirmèrent l'universalité et l'éternité de la nature. Leur doctrine, qui fut plus tard partagée par Cicéron, Horace et Virgile, établissait dans sa physique que les forces naturelles inhérentes à l'essence même de la matière agissent et créent en quelque point de l'univers que les éléments se trouvent rassemblés. Cette croyance fut aussi celle de Zénon de Cittium, le premier philosophe de la sensation ³, qui reconnaissait l'intervention d'un esprit supérieur dans le gouvernement de la nature, mais dont l'opinion ne différait peut-être pas de

¹ Lalande, *Astronomie*, t. III, art. 3376.
² Juvénal, satire X.
³ C'est lui qui le premier a énoncé la célèbre maxime de l'école empirique : Rien n'est dans l'entendement qui n'ait auparavant passé par les sens.

celle de Spinosa, ce grand proclamateur du *Natura naturans*.

Le plus ardent et le plus zélé des disciples d'Épicure fut un des plus fervents enthousiastes de la pluralité, ou pour mieux dire de l'infinité des mondes, et, observation digne de remarque, son système ne lui montrant dans les étoiles visibles que de simples émanations du globe terrestre, il lui fallut créer par delà ces mondes un nouvel univers, invisible à nos regards, pour y placer d'autres terres et d'autres étoiles. « Si les innombrables flots créateurs, dit Lucrèce, s'agitent et nagent sous mille formes variées à travers l'océan de l'espace infini, n'auraient-ils enfanté dans leur lutte féconde que l'orbe de la Terre et sa voûte céleste? Croirait-on qu'au delà de ce monde un si vaste amas d'éléments se condamne à un oisif repos? Non, non; si les principes générateurs ont donné naissance à des masses d'où sortirent le ciel, les ondes, la Terre et ses habitants, il faut convenir que, dans le reste du vide, les éléments de la matière ont enfanté sans nombre des êtres animés, des mers, des cieux, des terres, et parsemé l'espace de mondes semblables à celui qui se balance sous nos pas dans les flots aériens. Partout où la matière immense trouvera un espace pour la contenir et ne rencontrera nul obstacle à son essor, elle fera éclore la vie sous des formes variées; et si la masse des éléments est telle que, pour les dénombrer, les âges réunis de tous les êtres seraient insuffisants, et si la nature les a dotés des facultés qu'elle a accordées aux principes générateurs de notre globe, les éléments, dans les autres régions de l'espace, ont semé des êtres, des mortels et des mondes [1]. »

[1] Lucretius, *De Naturâ Rerum*, lib. II, v. 1051-1075.

Ce passage du poëme de Lucrèce, qui établit d'une manière aussi péremptoire son opinion sur la pluralité des mondes, appelle en regard le passage analogue de l'*Anti-Lucrèce*, poëme dans lequel le cardinal de Polignac a pris à tâche de renverser de fond en comble l'édifice de son adversaire. Or, s'il est remarquable que le poëte matérialiste arbore aussi franchement notre étendard, il ne l'est pas moins que son spiritualiste et spirituel commentateur, qui lui est diamétralement opposé dans tout le cours de l'ouvrage, partage ici complétement les idées de son antagoniste. « Toutes les étoiles, dit-il [1], sont autant de soleils semblables au nôtre, environnées comme lui de corps opaques auxquels elles communiquent la chaleur et la lumière. Les planètes qui les accompagnent se refusent à la faiblesse de nos yeux, et la distance de ces étoiles nous dérobe l'énormité de leur grandeur. Mais si l'on considère que les rayons de ces astres jouissent des mêmes propriétés que ceux du Soleil, et que le Soleil lui-même, vu dans une distance égale, nous apparaîtrait tel que nous voyons les étoiles, pourra-t-on se persuader que le Soleil et les étoiles agissent différemment, et que tant de merveilleux flambeaux brillent inutilement? La Divinité ne se borne pas à former un seul être de même espèce : elle verse à la fois de ses inépuisables trésors une moisson d'êtres pareils. Des causes semblables doivent produire de semblables effets. »

Les termes du cardinal ne sont pas plus équivoques que ceux dont se servait plus tard le mathématicien Laplace, pour témoigner de son adhésion à notre doctrine. Nous aurons à citer cet illustre géomètre; mais,

---

[1] *Anti-Lucretius*, lib. **VIII.**

avant d'arriver à notre siècle, il nous reste encore à passer en revue des noms célèbres dans l'histoire des sciences.

Ce n'est pas à l'époque de la splendeur romaine, où toute élévation intérieure de l'âme était renversée sous les débordements de la jouissance sensuelle, que nous demanderons la suite de cette longue série des adeptes de notre croyance; ce n'est pas non plus pendant les siècles non moins critiques de la chute du grand empire et du bouleversement des peuples, que nous chercherons à glaner çà et là quelques aspirations en notre faveur. Tout au plus pourrions-nous constater que dans les premiers temps du christianisme quelques esprits indépendants proclamèrent hautement leur opinion à cet égard. Plutarque écrivait son traité *De Facie in orbe Lunæ*, et défendait vaillamment le drapeau de notre philosophie, qui avait été celui de ses prédécesseurs les sages de la Grèce antique. Dans son livre *Des Principes*, Origène émettait l'opinion que Dieu crée et anéantit tour à tour un nombre indéfini de mondes : c'était la palingénésie stoïcienne et même chaldéenne, qui enseignait qu'une immense période astrologique ramenait une absorption de l'univers par le feu divin; c'était aussi la croyance des anciens peuples de l'Inde qui admettaient une reconstitution périodique de l'œuvre de Brahma. Il est vrai que Lactance riait de Xénophane, qui soutenait que la Lune était habitée, et que les hommes lunaires demeuraient dans de vastes et profondes vallées. Cependant les observations modernes montrent que cette idée, quelque prématurée qu'elle paraisse, n'est pas complétement dénuée de fondement, puisque l'atmosphère de la Lune, si elle existe, ne couvre que les vallées du satellite et ne peut permettre qu'en ces lieux l'existence telle que nous la comprenons. Saint Irénée croyait que les Valentiniens, sous les noms mystérieux de Bythos et d'Eones, enseignaient le système d'Anaximandre sur l'infinité des mondes[1]. D'autres évêques, comme Philastre, de Bresce[2], n'en ont disputé que pour la reléguer au nombre des hérésies. Saint Athanase, dans son ouvrage contre les païens, laissa du moins entrevoir quelques bons sentiments en faveur de cette idée[3]. Malheureusement, pour l'avancement des sciences en général, et, disons-le, pour celui de notre doctrine en particulier, le système erroné d'Aristote sur l'incorruptibilité des cieux, et l'interprétation non moins erronée des livres sacrés sur l'immobilité de la Terre, couvraient déjà d'un voile épais les yeux de tout homme désireux de connaître, et s'opposèrent ensuite avec une funeste efficacité à la marche déjà si lente des conquêtes de l'esprit humain. La science rétrograda : « Nous n'avons besoin d'aucune science après le Christ, écrit Tertullien, ni d'aucune preuve après l'Évangile ; celui qui croit ne désire rien de plus ; l'ignorance est bonne, en général, afin que l'on n'apprenne pas à connaître ce qui est inconvenant. » Et cette parole de Tertullien devint la devise d'un grand nombre, fut révérée par beaucoup comme une sentence, et malheureusement mise en pratique pendant des siècles et des siècles. On crut pouvoir déterminer et désigner les mystères dont Dieu s'est réservé le secret, et l'on proclama que c'était une faute de tenter la solution de ces mystères. On trouva l'homme assez instruit dans la science du monde, et on lui conseilla de s'arrêter, ou de tourner ses pas vers les

---

[1] *Adversus Hæreses*, lib. II.
[2] *Hæreses*, 65, t. II.
[3] *Contra Gentes*. « Nec enim quia unus est Creator, idcirco unus est mundus; poterat enim Deus et alios mundos facere. »

régions insondables de certains vides métaphysiques !
Oui, la science rétrograda. D'erreurs en erreurs on arriva
jusqu'à dire que celui qui croyait aux antipodes était en
opposition formelle avec la révélation et entaché d'hérésie, et, dix siècles plus tard, à prononcer une condamnation trop mémorable sur ce septuagénaire à jamais célèbre, dont le grand crime était d'avoir trouvé dans les
cieux des preuves du mouvement de la Terre[1]. Mais passons de tels faits sous silence. Rappelons-nous qu'il y a
dans l'histoire de l'humanité des périodes critiques qui
caractérisent la décadence intellectuelle et morale des
peuples, qui signalent la chute des empires, et qui annoncent l'élaboration des nouvelles destinées humaines. L'époque dont nous parlons ici fut une de ces périodes; elle
vit crouler le colosse romain comme un monceau de
sable ; elle favorisa l'avénement utile et opportun des
grandes et vraies idées chrétiennes, et elle prépara de
loin les siècles d'aujourd'hui. Ce fut un temps d'arrêt,
une période de léthargie, pendant laquelle l'homme se
reposa pour mieux s'élancer ensuite vers la perfection à
laquelle il aspire. Heureux si, pendant ce repos utile,
ceux-là même dont la mission eût été de donner l'exemple et de préparer le progrès, n'avaient pas abusé de
leur puissance pour répandre les ténèbres de la même
main qui pouvait répandre la plus pure des lumières d'en
haut ! La science fut oubliée au Nord comme au Midi de
l'Ancien Monde, au Levant comme au Couchant, et les
éléments des sciences furent dispersés. En Orient, la
plus riche bibliothèque du monde, où les seules archives
des connaissances humaines étaient conservées, fut incen-

---

[1] Voy. l'Appendice, note **A.** *La Pluralité des Mondes devant
le dogme chrétien.*

diée au septième siècle de notre ère, digne fruit des tristes révolutions arabes; en Occident, pendant les siècles qui suivirent, les plus puissantes aspirations de la pensée restèrent stériles sous leur casque d'airain. Il y a là, comme nous l'avons dit, un temps d'arrêt pour l'histoire de notre doctrine, aussi bien que pour l'histoire générale de la philosophie; sans essayer donc de renouer la chaîne interrompue de nos auteurs, nous continuerons la suite de notre étude par les noms illustres de ceux qui depuis la renaissance des lettres et des sciences enseignèrent l'habitabilité des astres.

II

DU MOYEN AGE JUSQU'A NOS JOURS

Suite de l'histoire de la pluralité des mondes. — La Renaissance. — Cusa. — Bruno. — Montaigne. — Galilée. — Descartes. — Kepler. — Campanella. — Le discours du conseiller Pierre Borel sur *les Terres habitées*. — *L'Homme dans la Lune* de Godwin. — Cyrano de Bergerac et son *Histoire des États et Empires du Soleil et de la Lune*. — *Sélénographie* d'Hévélius. — Le P. Kircher et son *Voyage dans le ciel*. — *Les Mondes* de Fontenelle. — *Le Cosmothéóros* de Huygens. — Dix-huitième siècle : Leibnitz. — Newton. — Wolff. — Swedenborg. — Voltaire. — Lambert. — Bailly. — Kant. — Herschel. — Lalande. — Laplace, etc. — Conclusion tirée de l'histoire de la doctrine.

Voici des noms célèbres à plus d'un titre. Nicolas de Cusa, le plus ancien de nos partisans au moyen âge, auteur du traité *De doctá Ignorantiá*; le malheureux Jordano Bruno, qui fut brûlé vif à Rome pour ses idées philosophiques, et principalement pour la doctrine émise dans son livre sur l'infinité des Mondes : *De l'infinito, Universo e Mondi*; Michel de Montaigne, dont les *Essais* sont encore une mine de richesses pour notre âge; Galilée, qui, sans oser pourtant donner le nom d'astre à la Terre, contre la défense de l'Inquisition, osa demander publiquement, dans son *Systema cosmicum* (Dial. I), « s'il y a sur les autres mondes des êtres comme sur le nôtre; » Tycho-Brahé, astronome illustre, s'il eût été moins timide; René Descartes et les cartésiens; Mœstlin, *in Thesibus*, et son illustre disciple Kepler, qui publia son *Astronomia lunaris* et rêva son *Somnium astronomicum*; Cardan, moins rêveur qu'il ne le paraît; Thomas Campanella, enfin, qui écrivit dans la *Cité du Soleil* : « Les Solariens pensent que c'est une folie d'affirmer qu'il n'y a rien au delà de notre globe, car il ne saurait y avoir de néant ni dans le monde visible ni hors de ce monde. » L'impulsion étant donnée, le mouvement se manifesta de toutes parts. Nous trouvons dans un ouvrage de philosophie théologique contemporain du renversement des idées religieuses reçues sur le mouvement de la Terre un passage assez curieux, dont voici la traduction : « Au delà de ce monde, c'est-à-dire au delà du Ciel empyrée, aucun corps n'existe; mais dans cet espace infini (s'il est permis de parler ainsi) où nous sommes, Dieu existe dans son essence et a pu former des mondes infiniment plus parfaits que le nôtre, comme des théologiens l'affirment[1]. » Disons cependant, en remarque générale, que la plupart des philosophes que nous venons de citer, et même la plupart de ceux de l'époque suivante, admettent simplement la possibilité de l'existence d'autres mondes au delà du nôtre, mais n'en affirment pas pour cela la réalité. C'est un pas que l'on ne pouvait faire avant que le flambeau des sciences modernes ne fût allumé. L'auteur de la *Théorie des Tourbillons*, par exemple, estime qu'il y aurait témérité à proclamer la pluralité des terres habitées, soit dans notre tourbillon, soit dans les tourbillons des étoiles fixes ; mais il ajoute aussitôt que les planètes étant des corps opaques

---

[1] *Christophori Clavii Bambergensis in Sphæram Joannis de Sacro Bosco Commentarius.* Venise, 1594, p. 72.

et solides, et de même nature que notre globe, il y a fondement à supposer qu'elles sont également habitées [1].

Au dix-septième siècle, citons d'abord David Fabricius, qui, par parenthèse, prétendait avoir vu de ses yeux des habitants de la Lune ; Claude Bérigard, Otto de Guerike, Pierre Gassendi, Antonio Reita, Maëslines, sir Robert Burton, l'évêque Wilkins, qui écrivit un traité sur la *Lune habitable*, et un discours sur un *Nouveau Monde planétaire;* Nicolas Hill, Jacques Howell, Patterus et Jean Locke, l'illustre auteur de l'*Essai sur l'Entendement humain*.

Le milieu de ce fameux dix-septième siècle, qu'illustrèrent les Descartes, les Gassendi, les Pascal, est l'époque la plus riche en aspirations et en écrits de tout genre à propos de notre doctrine. Les philosophes et les savants, enthousiasmés par les nouvelles découvertes faites en optique, par l'invention du télescope et de la lunette astronomique, se livrent avec ferveur à l'observation des astres, et la plupart d'entre eux se sentent instinctivement portés vers ces idées de l'habitabilité de la Lune, du Soleil et des planètes. En France, le conseiller royal Pierre Borel, ami de Gassendi, de Mersenne et probablement de Cyrano de Bergerac, écrit un traité curieux sur la pluralité des mondes examinée au point de vue de la science de cette époque. Cet ouvrage, qui n'a jamais été imprimé, a pour titre : *Discours nouveau prouvant la pluralité des mondes; que les astres sont des terres habitées, et la Terre une estoile; que la Terre est hors du centre du monde, dans le troisième ciel; et se tourne devant le Soleil qui est fixe; et autres choses très-cu-*

---

[1] Descartes, *Théorie des Tourbillons*. Voir aussi G.-C. Legendre, *Traité de l'Opinion*, liv. IV.

rieuses. Voilà un titre ! On rencontre dans ce manuscrit des « relations sur les choses qui sont dans la Lune, d'après Galileus » et des recherches sur « le moyen par lequel on pourrait découvrir la pure vérité de la pluralité des mondes » : ce moyen, c'est la navigation aérienne et l'observation aérostatique ! En Angleterre, François Godwin écrit son ouvrage sur la Lune, qui fut traduit en 1649 par Jean Beaudoin, sous ce titre : *L'homme dans la Lune, ou le Voyage fait au monde de la Lune par Dominique Gonzalès, aventurier espagnol.* Puis vient notre bel esprit Cyrano de Bergerac, le maître de tous ceux qui se sont adonnés à ces sortes de romans scientifiques. Il publie son célèbre *Voyage à la Lune*, et plus tard son *Histoire des États et Empires du Soleil.* Dans le même temps les mêmes idées sont proclamées par le P. Daniel, auteur du *Voyage au monde de Descartes;* par Guillaume Gilbert, dans son livre *De Magnete et magneticis Corporibus;* par le célèbre astronome de Dantzig, Jean Hévélius, dans son grand et remarquable ouvrage sur la *Sélénographie;* par Milton même, qui, dans son vol mêlé d'ombres et de lumière, n'a pu se défendre de jeter un regard sur ces mondes inconnus, où d'autres couples humains avaient dû, comme ici-bas, s'ouvrir au rayonnement de la vie.

Un écrivain de la même époque, qui passe aux yeux de plusieurs pour un partisan de notre doctrine, c'est le P. Athanase Kircher. Son livre le plus renommé — quoique ce ne soit pas son meilleur — est le *Voyage extatique céleste*[1], dans lequel il visite les diverses planètes,

---

[1] *Itinerarium exstaticum, quo Mundi opificium, id est cœlestis expansi, siderumque tam errantium quàm fixorum natura, vires, proprietates, singulorumque compositio et structura, ab infimo*

sous la conduite d'un génie nommé Cosmiel. L'auteur n'adopte pas le vrai système du monde, mais bien celui que Tycho-Brahé avait imaginé soixante ans auparavant pour sauver les apparences et accorder la mécanique céleste avec le texte biblique. L'impartialité nous fait un devoir de dire que l'auteur du *Voyage extatique* n'est pas des nôtres, et d'insister sur ce fait, parce que la plupart des écrivains qui ont parlé de lui ne l'ont pas compris, ou en ont parlé par ouï-dire, sur la foi des premiers qui se sont trompés. Voici, par exemple, ce qu'on lit dans un ouvrage semi-littéraire, semi-scientifique [1] qui traite de diverses questions relatives à l'astronomie :

« J'ai eu la curiosité, dit l'auteur, de feuilleter ce livre (le *Voyage extatique*); c'est bien le cas de dire en vérité que le bon Père a vu des choses de l'autre monde.

« Au globe de Saturne il voit des vieillards mélancoliques revêtus d'habits lugubres, marchant à pas de tortue, et secouant des torches funèbres. L'enfoncement de leurs yeux, la pâleur de leur visage et l'austérité de leur front annoncent assez qu'ils sont des ministres de vengeance et que Saturne est rempli d'influences malignes.

« Kircher manque d'expressions pour faire passer jusqu'à nous l'admiration que lui causèrent les *habitants* de Vénus. C'étaient des jeunes gens d'une taille et d'une beauté ravissantes. Leurs vêtements, transparents comme le cristal, se peignaient aux rayons du soleil des couleurs les plus brillantes et les mieux assorties. Les uns dansaient au son des lyres et des cymbales ; les autres embaumaient l'air en y répandant à pleines mains des par-

---

Telluris globo, usque ad ultima Mundi confinia, nova hypothesi exponitur ad Veritatem. Rome, 1656.

[1] *Lettres à Palmyre sur l'Astronomie*, p. 182.

fums qui renaissaient sans cesse dans les corbeilles qu'ils portaient. »

Voilà comment parle l'auteur des *Lettres à Palmyre*, sur l'opinion du P. Kircher touchant les *habitants* des mondes. D'autres écrivains, après lui, semblent partager la même manière de voir. Pour n'en citer qu'un exemple, on lit dans le *Panorama des Mondes* (ouvrage, du reste, fort instructif), p. 354 : « Notre voyageur (Kircher) n'a pas plutôt mis le pied sur le globe de Saturne, qu'il y voit des vieillards mélancoliques, revêtus d'habits lugubres, marchant à pas de tortue et secouant des torches funèbres. L'enfoncement de leurs yeux caves, la pâleur de leurs visages et l'austérité de leur front annoncent qu'ils sont des ministres de vengeance et que cette planète est remplie d'influences malignes. »

On voit que ces paroles sont textuellement les mêmes que celles rapportées plus haut ; — elles ne sont cependant pas la traduction du livre de Kircher. En remontant, comme en toutes choses, à l'œuvre originale, nous avons trouvé que le P. Kircher se défend au plus haut point de l'opinion non dogmatique de la pluralité des mondes, et ne parle jamais d'*habitants*. Pour Vénus, comme pour Saturne, comme pour les autres planètes, il ne manque pas d'adresser chaque fois la question suivante à son guide : « O mon Cosmiel ! viens à mon aide, révèle-moi, je t'en prie, le mystère de ces apparitions ! » Et Cosmiel répond chaque fois : « Ce sont, ô mon fils ! des anges préposés par le Seigneur à la direction de ce monde ; de là ils versent les influences bonnes ou pernicieuses de ces astres sur la tête des pécheurs. » Le livre de Kircher est dicté tout entier par l'esprit astrologique qui régnait alors : pour lui, la Terre, centre du monde, est le seul séjour de l'homme ; les Sept astres planétaires roulent alentour, versant leurs influences réciproques sur nos têtes, selon le rapport généthliaque qui exista entre le moment de notre naissance et la position de ces astres dans le ciel ; au-dessus de tout le système, enfin, et du ciel des étoiles fixes, il y a ce qu'il appelle les *Eaux super-célestes* : ce sont, d'après lui, les eaux supérieures dont parle la Genèse, qui furent séparées des eaux inférieures au deuxième Jour, et qui enveloppent présentement l'univers. On voit que le P. Kircher est bien loin de nos idées ; nous n'avons pas rapporté cependant les épisodes les plus curieux de son voyage, nous n'avons pas rappelé la demande qu'il adresse à son génie Cosmiel : Si les eaux que l'on trouve sur Vénus seraient bonnes pour baptiser un catéchumène, et si le vin que l'on pourrait récolter dans les vignes de Jupiter serait convenable pour le saint Sacrifice, etc. ? Ce sont là pourtant des questions fort intéressantes.

Revenons à notre exposition historique.

Avant de passer à l'époque suivante, nous devons inscrire en lettres majuscules le nom de notre spirituel Fontenelle, qui hérita de son siècle et qui, en ce qui concerne notre doctrine, en garda toute la renommée. Mais on a trouvé dans Fontenelle plus de bel esprit que de science ; on a dit que c'était un galant centenaire qui avait, selon ses propres expressions, « passé sa vie dans les mignonneries sans jamais aimer ni personnes ni choses, » et qui était mort en cueillant des roses sur le front de mademoiselle Helvétius. Pour nous, nous savons seulement que le livre qu'il dédia à la marquise de la Mésengère sous le titre d'*Entretiens sur la Pluralité des Mondes* fut reçu avec enthousiasme il y a cent soixante-dix ans, et est encore relu aujourd'hui avec un incessant plaisir. C'est bien le plus charmant ouvrage qu'on puisse écrire sur notre sujet, et son immense succès, sous les ornements de la fiction dont sa thèse est gracieusement parée, fit ouvrir bien des yeux du côté de la vérité. Le plaisir que nous avons ressenti en lisant cet ouvrage et notre grande admiration pour le savant secrétaire de l'Académie des Sciences emportent nos hommages loin au-dessus du petit reproche dont nous parlions tout à l'heure. Quelque insignifiant qu'il soit, ce petit reproche nous paraît encore trop sévère. « Il voulait donner le fruit sous la fleur, dit M. A. Houssaye, la philosophie sous l'image des grâces, la vérité sous l'écharpe ondoyante du mensonge. Son livre ne peut devenir classique, au jugement de Voltaire, car la philosophie est surtout la vérité, et la vérité ne doit pas se cacher sous de faux ornements. Ce n'est pas avec la galanterie qu'on s'en va à la recherche des mondes ; la rêverie, armée d'un compas, serait une meilleure compagne de voyage : pour la rêverie, l'horizon s'agrandirait à chaque pas, tandis que, pour la galanterie, l'horizon, quelque clair qu'il soit, se restreint tout d'un coup. Ainsi on trouve dans les *Mondes* de Fontenelle : *Un grand amas de matières célestes où le Soleil est cramponné. — L'aurore est une grâce que la nature nous donne par-dessus le marché. — De tout l'équipage céleste il n'est resté à la Terre que la Lune, qui a l'air d'y tenir beaucoup,* etc. Tout cela est fort joli, mais surtout pour des écoliers rieurs, ou pour des femmes qui écoutent en regardant les chinoiseries de leur éventail[1]. » Comme nous l'avons dit, le reproche est trop sévère, surtout si l'on tient compte, comme on doit le faire, de l'époque et du milieu où vécut Fontenelle, ainsi que du système erroné qu'il

---

[1] *Galerie du dix-huitième siècle*, première série.

embrassa en même temps que ses amis les cartésiens ; pourtant nous devons ajouter que Fontenelle a donné lieu lui-même à ce reproche. Notre gracieux auteur, en effet, considérait si légèrement le sujet de sa propre thèse et en pesait si peu l'influence sur les raisonnements de l'esprit humain, que, dans sa préface même, on trouve des phrases comme celles-ci : « Il semble que rien ne devrait nous intéresser davantage que de savoir s'il y a d'autres mondes habités ; mais, après tout, s'inquiète de cela qui veut. Ceux qui ont des pensées *à perdre* les peuvent perdre sur ces sortes de sujets ; mais tout le monde n'est pas en état de faire cette dépense inutile. »

Quoi qu'il en soit, et tout en reconnaissant que le livre dont nous parlons n'est plus au niveau de la science et de la philosophie, il n'en est pas moins vrai que c'est à Fontenelle que nous devons d'avoir popularisé les idées astronomiques, d'avoir écrit même le premier livre d'astronomie populaire, et à ce titre, nos sincères hommages resteront à sa mémoire comme un tribut trop modeste de notre reconnaissance.

Dix ans après l'apparition du livre de Fontenelle, l'astronome Huygens, presque septuagénaire, écrivit son *Cosmothéôros*[1], œuvre posthume, qui fut publiée par les soins de son frère. C'est l'ouvrage le plus sérieux qui ait été écrit sur la question. D'un côté, il enseigne l'astronomie planétaire et montre savamment dans quelles conditions les habitants de chaque planète doivent se trouver à la surface de leurs mondes respectifs ; d'un autre côté, il cherche par des arguments serrés à établir sa théorie fondamentale : que les hommes des planètes sont sembla-

---

[1] ΚΟΣΜΟΘΕΩΡΟΣ, *sive de Terris cælestibus, arumque ornatu Conjecturæ*. Hagæ-Comitum, 1698.

bles à nous, soit au point de vue physique, soit au point de vue intellectuel et moral; théorie sur laquelle nous n'avons rien à dire ici, mais que nous discuterons quand nous examinerons l'habitabilité comparative des divers mondes et l'état biologique de l'homme terrestre. Huygens est supérieur à Fontenelle comme savant et comme philosophe.

L'auteur de *Telliamed*[1], plus connu par les plaisanteries de Voltaire que par lui-même, rapporte que l'ouvrage de Huygens fut assez mal reçu de ses contemporains et qu'on a trouvé en lui beaucoup d'ostentation et peu de solidité. Nous ne prendrons pas non plus cet auteur au sérieux. Son regard philosophique ne nous paraît pas embrasser les choses de bien haut. Dans le chapitre qu'il a consacré dans son ouvrage à la doctrine de la pluralité des Mondes, il émet l'idée que, si nous n'avions pas la Lune, nous n'aurions pas notion de la pluralité des Mondes, parce que cette notion dérive de la connaissance que nous avons de la Lune. Cette manière de voir est assez étroite. L'observation des corps célestes n'a pas créé la doctrine; celle-ci existait auparavant, conception naturelle de notre esprit; elle n'a été que développée et confirmée par les découvertes des derniers âges.

Nous voici arrivés au dix-huitième siècle. Ici comme précédemment, les philosophes, les naturalistes et les mathématiciens les plus célèbres se pressent en foule au-devant de notre doctrine.

Et d'abord le libre penseur Bayle, qui appartient au siècle précédent, l'illustre Leibnitz, Bernouilli, Thomas Burnet et Néhémie Grew, l'auteur de la *Cosmologie*; puis Isaac Newton, dans son *Optic*; William Whiston,

---

[1] *Telliamed, Entretiens d'un philosophe indien avec un Missionnaire français*, par De Maillet. 1748.

dans sa *Theory of the Earth*, et l'Allemand Christiern Wolff, dans sa *Cosmologia generalis;* Guillaume Derham, dans son *Astro-Theology;* George Cheyne, dans ses *Principes de Philosophie naturelle;* Xavier Eimmart, dans son *Iconographie des nouvelles observations du Soleil;* le fameux théosophe que l'on appelait Emmanuel de Swedenborg et qui écrivit les *Arcanes célestes.* — Adjoignons-lui tous les spiritualistes qui eurent le don de comprendre sa mystérieuse parole, depuis les apôtres de la Nouvelle-Jérusalem jusqu'à nos contemporains de son école d'outre-mer. — Aux philosophes qui précèdent ajoutons : Voltaire, dans le roman si connu de *Micromégas* et dans ses fragments philosophiques[1]; Buffon, dans ses *Époques de la Nature;* Condillac, dans sa *Logique;* Delormel, dans sa *Grande Période solaire;* Charles Bonnet, dans son *Essai analytique* et dans sa *Contemplation de la Nature;* Lambert, dans ses *Cosmologische Briefe;* Marmontel, dans *les Incas;* Bailly, dans son *Histoire de l'Astronomie ancienne;* Lavater, dans sa *Physiognomonie;* Bernardin de Saint-Pierre, dans ses *Harmonies de la Nature;* Diderot et les princi-

---

[1] Notre très-spirituel Voltaire doit-il être pris au sérieux ici plutôt qu'ailleurs? Tandis qu'il proclame la pluralité des mondes en maints endroits de ses œuvres, il tourne ailleurs cette croyance en plaisanterie. Voici, par exemple, ce qu'il dit dans sa *Physique :* « Nous n'avons sur cela d'autre degré de probabilité que n'en aurait un homme qui a *des puces* et qui en conclurait que tous ceux qu'il voit passer dans la rue en ont comme lui; il se peut très-bien faire qu'en effet ces passants aient des puces, mais il n'est point du tout prouvé qu'ils en aient réellement. »

Voilà ce qui s'appelle un argument à la Voltaire!

Ce mode de raisonnement rappelle l'explication des coquilles fossiles sur les montagnes aux pèlerins, par le même.

paux rédacteurs de l'*Encyclopédie*, malgré l'*On n'en sait rien* de d'Alembert ; Necker, dans son *Cours de Morale religieuse* ; Dupont de Nemours, dans sa *Philosophie de l'Univers* ; Ballanche même, dans certains fragments de sa *Palingénésie* ; Cousin-Despréaux, dans ses *Leçons de la Nature* ; Joseph de Maistre, dans ses *Soirées de Saint-Pétersbourg* ; Emmanuel Kant, dans son *Allgemeine Naturgeschichte des Himmels* ; les poëtes philosophes Gœthe, Herder, Krause et Schelling ; les astronomes les plus illustres : Bode, dans ses *Considérations sur l'Univers* ; Ferguson, dans son *Astronomy explained upon Newton's principles* ; William Herschel, dans ses divers Mémoires ; Lalande, dans ses quatre ouvrages d'astronomie ; Laplace, dans son *Exposition du Système du monde*, etc. ; enfin un certain nombre de poëtes qui, tels que l'Anglais Young, dans ses *Nuits* célèbres ; Hervey, son imitateur ; Thompson, dans *les Saisons* ; Saint-Lambert, son émule, et Fontanes, dans son *Essai sur l'Astronomie*, chantèrent la grandeur de l'univers et la magnificence des mondes habités.

Sans analyser les œuvres de notre siècle, qui parleraient encore avec plus d'éloquence que les précédentes en faveur de notre cause [1], nous espérons que cette série

---

[1] Voici les ouvrages qui, dans notre siècle, ont été écrits sur le sujet de la pluralité des Mondes. Les uns, sérieux et scientifiques, sont une argumentation destinée à démontrer la validité de cette opinion ; d'autres sont écrits dans l'idée religieuse, soit pour établir l'accord ou le désaccord qui peut exister entre cette doctrine et la foi chrétienne, soit pour présenter la question sous le jour de la religion naturelle ; d'autres enfin sont purement anecdotiques, destinés (mais leur but est généralement resté sans effet) à faire accepter, sous des fictions plus ou moins ingénieuses, des propositions morales ou philosophiques. Nous inscrirons ici, par ordre de date et sans distinction,

glorieuse de noms à jamais célèbres dans l'histoire de la science et de la philosophie, depuis l'antiquité historique

ces ouvrages si divers, qui souvent pourraient appartenir aux trois classes et ne sauraient être séparés par catégories isolées.

La première année du siècle a vu paraître, du Dr Édouard Nares : « Εἰς Θεὸς, Εἰς Μεσίτης », ouvrage tendant à concilier la doctrine de la pluralité des Mondes avec le langage des Écritures. — En 1808, *Voyages d'Hyperbolus dans les Planètes*, fictions critiques contre les hommes et les mœurs du temps. — *Astronomical Discourses* de Chalmers, tendant à établir les concordances entre les vérités astronomiques et l'enseignement chrétien, 1820. — *Plurality of Worlds*, par Alexandre Maxwell, écrite contre les sermons précédents, 1820. — *Physical Theory of Another life*, par Taylor, 1825. — *Découvertes faites dans la Lune* (brochure apocryphe), 1835. — *Les Mondes*, essai sur les conditions d'existence des êtres organisés dans notre système planétaire, par Plisson, 1847. — *On the Plurality of Worlds, an Essay*, par William Whewell, 1853 ; ouvrage dont le but est d'établir que la doctrine de la pluralité des mondes est une utopie, et qu'elle est *contraire à la foi chrétienne et à la science*. — *More Worlds than One, the creed of the philosopher and the hope of the Christian*, par sir David Brewster, 1854, savant travail écrit en réponse au précédent, dans le but de montrer que cette doctrine est autant *religieuse et chrétienne que scientifique*. — *Essays on the spirit of the inductive philosophy, the unity of Worlds, and the philosophy of creation*, par Baden Powell. 1854. — *A few More Words on the plurality of Worlds*, par W. S. Jacob, 1854. — *Terre et Ciel*, philosophie religieuse, par Jean Reynaud, 1854. — *Star*, ou ψ de Cassiopée, histoire merveilleuse de l'un des mondes de l'espace, 1855. — *Rêveries et Vérités*, réponse à Whewell sur la pluralité des mondes, 1858. — *Les Horizons célestes*, par madame de Gasparin, 1859. (De la même époque, quelques ouvrages spirites, où l'imagination fait tous les frais). *La Pluralité des existences de l'âme conforme à la doctrine de la Pluralité des Mondes*, par André Pezzani, 1865, etc.

Nous nous contentons de donner ici, comme pour les siècles précédents, les titres de ces ouvrages, que nous examinons la plus reculée jusqu'à nos jours, ne sera pas entre nos mains un vain et inutile palladium, et nous nous permettrons de penser que si tous ces hommes illustres n'ont pas cru déroger à leur génie ou à leur savoir en proclamant la pluralité des mondes, nous pourrons, nous qui n'avons pas à redouter cette accusation, proclamer nous-même cette belle doctrine et essayer de la développer et d'en montrer toute la grandeur. Des philosophes, promoteurs de nouvelles philosophies, ont souvent oublié les noms de ceux qui les avait précédés dans les mêmes idées, et quelquefois même ont tenté de substituer leur

chacun selon son importance dans les *Mondes imaginaires et les Mondes réels*.

Les mêmes questions ont été subsidiairement traitées dans des ouvrages moins étendus ou non spéciaux. L'évêque Porteous a soutenu (Works, t. III, p. 70) que la doctrine de la pluralité était conciliable avec l'enseignement des Écritures, de même André Fuller, dans son livre *The Gospel its own Witness*, et S. Noble dans son mémoire *The Astronomical doctrine of a plurality of Worlds in perfect harmony with the true Christian religion*. Les écrivains catholiques ne sont généralement pas du même avis. Cela est manifeste dans le ch. IX de la *Vie future* de Th. Henri Martin, et dans la 3ᵉ des *Conférences de Notre-Dame de Paris en 1863*, du P. Félix. — Sur la question générale, de belles pages ont été écrites par madame de Staël dans *Corinne*, liv. VIII; par Balzac, dans *Seraphîta Seraphîtus*, ch. III et VI; par Victor Hugo dans *Les Contemplations*, liv. VI; par Pelletan dans la *Profession de foi du XIXᵉ siècle*. — L'argumentation astronomique a été abordée par le Dʳ Lardner dans un mémoire sur les planètes habitées, t. I du *Museum of sciences and arts*, et par M. Babinet dans deux articles, t. III et IV des *Études et Lectures sur les sciences d'observations*. — Dans le t. IV de son *Astronomie populaire*, Arago a fait connaître quelles sont les études astronomiques probables des observateurs situés sur les diverses planètes. J. J. de Littrow s'est adonné aux mêmes recherches dans son ouvrage *Die Wunder des Himmels*.

propre personnalité à la doctrine qu'ils enseignaient. Nous qui ne venons pas présenter un *moi* comme piédestal pour notre cause, notre devoir et notre bonheur en même temps ont été de chercher quels penseurs ont émis des opinions conformes à la nôtre et partagé une croyance qui nous est si chère. A la justice que nous rendons à ceux qui nous ont précédé, nous avons la satisfaction de montrer combien les idées que nous émettons sont loin d'être singulières ou systématiques, et de pouvoir espérer qu'un tel appui, sanctifiant nos efforts, nous aidera à populariser cette doctrine, qui est la philosophie de l'avenir.

Les plus profonds philosophes des âges qui ne sont plus l'ont partagée, cette noble croyance, et si nous nous sommes étonné de quelque chose en étudiant son histoire, c'est de l'oubli, c'est de l'insignifiance où elle est tombée après avoir été si anciennement et si universellement connue. Ce nous paraît être l'un des plus insondables mystères de la destinée humaine, de voir l'indifférence de dix ou vingt siècles pour une vérité qui a rang parmi les bases fondamentales de la théologie et de la philosophie, et ce nous paraît être en même temps l'un de nos premiers devoirs de l'élever, cette vérité obscurcie, sur le pavois de nos connaissances actuelles, de la faire resplendir sous le grand jour de la science moderne, et de la couronner reine de nos pensées et de nos aspirations les plus chères.

Oui, elle est loin d'être nouvelle, notre croyance : elle est vénérable par les années qui l'on mûrie, elle est respectable par les noms de ceux qui l'ont défendue. Aux pages précédentes, qui retracent l'ensemble de son histoire, nous vous permettrons d'ajouter quelques opinions choisies à diverses époques dans les annales de la philosophie ; ces opinions compléteront notre étude historique.

Voici d'abord les paroles que le très-savant et très-véridique auteur du *Voyage du jeune Anacharsis en Grèce* met dans la conversation de son avide cosmopolite; ce récit exprime ce que l'on pensait de notre doctrine quatre siècles avant notre ère, et restera comme une page admirable en faveur de cette doctrine : « Callias l'hiérophante, intime ami d'Euclide, me dit ensuite (c'est Anacharsis qui parle) : Le vulgaire ne voit autour du globe qu'il habite qu'une voûte étincelante de lumière pendant le jour, semée d'étoiles pendant la nuit; ce sont là les bornes de son univers. Celui de certains philosophes n'en a plus, et s'est accru, presque de nos jours, au point d'effrayer notre imagination. On supposa d'abord que la Lune était habitée; ensuite que les astres étaient autant de mondes; enfin que le nombre de ces mondes devait être infini, puisque aucun d'eux ne pouvait servir de terme et d'enceinte aux autres. De là, quelle prodigieuse carrière s'est tout à coup ouverte à l'esprit humain! Employez l'éternité même pour la parcourir, prenez les ailes de l'Aurore, volez à la planète de Saturne, dans les cieux qui s'étendent au-dessus de cette planète, vous trouverez sans cesse de nouvelles sphères, de nouveaux globes, des mondes qui s'accumulent les uns sur les autres; vous trouverez l'infini partout, dans la matière, dans l'espace, dans le mouvement, dans le nombre des mondes et des astres qui les embellissent, et après des millions d'années vous connaîtrez à peine quelques points du vaste empire de la nature. Oh! combien cette théorie l'a-t-elle agrandie à nos yeux! et s'il est vrai que notre âme s'étende avec nos idées et s'assimile en quelque façon aux objets dont elle se pénètre, combien l'homme doit-il s'enorgueillir d'avoir percé ces profondeurs inconcevables!

« — Nous enorgueillir! m'écriai-je avec surprise. Et

de quoi donc, respectable Callias? Mon esprit reste accablé à l'aspect de cette grandeur sans bornes, devant laquelle toutes les autres s'anéantissent. Vous, moi, tous les hommes, ne sont plus à mes yeux que des insectes plongés dans un océan immense, où les rois et les conquérants ne sont distingués que parce qu'ils agitent un peu plus que les autres les particules d'eau qui les environnent. A ces mots l'hiérophante me regarda; et après s'être un moment recueilli en lui-même, il me dit en me serrant la main : — Mon fils, un insecte qui entrevoit l'infini participe de la grandeur qui vous étonne.

« Callias sortit après avoir achevé son discours, et Euclide me parla de ceux qui admettaient la pluralité des mondes, Pythagore et les siens. Puis sur la Lune : Suivant Xénophane, dit-il, les habitants de la Lune mènent sur cet astre la même vie que nous sur la Terre. Suivant quelques disciples de Pythagore, les plantes y sont plus belles, les animaux quinze fois plus grands, les jours quinze fois plus longs que les nôtres. — Et sans doute, lui dis-je, les hommes quinze fois plus intelligents que sur notre globe? Cette idée rit à mon imagination. Comme la nature est encore plus riche par les variétés que par le nombre des espèces, je distribue à mon gré dans les différentes planètes des peuples qui ont un, deux, trois, quatre sens de plus que nous. Je compare ensuite leurs génies avec ceux que la Grèce a produits, et je vous avoue qu'Homère et Pythagore me font pitié. — Démocrite, répondit Euclide, a sauvé leur gloire de ce parallèle humiliant. Persuadé peut-être de l'excellence de notre espèce, il a décidé que les hommes sont individuellement partout les mêmes[1]. »

---

[1] Barthélemy, *Voyage du jeune Anacharsis en Grèce*, ch. XXX.

L'auteur continue ensuite quelque peu sur le ton de la plaisanterie.

On voit, par cette récapitulation de la philosophie athénienne au siècle de Platon, que les débats sur la pluralité des mondes sont ouverts depuis longtemps, comme nous l'avons montré dans cette étude historique. Depuis cette époque lointaine, ils ne se sont éteints qu'en apparence, et la grande idée philosophique a percé çà et là dans les œuvres de la pensée humaines. « Nous prescrivons des bornes à Dieu, écrivait Montaigne au seizième siècle, nous tenons sa puissance assiégée par nos raisons, nous le voulons asservir aux apparences vaines et foibles de nostre entendement, lui qui a fait et nous et nostre cognoissance. Quoi ! Dieu nous a-t-il mis en main les clefs et les dareniers ressors de sa puissance? S'est-il obligé à n'oultre-passer les bornes de nostre science? Mets le cas, ô homme ! que tu ayes pu remarquer icy quelques traces de ses effets, penses-tu qu'il y ayt employé tout ce qu'il a pu, et qu'il ayt mis toutes ses formes et toutes ses idées en cet ouvrage? Tu ne veois que l'ordre et la police de ce petit caveau où tu es logé; au moins si tu la veois : sa divinité a une juridiction infinie au delà, et ceste pièce n'est rien au prix du tout.

« Du vray, pourquoi Dieu, tout-puissant comme il est auroit-il restreinct ses forces à certaines mesures? En faveur de qui auroit-il renoncé son privilége? Ta raison n'a en aulcune aultre chose plus de vérisimilitude et de fondement qu'en ce qu'elle te persuade la pluralité des mondes.

Terramque et Solem, Lunam, mare, cætera quæ sunt,
Non esse unica, sed numero magis innumerali.

« Les plus fameux esperits du tems passé l'ont creue, et aulcuns des nostres mesme, forcez par l'apparence de la raison humaine ; d'autant qu'en ce bastiment que nous voyons, il n'y a rien seul et un, et que toutes les espèces sont multipliées en quelque nombre, par où il semble n'estre pas vraysemblable que Dieu ayt faict ce seul ouvrage sans comparaison et que la matière de cette forme ayt esté toute espuisée en ce seul individu[1]. »

« Je suis d'opinion, écrivait à la fin du siècle dernier un autre penseur, philosophe célèbre[2]; je suis d'opinion, disait-il, qu'il n'est pas même besoin de soutenir que toutes les planètes sont habitées, car le nier serait une absurdité aux yeux de tous ou du moins aux yeux du plus grand nombre. Dans l'empire de la nature, les mondes et les systèmes ne sont que de la poussière de soleils vis-à-vis de la création entière. Une planète est beaucoup moins par rapport à l'univers, qu'une île par rapport au globe terrestre. Au milieu de tant de sphères, il n'y a de parages déserts et inhabités que ceux qui sont impropres à porter les êtres raisonnables qui sont dans le but de la nature. Notre terre elle-même a peut-être existé mille ou un plus grand nombre d'années avant que sa constitution lui ait permis de se garnir de plantes, d'animaux et d'hommes. »

« Est-il possible de croire, ajoutait plus tard L. C.-Despréaux, que l'Être infiniment sage n'aurait orné la voûte céleste de tant de corps d'une si prodigieuse grandeur que pour la satisfaction de nos yeux, que pour nous procurer une scène magnifique ? Aurait-il créé ces soleils innombrables uniquement afin que les habitants de notre petit globe pussent contempler au firmament ces points

---

[1] *Essais* de Michel de Montaigne, liv. II, ch. XII.
[2] Emmanuel Kant, *Allgemeine Naturgeschichte und Theorie des Himmels*, part. III.

lumineux, dont même la plus grande partie est si peu remarquée ou nous est tout à fait insensible? On ne saurait se faire une telle idée si l'on considère qu'il y a partout dans la nature une admirable harmonie entre les œuvres de Dieu et les fins qu'il se propose, et que, dans tout ce qu'il fait, il a pour but non-seulement sa gloire, mais encore l'utilité et le plaisir de ses créatures. Aurait-il donc créé des astres qui peuvent darder leurs rayons jusque sur la Terre sans avoir aussi produit des mondes qui puissent jouir de leur bénigne influence? Non : ces millions de soleils ont chacun, comme notre soleil, leurs planètes particulières, et nous entrevoyons autour de nous une multitude inconcevable de mondes servant de demeures à différents ordres de créatures, et peuplés, comme notre terre, d'habitants qui peuvent admirer et célébrer la magnificence des œuvres de Dieu[1]. »

Voilà ce que pensent des philosophes de toutes les écoles, de toutes les croyances: Montaigne, l'homme simple « de cœur ouvert et de bonne foy; » Kant, le père de la philosophie allemande; Cousin-Despréaux, l'un des représentants de la philosophie chrétienne, dont les de Bonald et les de Maistre allaient être les coryphées. Notre étude historique dégénérerait en un récit d'une fastidieuse longueur si nous continuions à citer ainsi les pièces nombreuses que nous avons sous les yeux à l'appui de notre thèse, et nous devons déjà savoir gré au lecteur de ce qu'il a bien voulu nous suivre jusqu'ici dans ce travail. Nous craignons d'avoir présenté des citations en trop grand nombre, citations qui passent le plus souvent sous les yeux comme les tableaux d'une longue

---

[1] Louis Cousin-Despréaux, *les Leçons de la Nature présentées à l'esprit et au cœur*, liv. VIII, Considérations 321e-325e.

galerie, et qui fatiguent sans intéresser et sans instruire; mais nous tenions essentiellement à placer en avant de notre doctrine les autorités précitées. — On a pu voir cependant que, malgré leur nombre, les philosophes que nous avons cités sont les plus sérieux, et que nous n'avons point rapporté les mille créations de mondes imaginaires que certains poëtes, des romanciers ou des rêveurs ont inventées à toutes les époques. Arioste, par exemple, dans son *Orlando furioso*, avait imaginé sur la Lune une vallée où nous pouvions retrouver après notre mort les idées et les images de toutes les choses qui existent sur la Terre; le Dante, dans son épopée du Moyen Age, visite les âmes habitant les sept Sphères : c'est le dernier hymne chanté en l'honneur de la prédominance terrestre dans le système de la création; Marcel Palingenius décrit fort sérieusement dans son *Zodiaque* le monde Archétype qu'il suppose exister en un lieu de l'espace, de même que Platon avait placé le théâtre de sa République sur la mystérieuse Atlantide; Mercure Trismégiste distingue quatre mondes, l'Archétype, le Spirituel, l'Astral et l'Élémentaire; Agrippa, dans sa *Philosophie occulte*, en a décrit six, etc.; l'imagination des métaphysiciens a été plus féconde que celle des poëtes pour multiplier les mondes chimériques [1]. — Nous devons clore ici l'histoire de la pluralité des mondes; nous la terminerons en la couronnant par quelques paroles qu'ont émises sur le même sujet deux des plus illustres astronomes, astronomes que l'on n'accusera certainement pas de partialité pour les idées mystiques ou pour les conceptions imaginaires. « L'action bienfaisante du soleil, dit. La-

---

[1] Voy. notre ouvrage : *Les Mondes imaginaires et les Mondes réels*, 2ᵉ partie.

place[1], fait éclore les animaux et les plantes qui couvrent la Terre, et l'analogie nous porte à croire qu'elle produit de semblables effets sur les autres planètes; car il n'est pas naturel de penser que la matière dont nous voyons la fécondité se développer de tant de façons, soit stérile sur une aussi grosse planète que Jupiter qui, comme le globe terrestre, a ses jours, ses nuits, ses années, et sur lequel les observations indiquent des changements qui supposent des forces très-actives... L'homme, fait pour la température dont il jouit sur la Terre, ne pourrait pas, selon toute apparence, vivre sur les autres planètes. Mais ne doit-il pas y avoir une infinité d'organisations relatives aux diverses températures des globes et des univers? Si la seule différence des éléments et des climats met tant de variétés dans les productions terrestres, combien plus doivent différer celles des planètes et des statellites! »

« Dans quel but, s'écrie sir John Herschel, dans quel but devons-nous supposer que les étoiles aient été créées, et que des corps aussi magnifiques aient été dispersés dans l'immensité de l'espace? Ce n'a pas été sans doute pour éclairer nos nuits, objet que pourrait mieux remplir une lune de plus qui n'aurait que la millième partie du volume de la nôtre, ni pour briller comme un spectacle vide de sens et de réalité, et nous égarer dans de vaines conjectures. Ces astres sont, il est vrai, utiles à l'homme comme des points permanents auxquels il peut tout rapporter avec exactitude; mais il faudrait avoir retiré bien peu de fruit de l'étude de l'astronomie pour pouvoir supposer que l'homme soit le seul objet des soins de son Créateur, et pour ne pas voir, dans le vaste et

[1] *Exposition du Système du monde*, ch. VI.

étonnant appareil qui nous entoure, des séjours destinés à d'autres races d'êtres vivants[1]. »

Cette exposition historique nous a préparés à un examen judicieux de notre doctrine et nous a donné cet enseignement sur lequel il est utile de nous arrêter : que les hommes éminents de tous les âges, qui furent initiés aux opérations de la Nature, furent profondément saisis de sa fécondité prodigieuse, et comprirent la démence de ceux qui la circonscrivent à notre unique séjour. Si l'autorité du témoignage et l'accord des opinions sont la base de la certitude historique, la doctrine que nous défendons est appuyée sur un argument inviolable dont on s'est longtemps contenté en physique, en astronomie et en philosophie, et qui sert encore de base aujourd'hui à la plupart de nos connaissances. Mais nous n'ignorons pas que, lorsqu'il s'agit de doctrines spéculatives, aussi bien que dans les sciences d'observation, le grand nombre ni même la gravité des opinions et des témoignages ne sont pas une garantie suffisante de la vérité de ces doctrines, et qu'il faut savoir user largement de l'examen de la raison et ne se rendre qu'à l'évidence, ou du moins qu'à la certitude philosophique. C'est pourquoi nous nous contenterons de la conclusion suivante pour

---

[1] Sir John Herschel, *Treatise on Astronomy*, chap. XIII, § 592. — « Dans un sujet de cette nature, nous écrivait l'illustre astronome à propos de la première édition du présent ouvrage, dans un sujet de cette nature, chacun doit être impressionné par les vues particulières qu'il peut être conduit à tirer des probabilités *à priori* de la question, et baser là-dessus son opinion. Pour ma part, quoique je ne pense pas que la Lune soit habitée, je me sens fortement entraîné du côté que vous avez plaidé : à croire que les planètes, ou au moins quelques-unes d'entre elles, sont habitées. »

tous les faits établis précédemment: *L'étude de la nature engendre et affermit dans l'esprit de l'homme l'idée de la pluralité des mondes.*

Huygens disait il y a plus de cent cinquante ans : « Des hommes qui n'ont jamais eu aucune teinture de la géométrie ni des mathématiques croiront qu'il n'y a rien que de vain et de ridicule dans le dessein que nous nous sommes proposé; et il leur semblera que c'est une chose incroyable que nous puissions mesurer l'éloignement des astres, leur grandeur, etc. Que leur répondre? si ce n'est qu'ils seraient d'un autre sentiment, s'ils s'étaient appliqués à ces sciences et à contempler l'arrangement des ouvrages qui sont dans la nature. Nous savons qu'un nombre considérable de gens n'ont pu s'y appliquer, soit par leur peu de disposition, soit parce qu'ils n'ont pas eu l'occasion de le faire, soit enfin parce qu'ils en ont été détournés par quelque cause. Nous ne les en blâmons en rien ; mais aussi, s'ils s'imaginent qu'on doit condamner le soin que nous apportons à ces recherches, nous en appelons à des juges mieux instruits. » Nous répétons encore aujourd'hui ces paroles, en les adressant indirectement, par l'intermédiaire de nos lecteurs, à ceux qui font des objections quand même à toute étude qui leur paraît nouvelle. Il en est qui objectent que ce sont là des choses cachées dont Dieu s'est réservé le secret et qu'il n'a pas voulu nous faire connaître : cette objection tombe et disparaît d'elle-même devant l'histoire triomphante des sciences. D'autres encore pensent que nos soins tendent à des recherches inutiles : à ceux-ci nous demanderons lequel connaît mieux l'importance relative et la valeur réelle de son pays, de celui qui peut le comparer à d'autres nations qu'il visite et qu'il étudie, ou de celui qui reste endormi dans sa ville natale; et s'il vaut mieux vivre dans l'ignorance que de chercher à savoir ce que c'est que la Terre et ce que nous sommes nous-mêmes.

Nous pourrons maintenant aborder directement l'une des questions les plus curieuses, les plus intéressantes et les plus importantes à la fois de toute la philosophie; nous pourrons explorer cette question sous toutes ses faces, afin de n'en être plus réduits à des probabilités qui n'ont rien de solide, mais d'en acquérir au contraire une conviction profonde; nous pourrons exposer les causes qui la mettent en évidence et n'appuyer nos démonstrations que sur les seules données positives de la science; nous pourrons, enfin, fouler aux pieds cette antique et prétentieuse vanité de l'esprit humain, qui faisait vainement étinceler sur nos fronts la couronne de la création; préférant approfondir notre néant pour mieux faire éclater la majesté de l'univers, que de nous poser orgueilleusement, nous misérables pygmées, debout à côté de ce géant incomparable que l'on nomme le *Pouvoir créateur.*

Nous allons donc, dans la partie astronomique qui va suivre, considérer successivement l'ensemble du système solaire et des astres qui le composent, les analogies et les dissemblances qui réunissent ou distinguent ces mondes entre eux, les conditions d'existence qui les caractérisent et le degré d'habitabilité de notre globe. Nous envisagerons ensuite, sous le rapport de l'étendue, les orbites planétaires et leurs positions dans l'espace : l'excessive exiguïté de la Terre nous montrera qu'elle n'ajoute qu'une fleur bien pâle et bien pauvre au riche parterre de la création, et que l'univers physique ne perdrait pas plus de sa disparition qu'elle ne perdrait elle-même de la disparition d'un grain de poussière ou d'une goutte d'eau. De ce double point de vue : l'habitabilité des mondes et l'exiguïté de la Terre, surgiront des conclusions qui élèveront à la certitude philosophique la probabilité de la Pluralité des Mondes.

LIVRE II

LES MONDES PLANÉTAIRES

> Un lien mystérieux unit la nature
> céleste et la nature terrestre.
> De Humboldt.

LIVRE II

LES MONDES PLANÉTAIRES

I

DESCRIPTION DU SYSTÈME SOLAIRE

Nature et rôle du soleil. — Gravitation universelle. — Les mondes planétaires. — Mercure. — Éléments astronomiques de Vénus. — La Terre. — Le globe de Mars. — Planètes télescopiques. — Le monde de Jupiter. — Saturne; ses anneaux et ses satellites. — Uranus et son cortége. — Neptune. — L'ensemble du système.

L'astre éclatant du jour, source féconde de la lumière et de la chaleur qu'il répand à grands flots dans

---

[1] Il sera bon, avant de commencer cette étude, de jeter un coup d'œil sur le tableau des *Éléments du Système solaire*, placé à la fin de l'ouvrage. On a réuni dans ce tableau toutes les données astronomiques à consulter pour l'étude des autres mondes et pour leur comparaison avec le nôtre.

l'immensité de l'espace, rénovateur incessant de la jeunesse et de la beauté des planètes qui forment sa cour, foyer gigantesque de la vie et de la fécondité qui se développent dans son empire, réside glorieux au centre de notre système planétaire et préside aux révolutions célestes des mondes qui le composent. Sa constitution physique est une question qui n'est pas encore résolue d'une manière définitive, quoiqu'elle soit débattue depuis Anaximandre de Milet, disciple de Thalès. Les travaux des astronomes et des physiciens du siècle dernier et du nôtre semblent montrer dans l'astre solaire un globe obscur comme les planètes, enveloppé de deux atmosphères principales, dont l'extérieure serait la source de la lumière et de la chaleur, et dont l'intérieure aurait pour rôle de réfléchir au dehors cette lumière et cette chaleur, et d'en préserver le globe solaire. Ce globe solaire serait de la sorte habitable : c'était l'opinion de William Herschel et d'autres astronomes qui étudièrent après lui la constitution physique du soleil, c'est encore l'opinion de son fils, sir John Herschel, et de plusieurs de nos contemporains. Mais on ne saurait pourtant affirmer que cette théorie soit l'expression absolue de la vérité et puisse être définitivement acceptée. Des déterminations très-récentes de la physique générale paraissent devoir en modifier les éléments, et montrer que le noyau solaire intérieur, aussi bien que ses enveloppes atmosphériques, n'est pas de même nature qu'on l'avait pensé. Le Soleil paraît être, selon la parole de Kepler, un aimant gigantesque soutenant par les seules lois d'une attraction réciproque tous les autres mondes du groupe qu'il régit, un flambeau et un foyer permanent d'électricité, mettant en mouvement sur les mondes cet agent impondérable qui joue un grand rôle parmi les forces en action dans notre système [1].

Son action sur la terre et sur les autres planètes est d'une importance unique; nous lui devons les principes mêmes de notre existence. Le vent qui souffle sur nos campagnes, le fleuve qui descend des plaines à la mer, le navire aux voiles gonflées, le blé qui germe, la pluie qui féconde, le moulin qui transforme l'épi des champs, le cheval qui bondit sous l'étrier, la plume de l'écrivain qui répond à sa pensée: c'est au Soleil que nous devons remonter pour l'explication des grands phénomènes de la vie; il est l'agent direct ou indirect de toutes les transformations qui s'opèrent sur les planètes,—lui dont la puissance et la gloire nous environnent et nous pénètrent, et sans lesquelles cesserait bientôt de battre le cœur glacé de la Terre.

Le globe immense du Soleil est *un million quatre cent mille* fois (1,407,187) plus gros que la Terre. Voici un exemple bien connu qui donnera une idée de cette colossale grandeur : si nous supposions la Terre placée au centre du Soleil, comme un petit noyau au milieu d'un fruit, la Lune (éloignée de nous de 96,723 lieues) serait comprise elle-même dans l'intérieur du corps solaire, et pour aller du centre de la Lune à la surface du Soleil

---

[1] Voy. le gén. Sabine. *Proceedings of the British Association*, 1853, sept. 7; Airy, *Observations made at the royal Observatory*, Greenwich, 1841 to 1857; Quételet, *Bulletins de l'Académie royale de Belgique*; Kirchhoff et Bunsen, *Poggendorff's Annalen*; Flammarion, *Études et Lectures sur l'Astronomie*, t. I; *Cosmos, revue des progrès des sciences princip.*, t. XXIII, P. 203. lettres du professeur Zantedeschi, de Padoue, à M. Flammarion, sur l'*Action magnétique du Soleil*, et p. 459 : lettre de M. Nicklès, de la Faculté des sciences de Nancy, sur le même sujet.

on aurait encore à parcourir une ligne de plus de 80,000 lieues. Cet astre important pèse à lui seul 700 fois plus que toutes les planètes, les astéroïdes, les comètes et les satellites réunis. Dans les couches élevées de sa blanche atmosphère, on croit remarquer ordinairement de vastes trouées obscures à travers lesquelles l'œil descend jusqu'au globe solaire, ouvertures immenses dont l'étendue surpasse quelquefois celle de la Terre, et dans lesquelles notre globe s'engloutirait comme dans un puits; telle est du moins l'apparence des taches, mais sont-ce vraiment là des ouvertures perforées dans l'atmosphère? L'analyse spectrale nous invite à être fort réservés dans nos assertions. Dans tous les cas, on a mesuré sur le Soleil des taches dont le diamètre était dix fois plus grand que celui du globe terrestre, et qui néanmoins dans l'espace de quelques jours se transformèrent de fond en comble.

Cet astre est animé d'un mouvement de rotation qu'il accomplit en vingt-cinq de nos jours autour de son axe, ou, pour mieux dire, autour du centre de gravité de tout le système, mouvement de rotation bien différent dans ses effets, des mouvements planétaires, puisqu'il ne produit point à la surface du Soleil la succession alternative des jours et des nuits qu'il produit à la surface des planètes. On ne saurait déterminer par quel agent inconnu s'engendrent incessamment la chaleur et la lumière solaires; nous pouvons même dire que, malgré l'énorme quantité qu'il répand tout autour de lui dans l'espace, soit que ce foyer se consume, ce que les études de l'astronomie stellaire nous apprendront probablement un jour, soit qu'il ait acquis un état de stabilité permanente portant en elle-même les conditions d'une durée indéfinie, soit enfin — ce qui est le plus probable — qu'il répare à chaque instant des pertes causées par sa perpétuelle irradiation, la distance qui le sépare de nous est telle, qu'à moins de changements d'une rapidité excessive, nous ne pourrions d'ici apprécier aucune diminution de son disque. S'il diminuait, par exemple, journellement, au point que son diamètre se raccourcît d'un mètre en vingt-quatre heures, il faudrait une observation de près de dix mille années à l'habitant de la Terre pour qu'il aperçût une diminution sensible de son disque apparent. Pourtant ce grand éloignement ne nous empêche pas d'en recevoir une masse considérable de chaleur. Si la quantité que le globe terrestre reçoit dans une seule année était uniformément répartie sur tous ses points, et qu'elle y fût uniquement employée à fondre de la glace, elle serait capable de fondre une couche de glace qui envelopperait la Terre entière et qui aurait une épaisseur de plus de trente mètres. On peut concevoir par cette détermination quelle chaleur l'astre radieux déverse annuellement sur notre globe. Mais la chaleur interceptée par la Terre est infiniment petite, comparée à la chaleur totale déversée dans l'espace : même à la distance où nous sommes du Soleil, celle-ci est deux mille millions de fois plus forte que celle-là. L'intensité réelle de la chaleur solaire tient du prodige. Ainsi, à la surface de l'astre, la chaleur émise dans une seule heure pourrait faire bouillir trois milliards de myriamètres cubes d'eau à la température de la glace. Le chaleur que ce formidable foyer produit en un an est égale à celle qui serait fournie par la combustion d'une couche de houille de 27 kilomètres d'épaisseur, enveloppant entièrement le Soleil. (Or cet astre est, comme nous l'avons dit, un million quatre cent mille fois plus gros que la Terre.)

Une force mystérieuse, à laquelle on a donné le nom de *Gravitation universelle*, dirige autour de l'astre central le système solaire tout entier : planètes, satellites, astéroïdes, comètes, météores cosmiques, etc., enveloppant dans une même domination tous les êtres que le Soleil éclaire. C'est cette même force qui trace à la Lune l'orbite elliptique que cet astre décrit autour de notre globe, et qui entraîne dans une course perpétuelle les satellites autour de leurs planètes respectives; c'est elle qui, sous le nom de Pesanteur, assure les pas éphémères de l'homme et du ciron à la surface de la Terre, la fuite du poisson dans les ondes, et l'essor de l'oiseau dans les plaines bleues; c'est elle qui, sous le nom d'Affinité moléculaire, dirige les mouvements des atomes dans les transformations invisibles du monde inorganique, et, pour aller du plus petit au plus grand, c'est elle encore qui, dans les profondeurs incommensurables de l'étendue, préside aux révolutions lointaines des systèmes stellaires. C'est ainsi que, dans le sein de la nature, tous les phénomènes s'enchaînent sous la puissance de lois universelles; que la même force qui soulève périodiquement les eaux de la mer écumante, sillonne de comètes flamboyantes les plaines éthérées; que la même fécondité qui peuple une goutte d'eau de milliers d'infusoires doit produire et développer dans l'immensité des cieux des milliers de nations et de créatures.

Autour du Soleil gravitent les mondes planétaires ; les voici, tels qu'ils se révèlent à l'observation télescopique.

La première planète que l'on rencontre en marchant du centre du système à la périphérie est Mercure. — On a émis récemment [1] l'hypothèse qu'un anneau d'astéroïdes devait entourer le Soleil en deçà de l'orbite de Mercure, dans les régions circonvoisines de l'astre du

---

[1] En septembre 1859.

jour; mais la nouveauté de cette théorie ne nous permet de rien affirmer à l'égard de ces petits corps dont l'importance, du reste, au point de vue de nos considérations, est tout à fait secondaire. C'est au delà de cette région centrale que se meuvent les planètes, sur des orbites concentriques et à peu près circulaires. — Mercure est éloigné du Soleil de 14,783,400 lieues; son année dure près de 88 de nos jours (87^j 23^h 14^m); sa rotation diurne s'effectue en 24^h 5^m 28^s : fait digne de remarque, la durée du jour est à peu près la même sur les quatre premières planètes du système : Mercure, Vénus, la Terre et Mars. Le globe de Mercure est beaucoup plus petit que le globe terrestre, son diamètre ne mesure que 1,243 lieues, tandis que celui de la Terre en mesure 3,183; mais sa densité est près de trois fois plus considérable. Le Soleil se présente à un habitant de Mercure comme un disque étincelant, sept fois plus grand qu'il ne paraît aux habitants de la Terre, et variant au-dessus et au-dessous de cette grandeur moyenne suivant les positions successives de la planète dans son cours; cette variation du disque apparent du Soleil, plus grande pour Mercure que pour la Terre, a pu faire reconnaître à ses habitants, bien plus facilement qu'à nous, l'une des premières lois du système du monde : que les planètes suivent des orbites elliptiques dont le centre du Soleil occupe un foyer. Les observations modernes ont montré que cet astre est entouré d'une atmosphère très-dense, et qu'il est couvert de chaînes de montagnes beaucoup plus élevées que les nôtres. La lumière et la chaleur qu'il reçoit du Soleil y sont sept fois plus intenses qu'à la surface terrestre.

La brillante Vénus, étoile avant-courière de l'aurore et du soir, planète la plus radieuse et probablement la plus anciennement connue de tout le système, enveloppe l'orbite de Mercure dans le cercle qu'elle décrit en 224^j 16^h 41^m autour de l'astre central. Elle est éloignée de celui-ci de 27,618,600 lieues, et en reçoit deux fois plus de lumière et de chaleur que la Terre. Ses journées sont de 23^h 21^m 7^s ; ses saisons sont beaucoup plus caractérisées que les nôtres et ne durent que deux mois chacune. Son étendue, sa masse, sa densité et la pesanteur des corps à sa surface diffèrent peu des éléments analogues dans la planète qui va suivre. Ce globe est hérissé de sveltes montagnes dont quelques-unes excèdent 40,000 mètres d'élévation, et environné d'une enveloppe atmosphérique également très-élevée, enveloppe d'une constitution physique ressemblante à celle de notre enveloppe aérienne, et assez appréciable d'ici pour que nous distinguions sur ce monde l'aube et le déclin du jour. Comme Mercure, Vénus est presque toujours couverte de nuages.

A la distance de 38,230,000 lieues du Soleil on rencontre la Terre, planète analogue à la précédente sous plusieurs rapports, de même grosseur, de même poids, entourée comme elle d'un fluide atmosphérique, accomplissant son mouvement de rotation diurne en 23^h 56^m 4^s et parcourant sa révolution annuelle en 365^j 5^h 48^m.—Cet astre est accompagné d'une lune ou satellite, qui achève en 27^j 12^h 44^m son double mouvement de translation et de rotation, à la distance moyenne de 96,723 lieues ; la surface de ce satellite fut déchirée par de violents cataclysmes ; les vastes cratères et les pics sans nombre dont elle est actuellement couverte nous représentent les derniers vestiges des révolutions qui l'ont tourmentée.

Environ 20 millions de lieues plus loin circule la planète Mars, qui présente aussi de frappants caractères de ressemblance avec les précédentes. Elle est éloignée de l'astre central de 58,178,600 lieues, achève son année en 686^j 22^h 18^m et sa rotation diurne en 24^h 39^m 21^s. Les enveloppes atmosphériques qui entourent cette planète et la précédente, les neiges [1] qui apparaissent périodiquement à leurs pôles et les nuages qui s'étendent de temps en temps à leurs surfaces, la configuration géographique assez semblable de leurs continents et de leurs plaines maritimes, les variations de saisons et de climats communes à ces deux mondes, nous fondent à croire que ces deux planètes sont l'une et l'autre habitées par des êtres dont l'organisation physique doit offrir plus d'un caractère d'analogie, ou que si l'une d'elles était vouée au néant et à la solitude, l'autre qui se trouve dans les mêmes conditions, devrait avoir le même partage.

A la distance d'environ 100 millions de lieues du Soleil, il existe dans les espaces interplanétaires une zone large de 80 millions de lieues, qui paraît avoir été jadis le théâtre de quelque grande catastrophe. En effet, dans cette région où les astronomes espéraient rencontrer la planète que les lois universelles de la nature plaçaient entre Mars et Jupiter, planète annoncée depuis longtemps par Kepler, Titius et autres, on a déjà rencontré 75 [2] frag-

---

[1] Sur les apparences de cette planète voisine on pourra consulter avec intérêt les travaux de sir John Herschel, Beer et Maedler, De la Rue, Secchi et Philipps (d'Oxford). Les observations les plus récentes ont été résumées dans le *Cosmos*, t. XXII, liv. XXVI, juin 1863. — Notre Frontispice représente *l'aspect comparé de Mars et de la Terre*. On peut voir, par les neiges des pôles, par la configuration des continents et des mers, par l'ensemble géographique de chacune de ces planètes, combien elles se ressemblent et quel haut degré d'analogie les réunit l'une à l'autre. On a dessiné Mars de la même grosseur que la Terre (quoiqu'il soit plus petit) afin de rendre la comparaison plus facile.

[2] Ce nombre est celui des petites planètes découvertes jus-

ments planétaires accomplissant, indépendamment les uns des autres, leurs mouvements de translation autour du centre commun de tout le système. Peut-être, en admettant la plus vraisemblable des théories cosmogoniques, ces astéroïdes sont-ils dus à un morcellement aux temps primitifs de l'anneau cosmique qui devait former la planète; peut-être aussi sont-ils les fragments d'un monde qui existait autrefois dans cette partie du système, et qu'une révolution géologique intérieure aura brisé, en disséminant ses débris dans l'espace et en laissant échapper ses gaz intérieurs qui auront formé des comètes planétaires.

Au delà de la zone où se meuvent les planètes télescopiques, gravite le globe colossal de Jupiter, sur une orbite éloignée du Soleil de près de 200 millions de lieues. Malgré la vitesse de sa rotation diurne, qui s'effectue en moins de 10 heures et qui ne lui donne par conséquent que 5 heures de jour réel, son année est douze fois plus longue que la nôtre, et ses habitants ne comptent que huit ans dans le même temps que nous comptons un siècle. Ce monde, qui surpasse de 1,414 fois notre globe chétif, est environné d'une enveloppe gazeuse dans laquelle flottent constamment d'épais nuages qui nous dérobent la configuration géographique de sa surface; on sait toutefois que de grands mouvements météoriques s'opèrent sur ce globe, soit au sein de son atmosphère sillonnée de nuages blancs de chaque côté de l'équateur, soit dans ses régions maritimes ou sur les continents; on observe notamment que des vents alizés font courir des brises tem-

---

qu'en 1862. Il s'accroît tous les ans par des découvertes nouvelles. Nous donnons, à la note B. de l'Appendice, la liste des petites planètes actuellement connues.

pérées parmi ses régions intertropicales. La quantité de chaleur et de lumière répandue par le Soleil à la surface de Jupiter est 22 fois moindre que sur la Terre, à surface égale; et cette quantité, qui peut être, comme nous le reconnaîtrons, aussi grande pour les habitants de Jupiter que celle reçue par la Terre l'est pour nous, est distribuée dans une mesure constante et invariable à chaque degré de latitude, de l'équateur aux pôles. Ce monde n'est point soumis comme le nôtre aux vicissitudes des saisons ni aux brusques alternatives de la température; un éternel printemps l'enrichit de ses trésors. Son diamètre équatorial ne mesure pas moins de 35,792 lieues; sa masse, égale à 338 fois la masse terrestre, lui donne une densité spécifique qui, relativement aux grandes dimensions de l'astre, n'est guère plus forte que celle du chêne, de sorte qu'à volume égal il serait plus de 4 fois moins lourd que la Terre. Quatre satellites[1] lui donnent une lumière permanente qui, jointe à celle de ses longs crépuscules, procure à cette planète des nuits comparativement très-courtes et constamment illuminées.

Le système de Saturne, à la distance de 364,351,600 lieues du centre commun des orbes planétaires, emporte, dans une révolution de 30 ans, son globe majestueux qui surpasse le nôtre de 734 fois, ses anneaux immenses dont le diamètre ne mesure pas moins de 71,000 lieues, et tout un monde de satellites qui embrasse dans l'espace une étendue circulaire de plus de 2,600 milliards de

[1] Satellites de Jupiter :

	Lieues.		j.	h.	m.	s.
Distance du 1er satellite à la planète.	108,268	Durée de sa révolution.	1	18	27	33
» 2e » »	172,183	» »	3	13	13	42
» 3e » »	274,742	» »	7	3	42	33
» 4e » »	483,260	» »	16	16	32	8

lieues carrées[1]. Les saisons de Saturne sont mieux marquées que celles de la Terre et durent chacune 7 ans et 4 mois; on voit, pendant ses longs hivers, des taches blanchâtres apparaitre à ses pôles, comme sur la Terre et sur Mars. Son mouvement de rotation s'accomplit avec une rapidité prodigieuse, car la durée de son jour, assez semblable à celle du jour de Jupiter, n'excède pas $10^h 16^m$. Cette vitesse a produit à ses pôles un applatissement considérable (un dixième), de même que pour la planète précédente (un dix-septième), observation qui nous donne encore une nouvelle preuve de l'universalité des lois de la nature. Les bandes alternativement brillantes et sombres qui apparaissent sur ces deux astres et qui sont un indice certain des variations qui s'opèrent dans leurs atmosphères, la diversité que l'on remarque entre les teintes des régions polaires et celles des régions équatoriales, la magnificence du spectacle de la création dans Saturne où les jeux de la nature parmi les mysté-

---

[1] Anneaux et satellites de Saturne :

	Lieues.
Diamètre extérieur de l'anneau extérieur.	71,000
Diamètre intérieur de l'anneau extérieur.	62,500
Diamètre extérieur de l'anneau intérieur.	61,000
Diamètre intérieur de l'anneau intérieur.	47,000
Distance des anneaux à la planète.	8,300
Intervalle des deux anneaux.	720
Épaisseur.	30
Largeur.	11,900
Durée de la rotation des anneaux.	10 h. 32 m. 15 s.

	Lieues.		j.	h.	m.	s.
Distance du 1er satellite à la planète.	47,988	Durée de sa révolution.	»	22	37	22
» 2e » »	61,600	» »	1	8	53	6
» 3e » »	75,646	» »	1	22	18	25
» 4e » »	97,800	» »	2	17	41	8
» 5e » »	136,374	» »	4	12	25	10
» 6e » »	315,866	» »	15	22	41	25
» 7e » »	442,600	» »	21	7	12	
» 8e » »	922,000	» »	79	7	53	

rieux anneaux doivent être pour ses habitants d'une splendeur sans égale, et dans Jupiter où sont réunies les conditions les plus favorables à l'existence, nous disent assez combien le domaine de la vie est loin d'être limité au petit monde qui nous a donné le jour.

La planète Uranus roule à la distance de 732,752,400 lieues, sur une orbite elliptique qu'elle parcourt en 84 ans et 3 mois. Son diamètre mesure 13,700 lieues; elle est 82 fois plus grosse que la terre, et aplatie à ses pôles, comme les précédentes ; sa densité est un peu inférieure à celle de la brique ; la lumière et la chaleur qu'elle reçoit du Soleil sont 360 fois moindres qu'à la surface terrestre. Elle est environnée, comme la précédente, d'un cortége de huit satellites; leurs distances à la planète sont comprises entre 50,000 et 723,000 lieues, et leurs durées de révolution respectives entre deux jours et demi et trois mois et demi[1]. Ces satellites présentent une singularité dont il n'y a pas d'autre exemple dans le système solaire : c'est de se mouvoir de l'est à l'ouest, tandis que ceux des autres planètes se meuvent tous de l'ouest à l'est. Cette singularité a fait penser que la planète elle-même doit avoir un mouvement de rotation rétrograde et, quelle tourne d'orient en occident ; l'observation télescopique n'a pas encore pu vérifier ce fait, l'éloignement considérable (sept cent mil-

[1] Satellites d'Uranus :

	Lieues.	Durée de sa révolution.	j.	h.	m.	s.
Distance du 1er satellite à la planète.	50,960	» »	2	12	2	2
» 2e » »	71,000	» »	4	3	27	22
» 3e » »	89,870	» »	5	21	25	3
» 4e » »	116,500	» »	8	16	56	10
» 5e » »	146,000	» »	10	23	4	7
» 6e » »	155,840	» »	13	11	8	25
» 7e » »	311,700	» »	38	1	48	3
» 8e » »	723,400	» »	107	16	40	0

lions de lieues) qui nous sépare de ce monde, empêchant de rien distinguer à sa surface.

Enfin la dernière planète connue du système, dont la découverte, qui date de nos jours, a jeté un si vif éclat sur la certitude des données scientifiques modernes, et principalement sur la puissance de l'analogie, la planète qui a reculé de près de quatre cent millions de lieues les confins du domaine planétaire, et qui ne ferme que provisoirement cet empire immense, décrit, à la distance de 1 milliard 147 millions de lieues du centre du système, une orbite dont la grandeur linéaire surpasse sept milliards de lieues. Dans cet éloignement prodigieux, d'où le disque solaire paraît 1,300 fois plus petit que de notre station terrestre, la même force de gravitation dirige sa révolution annuelle, sa rotation diurne et les phénomènes qui se produisent à sa surface. L'année de Neptune est égale à 164 des nôtres, les saisons y durent chacune plus de 40 ans; sa densité est à peu près la même que celle du hêtre, son volume surpasse de plus de cent fois celui de la sphère terrestre. — Cette planète est accompagnée d'une lune, qui accomplit son double mouvement de translation et de rotation, simultanés pour chaque satellite, en 5 jours 21 heures, à la distance de 100,000 lieues de la planète.

Avant de terminer cette exposition du système planétaire, il sera bon d'observer que si nos moyens d'investigation n'ont pu s'étendre encore qu'à la distance de Neptune, c'est-à-dire à un milliard de lieues du foyer central, il est certain que l'empire du Soleil n'est point renfermé dans ces limites; car plusieurs comètes décrivent des orbites plus étendues, orbites dont le parcours nécessite des milliers d'années. Des mondes planétaires inconnus circulent très-probablement dans ces régions présentement inaccessibles, et portent bien au delà de Neptune les bornes du système planétaire. Peut-être même sont-ils en nombre aussi grand que ceux dont nous venons de parler. — La distance qui sépare notre Soleil de l'étoile la plus voisine surpasse de près de huit mille fois la distance de Neptune au Soleil : on voit que l'arène est large pour les révolutions des astres, et l'on doit penser que cette étendue n'est pas vide de mondes.

Pour résumer la description précédente, observons que toutes les planètes du système se relient entre elles par de très-grandes analogies, et que, s'il y a quelque distinction conventionnelle à établir pour faciliter la discussion de notre théorie, elles se partageront naturellement en deux groupes séparés par la région des astéroïdes. Mercure, Vénus, la Terre et Mars formeront le premier groupe, qui sera caractérisé par sa proximité de l'astre lumineux, par l'exiguïté de chacune des quatre planètes qui le composent, par la brièveté de leurs années, et par la durée équivalente de leurs jours respectifs, enfin par des éléments géodésiques analogues, et par le même rang dans le monde planétaire. Pour chacun de ces mondes même rang, même histoire, même figure et peut-être mêmes conditions d'existence et même rôle dans l'univers. Le deuxième groupe, également formé de quatre planètes, sera remarquable par les dimensions colossales des sphères qui le composent, car la plus petite de ces sphères, Uranus, est encore plus grosse que les quatre planètes précédentes réunies ; il sera remarquable aussi par le nombre des satellites qui accompagnent ces astres dans leur cours, par la lenteur de leurs révolutions annuelles et la rapidité de leurs jours, et par la suprématie que leur ont acquise sur les autres mondes, leur importance dans les mouvements célestes et leur imposante majesté dans ces régions immenses de l'univers solaire.

Cette division établie, et l'ensemble du système exposé, il convient maintenant d'examiner et de discuter les causes astronomiques d'habitabilité ou d'inhabitabilité de chacun des mondes planétaires. Ce sera l'objet de l'étude suivante.

GRANDEURS COMPARÉES DES PLANÈTES

II

ÉTUDE COMPARATIVE DES PLANÈTES

Position de la Terre dans le système. — Conditions d'habitabilité des mondes. — Quantité de chaleur et de lumière sur chaque planète. — Nombre des satellites; leur rôle. — L'habitabilité de la Lune; — du Soleil; — des comètes. — Les atmosphères à la surface des mondes; propriétés importantes; *l'air* et *l'eau*. — Grandeurs, surfaces et volumes; la Terre vue de Jupiter; notre monde comparé au Soleil. — Densité des planètes. — Poids des corps à leur surface. — Ce que pèse le Soleil. — Conclusion tirée de l'étude des mondes planétaires.

En abordant l'étude comparative des planètes, le premier point qui réclame notre attention est la position occupée par la Terre dans notre système. Or, en faisant la supposition, toute gratuite, il est vrai, que nous connaissions le nombre entier des planètes, en restreignant un instant nos conclusions à ce nombre déterminé par la science d'aujourd'hui, et en établissant nos considérations sur cette base et sur les distances respectives des planètes à l'astre radieux, nous remarquerions d'abord que la Terre est la troisième sur neuf, — les astéroïdes comptant pour une seule, — et que, par conséquent, elle n'est caractérisée ni par sa proximité, ni par son éloignement, ni par une position médiane; nous dirions ensuite qu'elle est près de 3 fois plus éloignée que Mercure et 36 fois moins que Neptune, et qu'elle n'est pas non plus située sur le milieu du rayon adopté du système planétaire; car ce point tombe entre l'orbite de Saturne et celle d'Uranus. D'où nous conclurions que, sous ce premier point de vue, la Terre n'est pas distinguée des autres planètes. Mais cette considération, ne se rattachant qu'à des données très-probablement incomplètes, n'a d'autre but que d'enlever à nos adversaires l'argument sur lequel ils s'appuient quand ils prétendent combattre, au nom de la position de la Terre dans le système, la doctrine de la pluralité des mondes, et sa médiocre importance s'efface devant les déterminations suivantes.

En considérant la quantité de chaleur et de lumière que les mondes planétaires reçoivent du Soleil, sachant que l'intensité de chacune d'elles varie, toutes choses étant égales d'ailleurs, en raison inverse du carré des distances, et prenant la Terre pour point de comparaison, nous trouverons que Mercure reçoit 7 fois plus de lumière et de chaleur que notre globe, Vénus 2 fois plus, Mars moitié moins, les planètes télescopiques 7 fois moins, Jupiter 27 fois moins, Saturne 90 fois moins, Uranus 365 fois moins et Neptune 1,500 fois moins.

Ces distances respectives des planètes au foyer solaire, parmi lesquelles celle de la Terre n'offre aucun privilège, déterminent une diminution graduelle dans la température de leur surface, depuis Mercure jusqu'à Neptune; et ces distances doivent être prises pour bases fondamentales dans nos recherches sur cette température. Depuis les célèbres travaux de Fourier, nous savons à n'en pas douter que la chaleur intérieure du globe, quel que soit son haut degré d'intensité, n'a qu'une faible action sur l'état thermique de la surface, relativement à l'action du

Soleil. La théorie mathématique de la chaleur a fait de brillants progrès depuis Buffon[1], et ces progrès ne permettent plus de croire aujourd'hui que le feu central ait une influence exclusive sur la température de l'écorce refroidie. L'existence d'une haute température à l'intérieur de la Terre et d'un foyer brûlant a été reconnue par l'accroissement constant de la chaleur à partir de la surface, en quelque lieu qu'on expérimente, accroissement qui ne saurait en aucune façon exister si le Soleil seul agissait sur le globe. L'existence de cette chaleur interne une fois démontrée, on a pu chercher à évaluer son influence à la surface du sol, en mesurant le degré de facilité avec lequel les couches situées immédiatement au-dessous du sol permettent à cette chaleur de les traverser. Or toutes les observations recueillies et discutées ont montré que l'influence de la chaleur centrale est actuellement à peu près insignifiante à la surface de la Terre.

Aux temps primitifs, notre planète se ressentait encore de son origine ignée, et sa température extérieure était sans comparaison avec celle que nous observons depuis les temps historiques. Mais l'imagination peut à peine se former une idée des âges qui se sont écoulés depuis les premières époques de la nature. La relation qui existe entre la longueur du jour et la chaleur du globe nous a appris que, le volume de la Terre diminuant lorsque la masse se refroidit, tout décroissement de température correspond à un accroissement de la vitesse de rotation ; or il résulte des observations astronomiques, que depuis Hipparque, c'est-à-dire depuis deux mille ans, la longueur du jour n'a pas diminué d'un centième de seconde :

---

[1] Voy. la note C. de l'Appendice, sur la Température des planètes.

on peut affirmer par là que la température moyenne du globe n'a pas varié de $\frac{1}{170}$ de degré depuis deux mille ans. Il paraît, du reste, démontré que la Terre ne se refroidit pas d'une quantité appréciable dans l'espace de 1,280,000 ans. On peut juger par là depuis combien de temps la Terre est soumise au régime actuel, régime pendant lequel, comme nous l'avons dit, l'influence de la chaleur centrale est presque insignifiante à la surface.

Les conclusions que l'on a obtenues par des expériences faites sur notre planète peuvent être appliquées aux autres mondes de notre système, tout nous invitant à croire que ces mondes ont la même origine que le nôtre. La cause prépondérante de la chaleur à la surface des planètes appartient à leurs distances respectives à l'astre du jour.

Mais, tout en donnant à cette valeur la part qui lui appartient ici, il ne faut pas perdre de vue que nos déterminations s'appliquent implicitement au globe terrestre, que nous substituons sans nous en douter à chacune des planètes étudiées. Il est possible qu'en certaines terres de l'espace, le feu central ait encore une action puissante sur les phénomènes organiques qui s'opèrent à la surface, de même qu'en certaines planètes la création peut n'être qu'au début de son œuvre, et l'homme non encore apparu. Pour résoudre ce problème de la chaleur à la surface des mondes, il nous faudrait des données qui nous manqueront vraisemblablement toujours. Il nous faudrait, par exemple, connaître la diaphanéité, la densité, la composition chimique et les propriétés physiques des atmosphères ambiantes ; car on sait qu'elles agissent comme d'immenses serres chaudes, qu'elles laissent plus ou moins passer les rayons solaires pour échauffer leurs planètes, et qu'elles s'opposent ensuite avec plus ou moins d'efficacité à ce que cette chaleur s'en échappe par le rayonnement ; cette propriété, convenablement proportionnée aux distances, suffirait pour donner une même température moyenne à des mondes diversement éloignés du Soleil. Il nous faudrait également connaître la nature des matériaux qui constituent chacun des corps planétaires, et qui n'ont pas tous la même capacité pour la chaleur, les accidents de terrain et les circonstances propres à faire varier notablement le calorique absorbé ou réfléchi, la couleur générale et les teintes locales des diverses surfaces, le degré de sécheresse ou d'humidité ordinaire du sol, ou l'évaporation plus ou moins fréquente des masses liquides, la hauteur des montagnes, l'hygrométrie et l'isothermie des globes, leur état électrique et magnétique, enfin l'état calorifique propre à chacune des sphères célestes ; il nous faudrait aussi connaître mille causes influentes dont nous ne pouvons nous former la moindre idée, jugeant de toute la création par les phénomènes terrestres, les seuls que nous puissions observer, et nous trouvant dans l'impossibilité d'imaginer des causes dont nous n'ayons pas au moins notion ici-bas. Qu'il nous suffise de comprendre que toutes les objections qui dérivent de l'éloignement ou de la proximité du Soleil, et qui semblent interdire l'existence des êtres vivants en certains mondes parce qu'ils y seraient brûlés, et en d'autres parce qu'ils y seraient gelés, ne sont d'aucune valeur lorsqu'on les oppose à la puissance effective de la Nature[1], et que, par conséquent, soit que cette toute-

---

[1] Afin que l'on ne donne pas une interprétation panthéistique à ce mot de *Nature* qui reviendra souvent dans ces études, nous dirons que : *Nous considérons la Nature, c'est-à-dire l'universalité des choses créées et des lois qui les régissent,* comme L'EXPRESSION DE LA VOLONTÉ DIVINE.

puissante Nature produise dans ces régions des êtres organisés pour l'état normal de la planète, soit qu'elle atténue les circonstances extrêmes qui sont généralement défavorables aux fonctions des organismes vivants, il n'en reste pas moins avéré que, sous ce nouveau point de vue, la position de la Terre ne la distingue point des autres mondes planétaires.

Abordons d'autres points de similitude. En considérant les satellites comme placés dans le ciel non-seulement pour éclairer la nuit, mais encore pour déterminer le flux et le reflux de l'Océan et de l'atmosphère, le mouvement des météores et la production de divers phénomènes atmosphériques, nous remarquerons que certaines planètes en possèdent jusqu'à huit et que la Terre est loin d'être privilégiée à cet égard. Nous avons ici une observation importante à adresser à certains partisans des causes finales, qui admirent avec raison ces luminaires dont la douce clarté remplace pendant la nuit l'éclatante lumière des jours, mais qui ont le tort de prétendre que la Lune et les satellites ne seraient bons à rien s'ils ne rendaient quelques services à leurs planètes, et que c'est là leur seule raison d'être. Nous leur ferons simplement observer que leur argument peut être avantageusement retourné contre eux. En effet, les habitants de ces petits mondes ont certainement un droit plus évident de se croire privilégiés et de soutenir que la Terre et les autres planètes, qui réfléchissent beaucoup plus de lumière, ont été formées tout exprès pour éclairer leurs nuits si longues; et cette manière de voir est d'autant mieux fondée que les planètes surpassent davantage les satellites en étendue réfléchissante. C'est ainsi que la Terre envoie treize fois plus de lumière à la Lune que celle-ci ne lui en donne, et que, malgré le nombre des satellites de Saturne, d'Uranus et de Jupiter, la différence est encore plus marquée pour ces mondes. De quelque côté donc que l'on examine la question, non-seulement la Terre est moins favorisée que les grosses planètes, mais elle l'est même moins que les satellites eux-mêmes. Pour dissiper complétement l'opposition de ceux qui invoquent dans ce sens la causalité finale, et qui l'appliquent si superficiellement aux grandes œuvres de la nature, nous remarquerons avec Arago que, pour satisfaire à leurs vues, il eût fallu que les planètes eussent d'autant plus de satellites à leur service qu'elles sont plus éloignées du Soleil : ce qui n'est pas; avec Laplace que, pour une illumination permanente des nuits de notre monde, il eût fallu que la Lune, toujours en opposition, et à une distance quadruple de celle où elle est, eût accompli en un an sa révolution dans une orbite embrassant celle de la Terre et dans le même plan : ce qui n'est pas et ne peut pas être; avec Auguste Comte, que le mieux pour ceci eût été d'avoir deux satellites disposés de telle façon que le lever de l'un eût coïncidé avec le coucher de l'autre, ce qui fût arrivé si ces deux satellites eussent circulé dans une même orbite en restant constamment éloignés l'un de l'autre de 180 degrés de longitude : ce qui n'est pas davantage.

A nos yeux la Lune a une autre destinée à remplir que celle de rouler solitairement autour de notre globe. Ou elle est habitée, ou elle a été habitée, ou elle sera habitée. Que le télescope nous montre la solitude dans ses parages et la stérilité sur son hémisphère visible, c'est un fait d'observation, il est vrai, mais c'est un fait qui ne nous autorise à rien nier, pas plus qu'il ne nous permet de rien affirmer d'une manière définitive, dans l'état actuel de nos connaissances. Et quand l'absence de toute atmosphère, et par conséquent de tout liquide, à la surface de cet hémisphère, serait surabondamment démontrée, cela n'impliquerait pas encore l'inhabitation du satellite. Il y a presque une moitié de ce satellite qui nous est entièrement dérobée et qui nous restera éternellement inconnue ; là, des mers peuvent découper les continents fertiles, et des forêts ombreuses vêtir les montagnes ; là, des animaux peuvent avoir trouvé un asile et des conditions d'existence ; là, une humanité peut vivre et fleurir sans qu'il nous soit jamais possible d'en avoir le moindre soupçon. De plus, les faibles dimensions de la Lune, relativement à notre globe dont elle n'est que le quarante-neuvième, seraient une raison suffisante pour nous dissuader de la prétention de pouvoir juger son état d'habitation ; la question ne peut être présentement résolue, et le pour et le contre peuvent être également défendus.

En proclamant l'habitabilité de la Lune et des satellites, nous sommes loin de rejeter dans l'ombre les avantages que ces astres secondaires procurent à leurs planètes respectives. Nous disons, au contraire, que la Lune est la compagne bien utile de la Terre ; utile sous le rapport de la mécanique céleste, pour les mouvements oscillatoires du globe ; utile sous le rapport de la vie astrale de la planète, pour sa météorologie si mystérieuse encore ; utile sous le rapport de son habitation vivante, dans l'illumination de ses nuits et dans des influences que l'on n'a pu encore apprécier sur l'économie des êtres, végétaux et animaux. Nous disons de plus que les avantages que nous recevons de notre satellite n'ont pas été reconnus dans leur multiplicité, ni appréciés dans toute leur étendue. Mais nous ajoutons aussitôt que là ne paraissent pas s'arrêter les vues de la Toute-Puissance, et que ce serait une prétention voisine du ridicule d'affirmer que nous sommes le but unique de la création de la Lune, et que cet astre, sur lequel ont été distribuées certaines conditions biologiques bien supérieures à celles dont la Terre est revêtue, n'aurait eu dès sa formation d'autres perspectives devant lui qu'une stérilité permanente et une mort éternelle.

La question des causes finales, soulevée par l'habitabilité des satellites, amène sur le terrain la question de l'habitabilité du Soleil, des comètes, des astres qui ne paraissent pas avoir été créés pour eux-mêmes, mais en vue d'autres mondes. Le Soleil, cette source abondante de lumière et de vie qui entretient sur nos mondes tant de races d'êtres organisés, ce pivot central dont la domination assure la stabilité, la régularité et l'harmonie des mouvements planétaires; le Soleil, disons-nous, a pour but principal la fonction bien déterminée de soutenir le système dans les vides de l'espace. Mais si l'on considère qu'une grande multiplicité d'actions est ordinairement effectuée dans les œuvres de la Nature, et que cette puissance essentiellement agissante tend constamment à la plus grande somme de travail utile, mettant à profit les forces les plus faibles en apparence, dans les lieux où l'on aurait le moins supposé leur présence ou la possibilité de leur action, on admettra qu'à l'indispensable utilité du Soleil comme soutien et foyer des mondes pourrait s'ajouter encore l'utilité plus admirable dans son luxe d'être le séjour d'intelligences élevées, occupant cette terre radieuse qui ne connaît point les nuits ni les hivers, dont la splendeur éclipse toutes les autres, et qui reste suspendue comme une région magnifique, enrichie peut-être des productions les plus opulentes de la nature; les œuvres de la création concourent toujours à l'effet le plus utile et au but le plus complet. Mais hâtons-nous de dire que ces conjectures sont purement hypothétiques, séduisantes peut-être, mais loin au-dessous des raisons et des faits sur lesquels s'appuie la doctrine générale de la pluralité des mondes. Il serait vain et hors de sens de vouloir traiter scientifiquement la question des habitants du Soleil. L'Anglais Knight, dans un livre où il a entrepris d'expliquer tous les phénomènes de la nature par l'attraction et la répulsion; le docteur Elliot, qui fut acquitté dans un débat de cour d'assises, pour avoir prétendu que le Soleil était habité et s'être ainsi fait passer pour fou; William Herschel, qui vint huit ans plus tard épouser ces idées qui avaient valu à leur auteur le titre de fou (et la vie), et proclamer l'habitabilité de l'astre solaire; Bode, l'astronome allemand, qui rédigea un mémoire sur la félicité des Solariens; et plusieurs astronomes de notre siècle, au nombre desquels nous citerons Humboldt et Arago, crurent, il est vrai, à cette habitabilité, et adoptèrent la théorie de la constitution physique solaire qui paraissait permettre l'habitation. D'autres ont soutenu non-seulement que cet astre était habité, mais encore, à l'exemple de Bode, qu'il était un immense séjour de délices et de longévité, et que les avantages biologiques les plus précieux avaient été donnés au plus important des mondes du système, à celui qui domine tous les autres, qui les gouverne, et qui les enveloppe dans ses rayons bienfaisants de chaleur et de lumière. Cependant quiconque s'adonnerait à des spéculations arbitraires sur son degré d'habitabilité et sur son genre d'habitation s'engagerait dans l'erreur dès le premier pas. Nous l'avons vu, les travaux les plus récents de l'astronomie physique ne nous autorisent plus à croire, comme il y a vingt ans, avec Arago, que l'habitation du Soleil puisse être analogue aux habitations planétaires; elle en est, à tous égards, radicalement distincte. Ce n'est pas une raison pour avancer qu'il n'y ait là aucune sorte d'êtres; c'en est une pour croire que les êtres dont le Soleil peut être peuplé diffèrent essentiellement de nous dans tous leurs caractères.

Parmi les corps célestes dont la destination ne paraît pas être de soutenir la vie et l'intelligence, et dont l'état cosmique semble même radicalement incompatible avec les phénomènes de l'existence, nous mentionnerons ces astres chevelus aux traînées flamboyantes, jadis la terreur de tous, maintenant le hochet des curieux. Les comètes, en effet, ne sauraient tenir la moindre place dans nos considérations sur la pluralité des mondes. Leur origine, leur nature, leur fonction dans l'économie du système et leur but final nous sont inconnus. Hôtes mystérieux de l'espace, on les voit errer d'un monde à l'autre, oublier les distances, méconnaître les limites des états célestes, et franchir impétueusement l'étendue dans leur course échevelée. Quelques-unes ont passé près de nous, et restent captives sous le filet de l'attraction solaire; d'autres, semblables à de gigantesques chéiroptères ouvrant leurs ailes vigoureuses, se sont dégagées des liens et s'envolèrent dans les profondeurs de l'infini. Ombres légères, vapeurs immenses, créations mobiles, qui sont-elles et pourquoi sont-elles? — Derham a émis l'opinion que, eu égard aux variations incessantes de leur température, depuis la chaleur torride jusqu'au froid glacial, qui leur donnent un séjour fort inhospitalier, elles devaient probablement servir de lieux de supplices pour les damnés... D'autres systèmes d'explications, plus ou moins ingénieux, leur ont de même été appliqués... Nous ne suivrons pas ces hardis créateurs dans leurs spéculations hypothétiques.

Considérons maintenant la question des atmosphères à la surface des planètes, les propriétés de cette enveloppe sur l'économie des êtres et son influence dans le système physique de chaque monde. Sur la Terre, l'atmosphère est un mélange composé de 79 parties d'azote et 21 d'oxygène, et depuis le poisson, qui respire par les branchies, jusqu'à l'homme, dont l'appareil pulmonaire est le plus parfait, c'est à cette composition chimique, plus ou moins modifiée parfois suivant les influences locales, que les animaux doivent l'entretien de leur vie. Il en est de même des végétaux, qui respirent de jour par un mode inverse du nôtre, et de nuit par un mode semblable. L'air est donc l'aliment premier et indispensable de la vie. Tout être vivant dépend de l'atmosphère, car tout être vivant porte en soi un appareil mécanique et chimique de respiration construit suivant la nature intime de cette atmosphère. Outre les propriétés relatives à la respiration indispensable pour la vie du globe, le fluide atmosphérique en possède d'autres non moins remarquables. Si, pour les fonctions internes du corps, l'appareil pulmonaire est organisé de manière à transformer incessamment le sang veineux en sang artériel, et à renouveler ainsi sans cesse les principes de notre vie; pour les fonctions externes, les sens, et notamment celui de l'ouïe et celui de la vue, sont disposés en vue de recevoir et de transmettre au cerveau les influences extérieures dont l'atmosphère est le médium. D'un côté, le mécanisme des organes vocaux imprime à l'atmosphère ces vibrations qui constituent le son et qui portent la voix au mécanisme de l'oreille; d'un autre côté, le mécanisme de l'oreille, d'une susceptibilité corrélative, reçoit ces vibrations et en est l'interprète pour le sens intime de la pensée. Tout monde dépourvu d'atmosphère serait par cela même un monde de sourds-muets, un séjour d'éternel silence. Ce que nous venons de dire pour le sens auditif aura des applications différentes pour le sens de la vue. On sait, en effet, que la diffusion de la lumière est due à la masse atmosphérique, et que sans celle-ci il n'y aurait jamais de visibles que les objets exposés directement à la lumière solaire; pas d'ombre ni de demi-jour : la clarté éblouissante du Soleil ou l'obscurité complète de la nuit ; pas d'aurore ni de crépuscule, pas de transitions dans les phénomènes de la lumière ; de là pas d'habitation possible autre que le plein air, et tout un nouveau genre de vie incompatible avec celui que nous menons ici. Ce n'est pas tout. Pas d'atmosphère, pas de nuages ; une lumière monotone et fastidieuse, uniformément déversée par l'astre éclatant, sans la moindre diversité d'apparence dans le ciel. Que disons-nous dans le ciel? Pas de ciel non plus. Cet azur limpide qui charme notre vue serait remplacé par une immensité noire et lugubre ; le globe du Soleil, la Lune et les étoiles la parcourraient seuls dans leur course périodique.

Les jeux splendides de la lumière dans notre ciel du matin et du soir, les rayonnements dorés de l'aurore sur nos paysages qui se réveillent, les nuées rouges et les gloires du crépuscule sur nos montagnes, les créations fantastiques aux mille couleurs qui se succèdent autour de nous, toutes ces merveilles seraient inconnues à ce monde privé d'atmosphère, morne empire qui rappelle les régions silencieuses et vides du Purgatoire où Dante rencontra les Esprits des Limbes.

Mais allons plus loin. L'atmosphère enveloppe notre globe comme une serre chaude qui conserve la chaleur solaire et la chaleur terrestre. Sans atmosphère, la chaleur comme la lumière du Soleil seraient renvoyées dans les espaces célestes, et notre globe serait réduit tout entier au sort des hautes altitudes des Andes, de l'Himalaya et des sommets alpestres où l'atmosphère raréfiée ne règne plus que sur un désert de glaces et de mort éternelle. Allons plus loin encore dans l'exposé des résultats fâcheux qui accompagnent inévitablement l'absence d'atmosphère, et dans l'étude des avantages dont nous sommes redevables ici à l'enveloppe qui recouvre la surface du globe. On sait que l'eau constitue l'élément principal de tous les liquides en action dans l'économie terrestre, soit dans les vaisseaux de l'animal, soit dans le tissu des plantes ; que cet élément est presque au même degré que l'air indispensable aux fonctions de la vie terrestre, et que sans lui les transformations organiques ne sauraient s'effectuer dans l'un ou l'autre règne. Or, l'existence de l'atmosphère elle-même est une condition nécessaire de l'existence de l'eau ou de tout autre liquide à la surface d'un astre ; son absence implique par cela même l'absence de ces liquides, toute collection aqueuse nécessitant pour se former et se maintenir une pression atmosphérique quelconque. Tous les mondes qui seraient dépourvus d'atmosphère seraient donc en même temps dépourvus de toute espèce de liquides, et l'on voit que si la vie était apparue à leur surface, ce ne pourrait être que sous une forme et dans un état radicalement incompatibles et sans le moindre caractère d'analogie avec les manifestations de la vie sur la Terre.

Telles sont les propriétés de l'atmosphère terrestre. Mais ici, comme précédemment, notre monde n'a pas reçu la moindre faveur, et si ce n'est la petite planète Vesta, et peut-être aussi notre Lune, tous les mondes où des mesures ont pu être appliquées relativement à ces sortes de déterminations ont été trouvés pourvus d'atmosphère. Sur Vénus, les phénomènes crépusculaires, les taches nuageuses en révèlent l'existence ; sur Mars, des brouillards s'élèvent au-dessus des mers et s'en vont en nuées touffues rafraîchir les continents ; sur Jupiter et sur Saturne, des nuées analogues courent de chaque côté de l'équateur et sillonnent ces régions de bandes éclatantes. D'ici nous remarquons, sous les traînées de vapeurs qui traversent leurs atmosphères, les vents salutaires et bienfaisants qui soufflent sur ces lointaines campagnes ; les évaporations qui s'élèvent dans les airs et qui se condensent en nuages ; les nuages qui tombent en pluies rafraîchissantes et qui apportent la fertilité dans les prairies ; nous croyons voir, dans ces méditerranées et dans ces océans entrecoupés, les traits d'union qui resserrent les peuples et qui sont le véhicule du commerce international ; et sous tous les faits qui ressortent de cet état de choses dont l'ensemble offre tant d'analogies avec ce qui se passe sur la Terre, nous voyons là comme ici des nations intelligentes livrées à toute l'activité d'une civilisation progressive.

Quand nous parlons de l'atmosphère des planètes ou de leurs collections aqueuses, nous ne parlons point pour cela d'*air* ou d'*eau*. Rien ne nous prouve que les liquides ou les gaz planétaires soient d'une composition chimique analogue à celle des liquides et des gaz terrestres. Nous sommes d'avis, au contraire, qu'ils en diffèrent essentiellement, parce qu'ils se sont trouvés au temps de leur formation dans des conditions toutes différentes de celles qui ont présidé à la formation des substances terrestres. Il est d'autant plus important d'appuyer sur cette manière de voir, que certains auteurs modernes, qui ont écrit sur la pluralité des mondes, se sont grossièrement trompés en s'imaginant, à leur insu même, que tout milieu atmosphérique a pour expression : $0,208\,O + 0,792\,Az$, et tout amas d'eau pour notation chimique en équivalents :

HO ; ce qui les a inévitablement conduits aux conclusions les plus erronées. Nous sommes habitués ici aux trois états différents des corps, déterminés par la quantité de chaleur existant autour de nous, et nous sommes portés à voir sur les autres mondes des conditions analogues à celles qui appartiennent à la Terre. Mais, en approfondissant la question, nous arrivons à un avis contraire ; et nous trouvons que la composition des corps diffère suivant chaque monde, tant à cause de la diversité originaire de ces mondes que par suite de leur état calorifique actuel. Cet état calorifique seul suffirait, par exemple, pour réduire la plupart des liquides et même des gaz terrestres à l'état solide dans Uranus et dans Neptune, et pour élever à l'état gazeux sur Mercure un grand nombre de corps qui sont à l'état liquide sur la Terre. Combien donc serait-il déraisonnable d'imaginer sur les autres mondes de l'eau, de l'air et d'autres substances identiques à l'eau, à l'air et aux autres substances du globe terrestre !

La physique est là, du reste, pour nous enseigner que les trois états sous lesquels les corps nous apparaissent, l'état solide, l'état liquide et l'état gazeux, ne sont que des transformations que peuvent subir tous les corps, et qui sont déterminées par la nature de ces corps, par la chaleur ambiante et par la pression atmosphérique. Si l'on considère d'abord le phénomène de la *fusion*, c'est-à-dire le passage de l'état solide à l'état liquide, on voit que le degré de température auquel il s'opère diffère pour chaque substance : c'est ainsi que le mercure passe de l'état solide à l'état liquide à 39° au-dessous de zéro ; l'eau à 0° ; le potassium à 55° au-dessus de zéro ; le soufre à 110° ; l'étain à 228° ; le plomb à 335° ; le zinc à 500° ; l'argent à 20° du pyromètre, c'est-à-dire à

2020°; l'or à 2900°, etc. On voit là une diversité aussi grande que la diversité des substances et qui lève toute difficulté relativement aux autres mondes. Si l'on considère le phénomène de l'*ébullition*, c'est-à-dire le passage de l'état liquide à l'état gazeux, la diversité est plus remarquable encore, car ici ce n'est pas seulement la température qui agit, mais encore l'état de l'atmosphère. Les liquides se vaporisent lorsque la force élastique de leur vapeur est égale à la pression atmosphérique ; ainsi l'eau, qui se vaporise à 100° sous la pression barométrique ordinaire (0^m,76), se vaporise beaucoup plus tôt sur les montagnes, où la pression est moindre : sur le mont Blanc, par exemple, la température de l'ébullition de l'eau n'est qu'à 84° ; sous le récipient de la machine pneumatique, où l'air est d'une raréfaction extrême, l'eau bout à la température ordinaire ; réciproquement, si la pression augmente, l'ébullition est retardée : elle n'a lieu, par exemple, qu'à 121°, quand la pression est égale à deux fois la pression atmosphérique ordinaire. Il en est de même des autres liquides : l'éther passe de l'état liquide à l'état gazeux à 35° seulement, parce qu'à ce degré de température la force élastique de sa vapeur est égale à la pression atmosphérique ; l'alcool à 79°, pour la même raison, le mercure à 360°, etc. D'un autre côté, les gaz se liquéfient sous certaines pressions : par exemple, l'acide sulfureux se liquéfie sous la pression de deux atmosphères, l'hydrogène sulfuré sous la pression de 17, l'acide carbonique sous la pression de 36, etc. Appliqué à la diversité de nature des mondes planétaires, le tableau général de la physique des corps terrestres établit *d'autorité* à leur surface un ensemble de transformations inorganiques particulières, appropriées à la nature spécifique de chaque monde.

Ajoutons maintenant, pour compléter la question des atmosphères, que lors même qu'il nous est impossible d'apprécier l'existence d'une atmosphère autour d'un globe, ce n'est pas à dire pour cela qu'il n'en existe pas ; cela signifie seulement qu'elle échappe à nos moyens d'appréciation. Sur la Lune, par exemple, les expériences de polarisation n'ont pas indiqué de collections aqueuses à sa surface, et les observations d'occultations d'étoiles ou de planètes n'ont pas révélé la plus légère trace d'atmosphère. La question est-elle résolue négativement pour cela ? Aucunement ; car, d'un côté, l'hémisphère qui nous est perpétuellement invisible nous est forcément inconnu, et peut être revêtu d'une couche atmosphérique dont nous ne puissions jamais constater l'existence, et d'un côté, si l'on réfléchit aux faibles dimensions de notre satellite et à sa nature probable, on conviendra qu'il peut être pourvu d'une atmosphère dont la hauteur serait très-faible comparativement à la hauteur de la nôtre, et qui, n'occupant que ses vallées et ses plaines basses, serait loin d'atteindre le sommet de ses gigantesques montagnes.

Nous devons examiner maintenant les rapports de grandeurs et de surfaces qui caractérisent les planètes entre elles ; cet examen nous montrera, comme les précédents, que la Terre n'a point été distinguée parmi les autres corps célestes, et qu'elle n'est ni la plus petite en superficie, ni la moyenne, ni la plus étendue. Le diamètre de Mars est deux fois plus petit que celui de la Terre, ce qui donne à cette planète une surface quatre fois moindre que la surface du globe terrestre ; Mercure également est un monde inférieur au nôtre en étendue ; mais au-dessus de la Terre on en compte bien davantage incomparablement plus vastes ; ainsi, tandis que le diamètre moyen de notre globe ne mesure pas 3,200 lieues [1], celui de Saturne en mesure 28,650 et celui de Jupiter près de 36,000. La surface de Saturne est quatre-vingts fois plus vaste que la surface de la Terre, et ne mesure pas moins de 25 milliards 200 millions de lieues carrées. La surface de Jupiter est encore une fois et demie plus grande et s'étend sur un espace de 40 milliards de lieues. Cette comparaison rappelle une des pages les plus ingénieuses du livre de Fontenelle, où la marquise se prend à lui demander si les habitants de Jupiter ont pu constater l'existence de notre petit globe. « De bonne foi, lui répond le philosophe, je crains que nous leur soyons inconnus : il faudrait qu'ils vissent la Terre cent fois plus petite que nous ne voyons leur planète; c'est trop peu, ils ne la voient point. Voici seulement ce que nous pourrons croire de meilleur pour nous. Il y aura dans Jupiter des astronomes qui, après avoir pris beaucoup de peine à composer des lunettes excellentes, après avoir choisi *les plus belles nuits* pour observer, auront enfin découvert dans les cieux une très-petite planète qu'ils n'avaient jamais vue. D'abord le *Journal des Savants* de ce pays-là en parle; le peuple de Jupiter ou n'en entend point parler, ou n'en fait que rire; les philosophes dont cela détruit les opinions forment le dessein de n'en

---

[1] Le rayon terrestre moyen, celui qui tombe vers le milieu de la France, est de 6,366,407 mètres; le diamètre moyen du globe est donc de 12,732,814 mètres, et sa circonférence de 4,000 myriamètres, ou 10,000 lieues métriques. Une remarque qui ne manque pas d'intérêt, à faire ici au sujet de la relation entre les superficies des planètes, c'est qu'un voyage de circumnavigation qui se termine en 3 ans sur la Terre, durerait, en supposant des circonstances identiques, plus de 28 ans pour Saturne, près de 35 pour Jupiter, et plus de 110 pour le Soleil.

rien croire; il n'y a que les gens très-raisonnables qui en veulent bien douter. On observe encore, on revoit la petite planète, on s'assure bien que ce n'est point une vision, et enfin, grâce à toutes les peines que se donnent les savants, on sait dans Jupiter que notre Terre est au monde... Mais notre Terre ce n'est pas nous : on n'a pas le moindre soupçon qu'elle puisse être habitée, et si quelqu'un vient à se l'imaginer, Dieu sait comme tout Jupiter se moque de lui [1]. »

On pourrait renchérir sur les paroles de Fontenelle et montrer même qu'il n'a pas pressenti telle qu'elle est la difficile visibilité de la Terre pour les habitants de Jupiter. Il y a ici un petit problème de trigonométrie. En effectuant le calcul, nous trouvons que pour Jupiter la Terre ne s'éloigne du Soleil que dans une oscillation de 11 à 13 degrés d'une quadrature à l'autre, paraissant alors comme la Lune nous paraît dans son premier et dans son dernier quartier; qu'elle ne se montre par conséquent à ses habitants que *le matin* avant le lever du Soleil et *le soir* après son coucher; et qu'elle ne reste jamais plus de 22 de nos minutes au-dessus de leur horizon. Cette durée si courte de la visibilité de la Terre est encore plus brève pour eux, relativement à la durée de leur jour, car ces 22 minutes n'en forment guère que 9 des leurs. Ce Ce ne sont donc pas « les plus belles nuits » que les astronomes joviens peuvent choisir pour observer notre petite Terre, mais bien les quelques minutes pendant lesquelles elle peut être visible au commencement et à la fin des crépuscules.

Si, après avoir comparé Saturne et Jupiter à notre globe, nous lui comparions le Soleil, nous établirions que

[1] *Les Mondes*. IVᵉ soir.

le diamètre de celui-ci est égal à 336,000 lieues, et sa surface à 385 trillions 133 milliards de lieues carrés; de telle sorte que si nous en jugions par notre globe, dont la superficie de 318 millions de lieues carrées nourrit près de 1 milliard 300 millions d'habitants [1], le Soleil, dont l'étendue est 12,000 fois plus grande, pourrait nourrir 15,000 milliards d'habitants. Mais c'est là une conjecture peut-être sans application possible. Reportons-la aux mondes planétaires de Jupiter et de Saturne, dont nous parlions tout à l'heure, et constatons combien leur importance les rend supérieurs à notre petit globe. Si les habitants des autres mondes sont portés, comme ceux de la Terre, à voir dans l'univers un édifice bâti en leur faveur, s'ils imaginent aussi être le but de la grande création, combien ceux de ces sphères splendides ont-ils plus le droit de regarder les corps planétaires comme lancés dans l'espace pour leur apprendre les lois du monde et leur en faire admirer l'harmonie, eux dont les années se comptent par siècles et qui ont reçu tant de marques de distinction de la nature! Combien ces habitants, privilégiés dans l'ordre moral comme dans l'ordre physique, seraient-ils plus fondés à se regarder comme les monarques du monde, eux si élevés au-dessus des chétives créatures humaines qui balbutient à la

---

[1] Soit dit en passant, comme donnée curieuse de statistique, la population du globe terrestre est actuellement (en 1862) de 1 milliard 288 millions d'habitants. Cette somme se renouvelle périodiquement en raison de 91,554 naissances et morts par jour, ce qui donne à peu près une naissance et une mort par seconde (le nombre des naissances empiète toutefois un peu sur celui des morts). — Chacune de nos pulsations marque donc le dé   d'une créature humaine et la naissance d'une autre.

surface de notre globe! Ainsi donc, ici comme précédemment, la Terre n'a reçu aucune distinction de la Nature.

Les conclusions précédentes peuvent *à fortiori* s'étendre aux considérations que nous pourrions développer au sujet des volumes planétaires. A peine pouvons-nous nous former une idée du monde gigantesque de Saturne, lorsque nous savons que 700 globes de la grosseur de la Terre, réunis en un seul, ne donneraient pas encore un volume égal à celui de cette planète, sans avoir égard même à ses vastes anneaux ni à ses nombreux satellites. Comment alors embrasser dans nos conceptions celui de Jupiter, qui surpasse le nôtre de 1,400 fois! Et celui du Soleil, qui représente à lui seul 1,400,000 *globes terrestres?* « A l'aspect de ces masses imposantes, s'écriait Fontenelle, comment pourrait-on s'imaginer que tous ces grands corps eussent été faits pour n'être point habités, que ce soit là leur condition naturelle, et qu'il y aurait une exception justement en faveur de la Terre toute seule? Qui voudra le croire, le croie; pour moi, je ne m'y puis point résoudre. Il serait bien étrange que la Terre fût aussi habitée qu'elle l'est, et que les autres planètes ne le fussent point du tout... La vie est partout; et quand la Lune ne serait qu'un amas de rochers, je les ferais plutôt ronger par ses habitants que de n'y en point mettre. »

Cette idée burlesque rappelle Cyrano de Bergerac, qui dans son livre rien moins que scientifique, fait très-ingénieusement ressortir l'absurdité des opinions qui nous sont opposées. Nous le citerions plus d'une fois si nous ne craignions d'abuser du temps que le lecteur aura bien voulu prêter à nos considérations; mais nous respectons ce temps, et nous nous contenterons du passage suivant,

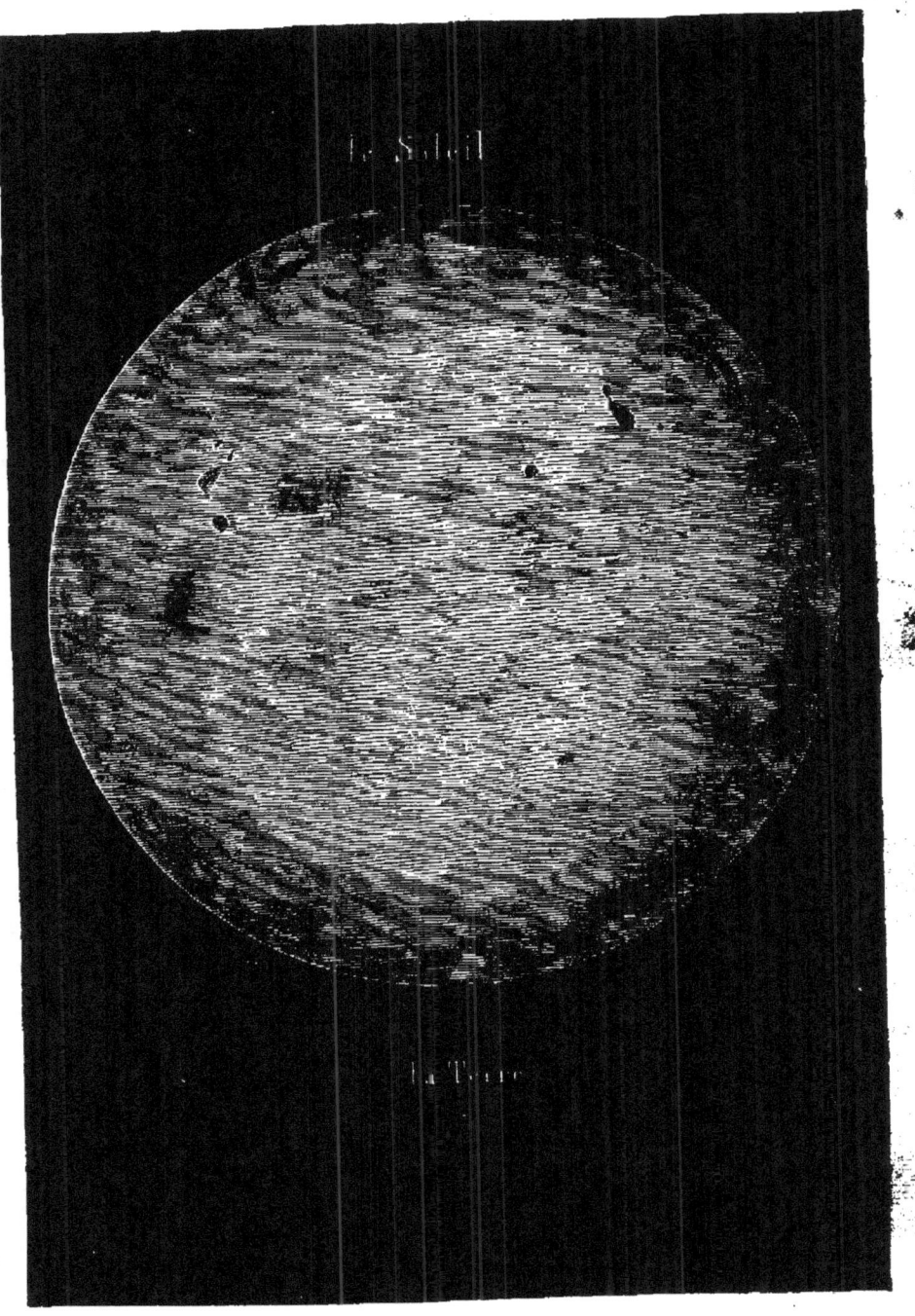

GRANDEURS COMPARÉES DU SOLEIL ET DE LA TERRE

qui caractérise particulièrement son ouvrage [1]. « Il serait aussi ridicule de croire, dit-il, que ce grand luminaire du Soleil tournât autour d'un point dont il n'a que faire, que de s'imaginer, quand on voit une alouette rôtie, qu'on a pour la cuire tourné la cheminée autour. Autrement, si c'était au Soleil à faire cette corvée, il semblerait que la médecine eût besoin du malade; que le fort dût plier sous le faible, le grand servir au petit, et qu'au lieu qu'un vaisseau cingle les côtes d'une province, la province tournerait autour du vaisseau... La plupart des hommes se sont laissé persuader par leurs sens, et tournant avec la Terre sous le ciel, ils ont cru que c'était le ciel qui tournait autour d'eux. Ajoutez à cela l'orgueil insupportable des humains, qui se persuadent que la nature n'a été faite que pour eux, comme s'il était vraisemblable que le Soleil, un grand corps quatre cent trente-quatre fois plus vaste que la terre [2], n'eût été allumé que pour mûrir leurs nèfles et pommer leurs choux! Quant à moi, bien loin de consentir à leur insolence, je crois que les planètes qui roulent autour du Soleil sont autant de mondes habités, et que les étoiles fixes sont autant de soleils qui ont des planètes autour d'eux, c'est-à-dire des mondes que nous ne voyons pas d'ici à cause de leur petitesse, et parce que leur lumière empruntée ne saurait venir jusqu'à nous. Comment, en bonne foi, s'imaginer que ces globes si spacieux ne soient que de grandes cam-

---

[1] *Histoire des États et Empires de la Lune et du Soleil. Voyage dans la Lune*, éd. du bibl. Jacob, p. 35, 37.

[2] Cyrano écrivit son *Voyage dans la Lune* en 1649, et quelques années plus tard son *Histoire des États du Soleil*. A cette époque, on n'avait pas encore pu mesurer la parallaxe du Soleil à l'aide d'instruments assez minutieux, et les vraies dimensions de cet astre étaient inconnues.

pagnes désertes, et que le nôtre, parce que nous y campons, ait été bâti pour une douzaine de petits superbes? Quoi! parce que le Soleil compasse nos jours et nos années, est-ce à dire pour cela qu'il n'ait été construit qu'afin que nous ne donnions pas de la tête contre les murs? Non. Ce dieu visible éclaire l'homme à peu près comme le flambeau du roi éclaire le crocheteur qui passe par la rue. »

Cette dernière boutade, pour le dire en passant, est peut-être un peu à côté de la vérité, mais dans tous les cas elle s'en rapproche plus que l'idée opposée qu'elle combat. Revenons à nos planètes : il nous reste encore à considérer les densités et les masses des corps planétaires, et ces dernières considérations s'uniront aux précédentes pour nous confirmer dans notre opinion que la Terre n'a reçu aucun privilége particulier de la Nature. Pour que l'on puisse se former une idée approximative assez juste de ces densités, nous les donnerons en les comparant à celles de substances connues. C'est ainsi que la densité du Soleil est un peu supérieure à celle de la houille, et que celle de Mercure est un peu moindre que celle de l'or. La densité de Vénus et de la Terre est égale à celle de l'oxyde de fer magnétique; Mars égale le rubis oriental; Jupiter est un peu plus lourd que le bois de chêne; Saturne a la pesanteur du sapin, il flotterait à la surface de l'eau comme une légère boule de bois; Uranus a celle du lignite, et Neptune celle du hêtre. Si nous remarquons maintenant que, la densité de la Terre étant prise pour unité, la plus faible (celle de Saturne) sera 7 fois moindre, et la plus forte (celle de Mercure) 3 fois plus considérable, nous reconnaîtrons que la densité du globe terrestre n'est ni la plus basse, ni la moyenne, ni la plus élevée.

L'étude de la question intéressante des effets de la pesanteur à la surface des différents globes de notre système nous montre que sur le Soleil ils sont 29 fois plus intenses, et sur Mars moitié plus faibles que sur la Terre. Par conséquent, un corps qui parcourt 4^m,90 dans la première seconde de chute à la surface terrestre, parcourt 143^m,91 sur le Soleil, et seulement 2^m,16 à la surface de Mars. Ce sont là les deux termes extrêmes de l'intensité de la pesanteur à la surface des planètes. Quant au poids comparé des corps, sur Mercure ce poids est un peu plus élevé que sur la Terre; sur Vénus il est un peu moindre. Sur Jupiter il est près de trois fois plus fort qu'ici; sur Saturne, Uranus et Neptune, il diffère peu de ce qu'il est sur la Terre.

Pour donner une idée de la manière dont on détermine le poids des corps à la surface d'un globe, nous dirons que ce poids dépend de la masse du globe et de sa grosseur. L'attraction qu'un astre exerce sur les corps placés à sa surface (c'est cette attraction qui constitue le poids même de ces corps) est d'autant plus grande que l'astre possède une plus grande masse — en d'autres termes, est plus lourd; mais cette attraction est d'autant plus faible que l'astre est plus gros : elle diminue en raison inverse du carré de la distance de la surface du globe à son centre. Si nous prenons un exemple, soit Jupiter, nous dirons :

Le volume de Jupiter égale 1,414 fois le volume de la Terre; si les matériaux constitutifs de ce globe étaient analogues en densité aux matériaux constitutifs de la Terre, sa masse serait 1,414 fois plus considérable que celle de la Terre; et l'attraction qu'il exercerait sur un corps placé à une distance de son centre, égale au rayon terrestre, serait 1,414 fois plus puissante que celle

6.

exercée par la Terre sur les corps placés à sa surface.

Mais les corps placés à la surface de Jupiter ne sont pas situés à une distance égale au rayon terrestre, mais bien à une distance égale au rayon de Jupiter, lequel est 11 fois plus grand que le premier. Donc l'attraction que Jupiter exerce sur un corps placé à sa surface doit être diminuée dans le rapport du carré de 11, ou de 121 à 1.

Si nous appliquons ce calcul au poids moyen d'un homme (130 livres), transporté à la surface de Jupiter, ce poids sera représenté par l'expression $\frac{130 \times 1414}{121}$, c'est-à-dire par 1,520 livres.

Mais nous avons supposé dans ce calcul que la masse de cet astre était la même que la masse de la Terre. Il n'en est pas ainsi. On a trouvé, par des déterminations fondées sur le mouvement de ses satellites, que ce globe tout entier, malgré son énorme grosseur, ne pèse que 338 fois plus que la Terre. Il est évident par là que, à volume égal, la matière dont se compose Jupiter est plus légère que la matière dont se compose la Terre ; elle est dans le rapport de 338 à 1,414, ou un peu plus de quatre fois moins dense. Dans notre exemple, le poids trouvé, de 1,520 livres, devra donc être réduit suivant cette proportion, ce qui le ramène à 360 livres. — On voit que ce n'est pas même le triple du poids ordinaire d'un homme à la surface de la Terre, et qu'il y a dans notre séjour même plus de différence entre notre poids et celui de certains animaux mammifères du même ordre zoologique que nous, qu'entre nos poids et celui probable des habitants de Jupiter.

La densité des planètes et la pesanteur des corps à leur surface sont certes des éléments très-importants parmi les analogies qui rattachent les diverses planètes à la Terre. Tous les êtres organisés sont constitués suivant cette pesanteur rapportée à leur genre de vie ; une certaine somme de force corporelle leur est nécessaire à tous. Cette force est, chez les animaux, en harmonie avec leur grosseur, leur poids, leur mode d'action et la quantité de mouvement qu'ils ont à dépenser dans les fonctions ordinaires de la vie ; elle est de plus en rapport avec leurs besoins possibles, et leur garde en quelque sorte un supplément en réserve lorsqu'il leur faut déployer une plus grande somme d'activité, à la course, au travail et dans des opérations diverses. Cette même force est également nécessaire aux végétaux, afin qu'ils puissent supporter leur propre poids et résister aux chocs extérieurs auxquels ils sont exposés de toutes parts. Or, cette force corporelle, en corrélation avec la pesanteur, dépend en première cause de l'attraction du globe. Le rapport qui existe entre la force et le poids des animaux et des végétaux est donc le résultat d'une combinaison intelligente entre la force des êtres organisés et la densité du globe où ils vivent ; le plus léger trouble dans cette combinaison intervertirait l'ordre régnant et jetterait le désordre là où subsiste l'harmonie. L'intensité de la pesanteur, qui existe à divers degrés sur les planètes, indique donc une grande diversité dans les organismes des êtres qui les habitent, et puisque ces organismes se trouvent ici en harmonie avec cette intensité due à un état de la matière antérieur à l'organisation, nous devons en conclure que la Nature n'a pas été fort embarrassée pour établir sur les autres globes des êtres dont la constitution soit également en harmonie avec cette même intensité dans les mondes qu'ils habitent. Là où la pesanteur diffère à un haut degré de la pesanteur terrestre, les êtres diffèrent au même degré dans leur état d'énergie, les effets de cette force puissante influant d'une manière remarquable sur les lois de l'organisation. Pour en citer un exemple en dernier lieu, nous dirons que sur nos continents il ne saurait exister d'animaux beaucoup plus gros que l'éléphant, parce que l'activité des forces musculaires ne s'accélérant pas en raison de l'augmentation du poids, les mouvements de masses aussi énormes ne s'effectueraient plus avec la même facilité; tandis qu'au sein des mers, le poids spécifique des animaux leur permet de nager avec agilité dans le milieu pour lequel ils sont nés. Nous pourrons étendre ce principe à notre thèse, si nous considérons la diversité des milieux où vivent les êtres en d'autres mondes : ce que l'observation démontre en particulier pour la Terre, l'analogie l'étend à la généralité des mondes planétaires. Que l'on juge de la variété possible des êtres par la seule différence de gravité que l'on observe d'un monde à l'autre. Un kilogramme de matières terrestres serait réduit à quelques grammes, transporté sur les petites planètes, tandis qu'il s'élèverait à près de 30 kilogrammes sur le globe solaire; un homme terrien de 70 kilogrammes serait extrêmement léger sur les premières, tandis qu'il pèserait plus de 2,000 kilos sur le Soleil. « Il pourrait vraisemblablement tomber d'un quatrième étage, à la surface de Pallas, sans se faire plus de mal qu'en sautant ici du haut d'une chaise; tandis que la moindre chute dans le Soleil, en supposant qu'il puisse s'y tenir debout un seul instant, briserait le corps en mille pièces, comme s'il était pilé dans un mortier d'airain[1]. »

Quelque futiles qu'elles paraissent, ces dernières remarques sont bien propres à nous éclairer sur les effets in-

[1] Plisson, *les Mondes*, p. 275.

nombrables d'une même force naturelle, et à nous enseigner combien ceux qui apparaissent sur la Terre sont loin d'être les seuls qui s'accomplissent dans l'univers. En terminant ces considérations, nous dirons un mot de la grandeur de certaines masses planétaires, et nous tirerons de tout ce qui précède cette proposition devenue évidente par elle-même : que ni l'ensemble du système, ni chacune des planètes en particulier, n'ont pu être créés en faveur des habitants de notre petit monde, auquel la Nature n'a pas accordé le moindre privilége. Nous rappellerons ainsi que, malgré la faiblesse de leurs densités respectives, Saturne et Jupiter pèsent, le premier 100 fois, et le second 338 fois plus que le globe terrestre ; nous rappellerons que d'autres planètes surpassent également la nôtre en poids comme en volume, et que pourtant toutes ces énormes masses réunies ne formeraient encore que la *sept centième* partie du poids du Soleil. Ainsi, lorsqu'un géomètre[1], voulant nous donner par un calcul original une idée de la masse terrestre, nous apprend qu'il faudrait 10 milliards d'attelages de chacun 10 milliards de chevaux pour voiturer le globe de la Terre sur un sol semblable à celui de nos routes ordinaires, nous trouvons, en appliquant ce calcul au Soleil, qu'il faudrait, pour effectuer son transport, une force représentée par 3,550,000 milliards des précédents attelages. C'est pourtant cet astre que les anciens avaient imaginé de faire traîner par quatre chevaux! Son poids réel intrinsèque est évalué à 2 nonillions de kilogrammes, ci :

2,000,000,000,000,000,000,000,000,000,000

---

[1] Francœur, *Uranographie.*

Il faudrait donc près de *trois cent cinquante mille Terres* dans le plateau d'une balance pour faire équilibre au *poids seul* de l'astre du jour.

Que le lecteur déduise lui-même des considérations précédentes la conclusion qui en découle, car nous ne voulons maintenant d'autres preuves de la vérité de notre doctrine que le témoignage de son propre jugement. Qu'il suive la marche philosophique de l'astronomie moderne, il reconnaîtra que, du moment où le mouvement de la Terre et le volume du Soleil furent connus, les astronomes et les philosophes trouvèrent étrange qu'un astre aussi magnifique fût uniquement employé à éclairer et à échauffer un petit monde imperceptible rangé en compagnie d'un grand nombre d'autres sous sa domination suprême. L'absurdité d'une telle opinion fut plus éclatante encore lorsqu'on trouva que Vénus est une planète de mêmes dimensions que la Terre, avec des montagnes et des plaines, des saisons et des années, des jours et des nuits analogues aux nôtres; on étendit cette analogie à la conclusion suivante, que, semblables par leur conformation, ces deux mondes devaient l'être aussi par leur rôle dans l'univers : si Vénus était sans population, la Terre devait l'être également; et réciproquement, si la Terre était peuplée, Vénus devait l'être aussi. Mais lorsque ensuite on observa les mondes gigantesques de Jupiter et de Saturne entourés de leurs splendides cortéges, on fut invinciblement conduit à refuser des êtres vivants aux petites planètes précédentes si l'on n'en dotait celles-ci, et par contre, à donner à Jupiter et à Saturne des hommes bien supérieurs à ceux de Vénus et de la Terre. Et, en effet, n'est-il pas évident que l'absurdité de l'immobilité de la Terre s'est perpétuée, mille fois plus extravagante, dans cette causalité finale mal entendue dont la prétention est de placer notre globe au premier rang des corps célestes? N'est-il pas évident que ce monde est jeté sans aucune distinction dans l'amas planétaire, et qu'il n'est pas mieux établi que les autres pour être le siége exclusif de la vie et de l'intelligence?.... Combien peu fondé est le sentiment personnel qui nous anime, lorsque nous pensons que l'univers est créé pour nous, pauvres êtres perdus sur un monde, et que si nous disparaissions de la scène, ce vaste univers serait décoloré comme un assemblage de corps inertes privés de lumière! Si demain nul de nous ne se réveillait, et si la nuit qui, dans un jour, fait le tour du monde, scellait pour l'éternité les paupières closes des êtres vivants, croit-on que désormais le Soleil ne renverrait plus ses rayons et sa chaleur, et que les forces de la nature cesseraient leur mouvement éternel? Non; ces mondes lointains que nous venons de passer en revue continueraient le cycle de leurs existences, bercés sur la force permanente de la gravitation et baignés dans l'auréole lumineuse que l'astre du jour engendre autour de son brillant foyer. La Terre que nous habitons n'est qu'un des plus petits astres groupés autour de ce foyer; et son degré d'habitation n'a rien qui la distingue parmi ses compagnes... Éloignez-vous un instant par la pensée, lecteur, en un lieu de l'espace d'où l'on puisse embrasser l'ensemble du système solaire, et supposez que la planète où vous avez reçu le jour vous soit inconnue! Soyez bien convaincu que, pour vous livrer librement à l'étude présente, vous ne devez plus considérer la Terre comme votre patrie ni la préférer aux autres séjours, et contemplez maintenant sans prévention et d'un œil ultraterrestre les mondes planétaires qui circulent autour du foyer de la vie! Si vous soupçonnez les phénomènes de l'existence, si vous imaginez que certaines planètes sont habitées, si l'on vient vous apprendre que la vie a fait choix de certains mondes pour y déposer les germes de ses productions, songerez-vous, de bonne foi, à peupler ce globe infime de la Terre avant d'avoir établi dans les mondes supérieurs les merveilles de la création vivante? Ou si vous formez le dessein de vous fixer sur un astre d'où l'on puisse embrasser la splendeur des cieux et sur lequel on puisse jouir des bienfaits d'une nature riche et féconde, choisirez-vous pour séjour cette Terre chétive qui est éclipsée par tant de sphères resplendissantes?... Pour toute réponse, lecteur, et c'est la plus faible et la plus rigoureuse conclusion que nous puissions tirer des considérations précédentes, établissons que *la Terre n'a aucune prééminence marquée dans le système solaire de manière à être le seul monde habité, et que, astronomiquement parlant, les autres planètes sont disposées aussi bien qu'elle au séjour de la vie.*

LIVRE III

PHYSIOLOGIE DES ÊTRES

Βίος ἐν Παντί
La vie dans tout
ARISTOTE.

LIVRE III

PHYSIOLOGIE DES ÊTRES

I

LES ÊTRES SUR LA TERRE

Aspect général de la vie à la surface de notre monde ; la vie transforme ses manifestations suivant les temps, les lieux et les circonstances ; ce qu'elle fut pendant les périodes antédiluviennes ; ce qu'elle est aujourd'hui. — Diversité merveilleuse des organismes vivants. — Relation intime de chacun d'eux avec les milieux où ils vivent. — Les êtres diffèrent suivant la constitution des mondes. — Analyse spectrale et composition chimique des corps célestes. — Si l'on peut tracer des limites à la possibilité de la vie et à l'apparition des êtres vivants sur un globe. — Moyens, éléments et puissance de la nature. — Digression sur les causes finales, la destinée des êtres, la réalité d'un plan divin et l'existence d'un Dieu créateur.

Astronomiquement parlant, la Terre n'a reçu aucun privilége sur les autres planètes ; celles-ci sont habitables comme elle. Mais, dira-t-on, les déterminations qui précèdent ne s'appuient que sur des données cosmologiques qui, tout en étant irrécusables, ne suffisent pourtant pas pour établir en nous une conviction solide de l'habitabilité des mondes. Vous avez jusqu'ici passé complétement sous silence la question physiologique, qui aurait dû entrer pour une bonne part dans la discussion de votre thèse. Si toutes les planètes sont, en apparence, aussi propres que la Terre au séjour de la vie, ce n'est pas à dire pour cela qu'elles le soient en réalité, et rien ne nous prouve que les conditions capables de féconder sur un globe les germes latents de la vie et d'y entretenir l'existence, aient été données aux autres planètes comme elles ont été données à la Terre. Au contraire, le poids considérable et la dureté des corps d'un côté, la légèreté et l'inadhérence des molécules de l'autre, une chaleur torrentielle et une lumière éblouissante dans certains mondes, un froid glacial et d'éternelles ténèbres dans d'autres, paraissent s'opposer invinciblement à la manifestation des phénomènes de l'existence.

Le point de vue physiologique est certainement très-important à considérer ici ; mais les objections auxquelles il donne lieu et qui semblent sérieuses au premier abord, se réfutent d'elles-mêmes dès que nous cherchons à les approfondir. En effet, non-seulement il n'est pas nécessaire de nous tourmenter l'esprit pour en reconnaître la nullité, et pour comprendre la possibilité d'existences tout à fait incompatibles avec la vie terrestre, mais encore il nous suffit de jeter un coup d'œil sur notre demeure pour concevoir des planètes peuplées très-différemment, et même pour être certains qu'il n'est presque pas possible que les unes ni les autres soient habitées par des êtres semblables à ceux qui vivent sur la Terre.

Quelle infinie variété, par exemple, parmi les êtres

joyeux qui voltigent dans les plaines de l'air, et ceux qui rampent à la surface du sol, qui sillonnent les régions mobiles de l'Océan, ou qui passent leur vie dans les bois et sur la terre ferme! Quelle diversité dans leur organisation, dans leurs fonctions, dans leur genre de vie, dans leur langage! Qui compterait les degrés de cette échelle de vie qui a commencé avec les zoophytes des temps primitifs, et dont l'homme occupe l'échelon supérieur! Et dans l'humanité seule même, quelle différence de constitution, de caractères, de mœurs, d'habitudes, de puissance physique et morale, entre l'Européen dont la volonté transforme les empires, et l'Esquimau inhabile à exprimer sa propre pensée! Quand nous omettrions même de faire comparaître ici l'inépuisable variété des espèces végétales, le seul spectacle que nous offrent les tableaux si diversifiés de la vie zoologique suffirait amplement pour nous convaincre de l'impuissance des obstacles dus aux conditions biologiques, lorsqu'ils s'opposent à la fécondité de la nature.

Si depuis les vertébrés mammifères jusqu'aux mollusques et aux rayonnés, on passe en revue les diverses espèces d'animaux qui peuplent la Terre, on commencera à comprendre combien les êtres sont appropriés, dans leur constitution intime, aux régions et aux milieux où ils doivent vivre. Si l'on passe également en revue les cent mille espèces de plantes qui ornent la surface terrestre, on saura mieux encore quelle prodigieuse puissance de fécondité a été donnée à chaque atome de matière. Peut-être nous fera-t-on observer que le même mode de création n'en a pas moins présidé à l'établissement de tous les êtres de la Terre; peut-être nous objectera-t-on que ce nombre incalculable d'êtres divers n'empêche pas que leur organisation générale ne repose sur un même principe : celui d'être adaptés au milieu vital qui nourrit toute production de la Terre. Nous le reconnaissons ; mais nous ajoutons que tout autre milieu vital remplirait les mêmes fonctions que le nôtre, serait-il composé d'éléments hétérogènes sans aucun rapport avec les éléments qui constituent notre air atmosphérique ; nous disons qu'en chaque monde tout être est nécessairement organisé suivant son milieu vital, quelle que soit la nature de celui-ci. Et nous n'avançons pas ici une proposition gratuite, nous ne faisons que tirer une conclusion logique ressortant incontestablement de l'étude de la nature. L'histoire de notre terre elle-même est là qui parle éloquemment en notre faveur.

Pour en prendre un exemple en rapport avec notre sujet, rappelons que, pendant les époques primitives du globe, où la chaleur intérieure et l'instabilité de la surface terrestre interdisaient l'existence des végétaux et des animaux actuels, une autre vie proportionnée à ces premiers âges s'y propagea sous l'action de forces prodigieuses. L'atmosphère épaisse et tumultueuse était surchargée de l'acide carbonique qui se dégageait du sol primitif et s'élevait incessamment au-dessus des volcans intérieurs ; cet acide empêchait l'animalité d'éclore sur la Terre : des plantes furent créées, qui se nourrirent des éléments existants, et se chargèrent de les absorber au profit de l'économie du globe. La terre ferme n'existait pas ; les eaux s'étendaient dans leur domination absolue, l'oxygène ne s'était pas encore dégagé : des animaux furent créés, qui par leur organisation tout aquatique se nourrirent malgré la rareté de l'oxygène, et consumèrent leurs jours dans une eau saturée d'azote et de carbone, séjour morte pour les animaux supérieurs. Ni les révolutions générales d'un globe récent dont les pôles ne subissaient pas moins de 40 degrés de chaleur; ni les déluges successifs, l'affaissement des côtes, le gonflement des vallées et le déversement des mers; ni les déchirements de la croûte à peine consolidée et le jaillissement de substances volcaniques enflammées; ni l'hétérogénéité du milieu ambiant, mélange de gaz délétères, ne mirent obstacle aux manifestations de la vie. La Nature domina de toute sa puissance virtuelle des éléments qui devinrent pernicieux dans des temps plus rapprochés où l'organisme fut modifié, et elle répandit dans leur sein les germes d'une fécondité inconnue. D'un côté, une végétation puissante, des cicadées qui ne mesuraient pas moins de 7 pieds de diamètre, des fougères arborescentes dont l'équateur seul a conservé les vestiges vivants, s'étendirent au loin dans les terres encore toutes marécageuses, et préparèrent, il y a des millions d'années, l'atmosphère oxygénée actuelle et la formation des houilles. D'un autre côté, naquirent les premiers représentants du règne animal, que nous retrouvons dans les sédiments de l'époque primaire, et notamment dans la chaux; ces êtres filamenteux qui n'ont de l'animal que le mouvement spontané, ces infusoires, qui peuvent supporter une température de 70 à 80 degrés; ces holothuriens, ces acalèphes, ces céphalopodes, qui ouvrirent si modestement la période de l'animalité sur la Terre, et tous ces animaux microscopiques qui construisirent, au sein d'une chaleur très-élevée, des montagnes entièrement formées de leurs débris, animaux si petits qu'on a pu en placer 3,000 sur une longueur de 2 millimètres, et dont le nombre est si prodigieux que dans *une* once seule, Ehrenberg et d'autres géologues en ont compté 3,840,000! Durant ces âges, les combinaisons chimiques qui s'effectuaient dans le vaste laboratoire de la nature mirent en liberté l'immense quantité d'azote qui forme le fond de notre atmosphère.

A ces êtres, dont la simplicité organique était en harmonie avec la nouveauté du globe, succédèrent les végétaux plus riches et plus élégants qui portent des fleurs, et les animaux plus élevés dans l'économie vivante, dont la vitalité était si prodigieuse que leurs races étaient insensibles aux bouleversements du sol, si fréquents à cette époque primitive. C'est de cet âge que date l'apparition des rayonnés et des polypes qui, brisés et morcelés en diverses parties, vivent et se reproduisent encore; des annelés, doués comme eux d'une grande force vitale, et plus tard des crustacés, dont le corps, protégé par une cuirasse, conservait encore un dernier héritage de la prévoyance de la Nature, qui agit toujours selon les lieux et selon les temps. C'est de là aussi que datent, à une époque plus rapprochée de nous, les animaux recouverts d'écailles et d'une enveloppe coriace résistante ; ces sauriens gigantesques, alors seuls maîtres de la création vivante, ces ptérodactyles aux ailes membraneuses, les plus monstrueux des monstres antédiluviens, ces mégalosaures cuirassés dont les formidables mâchoires pouvaient sans peine livrer passage à un animal de la grosseur du bœuf ; ces iguanodons de cent pieds de long, qui semblent avoir servi de types aux vampires légendaires, et tous ces colosses étranges du règne animal, qui dominèrent pendant des milliers d'années dans les régions où l'homme devait apparaître un jour. Rappelons-nous que depuis le berceau du monde terrestre jusqu'à l'apparition du dernier être créé, des multitudes d'espèces, tant animales que végétales, se succédèrent à la surface du globe, à mesure que se transforma l'état du sol et du milieu atmosphérique, naissant, se développant et disparaissant avec des périodes séculaires, pour faire place à d'autres espèces qui renouvelèrent successivement la même scène. Rappelons-nous ainsi les grands mouvements animiques qui tant de fois changèrent la face du globe depuis son antique origine. Nous saurons alors que la puissance créatrice est infinie, et que nous ne pourrons raisonnablement opposer aucun obstacle à la manifestation de la vie, tant que cet obstacle ne sera pas en contradiction formelle avec les lois qui régissent le monde.

On pourrait nous objecter ici que, du moment où nous mettons en jeu la puissance infinie de la nature, nous sortons de l'argumentation scientifique et ne prouvons plus rien. On pourrait nous dire, avec le docteur Whewell[1], que si nous croyons à l'habitation des planètes par la raison que la puissance créatrice peut avoir levé tout obstacle, nous pouvons croire également que les comètes, les astéroïdes, les pierres météoriques, les nuages, etc., sont habités, car s'il l'a voulu, le Créateur a pu peupler tous ces objets. Ce raisonnement serait l'indice d'une interprétation fâcheuse de nos arguments; disons plus, ce serait le signe d'une mauvaise foi. Tout homme de bonne foi reconnaîtra sans peine, nous l'espérons, que nous cherchons à comprendre la Nature dans la simplicité de son œuvre et à rendre fidèlement ses leçons. Quand nous avons sous les yeux des mondes habitables, nous pensons que cette habitabilité doit avoir l'habitation pour complément. Quand des mondes nous paraissent inhabitables, nous examinons d'abord si cette apparence est bien certainement l'expression de la réalité, et dans ce cas nous sommes porté à croire que ces mondes sont

---

[1] *A Dialogue on the plurality of Worlds, being a supplement to the Essay on that subject.*

effectivement inhabités. Mais, avant de prononcer avec rigueur contre l'habitation, nous voulons que l'obstacle qui nous paraît s'opposer à la manifestation de la vie soit en contradiction formelle avec les lois qui régissent le monde. C'est la nature que nous étudions ; c'est la nature qui est la base de nos recherches, comme elle est notre règle et notre boussole.

Nous avons retracé le tableau des temps primitifs pour faire ressortir le principe important sur lequel il repose, savoir : que la vie change de forme suivant les forces qui la font apparaître, mais ne reste point éternellement latente dans les éléments de la matière. Appliquons ce principe à la généralité des astres, et sachons que les mondes sont peuplés, les uns par des espèces qui peuvent offrir quelque analogie avec celles qui vivent sur la Terre, les autres par des espèces qui ne sauraient résider parmi nous. Ce tableau du monde primitif est, du reste, malgré l'importance du sujet et l'application immédiate que l'on en peut faire, une preuve qui ne nous était point nécessaire, dans l'abondance où nous sommes de démonstrations semblables, faciles à tirer des faits journaliers qui se passent autour de nous. Considérons, en effet, la Terre d'aujourd'hui, et reconnaissons qu'elle parle en notre faveur avec autant d'éloquence que la Terre des premiers jours. Pour le dire en deux mots, les preuves abondent de toutes parts dans les opérations actuelles de la Nature, et nous montrent par la diversité des productions terrestres quelle variété a pu être répandue dans les cieux ; soit au point de vue des milieux et des principes vitaux, lorsque nous voyons des espèces sans nombre d'animaux aquatiques se partager une existence incompatible avec celle de toutes les autres productions du globe (Cuvier), et des amphibies vivre, comme les

INFLUENCE DES MILIEUX.

alligators et les serpents, dans une atmosphère mortelle pour l'homme et pour les animaux supérieurs (Humboldt); soit au point de vue de la lumière, lorsque nous voyons les condors et les aigles, qui résident dans les hautes régions de l'air et sur des neiges éblouissantes tenir, à l'aide d'un procédé fort simple, l'œil fixe devant l'astre étincelant du jour (Lenorman), et certaines espèces de poissons jouir des bienfaits de la lumière [1] ou suppléer à

---

[1] L'homme lui-même, par un exercice prolongé, peut rendre son œil tellement sensible à la moindre impression lumineuse qu'il parvient à lire et à écrire là où tout autre se croirait dans l'obscurité la plus absolue. Un prisonnier de la Bastille en fit la triste expérience, rapportée par Valérius. Enfermé pendant quarante années dans un cachot souterrain, en apparence complétement privé de lumière, il parvint non-seulement à écrire, mais encore à lire. Toutefois, ses yeux devinrent tellement impressionnables que, lorsque enfin on lui accorda sa grâce, il sollicita comme une faveur la permission de rentrer dans sa prison, car il lui était impossible de s'habituer de nouveau à la lumière du jour.

Un autre fait, en rapport direct avec notre texte, et que nous choisissons entre mille, montrera mieux encore quelle est l'influence des milieux, et quelles modifications les organes peuvent subir sous cette influence. Il y a, non loin des grands fleuves d'Amérique, des lacs souterrains où les rayons du soleil n'ont jamais pénétré, où règne une obscurité permanente et plus profonde encore que celle de l'Océan. Les poissons qui vivent dans cette nuit éternelle n'auraient que faire de l'organe visuel; or, l'inutile n'existant jamais dans les opérations de la Nature, ces poissons ont complétement perdu la vue; ils y suppléent pour leurs mouvements par un sens que l'on pourrait appeler interne, et là où les yeux existent chez les poissons de la même espèce, on distingue seulement un indice d'ovale terne sur la peau écailleuse, comme si la Nature y avait écrit : Là existent des yeux chez ceux qui en ont besoin. On pourrait objecter peut-être que ces poissons ont toujours été ainsi, et que c'est à leur naissance et non au milieu que doit être attribuée

leur organe qui s'atrophie dans l'épaisse obscurité des profondeurs océaniques, où règnent éternellement des ténèbres telles que n'en présente jamais la plus profonde nuit à la surface de la Terre (Biot); soit enfin au point de vue de la chaleur, des climats, de la pesanteur, de la pression atmosphérique, etc., lorsque nous savons que

cette atrophie d'organe. Voici un fait qui répond sans commentaire. Tous les touristes qui descendent la route fluviale du Rhône, de Genève à Lyon, ont pu remarquer et visiter la *grotte de la Baume*, vaste lac souterrain qui, comme ceux de l'Amérique, est dans un état d'obscurité permanente. Ce lac était dépourvu d'espèces vivantes il y a quelques siècles. On y a transporté des poissons pris dans le Rhône, et aujourd'hui ces espèces ont complétement perdu la vue. Leurs congénères du Rhône restent comme une démonstration visible de l'état primitif de ces aveugles.

Un autre exemple encore, aussi remarquable que le précédent, peut être pris dans la nappe d'eau souterraine à niveau variable qui s'étend dans le lac de *Zirknitz*, en Carniole. Cette nappe cachée déborde à l'époque des pluies et livre passage à des poissons et à des canards vivants. Au moment où le flux liquide les fait ainsi jaillir des fissures du sol, ces canards sont complétement aveugles et presque entièrement nus. La faculté de voir leur vient en peu de temps, mais leurs plumes (qui repoussent noires, excepté sur la tête) mettent près de trois semaines pour arriver à un état qui leur permette de voler. Arago, à qui l'on communiqua ce fait, doutait au premier abord que les habitants de ce monde souterrain pussent rester en vie, mais il put constater, par un travail du voyageur Girolamo Agapito, que ce lac abritait réellement des canards vivants, sans plumes et aveugles : *anitre senza piume e cieche*. C'est dans ces mêmes eaux souterraines de la Carniole que l'on a trouvé le *proteus anguinus*, qui a excité à un si haut degré l'attention des naturalistes. Sur ce fait particulier, voir Arago, *Annuaire du Bureau des longitudes pour 1835*; sur la question générale, voir le savant ouvrage de Darwin : *On the origin of species by means of natural selection* (3e édit., Londres. 1861).

certains infusoires ne connaissent ni le froid ni le chaud, que les mêmes espèces qui vivent en Chine et au Japon ont été trouvées dans la mer Baltique (J. Ross); que les diatomées qui pullulent dans les sources chaudes du Canada se montrent aussi dans les régions polaires ; que celles qui vivent à la surface de la mer ont été trouvées au moyen de la sonde à une profondeur de 1,800 pieds, où elles subissaient une pression de 60 atmosphères (Zimmermann); de même que le poids absolu des corps, le froid ni le chaud absolus, la lumière ni les ténèbres absolues n'existent nulle part dans la création, où tout n'est que relatif, où tout est harmonie.

Or, si tel est l'enseignement que nous donne ici-bas la Nature, si son inépuisable fécondité, contre laquelle nulle résistance n'a su et ne saurait prévaloir, met tant de variétés dans les productions de la Terre, combien plus devons-nous être assurés que nulle cause ne peut efficacement s'opposer à la manifestation de la vie sur les planètes et sur les satellites, dont les productions peuvent d'ailleurs varier à l'infini ! Nous disons que ces diverses productions peuvent et doivent varier à l'infini, et nous sommes aussi loin d'admettre que l'habitant de Mercure soit conformé comme celui de Neptune, que nous sommes assuré d'une infinité d'organisations différant non-seulement d'un monde à l'autre, mais encore sur chacun des mondes, avec ses différents âges, ses climats et ses conditions biologiques. La diversité qui règne ici entre la flore et la faune des diverses contrées, suivant les latitudes, la climatologie, l'isothermie, l'état atmosphérique, la nature du sol, les lignes isochimènes et toutes les autres circonstances locales, est pour nous l'indication de la diversité inimaginable qui distingue l'habitation de chacun des mondes, et dans l'organisme, et dans la forme, et dans le mode d'existence. Et qui sait? les conjectures qui ont le champ libre dans notre sujet — mais qui n'ont pas droit de cité dans ce livre — pourraient bien se rencontrer avec les créations fantastiques des poëtes et des peintres qui se sont plu à peupler d'êtres bizarres les temps inconnus, en y semant à profusion ces emblèmes difformes et ces enfants de la Folle du logis, que l'on a nommés Sphinx, Griffons, Kabires, Dactyles, Lamies, Elfes, Sirènes, Gnomes, Hippocentaures, Arimaspes, Satyres, Harpies, Vampires, etc. Tous ces êtres qui symbolisent sous différentes formes le grand Pan invisible peuvent se rencontrer parmi les productions infinies de la Nature. Le principe capital, la grande loi qui domine toute manifestation vivante, c'est que les êtres sont conformés chacun suivant son séjour, et qu'autour d'eux tout se trouve en harmonie avec leur organisation, leurs besoins et leur genre de vie. Si nous nous faisons une juste idée de la puissance effective de la Nature, nous admettrons forcément que les habitants des planètes les plus éloignées du Soleil ne reçoivent pas moins de lumière et de chaleur, relativement à leur organisation réciproque, que ceux de Mercure ou de la Terre, et qu'on ne peut légitimement s'appuyer sur l'éloignement ou la proximité des planètes pour en déduire l'inhabitabilité. Nous disons aussi que les éléments inhérents à la constitution de telle ou telle planète ne peuvent pas être plus contraires à leur habitabilité que ceux dont la Terre est revêtue ne nous sont contraires à nous-mêmes. Ainsi, lorsqu'on nous oppose que l'eau serait à l'état de vapeur dans certains mondes et à l'état de glace ou de neige dans d'autres, que les minéraux seraient en fusion chez les uns, et dans un état de dureté telle chez les autres, que l'agriculture et les arts seraient impossibles, ou mille autres objections du même genre; de telles raisons ne peuvent se rapporter qu'aux éléments terrestres transportés sur ces astres, ce qui leur enlève jusqu'à l'ombre d'une valeur scientifique. Sur Saturne ou sur Uranus, les liquides ne peuvent avoir la même composition chimique que sur la Terre, puisque l'eau terrestre y serait en état de congélation perpétuelle; il en est de même pour les solides et pour les gaz. Chaque monde possède des éléments d'habitabilité propre. Il est certain que la Nature sait parfaitement approprier l'organisation physique des êtres vivants à celle des êtres organiques ou inorganiques parmi lesquels se doivent écouler leurs jours, en même temps qu'aux principes vitaux propres aux milieux dans lesquels ils doivent consumer leur existence.

Cet enseignement de la Nature est unanime ici comme sur les autres points de notre thèse. Une relation étroite et indissoluble règne entre la Terre et les êtres qui l'habitent, entre les phénomènes physiques qui s'accomplissent à sa surface et les fonctions de ces êtres, depuis les animaux qui émigrent sur l'indication de leur instinct personnel, pour se trouver toujours dans les conditions suivant lesquelles ils ont été constitués, jusqu'à ceux qui, ne pouvant se déplacer, changent de pelage et s'habillent suivant les saisons. Les fonctions de l'existence répondent à l'état de la Terre; une grande solidarité relie les êtres à cette constitution terrestre, à tout ce qui en dépend, voire même à ces périodes insensibles de temps qui paraissent les plus étrangères à notre organisation. Pour en citer un exemple entre mille, et des moins appréciés, nous indiquerons l'*Horloge de Flore* de Linné, formée par une série de plantes qui ouvrent ou ferment leurs fleurs à certaines heures du jour, comme l'Émérocale, qui s'ouvre à 5 heures du matin, le Souci des champs à

9 heures, la Belle-de-nuit à 5 heures du soir, la Silène à 11 heures, etc., phénomènes en corrélation intime et directe avec les alternatives diurnes du mouvement de la Terre, puisqu'ils se produisent en quelque lieu caché qu'on transporte ces fleurs, hors des influences de la lumière et de la chaleur. Ce sont là quelques-uns des innombrables effets de la concordance mutuelle qui existe entre la Terre et sa population, concordance montrant qu'elles ont été formellement destinées l'une pour l'autre. La Nature connaît le secret de toutes choses, met en action les forces les plus infimes comme les plus puissantes, rend toutes ses créations solidaires, et constitue des êtres suivant les mondes et suivant les âges, sans que les uns ni les autres puissent mettre obstacle à la manifestation de sa puissance. Il suit de là que l'habitabilité des planètes que nous avons passées en revue est le complément nécessaire de leur existence, et que, de toutes les conditions que nous avons énumérées, aucune ne saurait mettre obstacle à la manifestation de la vie sur chacun de ces mondes.

Nous allons plus loin encore, et nous étendons nos principes à la généralité des astres qu'illuminent les soleils de l'étendue. Les travaux merveilleux de l'analyse spectrale nous ont déjà fait connaître, dans les spectres lumineux des planètes, les mêmes couleurs et les mêmes raies noires d'absorption que dans le spectre solaire; et de là nous sommes portés à voir dans les planètes des substances qui se trouvent également dans la constitution du Soleil. Or, nous savons déjà que dans le Soleil existent le fer, le sodium, la magnésie, le chrome, le nickel, le cuivre; tandis que ce globe ne contient pas d'or, d'argent, d'étain, de plomb, de cadmium ni de mercure. On peut faire maintenant la chimie du ciel, comme on fait la chimie des corps terrestres, et analyser la constitution des astres qui peuplent l'étendue. Les recherches récentes qui ont eu pour objet l'examen de Sirius, de Véga, de l'Épi de la Vierge... et des plus belles étoiles du firmament, ont ouvert une science expérimentale qui mènera aux plus importantes découvertes, et nous donnent légitimement l'espoir de connaître bientôt la nature intime de quelques-uns de ces astres inaccessibles[1]. Mais que les spectres stellaires nous montrent dans les étoiles des éléments analogues à ceux dont se composent notre Soleil et nos planètes, ou qu'ils indiquent une grande diversité de substances, nous n'en devons pas moins garder la conviction que ces astres, ou pour mieux dire les planètes qui roulent autour d'eux, possèdent des éléments qui donnèrent naissance à des êtres organisés suivant leur état respectif, et cela quelle que soit la différence qui sépare leur constitution de la nôtre. La seule considération de prudence à garder ici, c'est de rester entre les limites extrêmes ; la Nature, qui a l'infini autour d'elle et l'éternité pour mesure, peut avoir des astres exclusivement créés pour le service de certains autres, aussi bien qu'elle peut avoir des mondes en voie de formation ou de destruction.

Cela revient à dire que certaines conditions biologiques qui nous paraissent incompatibles avec les fonctions de

[1] Nous apprenons, par les journaux anglais du mois de septembre 1864, qu'après la lecture de notre ouvrage, plusieurs astronomes, et notamment MM. Miller et Huggins, à qui l'on doit de brillantes découvertes dans l'analyse spectrale, se sont adonnés à l'aide d'appareils perfectionnés à une nouvelle étude des spectres des planètes. Nous sommes heureux que ces célèbres professeurs, dont les travaux comptent près de trente ans d'âge, appliquent leur habileté incontestée à ces intéressantes solutions. — V. Rep. of the XXXIV{th} meeting of the *British Association*. (Note de la 4e édition.)

l'existence sur la Terre peuvent être en réalité favorables à des êtres organisés sur un mode inconnu. Nous allons jusqu'à avancer que l'absence d'atmosphère, par exemple, et par là même l'absence de liquides à la surface de certains mondes, n'entraîne pas *nécessairement* l'impossibilité de la vie. En effet, les auteurs modernes qui n'admettent la pluralité des mondes qu'avec cette restriction ne jugent donc pas la Nature capable de former des êtres vivants sur d'autres modèles que ceux qu'elle a établis sur la Terre. Est-ce une raison, parce que nous ne pouvons vivre sans ce fluide grossier qui enveloppe notre globe, qu'aucun être possible ne puisse habiter des sphères dépourvues de ce fluide ; et de ce que l'eau est nécessaire à l'alimentation de la vie terrestre, devons-nous forcément en conclure qu'il en soit de même sur tous les mondes? N'est-ce pas l'état de la nature physique qui a déterminé la vie à naître sous tel ou tel mode, à revêtir telle ou telle forme, et tous les êtres ne sont-ils pas liés à cet état par les forces qui les engendrèrent ou qui les soutiennent? Le Créateur aurait-il étendu sur notre globe une atmosphère aérienne composée telle qu'elle est, si l'homme avait dû être organisé différemment, ou aurait-il placé ici-bas l'homme organisé tel qu'il est, si cette atmosphère n'avait pas existé? Quelle absurdité pour les modernes de renfermer le pouvoir créateur dans ces étroites limites, dans lesquelles la science humaine elle-même n'oserait pas se retrancher pour toujours! Quelle sottise de prétendre que, sans un certain nombre d'équivalents d'oxygène et d'azote, la toute-puissante Nature ne saurait engendrer ni la vie animale, ni la vie végétale, ou pour mieux dire nulle sorte d'êtres, car, de ce que la création est divisée en trois règnes sur la Terre, ce n'est pas une raison non plus pour qu'elle ne puisse apparaître en d'autres mondes sous des formes incompatibles avec aucune des formes terrestres! En vérité, les anciens eussent mieux raisonné, et si nous interrogions leur dernier rejeton, qui les réfléchit tous dans ses mémorables écrits : « Ceulx qui veulent, nous répondrait-il, que les estres animés des aultres mondes ayent toutes les choses nécessaires à la naissance, vie, nourriture et entretien qu'ont ceulx de par ici, ne considèrent pas la diversité grande et inégalité qui est dans la nature, là où il se trouve des variétés et différences plus grandes entre les estres les uns des aultres. Tout ainsi comme si nous ne pouvions approucher de la mer, ni la toucher, en ayant seulement la veue de loing, et entendant dire que l'eaue en est amère, salée et non beuvable, qu'elle nourrit de grands animaux en grand nombre et de toutes formes dedans son fond, et qu'elle est toute pleine de grandes bestes qui se servent de l'eaue ne plus ne moins que nous faisons de l'aër [1], il nous seroit advis qu'on nous conteroit des fables et des nouvelles étranges, controuvées et faictes à plaisir. Ainsi semble-il que nous soyons disposés envers la Lune et aultres mondes, discroyant qu'il y ayt aulcun homme qui habite là [2]. »

Nous traiterons la question au point de vue philosophique général dans notre V⁰ livre, sur l'*Humanité dans l'univers*, mais ajoutons encore ici une observation particulière qui complétera les précédentes. Parlons un instant de notre ignorance forcée dans cette petite île du monde où la destinée nous a relégués, et de la difficulté où nous sommes d'approfondir les secrets et la puissance de la nature. Constatons que d'un côté nous ne connais-

---

[1] Plutarque, qui ne connaissait pas la respiration par les branchies, se trompe ici sur le phénomène; mais son raisonnement n'en est pas moins juste relativement à notre thèse.

[2] *De facie in orbe Lunæ*, éd. Amyot, p. 295.

sons pas toutes les causes qui ont pu influer, et qui influent encore aujourd'hui, sur les manifestations de la vie et sur son entretien et sa propagation à la surface de la Terre; et que d'un autre côté nous sommes bien plus loin encore de connaitre tous les principes d'existence qui propagent sur les autres mondes des créatures très-dissemblables. C'est à peine si nous avons pénétré ceux qui président aux fonctions journalières de la vie; c'est à peine si nous avons pu étudier les propriétés physiques des milieux, l'action de la lumière et de l'électricité, les effets de la chaleur et du magnétisme... Il en existe d'autres qui agissent constamment sous nos yeux et que l'on n'a pas encore pu étudier ni même seulement découvrir. Combien donc serait-il vain de vouloir opposer aux existences planétaires les principes superficiels et bornés de ce que nous appelons notre science? Quelle cause pourrait lutter avec avantage contre le pouvoir effectif de la Nature, et mettre obstacle à l'existence des êtres sur tous ces globes magnifiques qui circulent autour du foyer radieux! Quelle extravagance de regarder le petit monde où nous avons reçu le jour comme le temple unique ou comme le modèle de la Nature !

Rappelons-nous maintenant en résumé ce que nous avons démontré jusqu'ici, relativement aux conditions astronomiques et physiologiques des mondes, et nous établirons cette double conclusion, évidente au point de vue physiologique comme au point de vue astronomique : *1° La Terre n'a aucune prééminence marquée sur les autres planètes; 2° les autres planètes sont habitables comme elle.*

Cette proposition démontrée, il est facile d'en tirer un

corollaire qui sera le dernier mot de notre discussion. Ici toute la philosophie vient unanimement nous répondre que toute chose a sa raison d'être dans la nature, laquelle ne fait rien en vain, et depuis Aristote jusqu'à Buffon, aucun naturaliste n'a songé à révoquer en doute cette vérité, qui leur a paru d'une évidence axiomatique. Si la Nature a parsemé l'étendue de mondes habitables, ce n'est point pour en faire d'éternelles solitudes; de l'aveu de tous les philosophes, il n'est pas possible de soutenir une opinion contraire. Mais, en allant au fond du sujet et en posant rigoureusement la question telle quelle est, elle se résume dans l'éternel dilemme discuté depuis l'origine de la philosophie : L'existence des choses a-t-elle un but? n'en a-t-elle pas? Voilà ce qu'il faut décider entre nous. Si l'on ne s'entend pas préalablement à cet égard, la discussion devient désormais impossible, chacun s'appuyant sur des pétitions de principes et sur des arguments contraires.

Or, avant même d'établir notre conviction à cet égard, supposons un instant qu'il soit possible que l'univers soit sans but, il s'ensuivra que les conditions respectives des planètes doivent être regardées comme tout à fait fortuites, que c'est le hasard (le hasard!) qui les a formées telles qu'elles sont, qui a par conséquent présidé aux transformations de la matière et à l'établissement des mondes. Or ceux qui raisonnent ainsi, à quelque école particulière qu'ils appartiennent, portent le nom générique de matérialistes; mais ces philosophes du positivisme sont loin d'être opposés à notre thèse : on l'a déjà vu par Lucrèce, le disciple d'Épicure; et l'on peut résumer comme il suit les opinions des uns et des autres. Si c'est la combinaison aveugle des principes de la vie qui a formé la population de la Terre, il est certain que ces mêmes principes étant répandus dans tout l'espace dès les âges les plus reculés (car il n'y a pas de création) et dès les origines des choses actuelles, avec les mêmes rayons de lumière et de chaleur, avec les mêmes éléments primitifs de la matière, avec les mêmes corps, solides, liquides ou gazeux, avec les mêmes puissances, avec les mêmes causes enfin qui ont intervenu dans la formation de notre monde; il est certain que ces mêmes principes, ne restant jamais inactifs, ont engendré par mille et mille combinaisons d'autres êtres de toutes formes, de toutes grandeurs, de toutes proportions, aussi variés que ces combinaisons elles-mêmes[1].

Le système des matérialistes est favorable à notre doctrine, on le voit; mais nous pensons que c'est uniquement parce que celle-ci est inhérente à l'idée même des évolutions de la matière; et malgré l'appui que ces philosophes peuvent nous prêter, notre devoir est de ne point nous allier à eux, et de ne pas laisser un seul instant notre doctrine entre leurs mains, car l'autorité de ceux qui ne reconnaissent pas une Intelligence directrice dans l'organisation de l'univers nous paraît incapable d'entraîner qui que ce soit après elle.

Nous ne voulons pas entrer dans une interminable discussion sur les preuves de l'existence de Dieu, ce n'en est pas ici le lieu; mais nous voulons exprimer en quelques mots notre manière de voir.

Or nous disons que, malgré notre vénéré maître Laplace qui — en paroles — qualifiait Dieu d'*hypothèse inutile*[2],

---

[1] Voir, pour les temps anciens, les Ioniens, les Éléates, les Atomistes, les Épicuriens, les Stoïciens...; pour les temps modernes, Spinosa, qui ouvrit la voie à l'exégèse allemande contemporaine, et tout le philosophisme d'outre-Rhin, qui vient de faire irruption en France.

[2] Après la publication de son grand ouvrage sur la *Mécani-*

malgré les savants disciples des écoles de Hégel, d'Auguste Comte et leurs émules, malgré l'autorité de noms contemporains, qu'il est inutile de citer, mais qui nous sont chers à plus d'un titre, nous n'hésitons pas à proclamer en principe l'existence de Dieu, indépendamment de tout dogme, nous dirions même indépendamment de toute idée religieuse; les preuves de cette existence sont pour nous aussi nombreuses que les êtres animés qui peuplent la Terre.

Malgré notre incapacité de Le connaître et notre faiblesse devant Lui, nous affirmons l'Être suprême. Nous ne Le comprenons pas plus que l'insecte ne comprend le Soleil; nous ne savons ni qui Il est, ni comment Il est, ni par quel mode Il agit, ni ce que c'est que Sa prescience et Son ubiquité; nous ne savons rien, absolument rien de Lui; disons mieux : nous n'en pouvons rien savoir; parce que nous sommes l'ombre et qu'Il est la lumière, parce que nous sommes le fini et qu'Il est l'infini. Sa splendeur éblouit notre trop faible rétine; Sa manière d'être est *inconnaissable* pour notre pauvre entendement; les conditions de Sa réalité sont inaccessibles à notre compréhension bornée, à ce point que nulle science ne nous paraît pouvoir nous élever à Sa connaissance. Il est vrai, selon le mot célèbre de Bacon, que peu de science éloigne de Dieu et que beaucoup de science y ramène; mais il n'est pas vrai qu'une science ou une autre puisse jamais nous faire connaître la nature de l'Être incréé. En un mot, Il est l'*Absolu*, et nous ne sommes, né

que céleste, Laplace en fit hommage à l'Empereur. Celui-ci, l'ayant lu, fit venir l'astronome et lui manifesta sa surprise de n'avoir pas rencontré une seule fois le mot *Dieu* dans toute l'étendue de l'ouvrage. — Sire, répondit Laplace, je n'ai pas eu besoin de cette *hypothèse*.

connaissons et ne pouvons connaître que des *relatifs*. Il nous est formellement interdit de nous créer une image de Dieu; c'est une impossibilité inhérente à notre nature même. Non, nous ne savons rien de Lui; mais nous Le contemplons en haut du fond de notre abime, et la seule pensée de Son éternelle existence nous atterre et nous anéantit; mais nous Le voyons clairement et distinctement sous toutes les formes des êtres, nous entendons Sa voix dans toutes les harmonies de la nature, et *notre logique veut une cause première et une cause dernière dans les œuvres créées.*

Vous ne voulez pas de cause première, parce que l'absence de création vous paraît incompréhensible, et de là vous concluez à l'éternité du monde; vous ne voulez pas de cause dernière, parce que la causalité finale reste mystérieuse et obscure, et conduit l'homme à des erreurs manifestes. Mais qu'est-ce que vous appelez et qu'est-ce que nous appelons tous *causes finales*? Croyez-vous de bonne foi que les véritables causes finales et la vraie destinée des êtres soient celles que nous enfantons dans notre petit cerveau? croyez-vous de bonne foi que le plan général de l'immense et solidaire nature puisse être connu de nous, pauvres atomes? En êtes-vous donc encore à confondre l'ordre universel des êtres avec vos systèmes de classifications? Ne songez-vous pas que l'homme et toute son histoire, toute sa science, toute sa destinée ici, n'est que le jeu éphémère d'une libellule planant sur l'océan sans limites de l'espace et du temps, et que, pour juger les choses dans leur ordre véritable, il nous faudrait connaître l'ensemble du monde?

Non, la vraie causalité finale n'est point celle que l'homme imagine; et si nous concevons une conformité au but en toute création, si nous voulons une destinée des êtres dans la nature, c'est parce que nous reconnaissons les traces d'un *plan divin* dans l'œuvre du monde. Nous étudions autour de nous des formes d'existence qui s'enchaînent et se suivent mutuellement, nous voyons des arrangements qui se répondent les uns aux autres, nous reconnaissons une solidarité entre tous les êtres depuis le minéral jusqu'à l'homme, de même qu'entre les diverses parties constitutives de chaque individu, à ce point quel sans le principe des causes finales, les sciences physiologiques ne pourraient faire un pas, déterminer la fonction d'un seul organe. Si l'on veut que cet état de choses soit l'œuvre de la matière, nous le concédons, en ajoutant même que toute autre création porterait (et porte en effet), de même que celle-ci, le cachet de la solidarité universelle ; mais nous voyons, au-dessus de ces forces physiques qui ont si intelligemment arrangé les choses, l'Intelligence première qui mit en action ces forces admirables.

Une école philosophique du jour nous objecte que la conformité au but n'a été créée que par l'esprit réfléchissant, qui admire ainsi un miracle qu'il a créé lui-même. On nous dit que la nature est un ensemble de matériaux et de forces aveugles, dont les combinaisons variées produisent des individus et des espèces, mais ne prouvent en aucune façon l'intervention d'une intelligence. On nous répète que Dieu est une hypothèse inutile dont on ne sait plus que faire ; que toute conception d'intelligence indépendante du monde matériel est vide de sens et absurde ; que « l'on doit abandonner ces creuses idées de téléologie à la sagesse des maîtres d'école, auxquels il est permis de continuer ces innocentes études au milieu des auditeurs enfantins qui peuplent leurs salles[1]. » Et

---

[1] *Force et Matière*, par Louis Büchner. Leipzig, 1860.

l'École savante qui base ses raisonnements sur de pareils principes ne voit pas qu'elle est au comble de l'illogisme !

Vous dites et vous affirmez que les forces naturelles inhérentes à l'essence même de la matière assurent la vie et la stabilité éternelles du monde ; vous dites et vous affirmez que cette puissance de maintenir indéfiniment l'état actuel, ou de lui faire subir des transformations successives, appartient en propre à ces forces naturelles, et qu'elles ont *par elles-mêmes* la vertu de perpétuer l'universelle création. Par elles-mêmes? Eh ! qu'en savez-vous ? Essayez, s'il vous est possible, de nous prouver que cette vertu est dans l'essence même de la matière et n'appartient pas à une puissance supérieure qui, si elle le voulait, annulerait son action primitive et laisserait toute chose retomber dans le chaos. Prouvez-nous que cette matière, dont vous exaltez à un tel point la dignité, existe par elle-même, et puisque vous vous posez sur le terrain scientifique, ne vous contentez pas d'affirmer gratuitement, démontrez, s'il vous plaît, les propositions que vous avancez avec tant d'assurance.

Mais quand même ce que vous affirmez serait vrai ; quand même les lois qui régissent le monde porteraient en elles-mêmes les conditions de son éternelle vie et de son éternelle stabilité ; quand même l'intervention incessante de l'Auteur de toutes choses serait superflue, et par conséquent ne serait pas, — ce que nous vous concéderions en apparence, le principe créateur une fois reconnu ; — qu'est-ce que cela prouverait, sinon que ce Créateur, dont vous niez si illogiquement l'existence, a eu assez de sagesse et assez de puissance à la fois pour ne pas s'astreindre servilement à mettre éternellement la main à son œuvre? Après avoir découvert la grande loi de la gravitation des astres, l'immortel **Newton** émit l'opinion que l'Auteur de l'univers devait de temps en temps remonter la machine des cieux ; cent ans plus tard, Laplace vint montrer que le système du monde n'est pas une horloge, et qu'il est en mouvement perpétuel jusqu'à la consommation des siècles; or nous trouvons Dieu plus grand dans Laplace que dans Newton. Le cachet de l'Infini est empreint sur la nature; nous aimons à reconnaitre la main qui l'imprima. La création proclame si clairement à nos yeux l'existence d'un Créateur infini, que la négation de cette existence nous parait le comble de la folie et de l'aveuglement. Nier Dieu parce qu'il a été infiniment sage et infiniment puissant! Ne pas reconnaître l'action divine, parce qu'elle est sublime! *Semel jussit, semper paret!* En vérité, vous êtes bien en retard, Messieurs, qui vous dites philosophes de l'avenir. Demandez à Sénèque qui vivait il y a vingt siècles, il ne sera pas en peine de vous répondre!

Comment prétendez-vous soutenir un pareil système? Nous n'en appelons pas ici à la conscience universelle et à l'autorité du témoignage, ce ne sont pas là non plus des sanctions suffisantes pour nous; nous en appelons à vos principes les plus élémentaires, les plus indéfectibles de logique; nous en appelons simplement à votre sens commun. Comment! quand des intelligences telles que Kepler, Newton, Euler, Laplace, Lagrange, ne sont arrivées, malgré leur puissant génie qui les élève de cent coudées au-dessus de l'humanité, qu'à trouver *une expression* des lois qui régissent l'univers; qu'à donner *une formule* des forces du Cosmos; quand ces illustres mathématiciens eussent été incapables d'*imaginer* par eux-mêmes une seule de ces lois, de la tirer de leur cerveau d'homme, non pas de la mettre en action, mais simplement de l'*inventer*, de lui donner une existence abstraite et stérile ; on voudrait que ces lois ne proclamassent pas l'intelligence supérieure qui créa et mit en action ces puissances dont l'homme peut à peine bégayer les formules ! Mais c'est là un mode de raisonnement inexplicable, en vérité ! et si nous n'en avions malheureusement auprès de nous l'exemple criant, on ne saurait croire que l'on pût s'arrêter à des preuves aussi manifestes d'une intelligence ordonnatrice, et ne pas reconnaître au-dessus de ces lois admirables l'Être suprême, qui pensa ces lois et les imposa à l'univers. Singulier raisonnement de ne point croire à Dieu, malgré l'évidence, parce que vous ne le comprenez pas ! Mais que comprenons-nous ici ? Savons-nous seulement ce que c'est qu'un atome de matière ? Connaissons-nous la nature de la pensée ? Pouvons-nous analyser l'essence des forces physiques ? Savons-nous ce que c'est que la gravitation ; savons-nous seulement si elle existe en tant que substance, ou s'il n'y a là que le nom d'une propriété inconnue inhérente à la matière ?... Nous ne comprenons rien dans son essence, ou à peu près rien, vous le reconnaissez avec nous. Donc quelle absurdité (nous nous servons de ce mot insuffisant, parce que nous voulons rester sur le terrain de la logique), quelle absurdité de condamner Dieu à mort, de ne point vouloir de lui, de nier outrageusement son existence, par la raison que nous (Nous !) ne le comprenons pas !

Dieu existe. Et ce n'est pas sans but qu'il a créé les sphères habitables. Aux preuves tirées de l'analogie, nous ajoutons les idées que nous inspire la raison d'être du plan divin, et nous posons la question dans les termes suivants : La création des planètes ayant un but, et les considérations précédentes ayant démontré que la Terre n'a aucune prééminence marquée sur elles, et qu'il serait absurde de prétendre qu'elles eussent été créées uniquement pour être de temps en temps observées par quelques-uns de nous; comment ce but peut-il être rempli s'il n'y a pas un seul être qui les habite et qui les connaisse? La seule réponse à cette question, hors de l'affirmative en faveur de notre doctrine, c'est d'imaginer, à l'exemple de quelques théologiens mal inspirés, que l'univers sidéral peut n'être qu'une masse de matière inerte disposée par Dieu suivant les lois mathématiques pour sa plus grande gloire, *A. M. D. G.!* et pour la glorification de sa puissance par les anges ou les élus qui pourraient seuls contempler ces merveilles! Merveilles de solitude et de mort, en vérité; comme si une danse de globes de terre dans les vides infinis pouvait être la manifestation de la puissance divine, et servir mieux à sa gloire qu'un concert de créatures pensantes! Mais une telle réponse ne souffre pas un instant la discussion. Que notre planète ait été faite pour être habitée, cela est d'une évidence incontestée, non-seulement parce que les êtres qui la peuplent sont là sous nos yeux, mais encore parce que la connexion qui existe entre ces êtres et les régions où ils vivent amène pour conclusion inévitable que *l'idée d'habitation se lie immédiatement à l'idée d'habitabilité*. Or ce fait est un argument rigoureux en notre faveur : sous peine de considérer la Puissance créatrice comme illogique avec elle-même, comme inconséquente avec sa propre manière d'agir, il faut reconnaître que l'habitabilité des planètes réclame impérieusement leur habitation. Dans quel but auraient-elles donc reçu des années, des saisons, des mois et des jours, et pourquoi la vie n'éclorait-elle pas à la surface de ces mondes qui jouissent comme le nôtre des bienfaits de la Nature et qui reçoivent comme lui les rayons fécondants du même

Soleil? Pourquoi ces neiges de Mars qui fondent à chaque printemps et descendent abreuver ses campagnes? Pourquoi ces nuages de Jupiter qui répandent l'ombre et la fraîcheur dans ses plaines immenses? Pourquoi cette atmosphère de Vénus qui baigne ses vallées et ses montagnes? O mondes splendides qui voguez loin de nous dans les cieux! serait-il possible que la froide stérilité fût à jamais l'immuable souveraine de vos campagnes désolées? Serait-il possible que cette magnificence, qui semble être votre apanage, fût donnée à des régions solitaires et nues, où les seuls rochers se regarderaient éternellement dans un morne silence? Spectacle affreux dans son immense immutabilité, et plus incompréhensible que si la Mort en furie, venant à passer sur la Terre, fauchait d'un seul coup la population vivante qui rayonne à sa surface, enveloppant ainsi dans une même ruine tous les enfants de la vie, et laissant la Terre rouler dans l'espace comme un cadavre dans une tombe éternelle!

I

LA VIE

L'infini dans la vie. — Vision microscopique et vision télescopique. — Géographie des plantes et des animaux; universelle diffusion de la vie. — La plus grande somme de vie est toujours au complet. — Le monde des infiniment petits. — Son aspect et son enseignement : la fécondité de la nature est infinie. — Comment la pluralité des mondes est surabondamment prouvée par le spectacle de la Terre. — Ce que nous sommes : une double infinité s'étend au-dessus et au-dessous de nous. — Loi d'unité et de solidarité. — Vie universelle. Éléments constitutifs des substances tombées du ciel : l'analyse des aérolithes couronne les démonstrations et les raisonnements antérieurs.

Les considérations qui précèdent établissent une double certitude, et seraient plus que suffisantes pour des questions ordinaires et purement humaines; mais la Nature n'a pas voulu laisser aux hommes le soin d'expliquer le chef-d'œuvre de la création. Le Roi des êtres a jeté un voile mystérieux sur cette preuve sublime de sa toute-puissance, et s'est réservé de le soulever lui-même, afin de confondre l'orgueil des hommes en même temps qu'il agrandirait la sphère de leur intelligence. Pour arriver à cette fin, avant que la science leur découvrît les merveilles de sa fécondité prodigieuse, la Nature a mis dans l'esprit de ceux qui l'ont étudiée la notion de la pluralité des mondes, en leur apprenant qu'une seule terre habitée ne conviendrait ni à sa dignité, ni à sa grandeur. Puis elle a laissé à la science le soin de développer cette idée primitive, en permettant à l'homme de pénétrer dans le sanctuaire de son éternelle puissance. Tandis que les anciens, qui pouvaient adorer l'infinité du Créateur et se prosterner devant sa gloire en contemplant l'immensité de la Terre, la richesse de sa parure et la variété de ses productions, comprenaient néanmoins combien cette seule Terre mériterait peu de rassasier ses regards, et combien les merveilles qui la décorent sont au-dessous de la majesté divine, les modernes, à la suite du progrès des sciences, ne devaient pas en être réduits à renfermer cette majesté suprême dans un monde où ils commencent à se sentir eux-mêmes à l'étroit, où, grâce à nos nouveaux Pégases, plus rapides que ceux de l'Olympe, les plus longs voyages ne sont plus pour nous que des voyages d'agrément, où la foudre asservie nous permet de converser à voix basse avec nos voisins les antipodes, dans un monde enfin que nous roulons maintenant comme un jouet entre nos mains. C'est alors que, tandis que la Terre perdait de sa splendeur première en se laissant mieux connaître et rétrécissait de plus en plus son horizon à nos regards, le monde sidéral déroulait dans de gigantesques proportions son incommensurable étendue et s'agrandissait à mesure que nous connaissions mieux l'exiguïté de notre globe. C'est alors que, tandis que le microscope nous apprenait que la vie déborde de toutes parts sur notre séjour et que la Terre est trop étroite pour la contenir, le télescope nous ouvrait dans les cieux de nouvelles régions où cette vie n'est plus resserrée comme ici-bas, où elle se propage dans des plaines fertiles et véritablement dignes de la complaisance de la Nature. C'est alors que les découvertes microscopiques sont venues nous annoncer que la puissance créatrice ne s'est pas mise en peine que l'on connût la plus faible partie des êtres existants, en nous révélant que la vie invisible est infiniment plus étendue sur les continents et dans les eaux que la vie apparente, et que, sur notre monde seul, la somme des êtres perçus et susceptible d'être étudiés à l'aide de nos sens n'est pas comparable à la somme des êtres qui sont au delà de nos moyens de perception.

La géographie des plantes et des animaux nous montre l'universelle diffusion de la vie à la surface du globe; chaque zone nous ouvre un champ d'une nouvelle richesse, chaque région déroule sous nos regards une nouvelle population d'êtres. Si l'on s'élève des plus profondes vallées jusqu'aux sommets des plus hautes montagnes, les espèces de végétaux et d'animaux se succèdent, définies et revêtues de caractères spéciaux, suivant les altitudes, et montant jusqu'aux dernières limites où les fonctions de la vie peuvent s'opérer encore. Si l'on se dirige de l'équateur aux pôles, on voit la sphère de la vie s'étendre et se diversifier depuis les formes gigantesques des tropiques jusqu'au monde des infiniment petits qui habitent les latitudes extrêmes. « Près des pôles, dit Ehrenberg, l'un de nos plus laborieux naturalistes, là où de plus grands organismes ne pourraient plus exister, il règne encore une vie infiniment petite, presque invisible, mais incessante; les formes microscopiques recueillies dans les mers du pôle austral, pendant les voyages de James Ross, offrent une richesse toute particulière d'organisations qui étaient inconnues jusque-là et qui sont souvent d'une élégance remarquable; dans les résidus de la fonte des glaces qui flottent par 78°10' de latitude, on a trouvé plus de cinquante espèces de polygastriques siliceux, et des coscinodisques dont les ovaires encore verts prouvent qu'ils ont vécu et lutté avec succès contre les rigueurs d'un froid porté à l'extrême; la sonde a puisé dans le golfe de l'Érébus, depuis 403 jusqu'à 526 mètres de profondeur, soixante-huit espèces de polygastriques siliceux et de phytolitharia. »

Ni la diversité des climats, ni la longueur des distances, ni la hauteur, ni la profondeur ne mirent obstacle à la diffusion des êtres vivants; ils envahirent les régions les plus cachées, en haut, en bas, de toutes parts; ils couvrirent la Terre d'un réseau d'existences. L'économie du globe est disposée pour cela. Les plantes confient aux vents leurs graines légères et s'en vont renaître à des distances immenses; les animaux émigrent en troupe ou pénètrent individuellement des régions qui paraissent impénétrables. Nous l'avons déjà fait observer [1], les lacs souterrains, où les eaux de pluie paraissent seules pouvoir descendre, nourrissent non-seulement les infusoires et les animalcules, qui naissent partout, mais encore de grosses espèces de poissons et d'oiseaux aquatiques, comme en témoignent les palmipèdes de la Carniole. Les cavernes naturelles, en apparence complétement fermées, donnent accès aux espèces vivantes, lesquelles s'y multiplient et y propagent une vie souterraine spéciale. Les glaciers des Alpes nourrissent des podurelles. Les neiges polaires reçoivent des *chionœa araneoides*. A 4,600 mètres au-dessus du niveau de la mer, les Andes tropicales sont enrichies de beaux phanérogames. La vie est variable à l'infini et se manifeste partout où sont réunies les conditions de son existence. Nos classifications

[1] Livre III, I, p. 119 à la note.

artificielles ne suffisent pas à comprendre l'étendue des espèces vivantes. La vie se joue de la substance et de la forme et semble défier toutes les impossibilités. La lumière, la chaleur, l'électricité, lui créent mille mondes, ouvrent mille chemins à son extension. L'eau bouillante et la glace ne sont pas un obstacle insurmontable. Des vibrions desséchés sur les toits, exposés au grand soleil d'été et couverts de glaces en hiver, renaissent après des années de mort apparente, si les conditions de leur existence se trouvent momentanément réalisées sur le point imperceptible où ils gisaient. L'atome de poussière qui se balance dans un rayon de soleil, et qu'un tourbillon emporte par delà les airs, est tout un petit monde peuplé d'une multitude d'êtres agissants. La vie est partout; de l'équateur aux pôles on la rencontre, diverse, transformée, étapes par étapes. Il n'est probablement pas un lieu du globe où elle n'ait pénétré quelque jour, et en nous arrêtant même au spectacle actuel de la Terre, en ne considérant que l'époque déterminée où nous observons aujourd'hui, époque qui ne représente qu'une seconde insensible dans l'insondable durée des âges géologiques, nous voyons cette merveilleuse force de vie partout en activité, partout en mouvement, partout en voie de création. Analysons le sang des plus petits animaux, nous y trouverons des animalcules microscopiques; élevons-nous dans les airs, et dans les nuages de poussière qui en troublent souvent la transparence, nous trouverons une infinité d'infusoires polygastriques à carapaces siliceuses.

Malgré les savantes et persévérantes recherches des physiologistes d'aujourd'hui, l'antique problème de la *génération spontanée* n'est pas encore résolu. Mais si l'hétérogénie est encore au berceau, les travaux qui l'ont fait naître et les discussions qu'elle a engagées n'en ont pas moins singulièrement agrandi le champ de nos conceptions sur l'essence et la propagation de la vie. Nous savons maintenant combien cette vie est immense, combien est puissante la force qui la fait apparaître ou qui la propage, combien est fécond le sein de cette belle Nature, toujours dans la séve de sa virilité sans âge, toujours dans la splendeur de sa force et de sa jeunesse. Les mystères intimes de la génération se dévoilent, et notre siècle analyse les ressorts cachés de la vie embryogénique et leur fonctionnement, selon les individus, selon les sexes, selon les familles et selon les espèces, et si nous ne connaissons pas encore, nous sommes sur le point, et nous comprenons qu'il y a dans l'embryon et dans l'animalcule microscopique un infini de vie, force initiale qui naît suivant le concours de quelques éléments, et qui se développe suivant l'impulsion de sa propre essence, secondée par les influences issues du monde extérieur.

La force de vie est une propriété inéluctable qui appartient à la matière organisée; or les éléments simples de la matière, ou les monades, passent du monde inorganique au monde organique, de sorte que toute matière est susceptible d'être organisée et sert, en effet, tour à tour à la composition des divers organismes, et que la force de vie est inhérente à la substance même du monde. Selon l'idée de Leibnitz, les choses sont ordonnées de telle façon que la plus grande somme de vie est toujours au complet, et qu'à tout instant donné le maximum des existences individuelles est réalisé. Darwin a établi, par la démonstration de la loi de Malthus prise en sa simple expression, que, depuis les temps les plus reculés de nos lointaines origines, les espèces vivantes se sont succédé par droit de conquête, combattant dans l'immense bataille de la vie, selon la somme de leur force vitale réciproque, triomphant des espèces appauvries et plus faibles, et établissant sur la Terre une domination qui fut toujours la plus complète possible. Pour garder leur place au soleil et pour prolonger leur vie spécifique, les êtres se firent entre eux — et continuent de se livrer — une concurrence, une lutte universelle, d'où résulte l'*élection naturelle* des races et des individus les mieux adaptés aux circonstances de temps et de lieu; le champ ensemencé par la nature est de la sorte toujours riche de ses plus belles productions; la coupe de la vie est toujours pleine, disons mieux, elle déborde toujours, car les êtres les plus parfaits l'emportent continuellement sur les êtres les moins parfaits. Toutefois ceux-ci ne disparaissent encore que s'ils sont impitoyablement supplantés, si les conditions changeantes du globe s'opposent à leur survivance, et s'ils ne peuvent trouver un dernier refuge dans une émigration loin de leurs vainqueurs; dans ce dernier cas, ils augmentent encore la somme de vie là où elle peut être augmentée.

Tel est le spectacle offert par notre monde depuis des millions d'années, depuis ces siècles de siècles où les espèces vivantes se succèdent dans une majestueuse lenteur; tel est le spectacle que nous offre encore aujourd'hui ce monde dont la fertilité et l'abondance sont l'éternel patrimoine. Jadis, nos pères prenaient le *ciron* pour type de l'infiniment petit et pour limite inférieure de la vie animale, le ciron, cet acarite de la grosseur d'un grain de sable, qui se nourrit sur les substances corrompues. Mais depuis ce temps le microscope est venu nous ouvrir les portes de la vie cachée; nous sommes entrés, et nous faisons maintenant de longs et intéressants voyages dans des pays d'un millimètre carré. Leuwenhœck a montré que mille millions d'*infusoires*, découverts dans l'eau commune par la vision microscopique, ne forment pas une masse aussi volumineuse que celle d'un grain de sable ou d'un ciron. Ehrenberg a établi que la vie est répandue dans la nature avec une telle profusion, que sur les infusoires dont nous venons de parler vivent en parasites des infusoires plus petits, et que ces petits infusoires eux-mêmes servent à leur tour de demeure à des infusoires plus petits encore. Sir John Herschel, plaçant une petite goutte d'eau sur un morceau de cristal oblique au foyer d'un microscope solaire, qui donnait à cette gouttelette un diamètre apparent de *douze pieds*, put observer une population immense d'animalcules de toutes grandeurs, population si compacte parfois, que dans toute cette étendue de douze pieds il eût été impossible de placer la pointe d'une aiguille sur un seul endroit inoccupé. Ces éphémères naissent pour quelques minutes; nos heures leur seraient des siècles; l'infiniment petit de leur volume a ses éléments corrélatifs dans l'infiniment petit de leurs fonctions vitales et des divers phénomènes de leur existence. Dans ce monde nouveau, il y a un infini, ou tout au moins un indéfini, que ne peuvent comprendre nos intelligences dans leur plus haute puissance de conception; pourtant ce n'est là que le seuil de l'univers microscopique; en allant plus loin, nous observons dans un pouce cube de tripoli 40,000 *millions* de galionelles fossiles;... plus loin encore, nous découvrons dans un même volume de substance analogue jusqu'à 1,800,000 *millions* de carapaces ferrugineuses fossiles.

Si donc on trouve dans quelques grains de poussière plus de débris des êtres qui y ont passé leur existence, qu'il n'y a eu et qu'il n'y aura peut-être jamais d'hommes sur la Terre, que dirons-nous de ces couches immenses de terrain crétacé qui s'étendent au loin sur les côtes de l'Océan, avec une épaisseur de plusieurs mille pieds, et dont chaque once renferme des millions de foraminifères? Que dirons-nous de ces polypes aux ramifications immenses; de ces polypes cent fois centenaires, qui forment des îles entières du grand Océan; de ces milliards d'animaux et de végétaux microscopiques qui, à eux seuls, ont construit des montagnes, et qui ont exercé une action plus efficace sur la structure de la Terre que ces masses monstrueuses de baleines et d'éléphants, que ces énormes troncs de figuiers et de baobabs? Que dirons-nous surtout de la vie cachée dans les plaines et dans les forêts de la mer? « Là, dit le doyen de la science moderne [1], on sent avec admiration que le mouvement et la vie ont tout envahi; à des profondeurs qui surpassent les plus puissantes chaînes de montagnes, chaque couche d'eau est animée par des polygastriques, des cyclidies et des ophrydines. Là pullulent les animalcules phosphorescents, les mammaria de l'ordre des acalèphes, les crustacés, les peridinium, les néréides qui tournent en cercle, dont les innombrables essaims sont attirés à la surface par des circonstances météorologiques et transforment chaque vague en une écume lumineuse. L'abondance de ces petits êtres vivants, la quantité de matière animalisée qui résulte de leur rapide décomposition, est telle, que l'eau de mer devient un véritable liquide nutritif pour des animaux beaucoup plus grands. Certes, la mer n'offre aucun phénomène plus digne d'occuper l'imagination que cette profusion de formes animées; que cette infinité

---

[1] De Humboldt, *Cosmos*, t. I, p. 365.

d'êtres microscopiques dont l'organisation, pour être d'un ordre inférieur, n'en est pas moins délicate et variée. »

Où trouver alors une limite à la fécondité de la Nature; comment circonscrire sa puissance à notre pauvre séjour, lorsque nous savons que la *vie universelle* est son éternelle devise; lorsqu'il suffit d'un rayon de soleil pour faire pulluler des animalcules vivants dans une goutte d'eau, et pour en faire tout un monde; lorsque nous savons qu'une seule diatomée peut, dans l'espace de *quatre jours*, produire plus de 150 *milliards* d'individus de son espèce? Où rencontrer les bornes de l'empire de la vie, lorsque nous voyons que non-seulement dans la vie minérale où fourmillent des légions d'êtres, non-seulement dans la vie végétale où des animaux paissent sur les feuilles des plantes comme les bestiaux dans nos prairies; mais encore dans la vie animale considérée en elle-même : la Nature, non contente de répandre les espèces partout où la matière existe, les entasse encore les unes sur les autres; et formant une vie parasite qui se développera sur la première, dépose encore sur elle de nouvelles semences et de nouveaux germes appelés à pérpétuer ainsi de multiples existences sur l'existence elle-même, — nous apprenant ainsi ce qu'elle opère sur les mondes planétaires, puisqu'elle est la même pour ces mondes que pour le nôtre, et qu'ici, plutôt que de se lasser de produire, elle propage l'existence au détriment de l'existence elle-même?

Et tandis qu'elle a jeté sur la Terre une page aussi éloquente; tandis qu'elle nous représente avec une telle évidence que la mort est chassée de son empire, et qu'elle ne se plait qu'à répandre la vie en tous lieux; tandis que, de l'alpha à l'oméga des temps, son ambition suprême est de verser à torrents les flots de l'existence jusqu'aux confins du monde, on se croirait en droit de fermer l'oreille à cet enseignement irréfutable et de fermer les yeux sur ce grand et imposant spectacle? on oserait prétendre que les régions fortunées des mondes planétaires, qui sont comme nos campagnes terrestres soumises aux mêmes lois, et comme elles, sous le regard actif de la même Providence, ne seraient que de mornes et inutiles déserts, des plages incultes et stériles? que toutes les merveilles de la création seraient enfouies dans ce coin de l'immensité que l'on nomme la Terre, et que la Nature, si prodigue d'existences ici-bas, en aurait été partout ailleurs d'une avarice sans égale? On oserait dire que tous les mondes, hormis un, que l'univers entier, enfin, ne serait autre chose qu'un amas de blocs inertes flottant dans l'espace, recevant tous les bienfaits de l'existence, et donnés en apanage au néant, comblés de tous les dons de la fécondité et rejetés d'une Nature marâtre, disposés pour le séjour de la vie et voués éternellement à la mort! On oserait penser que, parce que nous sommes ici ramassés sur notre grain de poussière, et que nos yeux sont trop faibles pour apercevoir les habitants des autres mondes, il faut que toute la création s'y trouve entassée ; que tant de sphères magnifiques soient d'immenses et profondes solitudes, d'où nulle pensée, nul soupir, nulle aspiration de l'âme ne s'élèvent vers le Créateur des êtres; que la puissance infinie, en un mot, se soit épuisée à revêtir notre petit globe de sa parure! Eh ! qui donc, parmi ceux qui pensent, oserait encore jeter une insulte aussi grossière à la face rayonnante « du Pouvoir infini qui façonna les mondes? »

Dans le savant ouvrage qu'il publia en réponse aux dénégations singulières du théologien Whewell, sir

David Brewster émet à ce propos les judicieuses idées suivantes [1] :

« Les esprits stériles ou « âmes viles, » comme les appelle le poëte, qui peuvent être amenés à croire que la Terre est le seul corps habité de l'univers, n'auront aucune difficulté à concevoir qu'elle pourrait également avoir été privée d'habitants. Qui plus est, si de tels esprits sont instruits des déductions géologiques, ils doivent admettre qu'elle fut sans habitants pendant des myriades d'années ; et ici nous arrivons à cette conséquence insoutenable que, pendant des myriades d'années, il n'y eut aucune créature intelligente dans les vastes États du Roi universel, et qu'avant la formation des couches protozoïques il n'y eut aucune plante ni aucun animal dans l'infinité de l'espace ! Pendant cette longue période de mort universelle où la Nature elle-même était endormie, le Soleil avec ses beaux compagnons, les planètes avec leurs fidèles satellites, les étoiles dans leurs systèmes binaires, et le système solaire lui-même, accomplissaient leurs mouvements diurnes, annuels et séculaires, inaperçus, inconnus et sans remplir le moindre dessein concevable ! Des flambeaux n'éclairant rien, — des foyers n'échauffant rien, — des eaux ne rafraîchissant rien, — des nuages ne répandant l'ombre sur rien, — des brises de soufflant sur rien, — et tout dans la nature, montagnes et vallées, terres et mers, tout existant et ne servant à rien ! Dans notre opinion, une telle condition de la Terre, du système solaire et de l'univers sidéral, serait semblable à celle de notre globe, si tous les vaisseaux de commerce et de guerre en traversaient les mers avec des cabines vides et des cales sans chargement, — si tous les

---

[1] *More worlds than One*, chap. XII.

convois de chemins de fer étaient en pleine activité sans passagers et sans marchandises, — si toutes nos machines continuaient d'aspirer l'air et de grincer leurs dents de fer sans aucun travail à accomplir! Une maison sans locataires, une cité sans habitants, présentent à nos esprits la même idée qu'une planète sans vie et qu'un univers sans population. Il serait également difficile de conjecturer pourquoi la maison fut bâtie, pourquoi la cité fut fondée; ou pourquoi la planète fut formée, et pourquoi l'univers fut créé. La difficulté serait également grande si les planètes étaient d'informes masses de matière en équilibre dans l'éther, inanimées et sans mouvements, comme la tombe; mais elle est bien plus grande encore, lorsque nous voyons en elles des sphères enrichies de la beauté inorganique et en pleine activité physique; des sphères qui accomplissent leurs mouvements propres avec une précision si remarquable, que leurs jours ni leurs années n'errent jamais d'une seconde dans des centaines de siècles. L'idée de concevoir quelque globe de matière, que ce soit un monde gigantesque endormi dans l'espace ou une riche planète équipée comme la nôtre, l'idée, disons-nous, de concevoir un monde accomplissant parfaitement la tâche qui lui a été assignée, sans habitation à sa surface ou sans être dans un état de préparation pour la recevoir, nous semble une de ces idées qui ne peuvent être accueillies que par des esprits mal instruits et mal ordonnés, par des esprits sans foi et sans espérance. Mais concevoir de plus tout un univers de mondes dans un tel état, c'est à notre avis l'indice d'un esprit mort au sentiment et sous l'influence de cet orgueil intellectuel dont parle le poëte : « Demandez-lui pourquoi les corps célestes brillent; pourquoi la Terre est faite? — C'est pour moi, répond l'orgueil; la mer roule pour me porter ; le Soleil se lève pour m'éclairer ; la Terre est mon marchepied, et le ciel mon pavillon. » — Mais nous nous sommes mépris en pensant que l'univers était mort. Au commencement elle n'était pas encore née cette belle chrysalide terrestre, d'où le papillon de la vie devait naître ; au commandement divin, les formes protozoïques parurent ; plus tard, la première plante, le mollusque élémentaire, le poisson, plus élevé, le quadrupède, plus noble encore, apparurent successivement ; enfin, l'Homme, image de son Créateur et œuvre de sa main, fut investi de la souveraineté du globe. La Terre fut donc créée pour l'homme, la matière pour la vie, et partout où nous voyons une autre terre, nous sommes forcés de convenir qu'elle fut, comme la nôtre, créée pour la race intellectuelle et immortelle. »

La seule objection que l'on pourrait faire à ces idées si belles dans leur application à l'état actuel du monde, ce serait de dire qu'il fut un temps où effectivement *rien* n'exista, et où l'Être suprême régna seul dans sa gloire au sein des vides infinis, — et ce n'est pas M. Brewster qui nierait l'acte de la création divine ; — mais, comme nous pouvons remonter par la pensée à un *principium quasi eternel* (quoique cette expression soit fausse en philosophie), nous pouvons avancer qu'à l'époque reculée où la Terre n'était pas encore sortie de ses langes, les étoiles, dont la lumière met des millions d'années à nous parvenir, brillaient déjà au sein de leurs systèmes ; et nous n'avançons pas là une proposition gratuite, car nous voyons présentement ces étoiles, non telles qu'elles sont, mais telles qu'elles étaient il y a des millions d'années [1] ; nous pouvons avancer de même qu'un univers sidéral

---

[1] Voy. notre Livre IV : *Les Cieux*, p. 193.

existait longtemps avant la naissance de notre monde, déployant sa parure et resplendissant dans les vastes cieux, à cette époque innomée où les germes mêmes de nos existences dormaient latents dans le chaos infécond. Durant les âges reculés où la Terre roulait, être sans vie, sphère de vapeurs, monde informe et inachevé, nous étions bien loin de cette existence dont nous sommes si fiers aujourd'hui et que nous croyons si nécessaire. Ni notre race, ni les animaux, ni les plantes, n'étaient nés : la vie n'avait pas le plus modeste représentant. Pour qui donc brillaient alors ces étoiles qui parsèment l'étendue? Sur quelles têtes leurs rayons descendaient-ils? Quels yeux les contemplaient? Nous n'étions alors que des *à naître!* Cela nous surprend de penser qu'il fut un temps où la Terre était vide, où cette Terre n'existait même pas. Pensons-y néanmoins, notre jugement n'y perdra rien ! Tel fut, en vérité, il y a un certain nombre de siècles, l'état du monde où nous sommes aujourd'hui. Prétendre, devant ce spectacle, que notre humanité a toujours été, est et sera toujours la seule famille intelligente de la création, ce serait essayer de soutenir une proposition insoutenable, ce serait non-seulement faire acte de faux jugement et d'ignorance, mais encore tomber par sa faute dans le ridicule et dans l'absurde.

Les considérations suggérées par l'infini dans la vie, ici-bas, s'unissent, comme nous venons de le voir, à toutes celles qui résultent des études cosmologiques, pour fonder solidement et inébranlablement la doctrine de la pluralité des mondes. Nous sommes bien petits sur la scène de la création; nous avons l'infini au-dessous de nous dans l'économie vivante, comme nous avons l'infini au-dessus de nous dans les cieux. Or, si la nature ne s'est pas mise en peine que nous connussions la plus faible partie des êtres existant sur la Terre, si elle a voulu nous prouver ainsi qu'au delà des créatures qui tombent sous nos sens il en est une multitude d'autres qu'elle n'a pas même songé à nous faire connaître, et cela dans notre propre demeure, combien, à plus forte raison, devons-nous étendre cette intention suprême aux merveilles qu'elle opère dans des régions qui nous sont interdites par leur antagonisme et leur distance ! Combien, à plus forte raison, devons-nous être assurés que non-seulement elle ne nous a pas donné les moyens de savoir de quelle manière elle agit dans ces habitations lointaines, mais encore qu'elle ne veut même pas nous apprendre jusqu'à quelle profondeur elle répand dans l'espace des milliers de mondes habitables, sphères étincelantes qu'elle a semées dans les prairies azurées du ciel, avec la même profusion et la même facilité qu'elle a répandu l'herbe verdoyante dans les prairies de la Terre.

C'est ainsi que la nature nous apprend que, de même qu'il est ici-bas, au-dessous de l'homme, une infinité de créatures dont nous ignorons jusqu'à l'existence, ainsi l'immensité des cieux est peuplée d'une infinité de mondes et d'une infinité d'êtres qui peuvent être bien supérieurs à notre monde et à nous-mêmes. « Ceux qui verront clairement ces vérités, dit Pascal [1], pourront examiner la grandeur et la puissance de la nature dans cette double infinité qui nous environne de toutes parts, et apprendre, par cette considération merveilleuse, à se connaître eux-mêmes, en se regardant comme placés entre une infinité et un néant d'étendue, entre une infinité et un néant de nombres, entre une infinité et un néant de mouvements, entre une infinité et un néant de temps. Sur quoi on peut

---

[1] Pascal, *Pensées*.

apprendre à s'estimer à son juste prix, et à former des réflexions qui valent mieux que tout le reste de la géométrie même. »

Et la grande *loi d'unité et de solidarité* qui a présidé à la transformation des mondes et qui dirige toutes les opérations de la nature ! Cette loi d'unité, qui donne à chaque espèce de minéral des figures géométriques similaires, comme à chacun des mondes les mêmes formes et les mêmes mouvements, qui dans l'espace groupe un système de mondes autour de la paternité du Soleil, comme dans le sein de la matière dense un assemblage de molécules simples autour de son centre d'affinité ; qui a construit le système artériel, le système osseux de l'homme et des animaux sur le même modèle que les feuilles des plantes, les ramifications des arbres, voire même que les différents cours d'eau des ruisseaux, des rivières et des fleuves ! Cette loi de solidarité qui fait que chacun des êtres concourt à l'harmonie générale, que rien n'est isolé dans l'économie universelle, et que les exceptions parmi les êtres sont des monstres dans l'ordre naturel ! — Est-il besoin de nous étendre sur cette loi primordiale, pour montrer que la nature n'a pu établir un système de mondes dont l'un des membres ferait exception à la règle générale, et que, par conséquent, la Terre ne serait point habitée s'il était dans l'ordre des choses que les planètes fussent destinées à une éternelle solitude ? La vie végétale fonctionne comme la vie animale ; dans l'ergot du gallinacé, sous le sabot du solipède, nous trouvons les cinq doigts du quadrupède et du bimane ; le corps humain passe par tous les degrés de l'animalité dans sa première période embryogénique, et ces phases rapides qui s'accomplissent silencieusement dans le sein maternel sont peut-être un indice de la génésie de l'homme sur la Terre... Or, dès l'instant que rien n'est isolé sur ce globe, que la loi d'unité y est appliquée à profusion, en tout et partout, il est inadmissible qu'il y ait un monde isolé dans l'univers et que notre globe, formant exception à côté de tous, soit seul revêtu des merveilles de la création vivante. Il faut nécessairement opiner entre ces deux termes : admettre que la Terre est une exception, un accident dans l'ordre général, ou admettre qu'elle est un membre du système universel en harmonie avec les autres ; il faut ou nous croire en dehors de la grande création, comme ces monstruosités qui ne rentrent point dans le système des types naturels, ou voir en notre monde un anneau de l'immense série ; dans le premier cas, on proclame la mort au-dessus de la vie, le néant au-dessus de l'être ; dans le second cas, on est l'interprète fidèle des leçons de la nature, et l'on préfère la vie à la mort. — Insister serait inutile, et nous ne ferons pas à nos lecteurs l'injure de croire qu'il en est un seul parmi eux dont le choix ne soit pas fait.

Voilà donc toutes les sciences réunies pour démontrer la vérité de notre thèse. A ces démonstrations péremptoires et irrécusables qui ont établi la certitude chez tous les esprits ouverts à l'enseignement de la nature, nous ajouterons, en terminant, une preuve directe plus manifeste encore. Nous présenterons ici, d'une main victorieuse, ces fragments de mondes planétaires qui se sont égarés dans les chemins du ciel, ces aérolithes qui, passant près de notre globe, furent attirés par lui et tombèrent à sa surface. Ce sont les seuls objets qui nous mettent en relation directe avec la nature des astres lointains; ils sont précieux pour nous : la composition chimique de quelques-uns d'entre eux nous apporte des preuves incontestables de l'existence de la vie à la surface des mondes d'où ils viennent.

L'analyse découvre généralement en eux le fer, le nickel, le cobalt, le manganèse, le cuivre, le soufre, etc., environ le tiers des substances élémentaires existant sur notre globe; l'action des oxydes fait distinguer dans leur substance trois principes ou trois combinaisons dont les phénomènes physiques et chimiques ont leurs analogues dans des combinaisons terrestres; ce sont : le kamacite, métal gris clair qui cristallise en barres; le ténite, qui se présente en feuilles très-minces; le plessite, ainsi nommé parce qu'il remplit les vides causés par les deux autres substances. Attaqués par l'acide, ces métaux présentent un aspect analogue au tracé inverse des graveurs sur les plaques d'acier qui doivent représenter des hachures; on voit apparaître simultanément plusieurs systèmes de lignes parallèles qui se croisent, et dont les unes et les autres sont visibles suivant la manière dont le jour éclaire la surface attaquée. De ces diverses substances que l'on rencontre dans les aérolithes, aucune n'avait parlé en faveur de l'existence de la vie avant que l'on y eut trouvé du carbone : ce dernier cas s'est présenté, mais dans quatre aérolithes seulement. C'est là sans doute un bien modeste butin, surtout si l'on songe à l'immense quantité de pierres tombées du ciel sur la Terre, depuis les âges reculés où les antiques peuplades de l'Amérique en avaient assez ramassé pour s'en fabriquer des instruments de chasse, des couteaux et d'autres ustensiles usuels. Mais la rareté du fait ne le rend pas moins précieux. La présence du *carbure de fer* (graphite) a été en effet reconnue par

M. Reichenbach dans ses belles et persévérantes recherches sur la chimie de ces échantillons des autres globes. La *Presse scientifique des Deux Mondes*, rapportant ces récentes déterminations, s'exprimait ainsi : « Ces fragments renferment non-seulement des métaux et des métalloïdes ordinaires, mais encore du charbon, c'est-à-dire un corps simple dont nous pouvons toujours rapporter l'origine à des êtres organisés et qui, s'il est possible d'étendre à ces régions insondées ce que nous voyons autour de nous, a dû être animalisé [1]. » Rien n'est plus intéressant, en effet, que de trouver au fond du creuset où l'on a traité le fer météorique, certain résidu cristallisé de nature organique. C'est un envoyé mystérieux qui a franchi d'effrayantes distances pour nous apporter ces débris d'une nature inconnue. Quelques physiciens avaient émis l'opinion que la présence du graphite sur le fer météorique pouvait provenir d'une modification subie par ces fragments en traversant notre atmosphère ou après leur chute; cette opinion a été réfutée en montrant que la densité de ce graphite est de 3,56, tandis que celle du graphite terrestre n'est que de 2,50, ce qui rend inadmissible toute hypothèse de modification. On a, du reste, trouvé des morceaux de carbone noyés dans la masse même du fer météorique.

Les météorites qui ont eu le privilége de nous offrir

[1] Voy. la *Presse scientifique des Deux-Mondes*, 1er octobre 1862, article de M. de Fonvielle; voy. aussi les *Annales de Poggendorf*, xxxe Mémoire de M. Reichenbach sur les aérolithes. Les savantes analyses qui ont donné de si précieux résultats sont dues à Reichenbach, Schreiber, Partsch, Hœrnes, Haidinger. Pour le dire en passant, les plus belles collections d'aérolithes sont celles de Vienne et de Londres; la première possède 176 échantillons, la seconde 158; mais on trouve dans celle de Londres un bloc de 634 kilogrammes.

ces données sont : celle tombée à Alais (Gard) le 15 mars 1806, une seconde tombée au cap de Bonne-Espérance le 13 octobre 1838, et une troisième tombée à Kaba (Hongrie), le 15 avril 1857.

Le bolide remarquable tombé sous nos yeux le 14 mai 1864 dans le sud de la France doit être classé, à la suite des précédents, parmi les échantillons les plus précieux que nous ayons sur les autres mondes. Il recelait de l'eau et de la tourbe. Or la tourbe se forme par la décomposition, au sein de l'eau, des végétaux. L'aérolithe d'Orgueil vient donc d'un globe où il existe de l'eau, et certaines substances analogues à la végétation terrestre. N'est-ce pas un fait bien concluant en faveur de notre thèse que celui de pouvoir tenir en main ces traces irrécusables d'une vie extra-terrestre?

Déjà en 1830, à propos d'une matière organique végétale trouvée sur les feuilles du jardin botanique de Sienne, analysée et regardée généralement comme étant de provenance météorique, Ancelot avait fait observer[1] qu'on trouve sur les aérolithes « de l'oxygène, du carbone et de l'hydrogène, ainsi que de l'eau combinée à l'état d'hydrate d'oxyde de fer, presque la seule forme sous laquelle il était possible qu'elle nous arrivât; » et il en avait tiré cette conclusion que « nous avons la preuve qu'il y a, en dehors de notre globe, les éléments chimiques d'un règne végétal analogue au nôtre. » Enregistrons avec soin ces données. Mais ne nous associons pas pour cela à l'erreur de certains naturalistes qui, à la suite de Pline, ont émis l'opinion que les pluies de semences, de graines, de fleurs, de petits animaux et d'insectes inconnus à la localité où ils tombaient, pouvaient

[1] *Bulletin de la Société géologique de France*, t. XI, p. 145.

provenir d'autres mondes. Depuis que l'on a pu mesurer la force du vent et apprécier à quelles énormes distances il peut transporter les nuages les plus denses, on s'est arrêté à une explication plus simple. Il importe de ne pas confondre les substances terrestres charriées par l'atmosphère avec les substances d'origine cosmique. Pour citer quelques exemples de ces sortes de phénomènes, nous mentionnerons la *pluie rouge* tombée le 16 et le 17 novembre 1846 dans le sud-est de la France : c'était une masse immense de matière terreuse prise par le vent en Amérique, à la Guyane, et dont une partie (du poids de 720,000 kilogrammes) était venue s'abattre en France. Nous mentionnerons encore la manne tombée à Zaiviel pendant la même année[1], nous rappellerons enfin les nombreux exemples des pluies de sauterelles, d'insectes, de crapauds, de grenouilles, etc., qui de temps en temps viennent s'abattre sur de malheureuses contrées, les dévaster, et quelquefois y apporter des germes de maladies. Mais de toutes ces pluies extraordinaires, lors même qu'on n'a pu reconnaître leur origine, il n'en est pas une qui ait apporté des preuves incontestables en faveur d'une provenance extraterrestre. « Nous avons, du reste, trop bonne opinion des autres mondes pour leur attribuer la production de si vilains animaux, disait un chroniqueur à propos de la pluie de crapauds rapportée par Paërtus ; et lors même qu'ils en seraient gratifiés comme notre planète, nous avons trop de confiance en leur bon goût pour croire qu'ils voulussent nous les envoyer comme échantillons de leur zoologie. »

Pour revenir aux aérolithes et à leur vraie composition, nous pensons que l'on doit être satisfait des résul-

---

[1] Voy. les *Comptes rendus de l'Académie des sciences*, t. XXIII.

tats rapportés plus haut, si l'on considère que ces pierres météoriques étant des fragments de mondes éteints, ou des résidus volcaniques, ou enfin des corpuscules cosmiques flottant dans l'espace dès leur origine, il serait presque impossible de pouvoir y rencontrer des vestiges directs de la végétation ou de l'animalité. A plus forte raison des restes mêmes d'êtres vivants ne pourraient-ils s'y présenter qu'en des cas extrêmement rares, pour ne pas dire jamais; d'autant moins que le petit nombre des aérolithes recueillis et analysés, l'exiguïté ordinaire de leurs dimensions, mettent encore un obstacle de plus à la présence des substances organiques dans leur sein. On doit être satisfait de savoir qu'il y a en eux des éléments intimement liés aux fonctions ordinaires de la vie; et si les démonstrations et les raisonnements qui ont précédé n'avaient pas encore établi la certitude dans certains esprits, nous nous permettons d'espérer que ce dernier fait viendra s'ajouter aux précédents pour leur donner un plus grand poids encore, pour les confirmer, et pour mettre la pierre de couronnement au monument dont nous venons d'élever les assises.

III

L'HABITABILITÉ DE LA TERRE

Condition astronomique de la Terre. — Les saisons sur notre monde et sur les autres planètes; leur influence sur l'économie du globe et sur les organismes vivants. — Valeur et oscillations de l'obliquité de l'écliptique, — de l'excentricité des orbites planétaires. — Sur la supposition d'un printemps perpétuel, d'une supériorité dans l'état primitif de la Terre et d'une amélioration pour les âges futurs. — Condition inférieure de notre monde; antagonisme de la nature; désaccord entre l'état physique du monde et les convenances de l'homme; difficultés de la vie humaine. — Constitution fluidique intérieure; légèreté de l'enveloppe solide sur laquelle nous habitons; son état d'instabilité, ses mouvements partiels et les révolutions du globe. — Mondes supérieurs. — Comparaison et conclusion.

Nous terminerons nos études physiologiques par des considérations tirées de l'habitabilité intrinsèque de notre globe.

Non-seulement la Nature a mis dans notre esprit l'idée de la pluralité des mondes; non-seulement elle nous confirme dans cette idée en nous apprenant que la Terre n'est pas favorisée parmi les autres planètes, qu'elle a construites habitables comme la nôtre, et que, de plus, il est dans son essence de propager la vie en tous lieux, et dans ses lois de ne faire aucun privilége arbitraire; elle a encore voulu combler notre certitude et enlever ainsi les uns après les autres tous les arguments de nos antagonistes, en nous démontrant maintenant que, même pour l'existence humaine, la Terre n'est pas le meilleur des mondes possibles.

Nous disons : même pour l'existence humaine, car en supposant que notre type général d'organisation soit reproduit sur d'autres mondes, nous reconnaîtrons que pour ce type même il y a des mondes préférables au nôtre. Nous ne pensons point pour cela que cette existence doive être prise pour base absolue d'une comparaison générale, loin de là ; mais nous le faisons ici pour donner un point de départ à nos vues, et pour répondre par là à l'argument de ceux qui, se fondant sur notre organisation, prétendent que notre terre est le meilleur des mondes. En réalité, la nature des habitants de la Terre n'est pas le modèle sur lequel sont construites les humanités étrangères, et ce serait, comme nous le verrons[1], tomber dans une grande erreur que de prendre notre monde pour un type absolu dans la hiérarchie des astres. Les hommes inconnus nés en ces diverses patries diffèrent de nous dans leur organisation physique, dans leur état intellectuel et moral, dans les fonctions de leur vie individuelle et dans leur histoire. Dans le cercle étroit d'observations où nous sommes circonscrits, ce serait folie de prétendre déterminer le mode d'organisation des êtres suivant le degré de ressemblance de leur monde avec le nôtre. Il était donc important de bien préciser ici que nos considérations doivent être prises dans leur valeur générique, et non détournées à des applications particulières.

[1] Livre V, 1 : *Les habitants des autres mondes.*

Nous rappellerons d'abord un fait biologique de la plus haute importance : c'est que la trop fréquente répétition des actes de la vie et la trop grande disparité des périodes qui traversent cette vie est la cause la plus active de l'épuisement des fonctions vitales ; de sorte que plus les saisons et les années ont de longueur et de ressemblance, plus les organismes vivants y trouvent de conditions favorables à la prolongation de leur existence. C'est évidemment l'inverse dans les astres dont les périodes ne s'enchaînent qu'à de courts intervalles. Or nous disions que, sous ce nouveau point de vue, la Terre ne jouit pas des mêmes avantages que certaines planètes, et qu'elle est loin d'être le monde le plus favorablement établi pour l'existence humaine.

On sait que l'*inclinaison* des axes de rotation des sphères célestes sur le plan de leurs orbites respectives est la cause astronomique de la différence des saisons, des climats et des jours. Si l'axe de rotation était perpendiculaire à ce plan, la zone torride ne s'étendant pas au delà de l'équateur et la zone glaciale étant circonscrite aux pôles, les effets de la chaleur et de la lumière s'affaibliraient insensiblement depuis le cercle équatorial jusqu'aux cercles polaires, ce qui donnerait un climat tempéré et habitable à toutes les régions de l'astre. Une même saison régnerait perpétuellement sur toute la surface du globe, et une température spéciale et permanente serait affectée à chaque latitude. On peut juger par là de la fertilité d'une planète ainsi favorisée, de la facilité avec laquelle les plus riches productions du globe se développeraient à sa surface, et de l'influence heureuse d'un tel séjour sur la double vie matérielle et intellectuelle des hommes. Enfin un partage toujours égal entre la durée du jour et celle de la nuit achèverait de doter un tel monde des avantages les plus précieux pour la prospérité, le bonheur et la longévité de ses habitants. La poésie de ce printemps éternel nous transporte à l'âge d'or de la mythologie antique, au paradis terrestre de la Bible... Mais il nous faut descendre de ces régions fortunées pour ne considérer simplement que les avantages réels relatifs à l'habitabilité présente des mondes.

Si l'axe de rotation était couché sur le plan de l'orbite et coïncidait avec lui, on voit de la même manière que la zone tempérée qui, dans la position précédente, s'étendait sur la superficie entière de la planète, en disparaît complétement dans le cas actuel. Le Soleil passerait successivement au zénith de tous les points du globe, auquel il donnerait les saisons les plus disparates et les jours les plus inégaux, et répandrait alternativement dans chaque hémisphère une lumière continue et des ténèbres permanentes, une chaleur torréfiante et un froid glacial. Chaque pays serait exposé tour à tour, dans le courant de l'année, à ces alternances intolérables, et ne donnerait ainsi en partage à ses habitants que les conditions les plus pernicieuses pour le progrès et même pour la stabilité d'une civilisation primitive.

Ce sont là les deux positions extrêmes de l'axe de rotation d'une planète, entre lesquelles il en est une multitude d'intermédiaires. Si nous abaissons les yeux sur la position de la Terre dans le plan de son orbite, nous remarquerons qu'elle est loin de rouler perpendiculairement, mais qu'elle est au contraire très-obliquement penchée sur ce plan. Son axe de rotation est, en effet, incliné de plus de 23 degrés, ce qui donne à notre globe trois zones bien distinctes et caractérisées par des climats spéciaux : la zone torride, les zones tempérées et les zones glaciales. Ces diverses régions sont loin d'être également habitables :

d'un côté, les feux de l'équateur se montrent peu propices au maintien et à la longue durée de l'existence, dont les ressorts, incessamment fatigués par une chaleur accablante, s'usent en assez peu de temps ; d'un autre côté, la rigueur des climats polaires est incompatible avec les fonctions de la vie humaine et avec les besoins de l'organisation, tant animale que végétale.

Cette inclinaison de l'axe, nommée plus généralement obliquité de l'écliptique, exerce une influence fondamentale sur les conditions d'existence des êtres vivants, et, par suite, sur les conditions de notre espèce elle-même, malgré notre nature plus personnelle, plus indépendante et plus active ; cette influence se fait reconnaître sous un double aspect : dans les vicissitudes des saisons et dans la diversité des climats. Or un changement notable dans cette obliquité, un rapprochement de l'axe vers la perpendiculaire, diminuerait d'autant la diversité des saisons et celle des climats, et indiquerait pour l'économie générale des mondes où il se trouverait réalisé des conditions d'habitabilité préférables à celles que possède le nôtre. C'est ce qui existe en réalité sur d'autres planètes, où l'obliquité est moindre que celle de la Terre, et c'est ce qui rend manifeste l'infériorité de notre état astronomique. « Tout en se résignant à un ordre qu'elle ne peut modifier, écrivait un philosophe qui serait plus grand qu'il ne l'est aujourd'hui s'il n'avait voulu l'être trop pendant sa vie, et surtout à la fin de ses jours [1], l'humanité ne saurait d'ailleurs lui reconnaître finalement la perfection absolue qu'exigeait naturellement l'optimisme théologique ; puisque de meilleures dispositions peuvent

---

[1] Auguste Comte, *Traité philosophique d'Astronomie populaire*, Ire part., chap. II et III.

être aisément imaginées, et se trouvent même établies ailleurs. Vainement l'ancienne philosophie tenterait-elle d'éluder cette évidente difficulté, en alléguant la prétendue solidarité de notre véritable obliquité de l'écliptique avec l'économie générale de notre système solaire; une saine appréciation directe, spécialement confirmée par la mécanique céleste, démontre clairement qu'un tel élément constitue envers chaque planète une donnée essentiellement indépendante de toutes les autres, et, à plus forte raison, de la disposition effective du reste du monde... Envers les climats, encore plus qu'envers les saisons, aucun bon esprit ne peut contester aujourd'hui que si les efforts matériels de l'humanité combinée pouvaient jamais nous permettre de redresser l'axe de rotation de notre globe sur le plan de son orbite, les dispositions existantes seraient réellement beaucoup améliorées, pourvu que ce perfectionnement fût d'ailleurs opéré avec toute la sagesse convenable, puisque la Terre finirait ainsi par devenir mieux habitable. Tout en reconnaissant que notre action, toujours plus bornée que notre conception, ne saurait accomplir une telle opération mécanique, il importe que notre résignation à des inconvénients que nous ne pouvons éviter ne dégénère point en une admiration stupide des plus évidentes imperfections. »

Quoiqu'elles aient été émises par un homme qui trop souvent se laissa guider par des appréciations incomplètes et exagérées à la fois, ces paroles sont judicieuses; mais il ne faut pas leur donner trop d'importance; il y a là une question fondamentale de physiologie à examiner et à résoudre. Nous mettrons tout d'abord de côté cette idée romanesque du redressement de l'obliquité de l'écliptique; tout homme scientifique la repoussera *à priori* comme une utopie au premier chef, et nous ne pensons pas que Comte lui-même l'ait jamais prise au sérieux : chacun sait que nous sommes sur la Terre comme des fourmis sur la coupole du Panthéon.

Nous n'avons pas à parler ici de la réalisation d'une hypothèse irréalisable ; mais nous devons examiner quelle est l'influence de l'obliquité de l'écliptique sur l'état de la vie à la surface de chaque monde.

Le seul exemple que nous puissions prendre est celui de la Terre, seul globe dont l'état de vie nous soit connu. Or, sur notre monde, les fonctions de la vie sont intimement liées à sa condition astronomique. La nature végétale, qui sert de base à l'alimentation des animaux et de l'homme, se renouvelle selon le cours des quatre saisons. A la suite de l'hiver, qui représente une période de sommeil, sommeil apparent pendant lequel s'accomplit un grand travail d'élaboration cachée, le printemps voit la renaissance des êtres et mesure leur jeunesse; l'été fait succéder les fruits aux fleurs ; l'automne les mûrit et en permet la récolte. C'est la vie des grands végétaux qui, sans périr eux-mêmes, voient tomber leur feuillage et disparaître toute leur parure avant l'hiver, pour se revêtir à la saison printanière d'une nouvelle toison semblable à la précédente. La vie des plantes plus petites est encore plus intimement soumise aux mouvements des saisons, et en subit plus complétement l'influence ; le blé, par exemple, qui alimente en Europe le quart du genre humain ; le millet, le maïs, autres graminées, qui nourrissent le midi de l'Europe, l'Inde et les contrées tropicales ; le riz, le doura et d'autres substances alimentaires, sont autant de plantes nommées annuelles par les botanistes, parce qu'elles doivent à l'hiver la faculté — très-précieuse pour nous — de mourir pour renaître au printemps. Sans l'hiver, le blé ni les autres céréales ne

donneraient pas d'épis et ne permettraient pas les utiles
récoltes auxquelles nous devons une partie de notre subsistance ; ce fait est hors de discussion, et nous en avons
l'exemple dans la diversité d'alimentation dont on observe la succession depuis nos latitudes jusqu'à l'équateur. Mais ce n'est pas seulement à l'hiver que nous devons nos épis d'or du mois de juillet et nos opulentes
moissons, c'est encore à la saison opposée, à l'été, qui
met une distance corrélative entre sa température
moyenne et celle du printemps. Le blé demande pour
mûrir 2,000 degrés de chaleur accumulés à la longue ;
la vigne plus encore ; l'orge 1,200 seulement. Or la seule
température de nos équinoxes ne serait pas suffisante
pour mûrir nos céréales. Nos plantes sont nées pour notre
globe et pour la condition dans laquelle il se trouve, et
tout nous démontre, selon une expression du docteur
Hœfer, « que tous les corps de la nature doivent leurs
propriétés aux conditions ordinaires dans lesquelles se
trouve placé le globe que nous habitons. » Des liens indissolubles rattachent les êtres terrestres à la Terre, et il
est incontestable qu'une transformation quelconque dans
l'intensité relative des saisons amènerait une transformation immédiate dans les phénomènes de la vie du globe.
Cette vie, dont la relation avec notre condition astronomique est telle que tous les êtres, animaux et végétaux,
portent en eux l'instinct de prévoir les variations inévitables de la température et d'agir suivant cette prévision,
de vivre à la hâte toute leur vie pendant les derniers
beaux jours, ou de se préparer à la mort passagère qui
doit amener leur prochain renouvellement ; cette vie terrestre, disons-nous, est mesurée entre certaines limites
qu'elle ne pourrait très-probablement dépasser ; elle
oscille autour d'une position moyenne, où sont réunis les

éléments de toute sa plénitude ; elle s'en éloigne jusqu'à certaines distances, mais elle paraît en même temps rester toujours attachée aux conditions inhérentes à notre globe. Or, quoique nous puissions dire que si, par un phénomène cosmique quelconque (ce qui ne peut arriver dans l'ordre actuel), l'obliquité de notre écliptique venait à être diminuée, et si une loi lente et progressive, comme toutes les lois de la nature, rapprochait graduellement notre axe de rotation de la perpendiculaire, nos saisons seraient par là mieux harmonisées, nos climats mieux nuancés et plus constants, nos jours moins inégaux et moins disparates ; nous ne pouvons cependant avancer que les conditions de la vie *terrestre*, ainsi transformée, deviennent préférables *pour nous* à celles qui existent actuellement : ce serait là une supposition un peu arbitraire, par la raison que la vie terrestre est née à la surface de notre globe, en corrélation étroite avec la condition de ce globe. Mais on peut, sans contredit, affirmer que *là où les conditions sont préférables, la vie est apparue dans un état supérieur*, corrélatif avec ces conditions elles-mêmes, et que là où le régime astronomique constitue un degré d'habitabilité supérieur à celui de la Terre, les forces de la vie se sont développées en puissance et en énergie, et ont donné naissance à des êtres conformés pour vivre au sein d'une splendeur constante, comme nous le sommes pour vivre au sein d'une indigence irrégulière.

Les saisons, dont nous avons esquissé en quelques traits les conséquences biologiques pour nos climats, doivent être considérées, sans qu'il soit nécessaire de nous étendre à cet égard, comme attachées aux deux hémisphères de notre globe : à notre hémisphère, que nous prenons pour terme de comparaison, et à l'hémisphère opposé. On sait qu'elles se succèdent inversement sur l'un et sur l'autre ; que le pôle boréal et le pôle austral se présentent tour à tour au Soleil dans l'intervalle d'une année, et que, tandis que nous avons ici le printemps, l'été, l'automne ou l'hiver, les habitants des latitudes diamétralement opposées ont l'automne, l'hiver, le printemps et l'été. Le mouvement des saisons, indiqué pour un lieu déterminé, doit donc être implicitement appliqué à tous les points du globe, en ayant soin, toutefois, de tenir compte de la différence des latitudes, car ce mouvement, inappréciable à l'équateur, est d'autant mieux caractérisé que l'on s'éloigne davantage vers les pôles.

Telles sont les conséquences premières de l'obliquité de l'écliptique, conséquences fatales et absolues, quoi qu'en aient écrit certains théoriciens abusés. A l'opposé de ceux qui espèrent une rénovation du globe dans l'avenir, beaucoup ont avancé, parmi les anciens surtout, que la Terre roulait jadis perpendiculairement sur le plan de son orbite; qu'à l'époque de la première apparition de l'homme sur la Terre, un printemps perpétuel embellissait et enrichissait notre globe, et que, dans la suite des âges, cette Terre pencha peu à peu jusqu'à sa position actuelle. C'est là une brillante rêverie, bien faite pour aller avec les délices de l'âge d'or, un magnifique décor qui encadre à merveille les séduisantes épopées sous lesquelles les poëtes ont voulu représenter le mystérieux berceau de notre race. L'épicurien Ovide, dans le Ier livre des *Métamorphoses*, et le pauvre Milton, dans le IXe chant du *Paradis perdu*, se sont étendus avec complaisance sur cet antique privilége, et se sont mieux accordés sur ce fait qu'on ne pourrait au premier abord l'attendre de chacun d'eux ; d'autres poëtes ont chanté, ou pour mieux dire pleuré comme eux, sur la décadence imaginaire de notre monde ; et des philosophes ont avancé, à la suite d'Anaxagore et d'Œnopide de Chio, que la sphère, primitivement droite, s'était inclinée d'elle-même après la naissance des êtres animés.

On peut affirmer aujourd'hui que toutes ces théories n'ont aucun fondement ; les grands travaux d'Euler, de Lagrange et de Laplace ont établi que la variation de l'axe terrestre est renfermée en certaines limites, et que l'obliquité de l'écliptique oscille à peine de quelques degrés de chaque côté d'une position moyenne. Tandis que la nutation de l'axe terrestre dépend uniquement de l'influence du Soleil et de la Lune sur l'aplatissement polaire de notre globe, l'état de l'obliquité de l'écliptique résulte du déplacement de tous les orbites planétaires. Cette obliquité diminue actuellement chaque année d'une demi-seconde environ. Au 1er janvier de cette année (1862) elle était de 23° 27′ 15″,90 ; elle sera, au 1er janvier 1863, de 23° 27′ 15″,43 ; au 1er janv. 1864, de 23° 27′ 14″,97, etc. Il y a un siècle, en 1762, elle était de 23° 28′ 2″,66 ; dans un siècle, en 1962, elle sera de 23° 26′ 29″,11, etc. Mais cette diminution (qui est constante et que l'on peut calculer pour une série de plusieurs siècles) est loin d'être invariable pour un plus grand laps de temps ; c'est une série décroissante, il arrivera une époque où elle sera complétement annulée, et où l'obliquité reprendra un mouvement inverse pour croître graduellement jusqu'à une certaine limite. Si l'obliquité diminue maintenant, c'est une conséquence de la distribution actuelle des orbites planétaires ; dans quelques milliers d'années, cette distribution aura tellement varié qu'il en résultera un accroissement en sens contraire. Ainsi cet élément astronomique est, comme tous les autres, relativement cons-

OBLIQUITÉ DE L'ÉCLIPTIQUE. — EXCENTRICITÉ.

tant, et l'on ne peut s'appuyer sur aucun fait scientifique pour avancer qu'à une époque ancienne les conditions de l'habitabilité de la Terre aient été supérieures à ce qu'elles sont aujourd'hui, pas plus que l'on ne peut espérer dans l'avenir une amélioration de nos conditions physiques d'existence.

La théorie que nous venons d'exposer sur la marche et la valeur des saisons envisage ce phénomène sous son point de vue le plus important : comme l'une des conséquences de l'obliquité de l'écliptique. Mais pour être plus complet, nous devons ajouter que ces sortes de saisons ne sont pas les seules auxquelles la Terre et les planètes soient soumises; il en est d'autres, moins appréciables pour nous, mais néanmoins réelles : ce sont celles qui résultent de l'*excentricité* des orbites planétaires. On sait que les planètes ne se meuvent pas dans l'espace suivant des circonférences régulières, mais bien suivant des ellipses dont le Soleil occupe un foyer, et que, par suite de ce mouvement, elles sont tantôt plus éloignées, tantôt plus rapprochées de l'astre solaire. La distance qui les sépare de cet astre varie d'un jour à l'autre, depuis son maximum, qui arrive à l'aphélie, jusqu'à son minimum qui arrive au périhélie. C'est ainsi que la Terre est d'environ 1 million 300,000 lieues plus proche du Soleil au périhélie (solstice d'hiver pour notre hémisphère) qu'à l'aphélie (solstice d'été); on donne le nom d'excentricité à la moitié de la différence qui existe entre les distances du Soleil en ces deux points extrêmes.

Ces saisons qui dépendent, comme on le voit, de la distance variable des planètes au Soleil, sont peu appréciables pour la Terre, parce que l'excentricité de celle-ci est très-faible (elle est de 0,0168), et parce que les saisons qui dépendent de l'inclinaison de son axe sont trèscaractérisées ; mais elles ont une valeur assez prononcé sur les planètes dont l'orbite est très-allongée, et se rapproche des longues ellipses cométaires. A part les petites planètes situées entre Mars et Jupiter, dont quelques-unes manifestent une excentricité considérable, mais auxquelles on ne saurait attacher une grande importance dans la théorie qui nous occupe, Mercure est le monde sur lequel ces sortes de saisons sont le plus caractérisées. Son excentricité est treize fois plus grande que celle de la Terre, et il en résulte que la distance de l'astre au Soleil varie, du périhélie à l'aphélie, à peu près dans le rapport de 5 à 7. La lumière et la chaleur solaires sont par là deux fois plus intenses au périhélie qu'à l'aphélie ; c'est comme si l'on se représentait à une certaine époque de l'année un second Soleil venant prendre place dans le ciel à côté de notre Soleil habituel. Sur Jupiter, nos saisons ordinaires n'existent pas, et les saisons dépendantes de l'excentrité sont prépondérantes.

L'excentricité de l'orbite terrestre va présentement en diminuant, comme l'obliquité de l'écliptique ; et cette diminution est d'une extrême lenteur : elle ne change que de 0,000043 par *siècle*. Elle est de plus restreinte entre des limites très-resserrées. Poisson, dans la *Connaissance des temps* pour 1836, Arago, dans ses *Notices scientifiques*, et d'autres géomètres, ont établi que l'influence des variations séculaires de la quantité de chaleur solaire reçue par notre globe sur sa température moyenne est limitée à un mouvement presque insensible. Comme nous l'avons dit, la condition astronomique de la Terre est relativement stable et permanente.

Reprenant la théorie des saisons ordinaires au point où nous l'avons laissée, c'est maintenant le lieu de faire remarquer la diversité qui existe entre les autres mondes et la Terre, diversité qui leur donne à chacun des éléments spéciaux, et dont l'examen est d'une haute importance dans la question de leur physiologie générale. En commençant par les planètes dont la condition diffère le plus de la nôtre, nous nommerons Uranus, Mercure et Vénus, qui ont des saisons et des climats excessifs; puis Saturne et Mars, dont les saisons sont à peu près analogues aux nôtres; Jupiter est un monde à part, privilégié par-dessus tous les autres : il jouit d'une seule et même saison pendant sa lente période annuelle; le jour et la nuit y sont en tous lieux d'une égale durée; des climats constants affectés à chaque latitude descendent en nuances harmonieuses de l'équateur aux pôles. — Si nous appliquions nos considérations à la physiologie des satellites, nous ajouterions que notre lune est hautement favorisée, car son axe de rotation n'est incliné que de 2°; l'été et l'hiver se confondent là-haut en une seule saison, uniforme et permanente, égale à la durée de l'année (vingt-neuf jours), et il n'y a là d'autres transitions que celles du jour et de la nuit, qui durent chacun une demi-année lunaire, c'est-à-dire près de quinze jours. Nous ajouterions encore qu'au point de vue de la lenteur des périodes qui se partagent la vie, les habitants des anneaux de Saturne (s'ils existent) sont peut-être mieux favorisés que les Sélénites, car ils comptent des années d'un seul jour et d'une seule nuit, années égales à trente des nôtres. Mais les conséquences de ces conditions et les hypothèses que l'on peut élever sur ces éléments inconnus sortent trop des limites de la science pour que nous puissions leur donner accès ici.

Or nous disions que de toutes les planètes la plus favorisée sous le rapport du régime astronomique que nous examinons ici, comme sous la plupart de ceux que nous avons examinés précédemment, c'est le gigantesque et magnifique Jupiter, dont les saisons, graduées en nuances insensibles, ont encore l'avantage de durer douze fois plus que les nôtres. C'est là le type réalisé du monde que les aspirations humaines ont imaginé au delà des temps, dans le passé ou dans l'avenir ; c'est là le monde supérieur dont la Terre n'atteindra jamais la perfection lointaine. Ce géant planétaire semble placé dans les cieux comme un défi aux faibles habitants de la Terre, ou, disons mieux, comme un symbole d'espérance qui doit les encourager dans leurs efforts de science et de vertu, en leur faisant entrevoir les tableaux pompeux d'une longue et fertile existence. C'est bien à lui que doivent être appliquées ces paroles de Brewster : « Sur une planète plus magnifique que la nôtre, se demande le célèbre physicien[1], ne peut-il pas exister un type d'intelligences dont la plus faible serait encore supérieure à celle de Newton? Ses habitants ne se servent-ils pas de télescopes plus pénétrants ou de microscopes plus puissants que les nôtres? N'ont-ils pas des procédés d'induction plus subtils, des moyens d'analyse plus féconds et des combinaisons plus profondes? Là, n'a-t-on pas résolu le problème des trois corps, expliqué l'énigme de l'éther luminifère, et enveloppé la force transcendante de l'esprit dans les définitions, les axiomes et les théorèmes de la géométrie? Ces hommes jouissent sans doute d'une haute puissance de raison, qui les conduit à une plus saine appréciation et à une plus parfaite connaissance des desseins et des œuvres de Dieu? Mais quelles que soient leurs occupations intellectuelles, qui peut douter qu'ils étudient et développent les lois de la matière, qui sont en action au-

---

[1] *More worlds than One*, chap. IV.

tour d'eux, au-dessus d'eux, au-dessous d'eux et parmi eux dans les cieux ? »

Pour nous, qui sommes attachés au boulet terrestre par des chaînes qu'il ne nous est pas donné de rompre, nous voyons s'éteindre successivement nos jours avec le temps rapide qui les consume, avec les capricieuses périodes qui les partagent, avec ces saisons disparates dont l'antagonisme se perpétue dans l'inégalité continuelle du jour et de la nuit et dans l'inconstance de la température. Combien la condition de la Terre est éloignée de celle de ce monde que nous considérions au premier abord, où les jours succèdent aux jours, les années aux années, suivant des périodes égales et constantes ! monde dont se rapproche au plus haut degré le splendide Jupiter, monde qui existe certainement dans la multitude des planètes qui circulent autour des soleils de l'espace, monde où, à l'abri des transitions de chaleur et de froid, de sécheresse et d'humidité, et des variations incessantes de l'équilibre de la température, les fonctions de l'économie vivante s'accomplissent sans trouble et, loin de s'opposer aux opérations de la pensée, se sont érigées en protectrices de l'intelligence !

Loin de nous la pensée de terminer cette étude par des lamentations sur notre pauvre condition humaine ! Mais il ne sera pas inutile toutefois de constater ici, par des faits irrécusables, que la Terre est loin d'être le meilleur des mondes possible. De tous côtés la Nature lutte contre l'homme, au lieu de le seconder dans ses vues : c'est bien souvent un adversaire que nous devons dominer de toute l'étendue de notre puissance et sur lequel nous devons étendre notre empire. « Notre régime, dit un philosophe contemporain dans un ouvrage que chacun devrait connaître[1], notre régime peut se traduire par ce seul fait, que nous avons été obligés de quitter le plein air de la campagne pour nous réfugier dans des lieux plus agréables. La nature terrestre ne nous donne qu'une fort mauvaise hospitalité : non-seulement elle ne nous étale guère de beautés qui ne soient quelque part gâtées par des laideurs ; mais, sans attention pour nos besoins, après s'être capricieusement complue à nous caresser un instant, elle se pousse à des excès de climat que nous ne pouvons supporter sans douleur, et nous réduit à nous garder de ses injures, tout en utilisant ses bienfaits. C'est à quoi nous parvenons, grâce à la puissance de notre industrie, dans l'intérieur des maisons bien établies. Nous nous y faisons un monde à part, soumis à nos lois, aussi indépendant du dehors que nos convenances le commandent, et dans lequel, bravant les intempéries, nous coulons à notre gré des jours paisibles..... Toutefois, toute notre industrie ne saurait empêcher que, si nous voulons jouir de toute l'étendue de territoire qui nous est attribuée, il ne faille nous résoudre à endurer, au gré de la nature, le froid et le chaud. C'est une des fatalités de notre séjour actuel, et il ne paraît pas que notre puissance soit jamais capable de s'agrandir assez pour la réprimer tout à fait. La constitution fondamentale de la Terre ne nous laisse d'autre alternative que de choisir entre deux esclavages : l'esclavage des saisons ou l'esclavage du logis. »

Embrassons, s'il est possible, sous un même coup d'œil, la population humaine qui couvre la Terre, et constatons que ce globe est loin d'être à la convenance de l'Homme et que la stérilité de sa planète le force, ce roi

---

[1] M. Jean Reynaud. *Terre et Ciel, philosophie religieuse*, p. 55 et 59.

de la Terre, à employer la majeure partie de son temps à l'acquisition des moyens de subsistance. Les plantes dont il se nourrit doivent être semées, cultivées et préparées ; les animaux dont il se sert pour ses besoins nombreux doivent être abrités par lui contre l'intempérie des saisons ; il lui faut leur bâtir des logements, préparer leurs aliments, leur donner des soins assidus et se rendre lui-même leur esclave. Seul au milieu de la nature, l'Homme ne reçoit pas d'elle le moindre concours direct ; il en utilise le mieux possible les forces aveugles, et s'il trouve de quoi vivre sur la Terre, c'est par un travail continuel et non point en vertu des bonnes dispositions de la nature. Voyons-la, cette même nature terrestre, engloutir chaque année des milliers d'hommes qui vont chercher l'alimentation du progrès au delà des mers, secouer et détruire en un clin d'œil les villes où ils ont établi des centres de civilisation, dessécher les productions de la terre par une chaleur torride ou les inonder par des pluies torrentielles et le débordement des fleuves. Contemplons ces multitudes en haleine et courbées vers la terre, brisées par un labeur souvent stérile, et dont l'intelligence est fermée par l'implacable Nécessité aux belles et nobles aspirations de la pensée ! Promenons nos regards investigateurs sur la surface du globe terrestre : partout le même et désolant spectacle. Et si nous rencontrons ici et là des palais où le luxe étincelle, interrogeons ce luxe pour connaître à quel prix on l'a rassemblé ; analysons, s'il est possible, les fatigues qu'il a coûtées... Et dans les palais mêmes où resplendit sa somptuosité, que nos regards percent ces lambris d'or, nous rencontrerons là aussi des yeux mouillés de pleurs ! Nous saurons alors que l'intelligence humaine aux vastes pensers n'a point établi son règne ici-bas, où tout obéit aux exigences de la matière ; nous constaterons que l'immense majorité des hommes est à la peine pour donner à un très-petit nombre les commodités de la vie, en restant elle-même dans une attristante infortune ; et nous reconnaîtrons l'infériorité manifeste du monde où nous sommes !

Si ce n'est pas assez des réflexions précédentes, considérons qu'outre cette inimitié de la nature extérieure, il en est une plus redoutable encore qui nous est dévolue par les forces intérieures qui régissent ce monde. La constitution géologique du globe terrestre n'a même rien de bien rassurant pour nous, et quoique les grands phénomènes de la nature s'accomplissent ordinairement avec gradation et lenteur, quoique les plus importantes révolutions du globe paraissent s'être opérées avec calme et périodiquement, l'histoire est là pour montrer que trop souvent de funestes cataclysmes sont venus jeter le trouble sur la scène du monde. Or nos campagnes, nos villes et nos habitations ne sont portées que sur un océan de matières incandescentes qui, d'un siècle à l'autre, peuvent s'effondrer et engloutir tout un peuple dans leurs brûlantes profondeurs. Les observations thermologiques et métallurgiques sur l'accroissement progressif de la température, à mesure que l'on descend vers le centre de la Terre, et les faits géognostiques que l'on a universellement constatés dans les deux hémisphères, ont établi que la croûte solide du globe n'a pas plus de *dix* lieues d'épaisseur[1]. Un tel fait, dit Arago, rend compte des réactions incessantes exercées contre les parties faibles de l'enveloppe solide de notre planète par les matières fluides intérieures. A une dizaine de lieues au-dessous

---

[1] Voy. l'Appendice, note D. *Sur la Constitution intérieure du globe terrestre.*

de la surface que nous habitons, les substances connues pour leur plus grande résistance à la fusibilité sont en fusion, et nous savons qu'au-dessous s'étendent des régions perpétuellement tourmentées par les réactions centrales, que cette enveloppe si légère du globe terrestre est constamment en agitation par l'activité incessante des forces souterraines, à ce point que des révolutions intérieures produisent souvent à la surface de terribles tremblements de terre, et qu'une fluctuation puissante pourrait, à un moment donné, soulever le bassin des mers et, déversant leurs eaux sur nos contrées, nous engloutir en même temps qu'elle mettrait à sec leurs lits transformés en continents. Une révolution géologique pourrait aussi briser un beau jour, en mille fragments, cette enveloppe fragile sur laquelle nous nous croyons en sûreté, et en disperser les débris dans l'espace. Ce sont là des considérations qui sont bien propres à atténuer en nous le sentiment de sécurité sur lequel nous nous reposons avec tant de confiance, et nous n'avons guère qu'une raison à invoquer en notre faveur : celle de la lenteur des mouvements géologiques. Mais, quoique nous aimions à penser que ces phénomènes n'arrivent qu'à de longs intervalles, devant lesquels la durée de notre vie est complétement insignifiante, cela n'empêche pas cependant qu'ils n'arrivent en réalité, et ne restent les éternels ennemis de notre progrès et de notre bonheur. Or, à la suite de telles réflexions, pourra-t-on prétendre encore que ce globe soit, même pour l'homme, le meilleur des mondes possibles, et qu'un grand nombre d'autres corps célestes ne puissent lui être infiniment supérieurs, et réunir mieux que lui les conditions favorables au développement et à la longue durée de l'existence humaine? Loin de le mettre au-dessus des autres astres, on s'étonnera que la vie y ait établi une résidence, et l'on avouera que s'il est aussi peuplé, c'est parce que la Nature est prodigieusement féconde, et qu'elle engendre des êtres là même où l'homme n'aurait jamais osé en concevoir. On comprendra qu'elle n'a peuplé la Terre que parce qu'il est dans son essence de produire la vie partout où il y a matière pour la recevoir, et loin de penser qu'elle a tari sa source inépuisable en multipliant ainsi les êtres à sa surface, on trouvera, dans la diversité et dans l'infinité de ses productions, une preuve éloquente de ce qu'elle ne s'est pas épuisée en décorant les autres mondes d'une multitude innombrable de créatures, puisqu'elle a pu encore en produire ici-bas.

Ainsi donc, non-seulement la position astronomique de la Terre sur l'orbe qu'elle parcourt, mais encore les dispositions normales de sa nature et sa constitution géologique particulière nous prouvent qu'elle est loin d'être le monde le plus favorablement établi pour l'entretien de l'existence. Les différences d'âges, de positions, de masses, de densités, de grandeurs, de milieux, de conditions biologiques, etc., placent un grand nombre d'autres mondes à un degré d'habitabilité supérieur à celui de la Terre, sur l'amphithéâtre immense de la création sidérale. Notre étude sur *les Cieux* va nous conduire à ce panorama splendide. Des mondes supérieurs, séjours magnifiques des hautes intelligences, constellent l'étendue inexplorée des lointains espaces. C'est dans ces mondes que l'humanité vit tranquille et glorieuse, protégée par un ciel pur et bienfaisant, au sein d'une température constamment en harmonie avec les fonctions de l'organisme, et jouissant en paix des dispositions amies de la nature. Un printemps éternel, peut-être plus diversifié par des charmes toujours nouveaux que nos saisons les plus disparates, décore ces mondes fortunés, où l'homme est affranchi de toute occupation purement matérielle, et exempt de ces besoins grossiers inhérents à notre organisation terrestre ; où, au lieu de mendier sa nourriture aux débris des autres êtres, il est doué d'organes qui l'aspirent insensiblement dans le milieu vital ; où, au lieu d'étudier avec peine la science du monde, des sens plus délicats et un entendement plus parfait lui révèlent les merveilles de la création et ses lois universelles. Là, les liens dorés de l'amour réunissent tous les membres de l'humanité comme une immense famille, le frère n'est point esclave du frère, et ni les rivalités sanglantes de la gloire guerrière, ni les discordes de l'envie n'en troublent l'éternelle paix ; — peut-être le venin de la mort ne circule-t-il plus dans les veines de ces humanités d'en haut, et notre trépas glacé n'est-il pour eux que le départ d'une âme vers des familles aimées. Là, le genre humain est parvenu au champ de la Vérité ; religion, science et philosophie se donnent la main ; — Dieu n'est plus aussi loin : on l'adore sans se renfermer sous un ciel de pierre ; la nature est le temple, et l'Homme est le prêtre. Là, enfin, l'homme contemple sans voile le panorama superbe des cieux infinis, suit de sa vue perçante les pérégrinations des mondes, et converse par des facultés merveilleuses avec les habitants des sphères avoisinantes.

LIVRE IV

LES CIEUX

> Par la dignité de son objet et par la perfection de ses théories, l'Astronomie est le plus beau monument de l'esprit humain.
>
> LAPLACE.

LIVRE IV

LES CIEUX

Immensité des cieux. — Comment les sept milliards de lieues de notre système planétaire sont une quantité insignifiante. — Systèmes stellaires. — Distance des étoiles les plus voisines. — Vitesse de la lumière ; durée de son trajet pour nous venir des étoiles. — Les transformations des astres ; étoiles dont l'éclat diminue ; étoiles colorées ; étoiles éteintes ; étoiles dont l'éclat augmente ; étoiles périodiques ; étoiles qui sont subitement apparues. — Déterminations sur le nombre des astres. — Par delà le ciel visible. — Etoiles doubles. — Nébuleuses ; la Voie lactée est une nébuleuse dont nous faisons partie : ses dix-huit millions de Soleils. — Créations des espaces lointains. — Dernières régions explorées par le télescope. — Au delà. — L'infini !

La Vie universelle ! Voilà ce que la Nature nous enseigne par cette voix intime et puissante à la fois qu'elle parle en tout lieu du monde, — par cette voix qui traverse les espaces et se fait entendre dans les cieux aux habitants de toutes les terres planant dans l'étendue, — par cette voix qui s'adresse à l'âme et que tous les hommes créés peuvent entendre. Voilà ce qu'elle annonçait jadis à nos sages, à nos poëtes et à nos philosophes dont le génie s'était, par sa seule puissance, élevé jusqu'à elle. Voilà ce qu'elle vient démontrer aujourd'hui par les découvertes modernes de la science, qui, après une lutte de quinze siècles, est enfin parvenue à percer ses premiers secrets. Malgré l'impéritie de son interprète, elle a parlé d'une manière assez éloquente pour s'attirer les esprits et les cœurs ; mais la conviction qu'elle tient à établir en nous doit être profonde et ineffaçable, et elle ne veut pas abandonner encore le tableau qu'elle a déroulé sous nos regards. Il est admis maintenant, nous l'espérons du moins, que la pluralité des mondes ne peut pas ne pas être, et si l'on ne peut certifier que *tel* ou *tel* monde spécialisé soit *aujourd'hui* nécessairement habité, il faut du moins admettre, en thèse générale, que l'habitation des mondes est leur état normal. Mais il est une considération plus générale que les précédentes, qui doit venir maintenant les couronner et les confirmer. Le *microscope* nous a révélé que la puissance créatrice a répandu la vie en tous lieux sur la Terre, et qu'au-dessous du monde visible il y a des êtres jusqu'à la plus extrême petitesse ; le *télescope* va nous apprendre qu'il est impossible à notre esprit d'embrasser toute l'étendue de cette puissance, et que, selon la parole de Pascal, nous aurions beau enfler nos conceptions au delà des espaces imaginables, nous n'enfanterions jamais que des atomes au prix de la réalité. Voici, en effet, le tableau le plus magnifique que puissent admirer nos regards, le spectacle le plus imposant dont il soit donné à l'homme d'être témoin : celui de l'IMMENSITÉ DES CIEUX !

Et d'abord, notre système planétaire tel que nous l'avons présenté, c'est-à-dire terminé à l'orbite de Neptune, qui ne mesure pourtant pas moins de 7 milliards de lieues de circonférence, ne borne pas à ces étroites limites l'empire immense du Soleil. Outre que des planètes inconnues, plus éloignées que Neptune, peuvent circuler au delà de son orbite, d'innombrables comètes, soumises également à l'attraction solaire, sillonnent en tous sens les plaines éthérées et reviennent à des époques déterminées s'abreuver à la source solaire, source abondante de lumière et d'électricité. Nous n'avons rien à ajouter ici sur la nature des comètes, si ce n'est qu'elles sont des amas de vapeurs de la dernière ténuité, et s'enfoncent dans les cieux à toutes les profondeurs; nous n'avons rien à dire également de leur nombre, si ce n'est qu'il est immense, selon toute probabilité, et qu'il s'élève à des centaines de mille. Mais, pour donner une idée de l'étendue du domaine du Soleil par l'étendue de l'orbite de certaines comètes, nous rappellerons que la grande comète de 1811 emploie 3,000 ans à accomplir sa révolution, et que celle de 1680 n'achève son immense révolution qu'après une course non interrompue de 88 siècles; que le premier de ces astres s'éloigne à treize milliards six cent cinquante millions de lieues (13,650,000,000), et le second à plus de trente-deux milliards (32,000,000,000)!

Quelle que soit cette étendue, quelle que soit l'immensité du domaine solaire, les grandeurs précédentes, qui nous paraissent si prodigieuses, peuvent cependant *à peine être comparées*, tant elles sont exiguës, aux grandeurs que l'on envisage dans les études de l'astronomie stellaire. Les nombres en usage dans l'astronomie planétaire disparaissent à côté des nombres en usage dans celle-ci. Ici, et quand cela est possible toutefois, on ne compte plus par lieues ou par milliers de lieues, on prend pour *unité* le rayon moyen de l'orbite terrestre, égal, comme on sait, à trente-huit millions deux cent trente mille lieues

Chaque étoile du ciel est un soleil brillant de sa propre lumière. On a mesuré l'intensité lumineuse des étoiles les plus rapprochées, et l'on a constaté que quelques-unes, comme Sirius, sont beaucoup plus radieuses et plus volumineuses que notre Soleil ; transporté à la distance qui nous sépare de Sirius, l'astre splendide de nos jours offrirait à peine l'apparence d'une petite étoile de troisième grandeur.

Si notre système solaire est un type général dans l'ordre uranographique, ce qui est de la plus haute probabilité, ces vastes et brillants soleils sont autant de centres de magnifiques systèmes, dont quelques-uns sont semblables au nôtre, dont d'autres peuvent lui être inférieurs, et dont un grand nombre lui sont supérieurs en étendue et en richesses planétaires. Si une telle disposition de mondes autour d'un astre illuminateur n'est pas répétée près de tous les soleils de l'espace, nous devons être certains, toutefois, que ceux-ci n'en sont pas moins autant de foyers d'une vie active, manifestée sur des modes inconnus, autant de centres de créations étrangères à celle que nous connaissons, mais grandes, admirables, sublimes, comme tout ce qui germe dans les sillons creusés par la main de la Nature.

Il serait beau d'embrasser sous le regard illimité de notre âme cette immensité prodigieuse où rayonnent les créations de l'éther ; il serait beau de donner le dernier coup au petit firmament cristallin des anciens, et, nous dépouillant à jamais de l'antique illusion qui nous montrait les étoiles tournant à une égale distance autour de nous, de traverser par la pensée les espaces sans cesse renouvelés où se succèdent les mondes stellaires. Nous allons essayer ce voyage.

Il nous faut d'abord, pour cela, considérer notre système planétaire comme une petite flotte d'embarcations, voguant isolée au sein d'un vide immense ; notre soleil, étoile lui-même, planant parmi les étoiles ses sœurs, traversant comme elles les espaces sans fin, se dirigeant actuellement vers la constellation d'Hercule, en emportant avec lui ses planètes, serrées autour de lui comme autour d'un protecteur sans lequel elles tomberaient dans la nuit de la mort; et savoir que les étoiles semblables qui sans nombre parsèment l'espace sont éloignées les unes des autres à d'immenses distances. L'étoile la plus voisine de notre système est éloignée de plus de 7,500 fois le rayon de ce système, rayon égal à 1,147,528,000 lieues. En prenant pour *unité* le rayon de l'orbite terrestre, cette distance est égale à 226,400 fois ce rayon, soit : 8,603,200,000,000 de lieues.

C'est la distance de l'étoile la plus voisine, *α du Centaure* [1], de la seule qui soit un peu rapprochée de notre système. Parmi celles qui viennent ensuite, et dont la distance est connue, la plus proche, *la 61ᵉ du Cygne*, est à 589,300 fois la distance de la Terre au Soleil, mentionnée plus haut; la troisième, *Véga*, est éloignée de 785,600 fois cette distance; la quatrième, *Sirius*, est à 52 trillions de lieues d'ici ; une autre, *l'étoile polaire*, à 73 trillions 948 milliards; une autre encore, *la Chèvre*, à 170 trillions 392 mille millions de lieues; c'est le nombre de quinze chiffres suivant :

$$170,392,000,000,000.$$

Ce sont là les étoiles *les plus voisines*, celles qui se trouvent dans le même lieu de l'espace que nous. Quant

[1] Voy. à l'Appendice la note E. *Comment on détermine la distance des étoiles à la Terre.*

à la totalité des autres, aux millions de millions qui peuplent l'étendue, il nous est mathématiquement impossible de prendre aucune base pour mesurer leur éloignement, la plus grande dont nous puissions disposer, le diamètre de l'orbite terrestre, étant infiniment petite comparée à cet éloignement.

Nous essayerons pourtant de donner une idée de ces distances successives, en prenant pour mesure la vitesse de la lumière. Nous dirons pour cela que la lumière, qui parcourt *soixante-dix-sept mille lieues par seconde*, ne met pas moins de 3 ans et 8 mois à nous venir de notre voisine l'étoile α de la constellation du Centaure ; qu'elle marche 12 ans et demi pour nous venir de Véga, et 22 ans pour nous venir de Sirius ; que le rayon lumineux envoyé par la Polaire ne nous arrive que 31 ans après son émission, et que celui envoyé par la Chèvre marche pendant 72 ans avant de nous parvenir ; qu'au delà de ces astres voisins la durée du trajet est de plus en plus grande, que pour les dernières étoiles visibles avec le télescope de trois mètres, ce trajet ne saurait s'effectuer en moins de 1,000 ans, et pour les dernières visibles avec le télescope de six mètres, en moins de 2,700 ans ; nous dirons enfin qu'il est des étoiles dont la lumière ne nous parvient qu'après 5,000, 10,000, 100,000 années, toujours en s'avançant incessamment avec une rapidité de 77,000 lieues par chaque seconde [1].

De tels nombres commencent à développer sous nos regards les panoramas immenses de l'infini, et à nous éclairer sur l'infime condition de la Terre, ce rien visible

---

[1] Voy. Struve, *Études d'Astronomie stellaire;* Herschel, *Outlines of Astronomy;* Arago, *Astronomie populaire*, t. Ier, ch. v; de Humboldt, *Cosmos*, t. III, 1re partie; etc.

qui nous avait tant ébloui sur son importance personnelle. Ils nous disent en même temps que l'histoire de l'univers astral se déroule, gigantesque, sans que nous en connaissions le premier mot, perdus comme nous le sommes sur notre station isolée. Les rayons lumineux qui nous arrivent des étoiles nous racontent l'histoire ancienne d'un monde infini de créations dont l'histoire présente est inconnue à cette pauvre Terre. Supposons, par exemple, que le magnifique Sirius s'éteigne aujourd'hui même par une catastrophe quelconque, la lumière mettant 22 ans à nous venir de cet astre, nous le verrions encore pendant 22 ans à ce même point du ciel d'où il serait, en réalité, disparu depuis longtemps. Si les étoiles étaient anéanties aujourd'hui, elles brilleraient néanmoins encore pendant plusieurs années, plusieurs siècles, plusieurs milliers d'années sur nos têtes; et il est possible que des étoiles dont nous nous efforçons présentement d'étudier la marche et la nature, *n'existent plus* en réalité depuis le commencement du monde (du monde terrestre)! Non, nous ne connaissons que l'histoire passée de l'univers; nos rapports avec ces astres resplendissants qui étincellent dans l'éther se bornent à quelques rayons que l'on a pu mesurer pour les plus proches; tout le reste nous est dérobé par la distance. Les transformations perpétuelles de la création s'effectuent sans qu'il nous soit possible de les étudier ni de les connaître; des mondes naissent, vivent et meurent; des soleils s'allument ou s'éteignent; des humanités grandissent et marchent vers leurs destinées diverses; l'œuvre de Dieu s'accomplit : nous, nous sommes emportés comme les autres dans l'éternel abîme sans rien savoir.

Il y a des étoiles dont l'éclat diminue. 276 ans avant notre ère, Ératosthène disait en parlant des étoiles de la constellation du Scorpion : « Elles sont précédées par la plus belle de toutes, l'étoile brillante de la serre boréale; » or maintenant la serre boréale ne domine plus en éclat les astérismes d'alentour. Hipparque, disait 120 ans avant J.-C. : « L'étoile du pied de devant du Bélier est remarquablement belle; » elle est aujourd'hui de 4ᵉ grandeur. α de la grande Ourse était de première grandeur quand Flamsteed construisit son catalogue; elle est à peine de deuxième aujourd'hui. Au même temps, les deux premières de l'Hydre étaient de la quatrième grandeur; W. Herschel les trouva de la huitième. Le jurisconsulte astronome Bayer marqua α du Dragon de deuxième grandeur; elle n'est plus maintenant que de troisième. — Il y a des étoiles colorées dont la lumière a subi des changements de coloration. Tel est Sirius, que des ouvrages de l'antiquité mentionnent comme offrant une couleur rouge très-prononcée, et qui est actuellement du blanc le plus pur. — Il y a des étoiles qui se sont éteintes et dont on ne retrouve plus aucune trace là où on les observait jadis. Jean-Dominique Cassini, le premier directeur de notre Observatoire, annonçait à la fin du dix-septième siècle que l'étoile marquée sur le catalogue de Bayer au-dessus de ε de la petite Ourse avait disparu. La neuvième et la dixième du Taureau sont également disparues. Du 10 octobre 1781 au 25 mars 1782 le célèbre astronome de Slough assista aux derniers jours de la 55ᵉ d'Hercule, qui tomba du rouge au pâle et s'éteignit tout à fait. — Il y a des étoiles dont l'intensité lumineuse augmente. Telles sont : la 31ᵉ du Dragon, dont les observations ont constaté l'accroissement de la septième à la quatrième grandeur; la 34ᵉ du Lynx, qui est montée de la septième à la cinquième, et la 58ᵉ de Persée, qui s'est élevée de la sixième à la quatrième. — Il y a des étoiles dont l'éclat change périodiquement, et qui passent régulièrement d'un maximum à un minimum d'intensité suivant un cycle constant. Telles sont, pour les longues périodes : l'étoile mystérieuse o de la Baleine, dont la périodicité, très-irrégulière, varie de la deuxième grandeur à la disparition complète; χ du col du Cygne, dont la périodicité est de treize mois et demi, et qui varie de la cinquième à la onzième grandeur ; le n° 30 de l'Hydre d'Hévélius, qui, dans l'espace de cinq cents jours, varie de la quatrième grandeur à la disparition. Telles sont encore, pour les courtes périodes : δ de Céphée, dont la périodicité est de cinq jours huit heures, et la variation de la troisième à la cinquième grandeur ; β de la Lyre, dont la périodicité est de six jours neuf heures, et la variation de la troisième à la cinquième également; γ d'Antinoüs, qui varie en sept jours quatre heures de la quatrième à la cinquième grandeur. — Il y a des étoiles qui ont apparu subitement, ont brillé de l'éclat le plus intense, et sont disparues pour ne plus reparaître. Telles sont les étoiles nouvelles qui s'allumèrent sous l'empereur Adrien et sous l'empereur Honorius, au deuxième et au quatrième siècle; l'étoile immense observée au quatrième siècle dans le Scorpion par Albumazar, et celle qui apparut au dixième, sous l'empereur Othon Ier. Telle est la mémorable étoile de 1572, qui enrichit pendant dix-sept mois la constellation de Cassiopée, surpassant en éclat Sirius, Véga, Jupiter, phénomène qui fut la stupéfaction des astronomes et la terreur des faibles. Aux premiers jours de son apparition, on pouvait la distinguer en plein midi; son éclat s'affaiblit graduellement de mois en mois, en passant par toutes les grandeurs jusqu'à l'évanouissement complet. Pour le dire en passant, peu d'événements historiques firent autant de bruit que ce mystérieux envoi du ciel. C'était le 11 novembre 1572, peu de mois après le massacre de la Saint-Barthélemy ; le malaise général, la superstition populaire, la peur des comètes, la crainte de la fin du monde, annoncée depuis longtemps par les astrologues, étaient une excellente mise en scène pour une telle apparition. Aussi annonça-t-on bientôt que l'étoile nouvelle était la même qui avait conduit les Mages à Bethléem, et que sa venue présageait le retour de l'Homme-Dieu sur la Terre et le jugement dernier. Pour la centième fois peut-être, ces sortes de pronostications furent reconnues absurdes; cela n'empêcha pas les astrologues d'avoir grand crédit douze ans plus tard, lorsqu'ils annoncèrent de nouveau la fin du monde pour l'an 1588; ces prédictions gardèrent au fond la même influence sur les masses populaires jusqu'à notre siècle, et, — pourquoi ne pas le dire ? — ne produisirent-elles pas assez bien leur petit effet tout récemment, à l'occasion de la comète imaginaire du 13 juin 1857? Hélas ! l'histoire de notre humanité est l'histoire de ses faiblesses ! — Mais revenons à notre sujet. Parmi les étoiles qui sont apparues subitement pour ne plus reparaître, mentionnons encore celle de 1604, qui, le 10 octobre de cette même année, surpassait dans sa resplendissante blancheur l'éclat des plus brillantes étoiles et celui de Mars, de Jupiter et de Saturne, dont elle se trouvait voisine; au mois d'avril 1605, elle était descendue à la troisième grandeur, et en mars 1606, elle était devenue complètement invisible. Citons enfin la fameuse étoile du Renard, qui apparut également en 1604, et qui offrit le singulier phénomène de s'affaiblir et de se ranimer plusieurs fois avant de s'éteindre complètement.

Nous venons de tracer sommairement l'histoire de quelques-unes des transformations survenues dans l'univers visible, et que l'on a observées d'ici; on sent que cette histoire n'est que l'indice de ce qui se passe journellement dans l'universalité des cieux, mais elle suffit pour détruire en nous l'idée ancienne de l'apparente immobilité d'un ciel solitaire. L'habitude où nous sommes forcément de ne contempler les mondes de l'espace que pendant les ténèbres de nos nuits, le silence et la solitude qui nous enveloppent dans cet assoupissement de la Nature et ce sommeil des êtres, nous donnent une fausse impression du spectacle qui s'étend au delà de la Terre, et nous sommes portés à regarder le ciel étoilé comme participant à l'état de choses qui nous entoure. C'est une illusion que nous devons à nos sens, mais qu'il importe de redresser par le raisonnement. Toute planète ayant un hémisphère obscur et un hémisphère éclairé, puisqu'il n'y a qu'un côté du globe qui puisse recevoir à la fois les rayons solaires, le jour et la nuit se succèdent constamment pour tous les points du globe, suivant le mouvement de rotation de la planète, et la nuit n'est par conséquent qu'un phénomène partiel auquel le reste de l'univers est tout à fait étranger. L'obscurité, la solitude, le silence, appartiennent au lieu où nous sommes et ne vont pas au delà. C'est un accident terrestre, qui n'étend point son ombre sur l'univers. Le ciel immense, peuplé d'astres sans nombre, n'est point pour cela une région d'immobilité et de mort. Son inertie a disparu avec l'école des péripatéticiens; sa mutabilité incessante est proclamée par les observations de notre âge. Tout marche, tout se transforme; tout resplendit de vie et d'activité. Vu de loin, embrassé dans le regard investigateur du philosophe, qui fait abstraction du temps et de l'espace, l'univers est un ensemble gigantesque de systèmes stellaires, dont les soleils radieux, les planètes splendides, les comètes flamboyantes et toutes les créations éthérées se croisent, se cherchent, se succèdent incessamment, emportées par un mouvement perpétuel dans les routes diverses où les lois divines les conduisent. La vie habite là, non la mort; l'activité, non le repos; la lumière, non les ténèbres; l'harmonie, non le silence; les transformations successives des choses existantes, non l'immobilité et l'inertie. C'est là, c'est là surtout, qu'il faut regarder pour connaître la réalité de la création vivante, et non sur le grain de sable où nous sommes confinés ici-bas.

Nous avons rapporté les distances des étoiles les plus rapprochées; elles ont laissé à nos conceptions le champ libre pour s'élever au sein des vastes régions du ciel. Demandons maintenant à ce ciel splendide le nombre des astres qui le peuplent, qui le peuplent comme des fourmis une fourmilière, tout en restant éloignés les uns des autres par des distances équivalentes à celles que nous avons mentionnées plus haut.

Rappelons d'abord que, pour faciliter l'indication de l'éclat des étoiles, on les a classées par ordre de grandeurs, suivant cet éclat même. On sait que cette dénomination de grandeur ne s'applique pas aux dimensions des étoiles, qui nous sont inconnues, mais seulement à leur éclat apparent, et que (en thèse générale) les étoiles qui nous paraissent les plus petites doivent être considérées comme les plus éloignées. Or on compte dans les deux hémisphères 18 étoiles de la première grandeur, 60 de la seconde, près de 200 de la troisième. On voit que la progression est rapide. La quatrième grandeur renferme 500 étoiles, la cinquième 1,400, la sixième 4,000. Ici s'arrête le nombre des étoiles visibles à l'œil nu; mais la progression continue dans le même rapport au delà de cette limite et augmente de la même manière à mesure que nous considérons des grandeurs plus petites. — On concevra plus facilement cet accroissement, si l'on réfléchit que les étoiles nous paraissant, comme nous l'avons dit, d'autant plus petites qu'elles sont plus éloignées de la Terre, le cercle ou la zone qu'elles occupent relativement à la Terre embrasse d'autant plus d'espace qu'il est plus éloigné de nous. — Au delà de la sixième, on compte encore dix grandeurs d'étoiles visibles seulement au télescope. Pour donner une idée de l'accroissement numérique de ces étoiles, nous dirons que la huitième grandeur en contient 40,000; la neuvième 120,000, et la dixième 360,000. La progression continue... Arago comptait 9,566,000 étoiles de la treizième grandeur; 28,697,000 de la quatorzième, et évaluait à 43 millions[1] le nombre total des étoiles de toutes grandeurs, visibles jusqu'à la quatorzième. Pour les seize grandeurs, Lalande, Delambre et Francœur comptaient environ 75 *millions* d'étoiles visibles; d'autres astronomes ont porté ce nombre à 100 *millions*.

C'est le nombre des astres visibles, c'est-à-dire de ceux qui se trouvent assez proches des régions de l'espace où nous sommes, pour que leurs rayons puissent arriver jusqu'à nous. Au delà, le nombre continue de s'accroître dans les régions de l'invisible.

On comprendra facilement devant ce tableau, et en se reportant aux distances réciproques des étoiles dissémi-

---

[1] Ce nombre est la somme de la progression géométrique suivante :

$\div 18 + 18 \times 3 + 18 \times 3^2 + 18 \times 3^3 + 18 \times 3^4 + 18 \times 3^5 + 18 \times 3^6 + 18 \times 3^7 + 18 \times 3^8 + 18 \times 3^9 + 18 \times 3^{10} + 18 \times 3^{11} + 18 \times 3^{12} + 18 \times 3^{13}.$

nées dans l'étendue, que la lumière de certaines étoiles emploie 1,000, 10,000, 100,000 années à venir jusqu'à nous, tout en parcourant 77,000 lieues par seconde.

Perles splendides enchâssées dans l'immense et mobile écrin de la gravitation, sous les liens de cette loi universelle, les étoiles s'en vont planant dans les espaces, filles d'une même nation, sœurs d'une même famille. Ici on les voit agglomérées par myriades et suspendues dans l'espace comme un archipel d'îles flottantes; plus loin, réunies en systèmes sidéraux, s'élever ou descendre ensemble autour d'un centre invisible. Un grand nombre d'étoiles, — environ une sur quarante, — qui paraissaient simples à l'œil nu ou dans le champ d'une lunette ordinaire, furent trouvées *doubles* quand on dirigea sur elles l'œil perçant des télescopes d'Herschel, de Struve et de lord Rosse, et là où l'on n'apercevait qu'un astre fixe dans les cieux, on étudie maintenant un système de deux soleils roulant ensemble autour d'un centre commun de gravité. On a de même observé des étoiles multiples, de triples et de quadruples systèmes de mondes. Ces systèmes sont mus comme le nôtre par la force d'attraction, et chacun des soleils qui les composent peut être regardé comme centre d'un groupe de planètes, dont les conditions d'habitabilité doivent être très-différentes des nôtres, eu égard à la coexistence de deux ou plusieurs foyers calorifiques et lumineux, et aux combinaisons variées de leurs mouvements dans l'espace. Les révolutions de ces soleils autour de leur centre commun de gravité s'accomplissent en des temps très-divers, suivant les systèmes. Pour en citer un exemple, la période la plus courte, celle de ζ d'Hercule, est de 36 ans et 3 mois; la période la plus longue, celle **de 100 des Poissons**, emploie plusieurs milliers d'années à s'effectuer. Ces groupes binaires sont, pour des mondes rapprochés d'eux, qui peuvent observer leurs mouvements, de gigantesques cadrans stellaires marquant dans le ciel des périodes séculaires devant lesquelles les années de la longévité humaine passeraient inaperçues. Quel panorama superbe s'ouvre devant nous lorsque nous contemplons ces lointains soleils, sources merveilleuses d'un nouveau monde de couleurs! Terres illuminées par deux soleils diversement colorés, dont l'un resplendit comme un immense rubis lumineux, l'autre comme une émeraude limpide! Natures inconnues où la pourpre revêt toutes choses, où le saphir et l'or se marient suivant la position d'un second ou d'un troisième soleil bleu ou jaune. Jours oranges, jours verts; nuits éclairées par des lunes colorées, miroirs fidèles des soleils multiples; aspects étranges, que nulle conception ayant sa source sur la Terre ne pourrait faire apparaître dans notre esprit. Qui peut douter que les éléments inconnus dont la Nature a décoré ces astres lointains; que les conditions d'existence qui caractérisent leurs planètes respectives; que le mode d'action des forces cosmiques, de la chaleur et de la lumière combinées de plusieurs soleils; que la succession mystérieuse de jours sans nuits peut-être et de saisons indécises; que la présence de plusieurs foyers électriques, la combinaison de couleurs nouvelles et inconnues, et l'association de tant d'actions simultanées ne développent à la surface de ces mondes une vaste et magnifique échelle de vie, types inimaginables pour nous, qui ne connaissons qu'un point isolé de l'univers? Qui peut songer surtout que l'harmonie de ces sphères, qui, dans des régions ignorées, vibrent comme les nôtres sous le souffle divin du grand Ordonnateur, ait été déployée sans cause et sans but dans les déserts du vide? et qui oserait soutenir que ces immenses soleils n'ont été créés que pour tourner éternellement l'un autour de l'autre ?

Disons maintenant que la plus grande partie des étoiles que nous voyons dans le Ciel, et notamment celles qui appartiennent à la *Voie lactée* ou qui se trouvent dans les régions voisines, forment un même ensemble, un même groupe, désigné en astronomie stellaire sous le nom de *nébuleuses*. Notre Soleil, — et conséquemment la Terre avec les autres planètes, — appartient lui-même à cette énorme agglomération d'astres semblables à lui, agglomération dont les couches équatoriales se projettent dans notre ciel sous la forme d'une vaste traversée lumineuse faisant le tour de la sphère étoilée ; il est situé vers le milieu de cette couche d'étoiles, non loin de la région où elle se bifurque en deux branches ; il occupe ainsi une partie centrale dans la Voie lactée. Si l'on veut savoir combien il y a de soleils dans ce seul plan équatorial vers le milieu duquel nous sommes, nous dirons qu'en *jaugeant* cette portion du ciel à l'aide de son grand télescope, William Herschel voyait passer dans le court intervalle d'un quart d'heure, et dans un champ de quinze minutes de diamètre (le quart de la surface apparente du Soleil), le nombre prodigieux de 116,000 étoiles ; et qu'en appliquant ces calculs à la totalité de la Voie lactée, il ne lui trouva pas moins de *dix-huit millions de soleils*. C'est le nombre que l'on a compté dans la couche équatoriale de la nébuleuse, dont notre Soleil n'est qu'une unité bien insignifiante, et dans laquelle notre Terre et toutes les planètes sont invisiblement perdues. Quant à la forme et à l'étendue de cette nébuleuse, on la considère comme un amas d'étoiles, lenticulaire, aplati et isolé de toutes parts, *long de sept à huit cents fois la distance de Sirius au Soleil* : celle-ci est égale à 1,373,000 fois le rayon

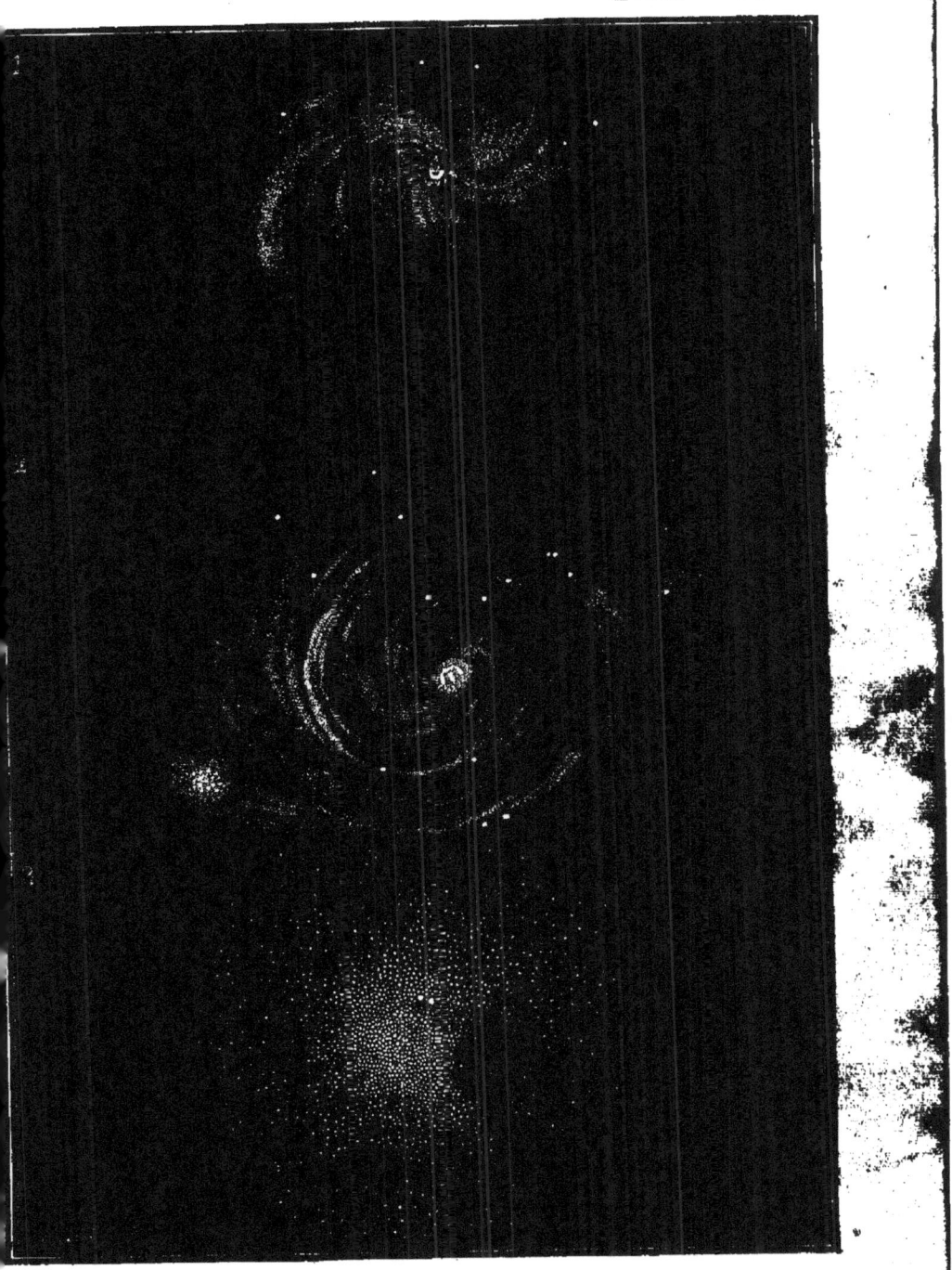

NÉBULEUSES

1. Nébuleuses de la Vierge. — 2. Nébuleuses des Chiens de chasse.

de l'orbite terrestre, c'est-à-dire à 52,400,000,000,000 de lieues.

Ce nous paraît être une vaste et opulente nébuleuse, que cette région stellifère plus riche en soleils que les mines de la Terre en morceaux de houille ou de fer ; cette immense assemblée d'étoiles nous paraît être la plus belle richesse de la création, pour ne pas dire la création tout entière ; pourtant notre jugement n'est encore ici que le résultat de l'habitude où nous sommes de tout rapporter aux grandeurs mesquines de notre petit monde. C'est là une illusion dont il importe de nous désabuser en reconnaissant que, loin d'être la seule dans l'univers, cette nébuleuse n'est que l'humble compagne d'une multitude d'autres non moins splendides, qui constellent aussi brillamment et plus brillamment peut-être les régions éthérées. Il y a dans le ciel un grand nombre de voies lactées semblables à la nôtre, éloignées à de telles distances, qu'elles deviennent imperceptibles à l'œil nu. Si l'on demandait à quelle distance la nôtre devrait être transportée d'ici, pour nous offrir l'aspect d'une nébuleuse ordinaire (sous-tendant un angle de 10'), nous répondrions avec Arago qu'il faudrait l'éloigner à une distance égale à **334** fois sa longueur. Or cette longueur (mentionnée plus haut) est telle, que la lumière n'emploie pas moins de **15,000** ans à la traverser. A la distance de 334 fois cette dimension, notre nébuleuse serait vue de la Terre sous un angle de 10 minutes, et la lumière emploierait à nous en arriver 334 fois 15,000 ans, ou 5,010,000 années, un peu plus de *cinq millions d'années*. Tel est probablement l'éloignement de plusieurs amas d'étoiles que nous étudions dans le champ de nos télescopes.

L'espace est parsemé de nébuleuses tellement éloignées de la nôtre, malgré l'étendue incommensurable qu'elles occupent chacune, que la lumière des soleils qui les composent ne peut arriver jusqu'à nous qu'après des millions d'années de marche incessante de 77,000 lieues par seconde, et que les instruments les plus perfectionnés ne nous les montrent que sous la forme de lueurs blanchâtres perdues au fond de cet espace insondable[1].

Quand on songe au nombre des étoiles, aux distances qui les séparent les unes des autres, à l'étendue des nébuleuses et à leur éloignement réciproque; quand on essaye de voir clair dans cette immensité innommée; quand par delà les mondes on retrouve sans cesse d'autres mondes, et qu'au delà de ceux-ci de nouvelles créations s'ajoutent sans fin aux précédentes; quand devant nous, atomes, on voit l'infini s'entr'ouvrir,... on sent frissonner son âme au fond de l'être, et l'on se demande, avec une curiosité naïve et terrifiée, ce que c'est qu'un tel univers qui grandit à mesure que nos conceptions s'étendent, et qui, lors même que nous épuiserions toute la série des nombres pour exprimer sa grandeur, se trouverait encore infiniment au-dessus, et envelopperait nos approximations tout entières, comme l'Océan fait d'un grain de sable qui tombe.

C'est dans notre esprit que sont les bornes; l'espace

[1] Nous n'avons pu qu'effleurer ce vaste sujet. Nous croyons utile d'ajouter, à l'adresse de ceux qui s'intéressent à la connaissance des mystères du ciel, que nous avons consacré notre traité d'astronomie populaire, intitulé *Les Merveilles Célestes*, à l'exposé méthodique des faits astronomiques et à la reproduction exacte, par le dessin, des astres et des objets célestes tels que les montrent actuellement les plus puissants télescopes.

n'en saurait souffrir. Et quand nos recherches nous ayant conduits aux dernières limites des appréciations possibles, nous croyons connaître l'ensemble des choses, cet ensemble est plus grand encore, plus grand toujours, autant inaccessible aux conceptions de notre âme, que le monde sidéral était d'abord inaccessible à l'observation de notre vue.

Les dernières nébuleuses que peut atteindre l'œil perçant du télescope, et qui sont perdues, pâlissantes et diffuses, dans un éloignement incommensurable, gisent aux limites extrêmes des régions visitées par nos regards, et semblent terminer à ces confins les célestes merveilles. Mais là où s'arrête notre vue, aidée même des secours les plus puissants de l'optique, la création se déroule encore majestueuse et féconde, et là où s'abat l'essor de nos conceptions fatiguées, la nature, immuable et universelle, déploie toujours sa magnificence et sa parure.

Tout autour de la Terre, au delà de l'espace où se sont perdus les regards étonnés des mortels, par delà les cieux des cieux, le même espace se renouvelle, se renouvelant toujours; à l'espace succède l'espace; à l'étendue succède l'étendue; le pouvoir créateur développe là comme ici le tourbillon incompréhensible de la vie, et incessamment, à travers les régions sans limites, sans élévation et sans profondeur de l'univers se succèdent les Soleils et les Mondes... Notre essor peut se prolonger ainsi à l'infini... Au delà des bornes les plus lointaines que notre imagination reculant sans cesse puisse assigner à cette nature inconcevablement productive, la même étendue et la même nature existent toujours, sans aucune fin possible, et nous trouvons à l'infini, sinon un renouvellement de Mondes pleins de richesse et de vie, du moins un espace sans limites où ces fleurs du ciel peuvent éclore et s'épanouir : c'est l'empire de Dieu même, auquel nous ne pouvons trouver de bornes, vivrions-nous l'éternité pour pousser nos investigations au delà de toute expression imaginable !...

Lecteur, arrêtons-nous ; et exprimons ici franchement l'idée que nous nous formons de *la Terre*... Ah ! si notre vue était assez perçante pour découvrir, là où nous ne distinguons que des points brillants sur le fond noir du ciel, les soleils resplendissants qui gravitent dans l'étendue et les mondes habités qui les suivent dans leurs cours, s'il nous était donné d'embrasser sous un coup d'œil général ces myriades de systèmes solidaires, et si, nous avançant avec la vitesse de la lumière, nous traversions pendant des siècles de siècles ce nombre illimité de soleils et de sphères, sans jamais rencontrer nul terme à cette immensité prodigieuse où Dieu fit germer les mondes et les êtres ; retournant nos regards en arrière, mais ne sachant plus dans quel point de l'infini retrouver ce grain de poussière que l'on nomme la Terre, nous nous arrêterions fascinés et confondus par un tel spectacle, et unissant notre voix au concert de la nature universelle, nous dirions du fond de notre âme : Dieu tout puissant ! que nous étions insensés de croire qu'il n'y avait rien au delà de la Terre, et que notre pauvre séjour avait seul le privilége de refléter ta grandeur et ta puissance !

LIVRE V

L'HUMANITÉ DANS L'UNIVERS

Entium varietas,
Totius un tas.

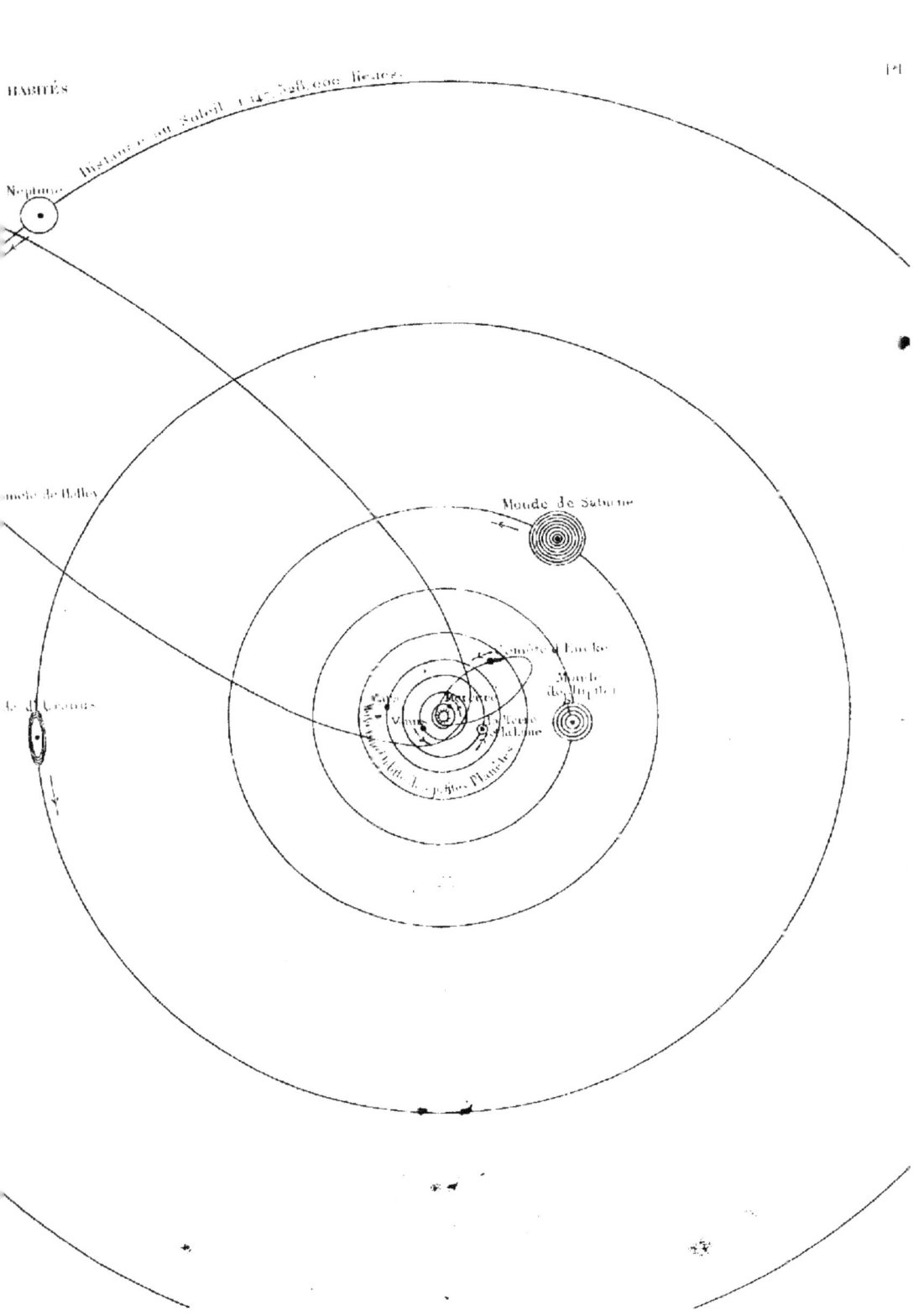

LIVRE V

L'HUMANITÉ DANS L'UNIVERS

I

LES HABITANTS DES AUTRES MONDES

Opinions diverses sur les hommes des planètes.— Romans scientifiques. — Les habitants de la Lune. — Astres souterrains circulant dans l'intérieur de la Terre. — Loi hiérarchique de Kant et de Bode sur les humanités. — Ce que l'on pense de Saturne. — Taille des habitants de Jupiter, selon Wolff. — Cosmogonie de Fourier. Singularités de l'analogie passionnelle. — Aspect des planètes pour leurs habitants. — Description de Vénus par Bernardin de Saint-Pierre. — Voyages de Swedenborg aux terres du monde astral. Conjectures de Huygens sur les hommes des planètes. — Difficulté de la question. — Erreur générale. — L'*anthropomorphisme* est notre grave illusion; tout est relatif. — L'infiniment grand et l'infiniment petit. Rien d'absolu dans la physique.—Diversité infinie des Mondes et des êtres.

Au spectacle grandiose de l'univers sidéral et de ses créations sans nombre, vont succéder maintenant des considérations moins graves, qui se rapprochent plutôt des sujets d'étude ordinaires que des opérations transcendantes de l'uranographie. Elles serviront de transition naturelle à la partie scientifique qui précède, et à la partie philosophique qui doit terminer notre œuvre, en même temps qu'elles reposeront l'esprit de son état contemplatif, et le prépareront à recevoir les conclusions morales de notre doctrine.

Nous parlerons ici de ce que l'on a dit en tout genre, et de ce que l'on peut dire de plus rationnel sur la nature, sur le mode d'existence et sur les facultés des habitants des autres Mondes. Depuis longtemps les hommes des planètes sont autant de points d'interrogation superbement posés devant l'esprit du philosophe et du songeur; depuis longtemps ils intriguent nos âmes chercheuses, sans laisser tomber entre nos mains la clef de leur mystérieuse existence; la question, du reste, *tout* énigmatique qu'elle est, et précisément pour cela, s'est attaché l'intérêt ou la curiosité d'un grand nombre; notre devoir est donc de la traiter ici, et si nous ne la résolvons pas en entier (loin de là !), peut-être nos paroles serviront-elles au moins à mettre en garde des esprits trop faciles contre des solutions prématurées.

L'ardente curiosité que développe en notre âme la recherche des choses cachées, et cette sorte de sympathie lointaine qui se réveille en nous quand notre pensée se transporte aux autres Terres de l'espace, seraient magnifiquement couronnées, en effet, s'il nous était permis d'entrer en relation avec les habitants de ces sphères inconnues. Si même on avait seulement quelques droits légitimes d'espérer qu'à l'aide des perfectionnements de l'optique, on pût arriver quelque jour à voir de près ces compagnes peuplées d'autres êtres, ces villes bâties par d'autres mains, ces demeures abritant d'autres hommes que ceux de notre groupe terrestre; ce serait une bien précieuse récompense pour les travaux des observateurs et pour les efforts des philosophes. Mais, dans l'état actuel de nos connaissances, il serait vain et puéril de se bercer d'un pareil espoir pour notre temps, et nos arrière-neveux devront s'estimer bien heureux si les progrès de la science leur donnent un jour le privilége de soulever le voile ténébreux des distances.

De tout ce que l'on a écrit sur les moyens possibles de communiquer physiquement avec les autres Mondes; de tout ce que l'on a imaginé en astronomie spéculative sur la nature des habitants de l'espace; de tout ce que l'on a créé relativement aux humanités planétaires, il n'y a pas un mot de sérieux et de scientifique. Et cela se comprend sans peine. Lorsqu'on n'a aucune base solide sur laquelle on puisse appuyer ses conjectures; lorsqu'on n'a, pour les excursions capricieuses de l'imagination, que le terrain mouvant du possible ou même du vraisemblable, on ne saurait construire que des châteaux féeriques que le vent emporte avec la même facilité qu'on les élève. Mais, heureusement, les auteurs de ces sortes de théories les apprécient ordinairement à leur juste valeur, et ne les présentent point sous d'autres titres que sous celui de romans, — qui n'ont de scientifique que l'idée première sur laquelle ils sont brodés.

Dans son cours d'astronomie professé à l'Observatoire, Arago racontait, il y a une vingtaine d'années, une singulière proposition d'un géomètre allemand pour entrer en correspondance avec les habitants de la Lune. Le plan de ce géomètre consistait, comme on se le rappelle, à envoyer dans les steppes immenses de la Sibérie une commission scientifique chargée de disposer sur le terrain, suivant des figures géométriques déterminées, un certain nombre de miroirs métalliques réflecteurs recevant la lumière du Soleil, et à projeter l'image de l'astre lumineux sur le disque lunaire. Pour peu que les Sélénites fussent intelligents, disait-il, ils reconnaîtraient sans peine que ces figures géométriques régulières ne peuvent être l'effet du hasard, mais qu'elles doivent être produites par les habitants de la Terre. Ce premier pas fait, ils aviseraient très-probablement eux-mêmes au moyen de se convaincre de l'existence de ces habitants, en répondant à ces figures, que l'on diversifierait, et qui pourraient faire l'office d'une langue métaphorique ou idéographique. Ainsi s'établirait entre les deux astres une communication au moyen de laquelle on converserait sur toutes choses !

A part cette idée bizarre et quelques légères velléités de navigation aérienne, on n'a point imaginé d'autre moyen physique de converser avec les hommes des autres Mondes. C'est fort heureux pour l'histoire des petites utopies.

Mais, en revanche, que de conjectures on a imaginées sur la population des astres, et que d'êtres on a créés en rêve sur les Terres de notre groupe solaire, depuis l'illustre Kant, qui construisit, comme nous le verrons, tout un système sur un principe arbitraire, jusqu'au pauvre Hennequin, le triste commentateur de Fourier ; depuis l'extatique Hervas y Panduro jusqu'à l'auteur de *la Nouvelle Jérusalem* ! Les uns tout abusés encore par les féeries de la mythologie antique ou par les arcanes de l'astrologie judiciaire ; les autres absorbés dans une idée fixe, ou renfermés dans un cercle de systèmes ; d'autres encore, entraînés çà et là par des rêveries sans fond et sans solidité. Que l'on édifie un roman lunaire sur une idée philosophique, comme le fit jadis Cyrano de Bergerac, ou qu'on se serve d'une fiction de ce genre pour plaider une cause juste et utile, comme on l'a fait quelquefois[1], ce peut être une œuvre importante, quelquefois même d'une haute valeur et d'une portée considérable ; mais que l'on construise un échafaudage de théories imaginaires sur un songe creux, cela n'est permis qu'aux Asmodée ou aux Sheherazade. Ces sortes de conceptions, néanmoins, sont quelquefois curieuses et dignes d'un certain intérêt.

Il y a des idées scientifiques, au nombre desquelles se trouve celle de la pluralité des Mondes, qui offrent un côté pittoresque plus accessible que tout autre à l'imagination, et dès qu'on se laisse entraîner par ce penchant maladif au merveilleux, qui nous porte tous vers les vagues régions de l'inconnu, c'est un premier pas de fait dans les entraînements de l'erreur. Nous citerons quelques-unes de ces théories imaginaires construites à propos d'idées scientifiques ; elles ouvriront l'histoire conjecturale des assertions plus ou moins hardies que l'on a émises sur les hommes planétaires. Voici d'abord un épisode des voyages d'Alexandre de Humboldt.

Cet illustre auteur raconte dans son *Cosmos* (tome Ier), que les déterminations géognostiques de Lesbie sur la sphère terrestre, que celui-ci supposait pouvoir être creuse entraînèrent dans des conceptions fantastiques

---

[1] Parmi les ouvrages de ce genre, nous citerons le *Voyage au monde de Descartes*, du P. Daniel, l'historien (1702) ; la *Relation du monde de Mercure*, anonyme (Genève 1750) ; le *Voyage d'Hyperbolus dans les planètes*, par Coffin-Rony (1808), et la *Lettre d'un habitant de la Lune* sur Caron de Beaumarchais (1839). — Nous serions presque tenté de mentionner également un ouvrage analogue aux premiers, pour le fond, les *Voyages de Gulliver*.

des esprits étrangers aux sciences. On en était arrivé non-seulement à admettre l'idée de Lesbie comme l'expression de la réalité, mais encore à peupler d'êtres divers cette sphère creuse, et qui plus est, à y faire circuler deux astres illuminateurs : Pluton et Proserpine — noms fort bien appropriés à la circonstance ! On avait même indiqué qu'au 82ᵉ degré de latitude on rencontrait une ouverture de communication, qui pouvait servir aux habitants de la surface à y descendre. Mieux que cela encore, Humboldt et son collègue sir Humphry Davy furent instamment et publiquement invités par le capitaine Symmes à entreprendre cette expédition et à visiter le dessous de la Terre !... Ces idées ont quelque point de commun avec celles dont on effrayait notre enfance, sur le *puits du diable*, ouverture située dans les profondeurs d'un cratère éteint, par laquelle on pouvait pénétrer dans le enfers.

On se rappelle à ce sujet l'ingénieuse explication du mouvement de la Terre donnée par le moine dont parle Cyrano. Les flammes des volcans ne seraient autres, dans cette théorie, que le feu de l'enfer s'échappant par des soupiraux pratiqués au travers de l'écorce terrestre. Le centre de la Terre serait le foyer. Or, les damnés, cherchant à s'éloigner le plus possible de ce lieu de torture, voire même à s'en échapper tout à fait, se pressent en foule sous la surface de la Terre, ou pour mieux dire, s'accrochent à la croûte solide qui forme cette surface. De là, semblables aux écureils qui impriment un mouvement rotatoire à leur cage mobile, en grimpant sans cesse dans son intérieur, les réprouvés voient le globe fuir éternellement sous leurs étreintes. Si ce n'était un tel sujet, on ne pourrait guère tenir son sérieux devant une pareille explication.

A ces créations romanesques on pourrait ajouter l'*Elixir du Diable,* du fantastique Hoffmann, conte merveilleux dans lequel le narrateur expose les péripéties d'un voyage souterrain au centre de la Terre. Le voyageur tombe un beau jour du fond d'un précipice dans un abîme, lequel abîme est l'intérieur du globe terrestre. Continuant sa chute, il arrive sur la planète de Nazar, monde occupant le centre de ces régions intérieures, et habité seulement par des Arbres. Il raconte fort longuement les coutumes, les mœurs et l'état social des Cèdres majestueux, des Chênes ambitieux, des Myrtes élégants...; son exil sur le premier satellite de cette terre inférieure, Martinie, habité par des singes ; puis son itinéraire sur les trois autres satellites : Harmonica, peuplé d'instruments de musique vivants, Mezendor, gouverné par Éléphant X, et Kama, où vivent des hommes assez semblables à nous, etc., etc.

Il est plus difficile de se taire que de parler sur ce chapitre intarissable, et l'on pourrait sans peine tenir un auditoire en suspens pendant plusieurs jours consécutifs, si toutefois ces sortes d'histoires savaient assez captiver la curiosité toujours nouvelle des auditeurs. On se rappelle à ce propos l'aventure du fameux aréonaute Hans Pfaal qui, au rapport d'Edgard Poe, fit un long et intéressant voyage aux régions lunaires. A l'aide d'un ballon qui réunissait la légèreté à la solidité, et d'un condensateur pour ne pas manquer d'air respirable d'ici là, il monta en 19 jours de Rotterdam à la Lune; écrivit très-fidèlement toutes les phases de sa traversée, les phénomènes météorologiques qu'il eut l'occasion (très-rare) d'observer sur son passage, l'aspect successif de la Terre à différentes hauteurs, et finalement sa grande surprise en arrivant chez les Sélénites lilliputiens et les habitants d'iceux. Ce dont on peut s'assurer par le document qu'un habitant de la Lune apporta le 30 février de l'an de grâce 1830 au bourgmestre Mynheer Superbus Van Underduck, président du collége national des Rotterdamois...

Qui ne se rappelle encore le bruit que répandit une petite brochure dans les derniers mois de 1835, que l'on avait frauduleusement signée du nom de Herschel fils [1] et dans laquelle on racontait fort maladroitement les inepties scientifiques les plus grossières au sujet de la Lune? D'après cet opuscule, traduit du journal le *New-York American*, Sir John Herschel, qui venait d'être envoyé en mission au cap de Bonne-Espérance pour des études astronomiques, aurait observé sur la Lune les spectacles les plus fantastiques, spectacles tels, selon les propres expressions de l'auteur anonyme, que la prose la plus habile ne saurait en faire une description exacte, et que l'imagination portée sur les ailes de la poésie pourrait à peine trouver des allégories assez brillantes pour les peindre! Au sein des sites les plus pittoresques, on voyait de sombres cavernes d'hippopotames s'élever sur le haut d'immenses précipices comme des remparts dans le ciel, et des forêts aériennes paraissant suspendues dans l'espace. De brillants amphithéâtres étalaient mille rubis au soleil, des cascades argentées, des dentelles d'or *vierge* ornaient de riches franges les vertes montagnes. Des moutons aux cornes d'ivoire paissaient dans les plaines, des chevreuils blancs venaient boire aux torrents,

---

[1] Cette brochure avait pour titre : *Découvertes dans la Lune, faites au Cap de Bonne-Espérance par Herschel fils, astronome anglais*. On n'avait pas eu honte non plus d'attribuer cet apocryphe à un ancien astronome de l'Observatoire de Paris. Son véritable auteur paraît être un Américain du nom de Locke.

des *canards* (sic) nageaient sur les lacs! Mieux que tout cela, les hommes de la Lune étaient de grands êtres ailés, de notre taille, et dont les ailes étaient membraneuses à la façon de celles des chauves-souris; ces hommes-oiseaux voltigeaient par groupes de colline en colline, etc., etc. Toutes ces merveilles avaient été vues à 80 mètres de distance! Cette mystification fit assez de bruit pour qu'Arago se fût vu contraint de la répudier au nom de l'Institut, dans la séance du 2 novembre 1835. Mais elle portait en elle-même le cachet de son origine : entre autres impossibilités, l'auteur n'avait pas vu que tous les objets, animés ou autres, qui nous apparaîtraient sur la Lune, seraient vus en projection, comme ce que nous observons au bas de nous du haut d'une tour élevée ou d'un ballon!

Malgré l'intérêt du sujet, nous n'irons pas plus loin dans l'histoire du roman scientifique. Ces digressions s'éloignent un peu trop, en vérité, de l'esprit de cet ouvrage; cependant, serait-on bien étonné si nous disions que de tout ce que l'on a imaginé sur les habitants des planètes, il n'y a rien de plus sérieux au fond que les contes invraisemblables qui précèdent? On en jugera par l'exposé de ces théories elles-mêmes.

Nous commencerons par l'un des premiers philosophes, par l'un de nos plus profonds penseurs.

Le père de la philosophie allemande, Emmanuel Kant, établit, dans son *Histoire générale de la Nature*, que la perfection physique et morale des hommes des planètes s'accroît en raison de l'éloignement des mondes au Soleil. Cette loi est corroborée par une autre qui est loin d'être acceptable : La matière, dit-il, dont sont formés les habitants des diverses planètes, animaux et végétaux, doit être d'une nature d'autant plus légère et plus subtile, et leur type d'incarnation offrir des avantages d'autant plus considérables, que la distance qui sépare ces habitants du Soleil est plus grande.

D'après cette théorie, les habitants des planètes inférieures, de Mercure et de Vénus, sont trop matériels pour être raisonnables, et leurs facultés intellectuelles ne sont pas encore assez développées pour qu'ils aient la responsabilité de leurs actes; les habitants de la Terre et de Mars sont dans un état intermédiaire entre l'imperfection et la perfection, en lutte perpétuelle avec la Matière qui tend aux instincts inférieurs et l'Esprit qui tend au bien, état d'autant plus vraisemblable que ces deux planètes, analogues dans leurs conditions astronomiques, occupent le même rang dans une région moyenne du groupe solaire; les habitants des planètes éloignées, de Jupiter jusqu'aux limites du système que l'illustre philosophe, anticipant sur les découvertes futures, place au delà d'Uranus, jouissent d'un état de perfection et de félicité supérieur, les deux vers suivants, de Haller, peuvent leur être appliqués :

Peut-être les astres sont-ils le séjour d'Esprits glorifiés;
De même qu'ici règne le vice; là-haut la vertu est souveraine.

Sur les habitants de Jupiter, Kant fait observer que les conditions d'existence dont cette planète est revêtue seraient incompatibles avec l'état des habitants de la Terre. « En ce qui concerne la durée du jour, dit-il, le laps de dix heures qui le constitue serait à peine ce qui est nécessaire à notre repos et à notre sommeil. Quand trouverions-nous sur ce globe le temps de vaquer à nos affaires, de nous habiller, de nous nourrir? Que deviendrait un individu dont les travaux demandent à être poursuivis sans relâche pendant un certain intervalle? Tous ses efforts seraient impuissants à lui faire obtenir un résultat utile. Après avoir travaillé pendant cinq heures, il se verrait soudain interrompu par une nuit d'une égale durée. Si Jupiter, au contraire, est habité par des êtres plus parfaits, joignant à une organisation plus exquise, plus de souplesse et d'activité dans la pratique de la vie, il est permis d'augurer que leurs cinq heures leur profitent autant et même plus que douze heures de jour à notre humble humanité terrestre. »

Cette manière d'envisager la corrélation qui existe sur Jupiter entre les conditions physiologiques de ce monde et la nature de ses habitants est, comme on voit, fort logique, et c'est la seule que puisse adopter tout homme bon observateur.

Mais il n'en est pas de même de la doctrine générale de Kant, doctrine que plusieurs philosophes ont partagée, avec quelques variantes systématiques. Parmi les astronomes, le célèbre Bode a émis la même opinion dans ses *Considérations sur la disposition de l'univers*. D'après son principe, la matière dont les êtres doués de raison, les animaux et les plantes, sont formés, serait d'autant plus légère, plus fine et plus subtile, ses parties en seraient d'autant mieux coordonnées entre elles; en un mot, l'enveloppe corporelle serait d'autant mieux appropriée au service de l'âme, que la planète serait plus éloignée de l'astre central. Considérant alors l'ensemble de l'univers comme un vaste système composé de systèmes multiples, Bode voit du centre aux extrémités une immense échelle de perfection dans les créatures organisées et dans les êtres doués de raison. Les créatures placées au bas de l'échelle diffèrent peu de la matière brute; celles qui occupent l'échelon le plus élevé approchent des êtres qui tiennent le dernier rang dans l'ordre sublime des pures intelligences.

Cette conception de l'ensemble de la création est plus séduisante que fondée ; le principe sur lequel elle repose est loin d'être prouvé, car il n'y a aucun fait d'observation qui indique une telle gradation dans les mondes, selon leurs distances respectives au Soleil : on serait même porté à croire que la rigueur des conditions extrêmes, comme le froid, l'obscurité, etc., établirait une gradation opposée ; mais on n'a là-dessus aucune base fondamentale. Il y a certes un plan et une unité dans la nature ; mais nous avons vu, dans nos discussions sur les causes finales, que ce plan et cette unité ne sont pas ceux que conçoivent les hommes, et que l'œuvre de la Nature s'accomplit souvent par des voies cachées, qui nous resteront peut-être toujours inconnues. Du reste, la doctrine que nous venons de résumer ne se base sur aucun fait d'observation, et ne s'accorde en aucune façon avec les données astronomiques que nous possédons sur chaque planète ; elle est purement imaginaire. *Nature* est un mot qui doit exprimer, à l'esprit du philosophe, l'action permanente de la force créatrice, ou, pour parler plus exactement, l'action permanente des volitions divines ; mais la Nature n'est pas une petite personne qui agisse suivant les règles abstraites conçues par l'homme, et qui se soumette dans ses créations à ces lois arbitraires, partielles, et souvent capricieuses, que nous nous imaginons quelquefois surprendre en elle. C'est ordinairement le contraire qui a lieu, et dans l'exemple qui nous occupe surtout, elle ne paraît avoir suivi aucune règle de ce genre pour répandre ses dons sur les mondes planétaires, et de Mercure à Neptune il n'y a d'autre gradation connue que celle résultant nécessairement de leurs distances respectives au Soleil ; quant aux grandeurs, aux densités, aux diverses conditions astronomiques, au nombre des satellites, etc., nos considérations du livre II ont montré qu'il n'existe aucune loi de proportionnalité. Du spectacle de notre système, on ne saurait donc raisonnablement inférer à une gradation régulière dans l'ordre physique, moral et intellectuel des humanités planétaires, et l'on ne pourrait s'appuyer sur aucune autorité scientifique pour avancer que du centre du système à la périphérie, il y ait décroissance ou progression dans les facultés de l'homme.

Si l'on en juge par ce qui se passe autour de nous sur la Terre, les sciences physiologiques nous enseignent au contraire (sauf quelques réserves dont nous allons parler) que les mondes susceptibles de l'état le plus avancé de civilisation, ou pour mieux dire, que les mondes habités par un type d'êtres supérieurs, physiquement et moralement, sont ceux qui réunissent les conditions d'existence les plus favorables à l'entretien luxuriant de la vie, et qui sont propres à fournir à leurs habitants la plus douce et la plus longue carrière. Jupiter serait, dans ce cas, bien au-dessus d'Uranus et de Neptune, contrairement aux idées du philosophe de Kœnigsberg. Mais cette manière de voir doit encore garder d'importantes réserves. S'il est probable que l'état natif de la nature vivante soit en harmonie avec le degré de supériorité auquel elle appartient, et que sur ces mondes le travail physique ne soit plus une condition nécessaire du développement des facultés de l'âme, on n'est pas autorisé pour cela à conclure que les mondes les plus favorisés au point de vue du bien-être et de la tranquillité des créatures soient nécessairement les plus élevés moralement et intellectuellement. Nulle affirmation n'est possible ici, et toute induction dans cette voie doit être prudemment conduite. Et, dans tous les cas, le résultat de notre observation et de notre raisonnement ne saurait être étendu d'une manière absolue à l'universalité des mondes, parce que sa valeur s'atténue considérablement du moment où nous ne prenons plus l'existence humaine terrestre pour point de comparaison ; et, comme en réalité, les humanités planétaires diffèrent de la nôtre dans leur nature intime, dans leur mode d'existence, dans leurs fonctions vitales et dans tout ce qui constitue leur manière d'être, on voit que toute affirmation à leur égard pèche nécessairement par la base.

On est tombé dans l'erreur, si ce n'est dans le ridicule, toutes les fois qu'on a voulu déterminer la nature des habitants des autres mondes. Les uns, comme Corneille Agrippa et les géomanciens, conduits par la seule rêverie et entraînés par les caprices d'une imagination sans rênes, créèrent à la surface des planètes des hommes dont l'existence était calquée sur les métamorphoses de l'antique mythologie, comme s'il y avait quelque point de commun entre les opérations de la Nature et les dérèglements de l'esprit humain. D'autres, à l'exemple de l'Allemand Wolff, appliquèrent aux habitants de notre globe les conditions respectives des planètes, et imaginèrent que les habitants de celles-ci n'étaient autres que les hommes terrestres, modifiés dans leur constitution organique : c'était encore ici parler contre l'enseignement de la Nature, qui crée sans difficulté des êtres nouveaux, suivant les temps, les lieux et les circonstances. D'autres encore, comme le fit récemment le docteur Whewell, voient sur la Terre les meilleures conditions d'existence, malgré l'infériorité évidente de celle-ci, et ne peuvent se résoudre à peupler les autres mondes que de créatures non intelligentes, productions bizarres et inutiles, imaginées en vertu des mêmes principes, en comparant les conditions dans lesquelles vivent les êtres sur la Terre aux conditions des planètes sur lesquelles on transporterait ces êtres.

On se croirait vraiment sous l'action d'un rêve lorsqu'on se laisse absorber par la lecture des spéculations anciennes de ce genre, sur les planètes qui avaient le malheur d'avoir une mauvaise réputation dans les annales de l'astrologie judiciaire. Saturne surtout, le pauvre Saturne ne s'est jamais relevé de sa chute mythologique, depuis le jour néfaste où il fut détrôné par son honorable fils Jupiter; il a toujours en main sa faux désastreuse, il est toujours aussi vieux, sinon davantage, et garde fatalement son rôle funèbre de ministre des vengeances[1].

[1] Pour donner un exemple des opinions extraordinaires que les anciens astrologues se formaient sur les planètes, nous citerons, à propos de Saturne, quelques extraits de livres d'alchimie et de philosophie occulte. En lisant aujourd'hui ces élucubrations grotesques, on se demande si ces sortes d'écrivains n'ont pas voulu se jouer du lecteur. C'est le *nec plus ultra* de l'absurdité. En voici quelques échantillons.

L'auteur du *Traité des jugements des thèmes généthliaques* émet l'idée que « Saturne est tardif en ses effets, lourd, pesant et poudreux, très-dangereux par tous ses aspects et regards. Il préside aux vieillards, aux pères, aux ayeuls et bisayeuls, aux laboureurs et mendiants, aux hébrieux et faussoeurs de métaux, couroïeurs, *aux potiers et à ceux qui ont de profondes pensées*. Il apporte prisons, longues maladies et ennemis occultes. Il fait les hommes de couleur noire et safranée, les yeux fichés en terre, maigres, courbés, avec petits yeux et peu de barbe, timides, taciturnes, superstitieux, frauduleux, avares, tristes, laborieux, pauvres, mesprisés, malfortunez, mélancholicques, envieux, obstinés, solitaires, etc., etc. (!) Entre les membres on lui attribue l'oreille *droite*, la rate, la vessie, les os et les dents... La dernière qualité de Saturne est l'hypocrisie, c'est-à-dire cette qualité grimacière qui fait paraître au dehors

On se rappelle ce qu'en disait le P. Kircher au siècle de Copernic; depuis ce temps-là on en a fait tour à tour un enfer, un bagne, un séjour d'horreur, une voirie inhabitable, — ou, par contraste, un paradis, une région splen-

beaucoup de religion, mais qui ne conserve rien au dedans. »

« Saturne, dit Meyssonnier (*Astrologie véritable*), lunaire en partie et terrestre de plus, sympathisant puissamment avec Mercure, s'insinue aisément par ses influences dans les lieux où l'esprit animal et mercurial se délecte (comprenez-vous ?), y esmouvant ce qu'il y a de plus terrestre et salé avec le séreux, qui composent les tartres, la mélancholie, la bile noire, de laquelle parle si fréquemment l'eschole de Hippocrates et de Galien. *C'est pourquoi* les influences de Saturne avec Vénus et le Soleil sont dangereuses aux mélancholiques : cecy peut servir *beaucoup* à la médecine. »

« Si Saturne, dit le comte de Boulainvillers (*Astrologie judiciaire*), que la divine Providence a si fort éloigné de la Terre, en étoit aussi proche que la Lune, la Terre (écoutez!) seroit trop froide et trop seiche, les animaux vivroient peu, et les hommes seroient si malicieux, qu'ils ne se pourroient souffrir l'un l'autre... Nous avons *une preuve* de cette vérité par l'exemple des premiers siècles, dans lesquels les hommes ne vivant que d'herbes, *ce qui est un aliment terrestre et saturnien*, ils se trouvèrent si adonnés au mal, que Dieu fut obligé de les noyer tous ; et, les voulant régénérer en la personne de Noé et de ses descendants, il leur permit de manger de la chair des animaux, dont l'aliment est *jovial*, c'est-à-dire contraire à Saturne. »

« De tous les lieux, dit le fameux Corneille Agrippa, ceux qui sont puants, ténébreux, souterrains, tristes, pieux et funestes, comme les cimetières, les bûchers, les habitations abandonnées, les vieilles masures, les lieux obscurs et horribles, les antres solitaires, les cavernes, les puits,... répondent à Saturne, et outre cela, les piscines, les étangs, les marais et autres de cette sorte. »

Etc... etc. Ceux qui sont curieux de ces sortes de raisonnements géomanciens, sélénomanciens, kronomanciens, cosmomanciens et autres, pourront consulter *les Curiosités* des sciences occultes, où le bibliophile Jacob a résumé les éléments divers de ces *sciences occultes*, heureusement disparues.

dide, une terre sacrée, couronnée d'une blanche auréole. Le premier de ces jugements opposés vient-il de l'opinion fâcheuse de l'antiquité et du moyen âge pour le vieux Saturne? nous ne savons; mais l'extatique Kircher et ses émules ne sont pas les seuls qui aient tenu un langage aussi défavorable, et d'autres auteurs, bien supérieurs à ceux-ci en science et en philosophie, ont émis des opinions analogues.

Nous rapporterons notamment la description que donne Victor Hugo sur le même monde. Ne doit-on voir sous les strophes suivantes que le jeu d'une imagination créatrice prenant pour hochet « quelque chose de mieux que les pyramides? »

> « Saturne, sphère énorme, **astre aux aspects funèbres!**
> Bagne du ciel! prison dont le soupirail luit!
> Monde en proie à la brume, aux souffles, aux ténèbres!
>   Enfer fait d'hiver et de nuit!
>
> Son atmosphère flotte en zones tortueuses;
> Deux anneaux flamboyants, tournant avec fureur,
> Font, dans son ciel d'airain, deux arches monstrueuses
>   D'où tombe une éternelle et profonde terreur.
>
> Ainsi qu'une araignée au centre de sa toile,
> Il tient sept lunes d'or qu'il lie à ses essieux;
> Pour lui, notre soleil, qui n'est plus qu'une étoile,
>   Se perd, sinistre, au fond des cieux.
>
> Les autres univers, l'entrevoyant dans l'ombre,
> Se sont épouvantés de ce globe hideux;
> Tremblants, ils l'ont peuplé de chimères sans nombre,
>   En le voyant errer, formidable, autour d'eux. »

On ne saurait décider de quel côté est la vérité, parmi ceux qui considèrent Saturne comme un monde aride et inhospitalier, ou parmi ceux qui voient en lui un séjour de bonheur et de prospérité; il y a cependant de bonnes raisons pour lui donner un rang supérieur à celui de la Terre.

Nous ne quitterons pas cet astre extraordinaire sans rapporter l'opinion d'un disciple de Fourier, qui s'est adonné à des spéculations analogues sur la plupart des mondes planétaires. Ces idées, écrites sous la forme d'une lettre à une sœur, ont fait quelque bruit dans le temps, prônées comme elles le furent par l'*Almanach phalanstérien*[1]. Elles indiquent, du reste, dans ce qu'elles ont de positif, l'apparence réelle de l'univers de Saturne pour ses habitants.

« Les anneaux procurent un automne frais aux zones équatoriales de la planète. Cet automne est une saison où *le temps est couvert*, savoir : au milieu du jour pour les pays qui sont près d'un des bords de l'ombre; le soir et le matin pour ceux qui sont vers le bord opposé de l'ombre; tout le jour pour les autres; mais ce n'est pas la nuit, et la grande épaisseur de l'atmosphère suffit pour conserver dans ces régions une température douce. En outre, l'ombre des anneaux doit modifier profondément le système des vents alizés de la planète, en faisant descendre, dès cette latitude, des hautes régions dans les plus basses, les colonnes d'air échauffées dans la zone qui a actuellement le Soleil d'aplomb. Quant aux anneaux, les habitants de l'anneau intérieur doivent jouir d'un singulier spectacle lorsqu'ils viennent se placer sur la partie de leur résidence qui regarde la planète : ils voient celle-ci comme un immense globe immobile au zénith, remplissant le ciel jusqu'à un tiers environ de la distance angulaire entre le zénith et le plan horizontal; en même temps l'horizon réel de l'anneau doit leur offrir, vers le

[1] Voy. l'intéressant ouvrage de Henri Lecouturier, **Panorama des Mondes**.

sud et vers le nord, des dépressions notables, et, au contraire, vers l'est et vers l'ouest, ils doivent voir leur anneau s'élever comme deux montagnes qui vont se perdre derrière le globe de la planète. En marchant vers le plat de l'anneau, ils voient ces deux montagnes lointaines s'incliner vers le sud ou vers le nord, jusqu'à ce qu'elles disparaissent sous le plan horizontal, qui alors cache la moitié du disque de la planète.

« On pourrait imaginer des correspondances télégraphiques entre les habitants des anneaux et ceux de la planète, d'où il résulterait une utilité considérable. Mais, de peur qu'on nous accuse d'imagination, nous nous bornerons à mentionner un service singulier que les anneaux de Saturne ont dû rendre aux habitants de la planète : c'est de leur avoir enseigné de bonne heure la rondeur de leur globe. En effet, ceux qui ont actuellement la saison d'été voient chaque jour l'ombre de la planète sur le plan de l'anneau. C'est ainsi, madame, ajoute le cosmosophe, que si vous voulez sans embarras voir comment vos cheveux sont arrangés derrière votre tête, vous pouvez vous placer à peu près de profil entre une lampe et un mur, sur lequel vous regarderez du coin de l'œil la silhouette de votre tête. Nous autres, gens de la Terre, nous pouvons aussi bien que ceux de Saturne, voir l'ombre de notre globe, et reconnaître, sans autre embarras, que la Terre est ronde ; mais ce que les Saturniens voient tous les soirs et tous les matins, nous ne le voyons qu'aux éclipses de lune. »

Des philosophes ne se sont pas contentés de déterminer d'ici le spectacle de la nature pour les habitants des autres mondes, — cette détermination peut être jusqu'à un certain point basée sur des données scientifiques, — mais ils ont encore tenté de trouver le mode d'existence, le degré de civilisation, voire même la grandeur de ces hommes inconnus. Au commencement du siècle dernier, Christian Wolff donna *à un pouce près* la taille des habitants de Jupiter. Si l'on est curieux de connaître la méthode qu'il a suivie pour arriver à ce résultat, la voici :

« On enseigne en optique, dit-il, que la rétine de l'œil est dilatée par une lumière faible et contractée par une lumière intense. La lumière du Soleil étant beaucoup moins forte pour les habitants de Jupiter que pour nous en raison de leur plus grand éloignement de cet astre, il s'ensuit que ces hommes ont la rétine beaucoup plus large et plus dilatée que la nôtre. Or on observe que la rétine est constamment en proportion avec le globe de l'œil, et l'œil avec le reste du corps, de sorte que plus la rétine est développée chez un animal, plus son œil est gros et plus aussi son corps est grand. Pour déterminer la grandeur des habitants de Jupiter, il faut considérer que la distance de Jupiter au Soleil est à la distance de la Terre comme vingt-six est à cinq, et que, par conséquent, la lumière du Soleil, par rapport à Jupiter, est à cette lumière par rapport à la Terre, en raison double de cinq à vingt-six. D'un autre côté, l'expérience nous enseigne que la dilatation de la rétine est toujours plus que proportionnelle à l'accroissement d'intensité de la lumière ; autrement un corps placé à une grande distance paraîtrait aussi nettement limité qu'un autre placé plus près. Le diamètre de la rétine des habitants de Jupiter est donc au diamètre de la nôtre en proportion plus grande que cinq à vingt-six. Supposons-le de dix à vingt-six, ou de cinq à treize. La hauteur ordinaire des habitants de la Terre étant de cinq pieds quatre pouces environ, on en conclut que *la hauteur commune des habitants de Jupiter doit être de quatorze pieds deux tiers.*

Cette taille, ajoute bénévolement l'inventeur, était à peu près celle de Og, roi de Bazan, dont le lit, au rapport de Moïse, était long de neuf coudées et large de quatre. »

Que répondrait Wolff aujourd'hui si on l'invitait à appliquer ses principes à la planète Neptune, qui reçoit *treize cents fois moins* de lumière que nous? Cette théorie bizarre n'a, du reste, aucun fondement physiologique ; sans parler de l'erreur de Wolff qui attribue à la rétine elle-même sa contraction et sa dilatation apparentes, tandis que ces mouvements appartiennent en réalité à la cloison diaphragmatique de la membrane choroïde, à l'iris, chacun peut observer, contrairement à son hypothèse, que la pupille est loin d'être toujours en rapport avec la grandeur de l'orbite, et celle-ci avec le reste du corps. On se rappelle que Biot, à son cours de physique de la Sorbonne, racontait souvent qu'à son voyage à l'île de Formentera avec Arago, en 1808, il trouva par la sonde, à un kilomètre de profondeur dans la mer, des raies dont les yeux étaient d'une grosseur monstrueuse et démesurée ; ces yeux étaient protégés par deux os d'une grande dureté. A l'aide de ces organes, les raies en question vivaient au fond de la mer, et trouvaient leurs conditions d'existence malgré la nuit épaisse de l'Océan ; mais leur taille n'avait subi aucune modification. Tout autour de nous, du reste, les choses se passent autrement que dans la théorie du philosophe allemand. Nous savons que le hibou a l'œil plus gros que celui de l'homme; que la taupe a l'œil plus petit que l'abeille; que la baleine et l'éléphant ont de très-petits yeux, relativement à leur taille, etc.

Toutes ces théories, on le voit, pèchent par leur base. Malgré le retentissement qu'elles ont eu et le nombre de leurs adeptes, celles plus récentes du célèbre Fourier paraissent malheureusement pouvoir être assimilées aux précédentes. Pour lui, les espèces vivantes (humaine, animales ou végétales) qui habitent les différents globes, sont le résultat de la fécondation des planètes ; car, au dire du philosophe, les planètes sont des êtres animés et passionnés, qui sont androgynes et se fécondent mutuellement, par des cordons aromaux échappés de leurs pôles magnétiques. Les produits de ces fécondations sont les premiers parents de chaque humanité, suivant les mondes, comme les premiers couples de chaque espèce, tant animale que végétale. Chaque planète possédant une âme, des qualités et des passions d'un caractère propre, il s'ensuit que la population de chaque planète est en rapport avec ce caractère. L'homme est loin d'être supérieur au monde qu'il habite ; au contraire, c'est l'âme de ce monde qui domine celle de l'homme, qui établit un lien entre lui et le Créateur, qui agit par sa volonté propre, menant son humanité par les voies qu'elle a choisies. Et les mondes forment ainsi une hiérarchie céleste, suivant les groupes ou les *univers* dont ils sont membres ; et cette hiérarchie forme ce que Fourier lui-même appelle les *binivers*, les *trinivers*, les *quatrinivers*, les *quintinivers*, etc. Les planètes vivent et meurent comme les autres êtres ; au décès de notre planète son âme entraînera toutes les âmes humaines et les élèvera avec elle pour recommencer une nouvelle carrière sur un autre globe neuf, sur une comète, par exemple, qui sera *implanée* et *concentrée* (termes phalanstériens). L'homme, quels que soient son génie et sa grandeur, ne peut progresser individuellement que suivant la marche de l'humanité à laquelle il appartient ; il ne peut s'élever et habiter d'autres terres qu'après le *décès* de sa planète... Fourier va un peu loin dans ses spéculations ; il erre souvent dans un monde purement imaginaire. Ce qu'il y a de triste, c'est que ses disciples n'ont pas craint d'aller plus loin encore dans ces contrées perdues. Il en est qui prétendent aujourd'hui que l'humanité de Saturne est très-avancée, que nous en avons une *preuve* par l'*auréole resplendissante* qui brille autour de cet astre, et que notre globe lui-même prendra une couronne semblable, en signe de réjouissance, quand son humanité aura atteint sa période d'harmonie!

On voit combien Fourier s'est laissé égarer par une fausse analogie, en étendant au règne de l'esprit les lois du règne matériel. Qui nous dit qu'il n'y a pas deux ordres de créations complètement distincts, deux mondes radicalement séparés dans leur base? Sa doctrine, admirable en ce qui se rattache à la solidarité humaine, a dévoyé comme celle de M. Pierre Leroux, qui restreint à la Terre les existences successives de l'âme. Ils ont été trop hardis d'un côté, trop timides de l'autre; trop hardis, en s'avançant si loin dans l'arbitraire, dans le conjectural, en prenant l'utopie pour le progrès; trop timides, car la solidarité humaine terrestre n'est qu'une partie de la vérité. Qui que nous soyons sur la Terre, à quelque degré de l'échelle que nous soyons placés, l'humanité à laquelle nous appartenons n'est qu'un chaînon dans l'immense chaîne; le monde que nous habitons n'est qu'une station de l'archipel infini, et nous marchons tous, dans l'immensité des espaces, vers un but commun, et cette marche de tous vers sa destinée, c'est la création qui proclame partout la *solidarité universelle*.

Nous ne saurions semblablement épouser les idées qu'un descendant de Fourier [1] a émises sur l'origine

---

[1] M. Toussenel.

des êtres planétaires. L'analogie est une excellente méthode pour procéder du connu à l'inconnu ; mais l'analogie passionnelle ne nous paraît pas avoir toute l'importance que cet auteur lui attribue. Sans doute, la loi qui régit le monde, l'attraction, pourrait être surnommée l'Amour des corps, de même que la loi qui régit les âmes pourrait être appelée l'Attraction des âmes ; sans doute, le degré d'activité de toute créature est constitué par la Passion, et à la rigueur on pourrait étendre cette expression au règne inorganique et dire que l'Affinité moléculaire est encore de l'amour, de la passion. Mais ce n'est pas en ce sens métaphorique que les partisans de cette théorie entendent le mot passion : pour eux il n'y a pas de monde inorganique, tout est animé d'un esprit individuel, tout pense, tout est passionné, depuis le grain de sable jusqu'au Soleil. Voilà où nous paraît être l'erreur : nous avouons que l'hypothèse du caillou pensif ne nous touche guère, et nous professons la doctrine opposée, sans tenir compte de ces paroles de l'auteur en question : « Au Bureau des Longitudes on n'a pas l'habitude de juger les astres à leurs fruits ; la passion est le principe du mouvement pivotal de la mécanique céleste, et ceux qui l'ont supprimée sont des vandales qui n'ont rien compris à la science. » Le même théoricien a posé les aphorismes suivants, dans son traité de science passionnelle ; si nous nous étendons un peu sur ce sujet, c'est parce que ces allégations singulières ne sont pas soutenues par un seul, mais bien par une école entière.

— Le suprême bonheur des astres, comme celui de tous les êtres animés, est de produire et de manifester leur puissance créatrice ; et sans ce besoin impérieux de créer et d'aimer, les mondes finiraient.

— Les planètes, qui sont des êtres supérieurs à l'homme, sont androgynes, c'est-à-dire qu'elles ont la faculté de créer par la simple fusion de leurs propres aromes. Elles ont de grands devoirs à remplir, comme citoyennes d'un tourbillon d'abord, comme mères de famille ensuite.

— Chaque création astrale se résume dans un type, dans un être pivotal. Cet être pivotal est l'homme pour la planète Terre.

— Alors, pour tout savoir, il nous suffit d'étudier l'homme.

Voici quelques idées moins compréhensibles encore sur la provenance des êtres. D'après la théorie de Fourier, la fécondation des germes contenus dans le sein de chaque planète s'opère par une communication d'aromes avec les autres planètes, au moyen des cordons aromaux, dont chaque astre est pourvu. Ainsi, si l'on demande le titre aromal d'un être quelconque, par exemple du cheval, on répond que c'est un être fier, aristocratique, passionné pour les combats et la chasse; que l'on devine à ces traits l'emblème du gentilhomme, et de l'ambitieux altéré de gloire et d'honneurs; qu'il doit être classé d'autorité parmi les productions du clavier de *Saturne*. « Le cheval émane des plus purs aromes de la planète cardinale d'Ambition, de ce globe orgueilleux qui marche accompagné d'un cortége de sept satellites et qui pose dans le ciel comme un portrait de Van Dyck; de Saturne, dont on devinerait le caractère martial, rien qu'à sa fière tournure et à la couleur ambitieuse de la double écharpe dont il aime à ceindre ses flancs. Tout est flamboyant, éclatant, bruyant et voyant dans cet astre qui chérit l'apparat comme le cheval de sang. » — On voit que les opinions diffèrent sur la planète Saturne.

Saturne est (dans ce même système) la planète cardinale d'Ambition; il parfume de tulipe et de lis, dit-on. Jupiter est la planète cardinale de Familisme, moins riche que la Terre en arome; il parfume de jonquille et de narcisse. Mars est une affreuse planète : ce qu'on lui doit de types odieux, venimeux, hideux et repoussants ne se calcule pas. Uranus est la planète cardinale d'Amour: elle était réservoir naturel de fleurs bleues, mais la Terre avait des théories morales contre l'Amour, et par punition, Uranus a donné des propriétés pharmaceutiques aux fleurs bleues de la Terre, au lieu de parfums d'amour. Quant à Neptune, il parfume de... caporal : c'est la planète originaire du tabac, « de ce narcotique abrutissant qui vous fait respirer par la bouche et manger par le nez, etc. »

Voilà ce que dit un fouriériste. Un autre, qui est mort dans de bien tristes conditions [1], a émis des idées semblables dans un chapitre d'astronomie passionnelle, rédigé à propos de l'âme de la Terre. On comprend que cet homme ait pu écrire de la sorte ; mais on se demande comment des écrivains d'une certaine valeur philosophique ont pu partager des opinions pareilles à celles que nous venons de rapporter.

On a, fort heureusement, peu écrit sur ce chapitre-là. Dans le champ des pures conjectures, les spéculateurs les plus audacieux s'arrêtent ordinairement à un certain point, où ils sont étonnés de se rencontrer eux-mêmes et de ne voir autour d'eux que le vide et la solitude; il en est peu qui s'enveloppent aveuglément dans leur sys-

---

[1] Victor Hennequin.

tème, pour ne rien voir au delà, et voir toujours ce système devant eux comme une réalité effective; mais ces derniers sont à craindre, et leur nombre relativement restreint n'est pas si petit qu'on pense. Sous un point de vue moins hardi, et qui se base du moins sur un semblant d'observation, des écrivains renommés se sont plu à examiner les autres mondes relativement au nôtre, et à chercher, d'après l'aspect qu'ils nous présentent, quelle apparence ils doivent offrir à leurs habitants. Nous allons voir que ces auteurs, comme les précédents, sont encore à côté de la vérité. Les premiers sont allés trop loin dans l'arbitraire et se sont engagés dans d'insoutenables systèmes; les seconds sont restés trop près de la Terre, et lorsqu'ils croyaient voir d'autres mondes, ils n'ont vu que la Terre elle-même, vaguement réfléchie dans le miroir de leur pensée.

L'une des plus poétiques descriptions que nous ayons dans ce genre est celle de la planète Vénus, que l'auteur de *Paul et Virginie* nous a donnée dans ses *Harmonies de la Nature*. Elle sera le premier exemple de la vérité de ce que nous venons d'avancer.

« Vénus, dit Bernardin de Saint-Pierre, doit être parsemée d'îles, qui portent chacune des pics cinq ou six fois plus élevés que celui de Ténériffe. Les cascades brillantes qui en découlent arrosent leurs flancs couverts de verdure et viennent les rafraîchir. Ses mers doivent offrir à la fois le plus magnifique et le plus délicieux des spectacles. Supposez les glaciers de la Suisse, avec leurs torrents, leurs lacs, leurs prairies et leurs sapins, au sein de la mer du Sud; joignez à leurs flancs les collines du bord de la Loire couronnées de vignes et de toutes sortes d'arbres fruitiers; ajoutez à leurs bases les rivages des Moluques plantés de bocages où sont suspendues les bananes, les muscades, les girofles, dont les doux parfums sont transportés par les vents; les colibris, les tourterelles et les brillants oiseaux de Java, dont les chants et les doux murmures sont répétés par les échos. Figurez-vous leurs grèves ombragées de cocotiers, parsemées d'huîtres perlières et d'ambre gris; les madrépores de l'océan Indien, les coraux de la Méditerranée croissant par un été perpétuel, à la hauteur des plus grands arbres, au sein des mers qui les baignent, s'élevant au-dessus des flots par des reflux de vingt-cinq jours, et mariant leurs couleurs écarlates et purpurines à la verdure des palmiers; et enfin des courants d'eau transparente qui reflètent ces montagnes, ces forêts, ces oiseaux, et vont et viennent d'île en île par des reflux de douze jours et des reflux de douze nuits, vous n'aurez qu'une faible idée des paysages de Vénus. Le Soleil s'élevant, au solstice, au-dessus de son équateur, de plus de 71 degrés, le pôle qu'il éclaire doit jouir d'une température beaucoup plus agréable que celle de nos plus doux printemps. Quoique les longues nuits de cette planète ne soient pas éclairées par des Lunes, Mercure, par son éclat et son voisinage, et la Terre, par sa grandeur, lui tiennent lieu de deux Lunes. Ses habitants, d'une taille semblable à la nôtre, puisqu'ils habitent une planète de même diamètre, mais sous une zone céleste plus fortunée, doivent donner tout leur temps aux amours (!). Les uns, faisant paître des troupeaux sur les croupes des montagnes, mènent la vie des bergers; les autres, sur les rivages de leurs îles fécondes, se livrent à la danse, aux festins, s'égayent par des chansons, ou se disputent des prix à la nage, comme les heureux insulaires de Taïti... »

Nous désirons de tout notre cœur que les habitants de Vénus mènent la vie aussi joyeusement que le représente

Bernardin de Saint-Pierre ; mais il y a lieu de croire qu'il n'en est pas ainsi, et sans aller jusqu'à l'opinion de Fontenelle, qui prétendait que si Vénus nous paraît belle de loin, c'est parce qu'elle est fort affreuse de près, nous ferons observer que les conditions astronomiques de cette planète ne sont pas aussi favorables que le suppose notre poétique narrateur. S'il arrive qu'en été l'un des deux hémisphères de ce monde est plus échauffé que l'autre par des rayons solaires plus directs, il arrive par la même raison que l'autre hémisphère est plus froid et donne à ses habitants une température peu agréable. On a pu remarquer, du reste, qu'une main scientifique aurait beaucoup à retoucher au tableau précédent pour le rapprocher un peu de ce que pourrait être la réalité ; mais la remarque la plus importante à faire, parce qu'elle est la plus générale, c'est de considérer combien cette description est terrestre, et par conséquent éloignée de ce que devrait être tout essai d'études planétaires. Nous le disions tout à l'heure : c'est le reproche commun à adresser à tous ceux qui ont traité la question des hommes des planètes. Celui qu'on aurait pu s'attendre à voir le plus éloigné des idées terrestres, le mystique Swedenborg, n'est pas à l'abri de ce reproche. Ouvrons à la première page venue son livre sur les terres du ciel, et lisons :

Sur une première Terre dans le monde astral. « J'y vis plusieurs prairies, et des forêts avec des arbres couverts de feuilles ; puis des brebis garnies de laine. Je vis ensuite quelques habitants qui étaient d'une basse condition, vêtus à peu près comme les paysans en Europe. Je vis aussi un homme avec sa femme ; celle-ci me parut d'une belle stature et d'un maintien décent ; l'homme pareillement ; mais, ce qui m'étonna, il marchait d'un air de grandeur et d'un pas presque fastueux, tandis que la femme au contraire avait une démarche humble : il me fut dit par les anges que telle est la coutume de cette Terre, et que les hommes qui sont tels sont aimés, parce que malgré cela ils sont bons. Il me fut encore dit qu'il ne leur était pas permis d'avoir plusieurs épouses, parce que cela est contre les lois. La femme que j'avais vue avait devant la poitrine un large vêtement derrière lequel elle pouvait se cacher ; il était fait de manière qu'elle pouvait y passer ses bras, s'en servir et marcher ainsi ; il pouvait aussi servir de vêtement à l'homme... » Suivent d'autres détails.

Sur une quatrième terre du monde astral, il y a des hommes vêtus et des hommes non vêtus. « Un jour qu'un esprit qui avait été prélat et prédicateur sur notre Terre était chez les hommes vêtus, il apparut une femme d'une figure extrêmement jolie, vêtue d'un habillement simple ; sa tunique pendait décemment par derrière, et ses bras étaient couverts ; elle avait une très-belle coiffure dans la forme d'une guirlande de fleurs. Cet esprit ayant vu cette jeune fille en fut très-charmé, il lui parla et lui prit la main ; mais comme elle aperçut que c'était un esprit, et qu'il n'était point de sa Terre, elle s'éloigna de lui. Ensuite il se présenta à lui, sur la droite, plusieurs autres femmes qui faisaient paître des brebis et des agneaux, qu'elles conduisaient alors à un abreuvoir, où l'eau était amenée d'un lac au moyen d'une tranchée ; elles étaient pareillement vêtues, et tenaient à la main une houlette (*sic*) avec laquelle elles menaient boire les brebis et les agneaux. Je vis aussi la face des femmes ; elles étaient rondes et belles. Je vis de plus des hommes : leurs visages étaient couleur ordinaire de chair, comme sur notre Terre, mais avec cette différence, que la partie inférieure de leur face, à la place de la barbe, était noire, et que le nez était plutôt couleur de neige que couleur de chair... » etc.

N'en déplaise à MM. les swedenborgiens, il nous semble qu'ici du moins les visions de leur illustre apôtre sont purement subjectives ; qu'il n'y a là, tout au plus, qu'un symbole, et que les êtres qu'il a dépeints n'ont jamais existé que dans son cerveau, intérieurement illuminé par sa foi ardente. Il est improbable au plus haut degré que notre monde terrestre soit identiquement reproduit sur un ou plusieurs mondes de l'espace. On a déjà vu, et l'on verra par la suite quelles conditions s'y opposent.

Tous ceux qui ont voulu définir la nature des habitants des Terres du ciel les ont semblablement représentés comme des hommes de notre Terre ; tous ceux qui ont tenté de décrire des natures étrangères à la nôtre les ont considérées comme la reproduction de celle qui nous entoure en notre patrie. Huygens lui-même, l'astronome Huygens, dont les travaux et les découvertes illustrèrent le grand siècle auquel on a donné le nom du monarque de Versailles, le savant Huygens, disons-nous, s'est laissé lui-même égarer dans de vaines conjectures en croyant voir sur les autres mondes des créations identiques à celles qui existent dans celui-ci. Pour lui, les végétaux et les animaux « croissent et se multiplient comme sur la Terre. » Pour lui, « les hommes qui habitent les planètes ont le même esprit et le même corps que ceux qui habitent la Terre ; leurs sens sont semblables aux nôtres, en même nombre et servant aux mêmes usages ; les animaux des planètes sont de même espèce, voire même de même taille que les animaux de notre monde ; les hommes ont une stature et une taille semblables à la nôtre, afin de pouvoir vaquer aux mêmes travaux, des mains comme les nôtres afin de pouvoir construire leurs instruments de mathématiques et leurs objets d'industrie ; ils ont la même disposition de corps, car notre organisation est la préférable ; des vêtements leur sont semblablement nécessaires ; le commerce, la guerre, les besoins divers et les passions de l'homme se trouvent là comme ici ; les habitants des planètes se bâtissent des demeures par une architecture analogue à la nôtre, ils connaissent la marine et pratiquent la navigation, possèdent comme nous les règles sûres de la géométrie, les théorèmes de la mathématique, les lois de la musique, cultivent les beaux-arts, — en un mot, sont la reproduction fidèle de l'état de l'humanité terrestre. »

Telle est en résumé la croyance d'Huygens. Nous l'avons dit dans notre étude historique, cet astronome est l'un des plus savants et l'un des plus sérieux auteurs qui aient écrit sur le sujet que nous venons traiter aujourd'hui : nous avons exprimé notre grande estime pour ses œuvres ; mais, malgré toute notre admiration, nous ne sommes plus au temps où la parole du maître était indiscutable, et nous nous permettrons d'avouer que le savant écrivain nous paraît avoir suivi la pente où un si grand nombre avaient déjà glissé, et s'être profondément trompé dans son exposition de la *Théorie du Monde*.

Or, et il est important de le remarquer, cette fausse manière de voir ne doit pas être imputée à chaque théoricien en particulier ; il faut savoir, au contraire, qu'elle dépend d'un état général de notre âme, qui rapporte fatalement tout à soi, et que la vision intime de notre esprit s'opère de telle manière, que nous ne saurions interpréter autrement le spectacle du monde extérieur, ni émettre d'autres idées, sans un grand effort de notre volonté propre sur notre mode habituel d'envisager les œuvres de la nature.

Xénophane avait raison : l'anthropomorphisme est inhérent à notre constitution mentale, et, à notre insu même, nous créons tout à notre image et à notre ressemblance. Dieu même, l'Être infini que l'Aréopage avait déclaré *inconnaissable*, ne paraît à l'œil de notre âme qu'à travers le prisme trompeur de notre personnalité humaine.

Les Védas enseignaient qu'à l'origine des choses, le grand Esprit demanda aux âmes qu'il venait de créer quels corps elles préféreraient, et que ces âmes, après avoir passé en revue tous les êtres, adoptèrent le corps humain comme reflétant la plus belle des formes. Le livre des Védas est le plus ancien des livres de cosmogonie religieuse; depuis cette antiquité lointaine, l'opinion n'a pas changé sur la supériorité du corps humain.

Les plus humbles d'entre les hommes ne doutent pas qu'ils ne soient le chef-d'œuvre de la création, les rois de l'univers; et lorsque l'esprit religieux, sondant la distance qui nous sépare du Très-Haut, plaça sur les gradins de cette distance une hiérarchie d'êtres supérieurs, anges ou saints, il ne put trouver de forme plus belle et plus digne de ces intelligences que notre forme humaine divinisée. Nous avons tout humanisé, et il n'est pas jusqu'aux objets extérieurs les plus étrangers, le Soleil et la Lune, par exemple, qui n'aient subi l'influence de cette prédisposition générale, et n'aient été représentés sous une figure humaine.

Cependant le résultat de nos études, l'ensemble de nos connaissances, ne vient pas appuyer ce jugement, qui n'a d'autre fondement que l'illusion de nos sens et cette petite dose de vanité que chacun apporte en venant au monde. Au contraire, on peut poser en principe que, pour juger sainement de la nature des choses, il importe avant tout de ne plus nous prendre pour point de comparaison, et ne plus envisager les objets dans la valeur relative qui leur appartient vis-à-vis de nous, mais d'essayer de les connaître dans leur valeur absolue. C'est là un principe dont il faut apprécier l'importance, et que l'on doit appliquer surtout dans les études de l'ordre de celles que nous considérons ici.

Les plus sages donc parmi ceux qui étudièrent cette question mystérieuse de l'habitation des globes célestes furent ceux qui, à l'exemple de Lambert dans ses savantes Lettres cosmologiques, reconnurent l'impossibilité où nous sommes d'émettre des conjectures plausibles sur les habitants des autres mondes, et qui, dociles aux leçons de la Nature, comprirent que la force vivificatrice dont l'influence fit germer les générations spontanées à l'origine des êtres, agit en tous lieux suivant les éléments variés inhérents à chacun des mondes.

On peut affirmer que tout homme, quel qu'il soit, qui prétend sérieusement définir l'humanité d'une autre terre, caractériser ses conditions d'existence, faire connaître son état physique, intellectuel ou moral, expliquer sa nature et sa manière d'être; on peut affirmer, disons-nous, que tout homme qui émet de pareilles prétentions est dans l'erreur la plus vaine. Autant nous proclamons avec la certitude d'une conviction inébranlable la vérité de la pluralité des Mondes, autant nous répudions le titre de colonisateur de planètes. Et nous soutenons que, dans l'état actuel de nos connaissances, il est impossible de trouver la solution du problème.

Notre étude physiologique a montré combien les productions de la Nature ici-bas sont en corrélation avec l'état de la Terre, combien les êtres divers qui habitent ce monde sont en harmonie avec les milieux dans lesquels ils vivent, et les exemples n'ont pas manqué pour établir l'incontestable vérité de cette proposition. Ce serait ici le lieu d'ajouter que les productions de cette nature peuvent varier et varient suivant les degrés d'une échelle incommensurable. A commencer par les plus petits détails de notre organisation, il n'en est pas un qui n'ait sa raison d'être et son utilité dans l'économie vivante, et jusqu'aux appendices qui nous paraissent les plus insignifiants, tout a son rôle dans l'organisme individuel. Changez un élément dans la physique terrestre, retranchez une force dans sa mécanique, faites subir à notre monde une modification quelconque dans sa nature intime, et voyez ce qui en résultera : les conditions d'habitabilité une fois modifiées, l'habitation actuelle fera place à une autre. Atténuez successivement l'intensité de la lumière solaire jusqu'à la rendre égale, par exemple, à ce qu'elle est à la surface d'Uranus, et successivement nos yeux perdront la faculté de voir sans éblouissement les objets situés dans notre illumination actuelle. Augmentez, au contraire, cette intensité, et nous ne verrons plus clair en notre plein jour. Faites que le son ne se propage plus dans l'air, et nos générations futures ne posséderont plus que des sourds-muets, parlant par le langage des signes. Nous sommes carnivores et herbivores à la fois ; imaginez une transformation lente et progressive dans notre régime alimentaire, une transformation corrélative s'opérera dans notre mécanisme organique.

Le monde marche par oscillations, et ses éléments varient entre deux limites extrêmes autour d'une position moyenne. C'est la loi de l'être ; on la reconnaît en tout, depuis la révolution du pôle terrestre autour du pôle de l'écliptique en 25,700 ans, jusqu'aux périodes diurnes et horaires de l'aiguille aimantée. Si la vie sur chaque globe dépend de la somme des éléments spéciaux à chaque monde, elle varie comme ce monde entre ces limites extrêmes, au delà desquelles elle s'éteindrait, et entre lesquelles elle subit des modifications graduelles. Si la vie est inhérente à l'essence même de la matière, elle est susceptible d'une diversité plus grande encore que dans le cas précédent ; car elle apparait inévitablement, peu importe quelles soient les conditions accidentelles que subissent certains mondes ou certaines régions sur les mondes. Quoi qu'il en soit, les modifications apportées aux conditions d'existence réagissent sur l'organisme des individus et sur la génération des espèces. Le raisonnement que nous tenions tout à l'heure relativement à ces modifications et à leur influence sur nous-mêmes peut être continué et appliqué à tous nos organes, à tous nos sens, à tous nos membres, à toutes les parties internes et externes de notre coprs ; on peut assurer que ces organes existent tels ou tels, chez nous, parce qu'ils remplissent tels ou tels rôles, et inférer de là qu'ils sont tout autres qu'ici sur les mondes où les mêmes fonctions ne peuvent être remplies, et même qu'ils n'existent point là où ils n'auraient aucun rôle à jouer. C'est le mode par lequel procède la Nature, ailleurs comme ici ; c'est le mode qu'elle suivrait si les conditions terrestres venaient à subir une altération qui ne fût pas assez violente pour détruire l'habitation de la Terre ; c'est celui qu'elle a suivi jadis pour la succession des espèces à la surface de notre globe durant ses périodes primitives ; et c'est très-probablement le mode qu'elle suit actuellement pour le maintien de la vie sur la Terre et sur les autres mondes.

Pour raisonner sur la création à la surface des planètes, et pour émettre quelques jugements sur les formes que la vie y peut revêtir, il faudrait avoir au moins un principe absolu pour base. A l'aide de ce principe absolu, on pourrait, en certaines limites, comparer et conclure. Mais que possédons-nous d'absolu dans toute l'étendue de nos connaissances? Disons mieux : qu'y a-t-il d'absolu dans la physique? — Rien! L'univers a pour dimension l'espace : qu'est-ce que l'espace? — L'indéfini; ou mieux, pour éviter tout sophisme, l'espace est un infini. Or, en terme absolu, il n'y a pas moins d'espace d'ici à Rome, que d'ici à Sirius, car la distance d'ici à Sirius n'est pas une plus grande partie de l'infini que la distance d'ici à Rome ; si, prenant la Terre pour point de départ, nous marchions pendant dix mille ans avec la vitesse de la lumière vers un point quelconque du ciel, arrivés à ce terme, nous n'aurions pas, en réalité, avancé d'un seul pas dans l'espace... Sous un autre aspect, sous celui du temps, considérons l'étendue absolue de l'œuvre divine; cette étendue c'est la durée éternelle. Or, cent mille millions de siècles et une seconde sont deux termes équivalents dans la durée éternelle. L'absolu n'existe pas dans la physique, *tout est relatif.* Si, par un phénomène quelconque, la Terre tout entière, avec sa population, se réduisait progressivement ou subitement *à la grosseur d'une bille ordinaire ;* si tous les éléments qui caractérisent les corps, le poids, la densité, la force organique, le mouvement, l'intensité de la lumière et des couleurs, le calorique, etc., s'atténuaient dans la même proportion ; si le système du monde subissait une modification proportionnée à cette diminution du globe terrestre; en un mot, si tous les objets que nos sens perçoivent suivaient cette diminution en gardant entre eux les mêmes rapports, il nous serait impossible de nous apercevoir de cette immense transformation. Ce serait un monde de Lilliputiens ; les hautes chaînes de l'Himalaya et nos montagnes alpestres seraient réduites à la grosseur de grains de cendre; nos bois, nos parcs, nos maisons, nos appartements seraient plus petits que tout ce que nous connaissons présentement, et nous, nous serions par la taille au rang des animaux que nous appelons microscopiques ; la Terre entière pourrait tenir dans la main d'un homme de notre grandeur actuelle ; toute chose serait transformée ; et en définitive *rien ne serait changé pour nous* : notre taille serait toujours de six pieds (notre mètre étant toujours la dix-millionième partie du quart du méridien terrestre), nos cités et nos campagnes, nos ports et nos vaisseaux auraient conservé les mêmes rapports, les objets se présenteraient à nos yeux sous le même angle sous lequel ils se présentent actuellement, et toute relation restant la même d'ailleurs, quelque merveilleuse qu'elle fût, la métamorphose passerait inaperçue.

Si l'on trouve ces idées hardies, nous répondrons que d'un côté elles sont d'une vérité mathématique, et que d'un autre côté elles jouissent d'une notoriété fort ancienne en philosophie. Il serait déraisonnable, à notre avis, d'affirmer qu'elles soient l'expression de réalités existant en quelque endroit de l'espace : il n'est pas probable que la nature ait enfanté ces atomes de mondes ; mais il est quelquefois utile de présenter des exemples exagérés pour combattre des opinions foncièrement erronées. Plusieurs écrivains, et des plus renommés, non contents de formuler simplement ces idées, les ont de plus considérées comme représentant un état de choses régnant dans la création. Nous citerons ici Jean Bernouilli et Leibnitz ; voici ce que le premier écrivait au second dans une dissertation sur l'infiniment petit et l'infiniment grand dans la vie.

« Imaginez qu'un petit grain de poivre, dans lequel on aperçoit, au moyen du microscope, des mille millions d'animalcules, ait ses parties proportionnelles en tout aux parties de notre monde, c'est-à-dire son Soleil, ses étoiles fixes, ses planètes avec leurs satellites, sa Terre avec ses montagnes, ses campagnes, ses forêts, ses rochers, ses fleuves, ses lacs, ses mers et ses divers animaux ; croyez-vous que les habitants de ce petit grain de poivre, ces *pipéricoles*, qui apercevraient tous les objets sous le même angle de vision, et par conséquent avec la même grandeur que nous voyons aux nôtres, ne pourraient pas penser que hors de leur graine il n'existe rien, par le même droit que nous pensons que notre monde renferme toutes choses? Car, quelle raison, ou quelle expérience auraient-ils qui leur persuade le contraire, et qui fasse connaître à ces petits animaux qu'il existe un autre monde incomparablement plus grand que le leur, avec des habitants incomparablement plus grands qu'eux? Or, je crois qu'il peut exister dans la nature des animaux qui soient en grandeur aussi supérieurs à nous et à nos animaux ordinaires, que nous et nos animaux sommes supérieurs aux animalcules microscopiques. Je vais plus loin encore, et je dis qu'il peut exister des animaux incomparablement plus grands que ceux-ci ; et je pose autant de degrés en montant que j'en ai trouvés en descendant, car je ne vois pas pourquoi nous et nos animaux devrions constituer le degré le plus élevé. » —

« Quant à moi, lui répondait Leibnitz, je ne crains pas d'avancer qu'il y a dans l'univers des animaux qui sont en grandeur autant au-dessus des nôtres que les nôtres sont au-dessus des animalcules qu'on ne découvre qu'à la faveur du microscope ; car la nature ne connaît point de terme. Réciproquement, il peut, et même il doit se faire, qu'il y ait dans de petits grains de poussière, dans les plus petits atomes, des mondes qui ne soient pas inférieurs au nôtre en beauté et en variété [1]. »

Ces assertions paraîtront singulières ; le positivisme de notre siècle nous a tenus en garde contre elles. Peu de philosophes les acceptent aujourd'hui ; cependant, en principe, elles sont scientifiquement admissibles, car les déductions qui les amènent reposent sur des faits incontestables de micrographie et d'analyse.

Disons plus, avouons tout ce qui est, et ne craignons pas de poser en principe la relativité essentielle des choses. Pourquoi ne pas le dire ? La science humaine tout entière, de l'alpha à l'oméga de nos connaissances, n'est que *l'étude des rapports*. Pas un point d'absolu dans l'édifice de nos sciences, quelque merveilleux qu'il paraisse. L'esprit humain cherche à connaître les rapports ; c'est là tout ce qu'il peut oser ; chacune de ses conceptions se trouve au milieu d'une ligne qui se perd en haut et en bas dans l'infiniment grand et dans l'infiniment petit : c'est dans la mesure de l'infini que réside toute science, et c'est de la comparaison des choses à une unité arbitraire prise pour base que résulte la valeur de nos connaissances. La physique de l'univers, sous la corrélation des forces qui sans cesse transforment leur action à travers la substance, ne saurait nous fournir un élément en repos que nous puissions prendre pour point de départ absolu dans nos recherches sur la nature.

Ce que nous avons dit touchant la grandeur relative des corps, nous le devons dire de leur poids, de l'intensité de la lumière et de la chaleur, des phénomènes divers du monde, de la durée des êtres et de tous les éléments qui constituent l'univers. Sur Neptune, en

[1] *Commercium philosophicum J. Bernouillii et G. Leibnitzii.* Lausanne. 1745.

supposant que la durée moyenne de la vie de l'homme compte le même nombre d'années neptuniennes que la durée moyenne de notre vie compte d'années terrestres, un enfant serait encore en nourrice (si nourrices il y a) à l'âge de quatre cent quatre-vingt-dix ans, et si les coutumes étaient relativement les mêmes qu'ici, un jeune homme se marierait d'habitude dans sa trois mille neuf cent cinquantième année.

Si l'on pense que les choses ne se passent probablement pas de cette manière sur Neptune, à cause de l'éloignement de cette planète à notre petit Soleil, qui ne lui envoie pas en suffisance la lumière et la chaleur génératrices, nous n'insisterons pas; mais nous prierons le lecteur de supposer un instant avec nous qu'il existe dans l'espace un Soleil un millier de fois supérieur au nôtre et un système solaire disposé comme le nôtre, mais trente fois plus vaste, d'imaginer en même temps qu'un monde, situé à la distance où Neptune se trouve de notre Soleil et mû d'un pareil mouvement annuel, reçoive la même chaleur et la même lumière que *notre Terre* reçoit du Soleil, et que sur ce monde les choses se passent relativement comme ici; ce que nous disions tout à l'heure de Neptune lui sera applicable et rentrera dans l'ordre normal.

La force est si puissante, la matière est si docile, que la diversité dans l'intensité, dans le rapport et dans la combinaison des forces en action sur les différents mondes n'a pas manqué d'établir une diversité non moins grande dans l'état organique des êtres. Lorsqu'on est convaincu que cet état n'est autre que la résultante de toutes les forces qui ont concouru à la manifestation de la vie, on admet sans difficulté qu'un infini d'états divers est possible. Si nous prenons un astre particulier pour exemple, soit Jupiter, les éléments de ce globe, la brièveté de ses jours et de ses nuits, la rapidité de son mouvement, l'intensité de sa pesanteur, le degré de lumière et de chaleur qu'il reçoit du Soleil, le concours enfin de toutes les conditions dans lesquelles ce monde est placé, cette réunion d'éléments si essentiellement distincts des éléments terrestres, a constitué à sa surface un ordre d'existences incompatible avec l'ordre auquel nous appartenons sur la Terre[1]. Dès le premier anneau de la chaîne des êtres, l'action de la Nature fut différente de son action aux premiers jours de notre globe. Végétaux, animaux, règnes organiques, sont soumis comme la matière inanimée à la mécanique et à la physique des globes, qui régissent en souverains les fonctions et règlent d'autorité la disposition des organes. C'est par elles que tout mode de vie est organisé, c'est d'elles que l'être reçoit sa forme et sa loi d'existence.

Le nombre et le degré virtuel de nos sens ne dépendent-ils pas eux-mêmes du monde auquel nous appartenons ? L'organe de la vue n'est-il pas constitué suivant l'intensité de la lumière ; celui de l'ouïe suivant les ondulations du son dans le milieu atmosphérique ; l'odorat et le goût suivant les principes alfactifs et le mode d'entretien du système corporel ? N'en résulte-t-il pas que ces organes par lesquels nous sommes en communication avec le monde extérieur dérivent de l'état de ce monde même ?

Ce qui caractérise la physique de chacun des mondes, c'est donc une grande variété, une grande diversité de nature, soit dans leur astronomie, soit dans leur cosmo-

---

[1] C'est là le principe de l'opinion exprimée par J.-J. de Littrow dans son livre *Die Wunder des Himmels*, sur la visibilité des étoiles en plein midi aux yeux des habitants de Jupiter.

gonie et dans ses conséquences, soit dans leur géologie, soit enfin dans tous les éléments spéciaux qui les distinguent.

Sans sortir des limites rigoureuses tracées par l'enseignement de la Nature, on doit penser qu'en général les habitants des autres mondes diffèrent essentiellement et en toutes choses des habitants de la Terre; et cette conception large et indéfinie sera plus rapprochée de la vérité que tout système étroitement bâti sur des conjectures. Qui nous dira la nature de ces planètes illuminées par plusieurs Soleils, dont chacun a son éclat, sa couleur, son intensité, sa grandeur et ses mouvements propres? Qui nous donnera les caractères de ces mondes obscurs autour desquels rayonnent des mondes lumineux d'intensités différentes, mondes qui retracent ainsi en certains points de l'espace une image du faux système que l'on avait anciennement imaginé pour la Terre? Qui nous fera connaître la climatologie et la biologie de ces astres variables, qui resplendissent et pâlissent successivement, et celles de ces étoiles qui s'allument et s'éteignent tour à tour; dans quelles conditions d'habitabilité se trouvent les planètes qui leur appartiennent? Et l'uranologie de cette immense multitude de créations astrales dont nous n'avons pas encore pu deviner même l'existence, parce que nos regards ne peuvent apercevoir que les régions lumineuses les plus rapprochées de notre Terre?

Bien téméraire donc serait celui qui prétendrait assigner un terme aux opérations de la Nature, et bien abusé serait celui qui croirait voir dans le ciel l'image de la Terre! L'analogie, cette méthode sûre et féconde, a ses limites comme toutes les règles, limites au delà desquelles elle devient inapplicable; elle est précieuse pour notre doctrine, car nous lui devons des arguments rigoureux; mais elle ne saurait nous conduire à la connaissance des caractères particuliers inhérents à chacun des mondes de l'espace.

Nous avons montré dans cet ouvrage, au Livre de la *Physiologie des Êtres*, quelle variété prodigieuse se manifeste dans les productions de la Terre; nous avons montré que tout être naît harmonieusement organisé, suivant les conditions d'existence réunies autour de son berceau, et que, après la naissance même, dans le cours de la vie, l'action des milieux influe puissamment sur l'organisme et modifie lentement l'état primitif originaire. C'est l'enseignement de la nature terrestre, de la Terre, atome infiniment petit dans l'universalité des mondes. Or, si la Terre est si riche dans son exiguïté, si la variété de ses productions est telle, qu'il n'existe pas deux feuilles semblables, deux hommes identiques, quelle doit être l'opulence des vastes cieux et de leurs mosaïques d'étoiles! Quel est le nombre des espèces qu'une puissance si merveilleuse a multipliées dans tous les points de l'espace! Quelle est cette infinité d'existences qui sont écloses dans les champs de l'étendue sous le souffle fécondant de la Force de vie!

Mais quand même l'observation terrestre ne nous induirait pas à reconnaître une variété infinie dans les richesses de la Nature, la raison nous conduirait au même résultat, en nous reportant aux origines et en nous montrant dans la diversité de ces origines une preuve irrécusable de leur diversité présente. Quand même les éléments atomiques seraient les mêmes pour divers astres; quand même il y aurait une unité de substance pour plusieurs mondes ou même pour tous, l'homogénéité et l'identité n'existeraient pas pour cela dans les combinaisons qui s'opérèrent en chaque monde à son premier âge, car les circonstances et les conditions différèrent pour chacun des astres. Ici, la chaleur solaire domina sur la chaleur centrale planétaire; plus loin, celle-ci fut la plus forte. Ici, les forces plutoniennes surmontèrent les forces neptuniennes, et se rendirent souveraines du monde; là, l'opération fut opposée. Sur tel astre, des combinaisons chimiques permirent à l'électricité, aux gaz, aux vapeurs, d'entrer en action simultanée; sur tel autre, ces combinaisons ne purent se produire ou furent remplacées par des combats entre éléments d'une nature toute différente. Là, telles influences régnèrent sans partage; ici, elles furent balancées; plus loin, annulées. Ici, l'oxygène et l'azote formèrent par leur mélange une enveloppe atmosphérique immense qui put s'étendre sur la surface entière du globe et la couvrir; des êtres naquirent, organisés pour vivre sur cette couche permanente. Plus loin, le carbone domina, revêtu de propriétés hétérogènes; ailleurs, l'atmosphère fut une *combinaison* de gaz divers, au lieu d'être un *mélange*; les liquides aqueux furent un corps simple au lieu d'être un composé, et toute la création, depuis le minéral inerte jusqu'à l'intelligence, parut sous une forme et suivant un mode en harmonie avec l'état du monde.

Une petite difficulté particulière nous reste peut-être encore, celle de concevoir un *type humain* différent du nôtre. Or, cette difficulté tient uniquement, comme nous l'avons dit, à l'habitude fatale où nous sommes de ne pouvoir observer que les êtres de notre monde, et si nous avons une sorte de répugnance à admettre l'existence d'autres types, il faut l'attribuer à notre manière de voir, bornée et purement terrestre. Mais si nous considérons que l'organisation humaine est sur la Terre la somme des organisations animales qui montent jusqu'à elle suivant les degrés de la zoologie terrestre, nous admettrons de la même manière que, sur les mondes dont l'état physiologique diffère foncièrement du nôtre, et où l'animalité a dû être construite sur un mode différent, le type humain, qui doit résumer là comme ici les formes des races inférieures, diffère au même degré de notre organisme terrestre. Ce serait retirer peu de fruits de l'étude de la Nature, que de ne point vouloir comprendre qu'elle agit nécessairement suivant les agents et les forces qui sont à sa disposition, et de croire obstinément, contre l'ensemble des témoignages les plus positifs, qu'elle a suivi une règle abstraite et arbitraire pour la création des formes physiques. Avancer qu'elle a coulé tous les hommes et tous les mondes dans un même moule, c'est parler contre sa manière d'agir en toutes choses et contre les lois mêmes qu'elle s'est imposées pour le gouvernement de son empire. Nous devons ajouter, cependant, que toute négation étant une affirmation contre, il serait contradictoire avec nos propres principes de nier absolument la possibilité d'individualités humaines semblables à la nôtre sur d'autres terres; malgré les raisons précédentes, il ne faut pas perdre de vue que le plan divin étant profondément mystérieux pour nous, nous ne pouvons sagement nous baser uniquement sur l'enseignement de la Nature ici-bas pour émettre une assertion rigoureuse. Dieu peut avoir voulu que la substance de l'âme fût *une* et universellement la même; qu'elle fût la force aggrégatrice et la forme substantielle de tous les corps; qu'un seul type fût revêtu par l'humanité pensante, et avoir ordonné les choses de telle sorte que ce type existât partout, plus ou moins modifié suivant les mondes. Mais, encore une fois, cette idée est purement hypothétique et n'a aucun fondement dans la nature.

Voici donc la plus sage et la plus rigoureuse conclusion que nous puissions tirer du spectacle du monde, et par laquelle nous puissions résumer notre étude :

I. — Les forces diverses qui furent en action à l'origine des choses donnèrent naissance sur les mondes à une grande diversité d'êtres, soit dans les règnes inorganiques, soit dans les règnes organiques ;

II. — Les êtres animés furent dès le commencement constitués suivant des formes et suivant un organisme en corrélation avec l'état physiologique de chacune des sphères habitées ;

III. — Les hommes des autres mondes diffèrent de nous, tant dans leur organisation intime que dans leur type physique extérieur

II

INFÉRIORITÉ DE L'HABITANT DE LA TERRE

La Pluralité des Mondes est une doctrine juste dans l'ordre moral et nécessaire dans l'ordre philosophique. — L'idée de Dieu et l'état de la Terre. — Optimisme et pessimisme. — La Terre est un monde inférieur ; elle ne peut être unique. — Hiérarchie harmonique des Mondes. — Etat incomplet et inférieur du nôtre. — Matérialité de notre organisme ; son influence. — Habitation de la Terre réduite à sa valeur positive. — Questions fondamentales du Beau, du Vrai et du Bien ; leurs caractères absolus. — Principes universels, applicables à tous les Mondes. — Axiomes de la métaphysique et de la morale. — Les principes absolus et universels constituent l'unité morale du monde et relient toutes les intelligences à l'Intelligence suprême.

Les études que nous venons de parcourir dans le chapitre précédent ont eu pour objet la nature corporelle et l'état physique des habitants des autres mondes ; elles ont fait passer tour à tour sous nos yeux les opinions plus ou moins fondées que l'on a émises sur le genre d'habitation des planètes ; elles ont montré que tous les systèmes présentés pour la colonisation des astres n'ont rien de solide, et que toutes les théories que l'on pourrait imaginer ne reposeraient encore que sur des suppositions arbitraires. L'examen comparatif de l'habitation des mondes a établi qu'une grande diversité de nature règne parmi les hommes des planètes. Rentrons maintenant dans le domaine de la philosophie, et poursuivons nos études du côté de l'ontologie : nous reconnaîtrons que la diversité qui règne dans l'univers physique, depuis les hommes des mondes inférieurs jusqu'aux êtres les plus élevés parmi les habitants des sphères supérieures, trouvera une diversité corrélative dans la valeur intellectuelle et dans l'élévation morale des races humaines; et si la connaissance de cette vérité ne résulte pas aussi simplement que nos conclusions précédentes de l'étude démonstrative de l'univers extérieur, elle ressortira de vérités de conscience tout aussi réelles et tout aussi positives que les précédentes.

La Pluralité des Mondes est une doctrine vraie, car les génies illustres de tous les âges et, plus que cela, les grandes voix de la Nature l'ont enseignée et proclamée. Elle est une doctrine admirable, car le souffle de vie qu'elle répand sur l'univers en transforme l'apparente solitude et peuple les espaces des splendeurs de l'existence. Nous allons savoir maintenant qu'elle est une doctrine *juste* dans l'ordre moral, et *nécessaire* dans l'ordre philosophique; car à son flambeau se dissiperont les ténèbres qui enveloppent encore notre vie dans le temps et au delà du temps, et les mystères de notre destinée se feront moins impénétrables.

Ouvrons la discussion sans préambule et sans envelopper l'imagination du lecteur dans le miel des précautions oratoires.

L'argument à présenter et à discuter ici se résume dans cette comparaison : *L'état de l'humanité terrestre mis en regard devant l'idée de Dieu.* Qu'est-ce que le monde terrestre et qu'est-ce que Dieu? Telle est la question, difficile sans doute, mais nécessaire, et dont la solution est d'une importance capitale. Il y a là deux termes qui, pour être incomparables l'un avec l'autre, n'en doivent pas moins être mis en présence ; ce sont là deux grandes interrogations que ne satisferont jamais des sophismes ou des réponses évasives, et auxquelles il faut une conciliation rigoureuse ; ce sont là, enfin, deux entités réelles et irrécusables, l'une finie, l'autre infinie, qui existent simultanément et qui par conséquent doivent mutuellement se satisfaire.

Nous ne rentrerons pas ici dans des discussions métaphysiques sur l'existence de Dieu ; nous ne reprendrons pas des recherches sans issue, et nous n'en reviendrons pas à nous demander si l'élimination de Dieu serait une méthode utile pour nos études. La question n'en est plus là ; nous avons posé en principe cette existence suprême ; nous la tenons pour indiscutable, et nous devons maintenant la considérer logiquement comme l'un des points absolus et nécessaires placés à la base même de notre thèse.

Or voici la proposition à résoudre. D'un côté, l'état du monde terrestre est incomplet ; son humanité est pleine de limites, de faiblesses, de misères ; l'homme est un être inférieur, car à des instincts grossiers il joint des passions dont la tendance manifeste le pousse vers le Mal. D'un autre côté, la notion seule de la nature de Dieu implique le complet, le parfait, le beau et le Bien. — Voilà deux termes contraires en présence. L'analyse de l'état du monde terrestre nous rend pessimistes, tandis que la contemplation de la Personne divine nous rend optimistes. Il s'agit d'accorder cette dissonance de la Terre avec l'harmonie nécessairement parfaite de l'œuvre divine.

Tout homme est pessimiste devant l'état du monde. Le

loup mange éternellement l'agneau timide ; la force brutale l'emporte sur la faiblesse opprimée ; les passions ambitieuses dominent les uns, la perversité empoisonne les autres. Comme au temps de Brutus, les hommes vertueux se comptent. — Tout homme est optimiste devant l'idée de Dieu. Quand nos pensées s'élèvent à la notion de l'Être suprême, elles découvrent dans ce type inconnu la splendeur de la vérité, la révélation de la puissance, la sanction de la justice, et un ineffable sentiment de tendresse qui tombe d'en haut comme un rayonnement du Père universel ; et ce rayonnement du Soleil éternel parle à nos âmes, leur enseignant que l'œuvre divine est belle dans son ensemble et parfaite dans son but.

Ces deux idées, disons mieux, ces deux faits, — l'imperfection du monde terrestre et la perfection de Dieu, — se sont mutuellement combattus dès les origines de la philosophie. Depuis Kali et Ahrimane jusqu'à Satan, cette opposition donna naissance à des systèmes explicatifs de tout genre. Tantôt l'idée de la perfection de Dieu domina celle de l'imperfection de l'homme, et ferma les yeux à ses partisans, qui se dissimulèrent l'état réel de l'humanité sur la Terre ; tantôt la seconde domina la première et conduisit ses partisans non-seulement à de fausses idées sur la nature de la Divinité, mais encore à la négation de l'Être suprême[1]. Cette opposition manifeste, que

---

[1] Pour ne citer qu'un exemple entre mille des ouvrages en si grand nombre qui s'appuyèrent sur l'état imparfait du monde pour nier l'existence de Dieu, nous mentionnerons un livre qui a fait et qui fait encore beaucoup de mal : *Le bon Sens, ou le Testament du curé Meslier* (ouvrage attribué à Voltaire, et qui le mérite). Voici un extrait du chapitre écrit sur notre sujet : « Depuis la création de l'homme, les nations ont sous diverses formes éprouvé sans cesse des vicissitudes et des calamités

nul n'a jamais songé à révoquer en doute, tour à tour les philosophies et les religions cherchèrent à l'expliquer; tour à tour de savantes écoles, des sectes studieuses, de profonds penseurs creusèrent froidement l'abîme, s'appliquant par une sévère analyse à rendre compte du paradoxe; mais les hommes passèrent avec leurs croyances ou leurs théories, les œuvres les plus hardies de la pensée humaine s'effacèrent dans le cours régressif des siècles, et l'insurmontable difficulté resta, point d'interrogation que nulle main n'a pu effacer du grand livre de la création.

Si nous avons posé ici cette question si mystérieuse, ce n'est point avec la prétention illusoire d'en donner la solution tant désirée, que le monde cherche en vain depuis des siècles. Quelque fervent que soit notre désir, la modestie nous sied mieux et nous est plus nécessaire ici que partout ailleurs; elle est le seul droit et le premier devoir du faible. Mais nous voulons la formuler hautement cette question; nous voulons montrer que l'état dont elle demande l'explication est attesté et confirmé au nom de la conscience universelle; nous voulons rappeler que les philosophies et les religions se sont accordées à le reconnaître, et que depuis le *Phédon* de Platon jus-

---

affligeantes; l'histoire nous montre l'espèce humaine tourmentée et désolée de tout temps par des tyrans, des guerres, des famines, des inondations, des épidémies, etc. Des épreuves si longues sont-elles de nature à nous inspirer une confiance bien grande dans les vues cachées de la Divinité? Tant de maux si constants nous en donnent-ils une si haute idée?... Depuis plus de deux mille ans les bons esprits attendent une solution raisonnable de ces difficultés, et nos docteurs nous apprennent qu'elles ne seront levées que dans la vie future! » La négation de Dieu, c'est l'abîme où sont tombés la plupart de ceux qui ont cru pouvoir juger Dieu sur l'état du monde terrestre.

qu'à nos jours, les tribus réunies de l'humanité tout entière ont en même temps adoré la perfection divine et compris l'infériorité de notre grande famille. Cela fait, nous voulons maintenant chercher si l'on n'apprendrait pas à connaître la raison de cet état de choses en la demandant à la Nature elle-même, à cette immense Nature qui, dans les champs de l'espace, ordonna « l'armée des cieux » de la même main qui prit jadis la Terre au sein de l'abîme pour la transformer en une corne d'abondance.

Interrogeons donc la Nature elle-même.

La Nature nous enseigne qu'elle a tout construit suivant des lois sérielles; que son œuvre n'est pas un plan de créations coéternelles ou sorties du néant au même instant et dans le même état de perfection, mais bien une succession d'êtres plus ou moins avancés, suivant leur âge et suivant leur rôle; elle nous enseigne que l'Harmonie n'est point constituée par une certaine quantité de notes à l'unisson, mais bien par des sons de degrés inégaux, sortis de la série des gammes ascendantes, et que les Nombres, ces successions divines de l'ancienne Cosmogonie, ont été appliqués à profusion par le suprême Arithméticien; elle nous montre dans l'ensemble des êtres vivants une gradation insensible du plus bas au plus haut de l'échelle, et sa méthode est si incontestablement reconnue, qu'un des axiomes les plus invulnérables d'histoire naturelle, c'est celui qui exprime cette grande loi des transitions : *Natura non facit saltum;* elle nous atteste, enfin, que la beauté et la grandeur du système général résultent de ce que l'Ordre n'a jamais été troublé par un hasard aux caprices irréguliers, de ce que cet ordre règne sur le développement successif des choses, et de ce qu'il domine la Série universelle des êtres.

Devant cet enseignement unanime, n'est-il pas permis

de prendre en main le fil d'induction, et de procéder, dans une sage et modeste mesure, du connu à l'inconnu? N'est-il pas permis d'interpréter cette parole si éloquente de la Nature, et de prendre en elle les éléments de solution qu'elle renferme?

Or, mettons-nous en face de l'universalité des mondes. Qui nous dit que ces mondes et leurs humanités ne forment pas dans leur ensemble une Série, une Unité hiérarchique, depuis les mondes où la somme des conditions heureuses d'habitabilité est la plus petite jusqu'à ceux où la nature entière brille à l'apogée de sa splendeur et de sa gloire? Qui nous dit que la grande Humanité collective n'est pas formée par *une suite non interrompue d'humanités individuelles, assises à tous les degrés de l'échelle de la perfection?*—Au point de vue de la science, c'est là une déduction qui découle naturellement du spectacle du monde; au point de vue de la raison, on ne saurait refuser que cette manière d'envisager le système général de l'univers ne soit préférable à celle qui se contenterait de considérer la création comme une agglomération confuse de globes peuplés d'êtres divers, sans harmonie, sans unité et sans grandeur.

Disons plus. Celui qui voit un chaos dans l'œuvre divine ou dans une partie quelconque de cette œuvre, approche de la négation de l'Intelligence ordonnatrice; tandis que celui qui voit une unité dans les créations du Ciel, comme il en reconnaît une dans les créations de la Terre, celui-là comprend la nature, expression de la Volonté divine. Certes, si, fermant les yeux sur l'état du monde, on veut prétendre que la création n'est pas une; si l'on se permet d'avancer que les individus n'appartiennent pas à des genres, ces genres à des espèces, ces espèces à des ordres, et, de proche en proche, à un ordre général; si l'on pense, envers et contre tout, que les êtres sont des entités isolées et qu'il n'y a point de loi universelle; la logique entraîne inévitablement à admettre comme conséquence : Que toutes les idées d'ordre, de plan, d'unité, n'existent qu'en nous-mêmes; que la science humaine, au lieu d'être appliquée à l'interprétation de la réalité, n'est plus qu'une illusion régulière; en d'autres termes : Que le monde et la nature sont dépourvus d'ordre et de raison, et qu'il n'y a de raison et d'ordre que dans l'entendement humain !

Mais si, au contraire, et comme tout porte à le croire, l'ordre préside au cosmos des intelligences et au cosmos des corps; si le monde intellectuel et le monde physique forment une unité absolue; si l'ensemble des humanités sidérales forme une série progressive d'êtres pensants, depuis les intelligences d'en bas, à peine sorties des langes de la matière, jusqu'aux divines puissances qui peuvent contempler Dieu dans sa gloire et comprendre ses œuvres les plus sublimes, tout s'explique et tout s'harmonise; l'humanité terrestre trouve sa place dans les degrés inférieurs de cette vaste hiérarchie, et l'unité du plan divin est établie. Cette théorie a peut-être le tort d'être nouvelle et de blesser quelques idées anciennes invétérées dans nos âmes et généralement reçues; mais à coup sûr elle n'est pas indigne de nos conceptions sur Dieu, et elle est digne de la majesté de la nature. Il y a beaucoup de raisons en sa faveur; elle n'a contre elle aucun argument péremptoire de science ou de philosophie.

La science du règne matériel parle hautement en sa faveur. Tout marche par gradation dans le monde de l'être; l'unité admirable, qui établit une solidarité universelle du dernier au premier des organismes terrestres, du mollusque à l'homme, est une loi primordiale appliquée en tout et partout. La machine du monde marche par le fonctionnement d'une multitude de rouages qui s'appellent et se répondent l'un l'autre ; ce qui fait que ce fonctionnement est guidé par la Solidarité, ou si l'on veut par la Nécessité. Le plus petit organe interverti troublerait l'harmonie générale, et si quelque main gigantesque tentait d'arrêter le Soleil dans son cours, au sein des espaces, non-seulement le système de cet astre, Terre et planètes, serait profondément ébranlé dans les conditions fondamentales de sa vie, — et dans certains cas détruit par ce seul fait, — mais encore les systèmes sidéraux dont notre Soleil n'est qu'un membre, ou sur lesquels s'exerce son influence attractive, recevraient une atteinte désastreuse, qui troublerait la quiétude imposante des mouvements célestes. La cadence des étoiles, entrevue par Pythagore, fut réglée par Newton ; mais Newton comme Pythagore s'inclina devant elle, sentant le poids de l'universelle solidarité des choses.

Si nous demandions maintenant à la science du règne intellectuel ce qu'elle pense de notre théorie, son assentiment serait le même. Elle nous enseignerait les destinées de nos âmes au delà du temps parmi les sphères radieuses du ciel; elle nous dirait où dormaient ces âmes avant la naissance de nos corps, et peut-être nous montrerait-elle comment, sous ce sommeil apparent, s'élaborait notre terrestre existence; elle nous découvrirait enfin, dans la succession hiérarchique des mondes, l'avenue qui monte aux régions de la sérénité et de la terre promise.

Entrevu dans cette lumière, notre séjour terrestre est dépouillé de cette enveloppe disparate qui nous empêchait jusqu'ici de reconnaître sa place au sein de l'œuvre divine; nous le voyons à nu et nous comprenons son rôle; étant loin du soleil de la perfection, il est plus obscur que d'autres; c'est un lieu de travail où l'on vient perdre un peu de son ignorance originaire et s'élever un peu vers la connaissance; *le travail étant la loi de vie*, il faut que, dans cet univers où l'activité est la fonction des êtres, on naisse en état de simplicité et d'ignorance; il faut qu'en des mondes peu avancés on commence par les œuvres élémentaires; il faut qu'en des mondes plus élevés on arrive avec une somme de connaissances acquises; il faut, enfin, que le bonheur, auquel nous aspirons tous, soit le prix de notre travail et le fruit de notre ardeur. S'il y a « plusieurs demeures dans la maison de notre Père », ce ne sont point autant de lits de repos, mais bien des séjours où les facultés de l'âme s'exercent dans toute leur activité et dans une énergie d'autant plus développée; ce sont des régions dont l'opulence s'accroît à mesure, et où l'on apprend à mieux connaître la nature des choses, à mieux comprendre Dieu dans sa puissance, à mieux l'adorer dans sa gloire et dans sa splendeur.

Comment aurait-on pu comprendre Dieu et son œuvre en restant enfermés dans ce bas monde? Au fond de la sombre caverne où nous sommes, disait Platon, la lumière nous est inconnue et la vérité nous est inaccessible; nous sommes comme des aveugles-nés qui parlent du soleil, l'ignorance est notre partage, et nos jugements sur la Divinité sont incomplets et pleins d'erreurs. Platon disait vrai. La manifestation absolue de Dieu, dont l'étude pourrait nous mener à la vérité, c'est l'ensemble du monde, c'est le chœur universel des êtres; mais sur la Terre nous ne connaissons que des individualités isolées, dont la relation avec le Tout nous est inconnue, et notre isolement, cause de notre ignorance, est le premier principe de tous les paradoxes et de toutes les difficultés qui embarrassent notre philosophie.

Juger de la création universelle par la Terre, c'est vouloir juger d'un chœur de Palestrina par une fugue ou par quelques notes échappées au hasard de l'onde musicale ; c'est vouloir juger d'un tableau de Raphaël par une nuance sur le pied d'une *Fornarine* ; c'est vouloir juger de la *Divine Comédie* du Dante par un groupe dans l'un des Cercles de l'Enfer... Répétons-le, l'analogie a ses limites comme les autres méthodes, et si sur un fragment de mâchoire l'anatomie comparée peut reconstruire un squelette tout entier, c'est parce qu'elle a entre les mains un organe caractéristique et d'une importance capitale ; mais aucun paysagiste ne cherchera à deviner l'étendue et la richesse d'une prairie d'après l'inspection d'un brin d'herbe.

Un illettré à qui l'on présenterait une tragédie de Sophocle ou de Corneille, et qui, remarquant des lignes d'inégale longueur dans une page, des lettres majuscules ici, des minuscules là, des noms dans les interlignes, et toute l'irrégularité d'une page de vers scindés, blâmerait Sophocle ou Corneille de n'avoir pas écrit une page plus nette et plus régulière, cet illettré ne serait pas plus sot que nous quand nous nous laissons entraîner vers le pessimisme par le spectacle inexpliqué de la Terre. S'il y a apparence d'irrégularité, c'est parce que nous n'avons sous les yeux qu'un fragment isolé. Au point de vue de l'ensemble, ce fragment prendrait sa place et serait vu comme une partie inhérente à l'unité générale.

Ne connaissant de l'immense nature que ce frêle atome sur lequel nous menons une existence passagère, nous avons voulu juger l'œuvre divine sous son double aspect de l'espace et du temps, par ce point imperceptible où nous sommes, semblables en cela à celui qui voudrait juger un vaste parterre sur l'une des figures partielles qui constituent le plan général, et dont la disposition irrégulière, quand on la regarde isolément, concourt cependant à la symétrie du tout. Dans son ensemble et dans son but, la création est divine; devant la grandeur et l'unité de son plan, les petites irrégularités apparentes se trouvent pleinement justifiées. Il faut savoir comprendre que la Terre avec sa population n'est qu'*un individu*, que son humanité n'est qu'un enfant qui vacille et qui tremble; étant pénétrés de cette vérité, nous ne nous croirons plus en droit de juger l'œuvre immortelle sur nous et sur ce qui nous entoure. Gœthe l'avait déjà dit : « La nature, écrivait-il, est un livre qui contient des révélations prodigieuses, immenses, mais dont les feuillets sont dispersés dans Jupiter, Uranus et les autres planètes. » Après avoir fait l'analyse des choses, il importe d'en faire la synthèse, et de s'élever au faîte d'où l'on découvre l'unité et l'harmonie.

Mais peut-être objectera-t-on que cette hypothèse n'explique point encore la présence du mal chez l'homme, et qu'elle ne rend point compte des défectuosités de notre nature; car si le mal existe sur la Terre, quand même l'univers serait infini en étendue et en perfection au delà de notre monde, le mal n'en existerait pas moins ici, et n'en serait pas moins inconciliable avec la notion de l'Être suprême.

Pour résoudre cette difficulté, — la seule que l'on puisse imaginer contre notre théorie, — il faut d'abord se désabuser d'une idée fausse que l'on se fait généralement sur les créations divines. On a dit et répété que rien d'imparfait ne peut sortir des mains de Dieu, et l'on prétend, contre l'ensemble des témoignages de la science et de la philosophie, que la perfection est l'apanage nécessaire de tout ce qu'engendre la force créatrice. On aime mieux soutenir cette proposition toute gratuite, au risque de faire déchoir, on ne sait comment, les êtres de leur grandeur première, plutôt que d'admettre que la loi du progrès est dans la nature, et non point une loi fictive de déchéance. Il en résulte une contradiction insurmontable entre ces dogmes et la science. L'ancienne Académie des Grecs, la grande école d'Aristote, ont fait fausse route pour avoir posé en principe l'incorruptibilité du monde : un tel exemple, malgré son autorité respectable de vingt siècles, n'a servi de rien aux métaphysiciens dont nous parlons. Il en est de même aujourd'hui ; et quand l'astronomie, la mécanique, la physiologie, la médecine, montrent clairement que la *perfection originaire* n'est point la loi de la Nature, mais bien la *perfectibilité progressive;* quand elles montrent un état d'imperfection manifeste, des lacunes et une force de transformation perpétuelle dans la constitution des corps et dans l'organisme des êtres, on persiste à soutenir que tout est parfait : c'est soutenir implicitement que tout est stationnaire et nier le mouvement, quand tout marche et s'élève suivant le flot ascendant des choses. Or il importe de se désabuser de cette idée fausse ; c'est un prisme trompeur qui nous égare et qui nous présente l'ombre et la déviation là où nos yeux cherchent la lumière et la vérité.

Cette erreur une fois reconnue et écartée de notre manière de voir, nous réfléchirons que toute créature est essentiellement *finie*, pleine de limites et de défectuosités ; que, loin d'avoir la science infuse, elle est dans un état de profonde ignorance; qu'elle ne se développe que par l'expérience, et qu'en ses premiers jours elle est susceptible d'errer à chaque pas. Devant cet état de choses, comment pourrions-nous nous étonner qu'elle faillît quelquefois, pour se relever ensuite et apprendre par là à se mieux connaître ? Ce qui nous étonnerait bien davantage, ce serait qu'en son état de simplicité et de faiblesse primitives, cette jeune créature marchât à grands pas loin du berceau où elle a reçu le jour. Ce qui nous étonnerait, ce serait que la perfection fût son lot, et que le don sublime de la sainteté lui fût accordé, sans qu'elle l'eût mérité, et alors même qu'elle va le perdre inconsidérément, ne pouvant en apprécier la valeur inestimable.

Il y a en mathématique une théorie nommée la *théorie des limites*. Cette théorie enseigne et démontre qu'il y a certaines grandeurs vers lesquelles on peut marcher sans cesse, sans jamais pouvoir arriver jusqu'à elles : on peut en approcher indéfiniment, d'une quantité moindre que toute quantité donnée ; mais quant à les atteindre, jamais. Celui qui, s'étant initié à la nature des *nombres*, essayerait de peser cette théorie, d'en approfondir le sens intime, et de l'appliquer à l'ensemble du monde, verrait soudain se dresser devant lui un amphithéâtre gigantesque, dont les degrés seraient sans fin. Cet amphithéâtre, ce serait la hiérarchie des mondes ; la *limite* d'en bas ou l'origine serait perdue au fond des degrés inférieurs ; la *limite* d'en haut ou la perfection absolue serait également inaccessible ; entre ces deux limites s'élèveraient les êtres dans leur marche infinie. L'homme qui se serait livré à cette contemplation, disons-nous, pourrait se faire une idée approchée de l'incompréhensible infinitude de la création.

Placez maintenant la Terre aux degrés inférieurs de cet immense amphithéâtre, et voyez si nos faiblesses, nos misères et nos défectuosités ne sont pas expliquées devant Dieu et devant son œuvre.

Nous arriverons à cette même conception de la hiérarchie des mondes, si nous examinons les caractères distinctifs de celui que nous habitons. De quelque côté que nous envisagions la nature, notre doctrine morale s'édifiera sur notre théorie physique; car la Pluralité des Mondes est un principe vrai, et tout principe vrai doit se rencontrer, soit en application évidente, soit à l'état latent, dans toutes les manières d'être de la grande vérité de la Nature.

Si la Terre était le seul monde habité dans le passé, dans le présent et dans l'avenir; si elle était la seule nature, le seul séjour de la vie, la seule manifestation de la Puissance créatrice; ce serait un fait incompatible avec la splendeur éternelle d'avoir formé, comme œuvre unique, un monde inférieur, misérable et imparfait. celui donc qui croit à l'existence d'un seul monde est inévitablement conduit à cette conclusion monstrueuse : que les divines hypostases, éternellement inactives jusqu'au jour de la création terrestre, ne se sont manifestées que pour la création d'une ombre, et que toute l'effusion de leur puissance infinie n'a abouti qu'à la production d'un grain de poussière animée.

Si la Terre était le seul monde habité, ce serait un monde complet par lui-même, dont l'unité serait manifeste, et qui, selon la remarque de Descartes, comblerait nos conceptions et ne leur permettrait pas de chercher au dehors de lui l'aliment de nos aspirations et l'existence d'un état supérieur au nôtre. Or, nous savons tous que, quelle que soit la perfectibilité possible de notre race et quel que soit le degré de civilisation que nous puissions atteindre, nous n'arriverons jamais à transformer les conditions vitales de notre globe; nous n'arriverons jamais à substituer à notre nature une nature moins grossière et

une organisation plus subtile; nous n'arriverons jamais à nous défaire des chaînes qui nous attachent lourdement à la matière. Certes, l'humanité grandit; les nouvelles générations apportent toujours avec elles une nouvelle puissance d'enthousiasme, une nouvelle vigueur d'action, et nous saluons avec amour la jeunesse qui vient de naître, dont la mission est de préparer l'aurore du vingtième siècle! Mais, quelque ferventes que soient nos aspirations, quelque chères que soient nos espérances, l'histoire de cette humanité même nous enseigne que, chez les peuples comme chez les individus, il y a la jeunesse, la virilité et la décadence; et nous savons malheureusement que, à une époque indéterminée, cette splendide capitale du monde où nous brillons aujourd'hui dans toute l'activité de notre travail, ce sanctuaire des sciences où s'élaborent les conquêtes du génie, ce champ de la liberté où l'homme apprend à connaître ses droits et à exercer sa puissance individuelle au profit de tous, nous savons qu'un jour toutes ces splendeurs seront évanouies; que la Seine plaintive roulera ses eaux murmurantes dans la solitude, à l'ombre des saules et au sein des prairies silencieuses; et que le voyageur, informé de notre histoire passée, pourra seul reconnaître çà et là quelques fragments d'édifices s'élevant au-dessus du sol comme des os dénudés, quelques chapiteaux de colonnes brisées, derniers vestiges des merveilles disparues. La civilisation aura élu une nouvelle patrie, et du fond de son sommeil la France entendra au loin les bruits du monde et les tumultes des tempêtes humaines, rêvant aux jours lointains de sa gloire, et peut-être aux jours de sa mollesse et de son luxe efféminé, cause de sa chute et de sa mort.
— C'est l'histoire de Babylone aux jardins suspendus, de Thèbes aux sept murailles, d'Ecbatane, tombeau d'A-

lexandre, de Ninive où Job prophétisait, de Carthage, rivale de Rome; Rome, centre du monde il y a deux mille ans, flambeau de la chrétienté sous Léon X, aujourd'hui tristement assise au bord du Tibre, qui depuis longtemps a emporté dans l'abîme les antiques trophées d'une ère glorieuse.

Oui, de même que tout individu, l'humanité a devant elle les limites de sa perfectibilité, limites lointaines, nous l'espérons, mais limites qu'elle ne saurait franchir, et qui marqueront, lorsqu'elles seront atteintes, la première période de la décadence. Si nos facultés et nos forces sur la Terre semblent illimitées, il n'en est pas de même des éléments de notre perfectibilité, ils sont circonscrits : quand la combustion est achevée, l'extinction de la flamme est prochaine.

L'histoire de la Terre dépend sans contredit de ses conditions d'habitabilité. La nature inanimée est antérieure à la nature animée, et celle-ci est soumise à l'influence de la première. Or il ne sera pas inutile d'examiner maintenant quelle est la *loi de la vie* qui préside à l'existence des habitants de notre globe, loi de laquelle dépend la perpétuité des êtres à la surface de la Terre.

Avouons-le tout de suite, la loi de vie, c'est la *loi de mort*. De tous les animaux qui peuplent la Terre, il n'en est pas un seul qui ne vive aux dépens des autres êtres vivants, animaux ou végétaux; et depuis les acotylédones ou cryptogames, les dernières et les plus simples des plantes, jusqu'au bimane, le plus élevé de l'échelle animale, tous les êtres vivent pour alimenter la vie.

Les plantes, ces êtres à l'existence si mystérieuse encore, où l'observation anxieuse de Gœthe croyait reconnaître une âme, les plantes vivent pour être mangées. Les animaux qui se nourrissent des plantes servent à leur tour d'aliment à ceux dont l'existence n'est qu'un long carnage ; ceux-ci à d'autres encore, et ainsi de suite. Les êtres animés ne peuvent vivre ici que sous la condition de s'entre-dévorer. La sévère loi malthusienne est vraie dans son principe, quoique exagérée ; elle est l'expression des faits qui se passent autour de nous[1]. La loi de mort est la loi de tous les êtres qui vivent sur la Terre. C'est notre propre loi à nous-mêmes. S'il nous était possible de rassembler un jour, vers la fin de notre vie, le monceau colossal des êtres qui ont servi à nous nourrir, chacun de nous serait effrayé par le nombre ; et ce que nous disons de nous, tout être animé, herbivore ou carnivore, peut le rapporter à soi, à un degré plus ou moins grand : la loi de la vie, c'est la loi de la mort.

Voilà l'état de la Terre, état incontestable, que nul ne songera à révoquer en doute, et auquel nous sommes tellement habitués, que personne n'y pense !

Cette loi de mort a, de plus, un triste complément dans notre espèce, complément non fatal, nous l'espérons. Les hommes, qui sont déjà à la tête du combat perpétuel que les êtres vivants se livrent sur la Terre, ont encore poussé à l'extrême cette loi désastreuse en la tournant contre eux-mêmes ; et depuis l'origine des sociétés, au milieu des civilisations les plus avancées comme au sein de la barbarie, la Guerre, inique et insensée, a tenu les rênes des nations humaines. — Le croirez-vous,

---

Voici la loi que l'économiste anglais Malthus a appliquée à l'homme, comme étant l'expression de la vie terrestre : « Tout homme qui n'a pas le moyen de se nourrir, ou dont le travail n'est pas nécessaire à la société, est de trop sur la Terre. Il n'y a pas de couvert mis pour lui au banquet de la vie : la Nature lui commande de s'en aller, et elle ne tarde pas à mettre elle-même cet ordre à exécution. »

populations paisibles de l'espace! l'homme est arrivé ici à une telle aberration, qu'il en a fait une déesse, de cette Guerre, et qu'il l'adore! Oui, les habitants de la Terre contemplent avec vénération ce Moloch affamé ; et, par une convention mutuelle, ils donnent la palme des honneurs et le diadème de la gloire aux plus cruels d'entre eux, dont l'habileté au carnage est la plus grande! Voilà notre monde! Gloire à celui qui amoncelle les cadavres dans les plaines rougies; gloire à celui qui en comble les fossés; gloire à celui dont l'ardeur frénétique enrôle le plus de tigres autour de sa bannière sanglante, et fait marcher des hordes de bourreaux sur le ventre des nations déchirées!

Cet état de choses qui nous domine, et qui depuis longtemps est devenu nécessaire, parce qu'il a été consacré par nos institutions politiques, qui ont leur origine dans la raison du plus fort; cet état de choses est inhérent à notre espèce, dont les besoins matériels sont impérieux. Les premières tribus sauvages que l'historien rencontre à la tête de toutes les nations ne subsistèrent, comme les animaux, que par le droit d'élection naturelle, c'est-à-dire par la conquête des éléments de leur existence. Avant de savoir parler, avant d'avoir imaginé aucun art, avant d'avoir pensé même, ces peuplades durent faire la guerre contre les animaux et contre les hommes, du moment où il leur fallut s'assurer la propriété d'un territoire; tantôt offensive, tantôt défensive, cette guerre, dont le seul but était alors d'acquérir aux combattants les moyens d'une vie assurée, fonda les premiers *droits* et les premiers pouvoirs. Les tribus grandirent, changèrent de territoire, inquiétées par les fléaux de la nature ou attirées par l'appât d'une vie plus heureuse; elles se succédèrent, établirent la patrie et la nationalité, et, loin de laisser dans les appétits primitifs la guerre qui en était née, elles nourrirent chacune ce monstre dévorant qui devait avec l'âge se faire plus grand et plus terrible encore. Depuis longtemps, les nations, arrivées à leur maturité, ont armé la guerre pour l'orgueil et l'ambition; nos besoins primitifs sont satisfaits; mais notre antique barbarie est restée, envenimée par les raffinements d'une science odieuse. C'est ainsi que les vices de notre humanité ont leur origine dans l'organisation même de notre monde; la nature humaine est solidairement rattachée à la nature terrestre; si celle-ci était supérieure à ce qu'elle est présentement, la première aurait la même supériorité. Nous n'hésitons pas à imputer à cette loi de mort, qui gouverne notre monde, la cause première du vice social dont nous parlons. Si cette loi terrible n'existait pas, l'humanité eût été dès le premier jour au sein de la tranquillité et du bonheur.

La plupart des maux qui nous affligent trouveraient leur cause première dans l'état d'infériorité de notre monde; en allant au fond de la question, on reconnait que nos vices particuliers comme nos vices sociaux n'auraient aucune raison d'être sur une terre qui ne les provoquerait pas. Si la propriété, au moins passagère, des éléments de notre existence ne nous était pas nécessaire; si notre planète nourrissait ses enfants sans leur poser des conditions aussi rigoureuses, sans les astreindre à tant de sacrifices, nul n'eût jamais songé à ravir des objets gratuits, le vol ne fût point né; et avec le vol, le meurtre, le mensonge et les vices qui ont leur principe dans la cupidité, ne fussent point apparus sur la Terre.

Toute chose étant solidaire dans la nature, notre régime, matériel d'une part, ne pouvait être spirituel de l'autre; et tandis que les appétits grossiers dominaient notre corps, toutes les passions de notre âme devaient fatalement s'en ressentir. Si donc les plus nobles aspirations de notre intelligence ne peuvent avoir un libre essor sous l'influence de l'enveloppe terrestre qui s'est appesantie sur nous depuis notre naissance, notre être tout entier se trouve absorbé, et c'est à notre état originaire (état intimement modelé sur la constitution physique du globe) que nous devons remonter pour y trouver l'origine de nos besoins, de nos désirs et de nos passions primitives. Il n'est pas jusqu'aux vices issus de la civilisation même, dont on ne pourrait encore trouver un principe originel dans notre état de nature. Récapitulerait-on la somme des diverses passions humaines, depuis le feu dominateur de l'amour physique jusqu'aux glaces de l'avarice valétudinaire, qu'on pourrait sans peine en trouver le germe dans les besoins inhérents à notre organisation terrestre.

Revenons à la loi fondamentale de notre existence et de celle de tous les êtres vivants sur la Terre, à cette loi qui veut que nous mendiions notre nourriture aux débris des autres êtres, et que nous ne puissions vivre qu'à condition de déterrer les plantes et de mettre à mort les animaux. Pensera-t-on que cette loi est nécessaire et qu'il est dans l'ordre absolu que l'on ne puisse vivre sans victimes? Pensera-t-on que dans tous les mondes l'homme soit astreint à tuer et à dévorer pour soutenir son existence? Une telle opinion nous paraîtrait *foncièrement erronée*.

D'un côté, serait-ce un phénomène si extraordinaire que certains corps fussent constitués de telle sorte que leur organisme intime portât en soi les conditions d'une longue existence?

D'un autre côté, serait-ce une supposition bien étrange d'imaginer des atmosphères nourrissantes, des atmosphères composées d'éléments nutritifs qui s'assimileraient à des corps organisés sur un mode en corrélation avec l'état de ces atmosphères?

Lorsqu'on se représente l'état de l'humanité sur un tel monde, où l'homme serait dispensé de tous ces besoins grossiers qui sont inhérents à notre organisation ici-bas, et qui mettent tant d'obstacles aux travaux de nos intelligences, lorsqu'on se transporte à ces mondes fortunés où l'homme mènerait une vie plus noble et plus exquise, où les intelligences agiraient dans toute leur puissance d'action, dans toute leur liberté, et lorsqu'on se laisse ensuite retomber sur la Terre, où se livrent les combats de la vie contre la mort; on comprend quel haut degré de supériorité ces mondes auraient reçu relativement au nôtre, et combien les êtres qui les habiteraient seraient élevés au-dessus des enfants de la Terre.

Grâce à l'organisation de notre appareil pulmonaire, notre sang se renouvelle incessamment et à notre insu; nous n'avons pas besoin de faire des repas d'oxygène pour entretenir l'identité de la composition chimique de notre sang, qu'une circulation perpétuelle ramène des extrémités au cœur; l'atmosphère est donc ici même un élément de notre subsistance, une partie de la nourriture de notre système corporel. Ne peut-il pas se faire qu'en des mondes inférieurs, la respiration diffère de la nôtre et soit astreinte à une sorte d'alimentation périodique? Réciproquement, ne peut-il se faire qu'en des mondes supérieurs cette respiration, modifiée et complétée, suffise pour alimenter l'appareil humain tout entier?

« La loi de mort, disait Épictète, est la loi de la nature matérielle et secondaire; il n'en est pas de même dans la nature primordiale et éthérée. » Avant Épictète, cette conception avait déjà été exprimée par le poëte de l'*Iliade*.

Célébrant la vigilante tendresse de Vénus sur son fils Énée, Homère avait parlé en ces termes : « Une vapeur éthérée coule dans le sein des dieux fortunés; ils ne se nourrissent point des fruits de la terre, et ne boivent point de vin pour se désaltérer [1]. » De telles idées ont été souvent exprimées depuis, appliquées aux êtres que les religions et les mythologies imaginèrent parmi les demeures paradisiaques ; ces idées ne représentent pas seulement les créations illusoires de la Fable, mais un état de choses existant dans les sphères supérieures, état en harmonie avec la haute destinée des êtres que nous contemplons du fond de notre crépuscule, et dans lesquels nous croyons rencontrer le type idéal de notre perfectibilité.

Oui, la matérialité de notre monde a réagi sur la constitution physique de ses habitants, nos tendances instinctives en ont été influencées, nos appétits sont empreints de cette grossièreté, et les sentiments mêmes de notre âme incarnée n'ont pu s'en affranchir. Aussi n'est-ce pas seulement dans notre appareil nutritif que nous reconnaissons les signes de l'infériorité de notre monde; n'est-ce pas seulement encore dans notre appareil respiratoire ; mais tous les organes de notre corps étant solidairement reliés entre eux, il n'est pas une de nos fonctions qui ne soit marquée du signe non équivoque de notre état d'abaissement. Notre organisme, matériel d'un côté, ne pouvait être éthéré de l'autre; l'harmonie subsiste même dans les créations inférieures; nous sommes indigènes, et notre être tout entier offre dans toutes ses parties le caractère local de notre contrée [2].

---

[1] *Iliade*, chant V, vers 341, 342.
[2] Vide notam F in Appendice : *de Generatione.*

Sur les mondes où les dispositions amies de la nature ont préparé un véritable trône à l'intelligence humaine, et où l'homme n'a pas une royauté fictive comme ici, mais règne dans toute l'étendue de la domination qui appartient à l'esprit, sur ces mondes une ère de paix et de bonheur mesure les âges de l'humanité. Les formes mensongères dont s'habille le vice n'y sont point apparues ; dans quel but les revêtirait-on, et à quel usage serviraient-elles ? Les éléments de la perfidie et de la séduction n'y sont pas nés davantage, car l'ivraie ne lève point sans germe. Sur ces mondes l'humanité est arrivée à sa période de vérité, car là les passions humaines tendent au Bien.

Et, en effet, tout monde où l'humanité est arrivée au cycle de sa virilité doit offrir ce caractère distinctif fondamental : que chez lui le plein exercice de la *liberté* mène au Bien. Parmi les rangs d'une humanité virile, la liberté déployée dans toute sa plénitude doit être une force puissante tendue vers la perfection ; c'est là le gage de la supériorité d'un monde. Là toutes les passions, tous les désirs, tous les appétits de l'homme ont en vue le type idéal que nous imaginons pour modèle et pour but à la nature humaine.

Combien il s'en faut que notre monde offre un tel caractère ! La liberté pour nous, c'est la licence ; c'est l'assouvissement d'instincts pervers ; c'est le relâchement de mœurs déjà corrompues. La liberté, mot séduisant qui vous cache un abîme, hommes et femmes de la Terre ; mot dont la réalisation complète, telle que des appétits secrets la souhaiteraient, mettrait le comble à notre mal. Et vous ne l'ignorez pas, du reste. Où notre pauvre monde courra-t-il, si vous lâchez la bride à son ardeur ? Dans quel chaos se précipitera-t-il si, sans égard pour les lois conventionnelles que la société s'est vue contrainte de s'imposer, ni pour notre conscience intime, qui peut nous retenir plus ou moins sur le bord de l'abîme, ce monde se laisse aller à la satisfaction brutale de ses désirs? A quelques exceptions près, tous les hommes sur la Terre sont plus ou moins partisans de cette philosophie personnelle que l'on a nommée Philosophie de la sensation. De toutes les écoles, aucune ne compte autant de disciples, et celle-ci représente l'expression des tendances, souvent inavouées, mais dominantes, de la majorité des hommes. Cette philosophie, pour le dire en deux mots, part de ce fait : la sensation agréable ou pénible ; rechercher la première, éviter la seconde. Elle rappelle à l'homme que son premier instinct est de vouloir le plaisir, quel qu'il soit : plaisir physique, plaisir intellectuel ou plaisir moral ; elle lui enseigne que le bon entendement de la vie consiste à chercher la plus grande somme de plaisir possible, répartie dans une certaine durée de temps, c'est-à-dire *le bonheur*, et que la sagesse la mieux comprise est celle qui nous fait atteindre ce but, même au prix de renoncements passagers et de prudents sacrifices. Dans ce système, le bonheur personnel est le but de la vie, et l'intérêt le mobile unique de toutes les actions.

Or, n'est-ce pas là l'expression de la manière de penser de la majorité des hommes, et ne serait-ce pas celle de tous, si l'on brisait les freins qui nous rattachent à une morale plus austère, si l'on nous conviait à user pleinement de la liberté désirée? Et nous le demandons à ceux-là mêmes qui proclament verbalement les dogmes d'une philosophie plus élevée, cette manière de voir n'est-elle pas au fond de leurs pensées, et l'aiguillon qui les pousse incessamment à la déesse tant aimée de la

Fortune? Si tous les hommes s'écoutaient, ou pouvaient s'écouter, Épicure serait le dieu de la Terre.

Mais la philosophie de la sensation, ou la morale de l'intérêt, est un système philosophique des plus faux, qui, comme l'a si bien démontré M. Cousin, confond la liberté avec le désir, et par là abolit la liberté; qui ne fait pas de distinction fondamentale entre le bon et le mauvais; qui ne révèle ni l'obligation ni le devoir; qui n'admet pas le droit et ne reconnaît ni le mérite ni le démérite; qui peut facilement, — très-facilement, — se passer de Dieu; et qui, en dernière conséquence, abolit les principes supérieurs de la métaphysique, de l'esthétique et de la morale.

Prenez l'humanité en bloc, telle est la voie où elle se précipiterait si vous lui ouvriez les portes de la liberté telle qu'elle la comprend, tant elle a dénaturé ce sentiment sublime en l'interprétant à sa façon. C'est encore la voie que suit secrètement la majorité des hommes (et ce serait à son avis une maladresse de ne pas suivre cette voie, car il lui semble préférable de prendre le monde terrestre comme il est, et de modeler sur lui sa manière de vivre, plutôt que de se consumer en vains efforts pour le réformer). Et c'est ce monde que l'on avait supposé former à lui seul l'œuvre divine! C'est cette humanité que l'on avait supposée complète par elle-même, seule abritée sous l'aile de Dieu, et destinée au gouvernement de l'univers!

Ainsi, sous quelque point de vue qu'on envisage la question de l'homme, on reconnaît les preuves irrécusables de l'infériorité de notre monde et le gage d'une supériorité extra-terrestre; tous les enseignements de la philosophie et de la morale s'unissent pour en rendre témoignage. Émettra-t-on maintenant l'idée que notre

16.

humanité grandit et se perfectionne sans cesse, et que le jour viendra où l'homme, arrivé à l'apogée de sa grandeur, coulera dans la paix des jours heureux et pleins de gloire? Mais, en imaginant même que toute la perfectibilité dont notre race est susceptible se réalisât un jour; en avançant qu'à l'aide de la science et de l'industrie l'homme arrivât à dominer entièrement la matière, à faire par les machines tout le travail physique qu'il est encore obligé de faire de ses mains aujourd'hui, et à établir, autant qu'il peut être en notre pouvoir, le règne de l'esprit sur la Terre; en voyant au delà d'un lointain avenir une ère glorieuse autant supérieure à l'ère présente que celle-ci est supérieure à l'état sauvage; là même nous n'aurions pu changer les conditions fondamentales de l'existence de notre espèce, conditions intimement liées à notre séjour terrestre, et nous n'aurions pu faire que ce séjour terrestre ne portât toujours en soi l'ineffaçable sceau de son infériorité.

D'autres optimistes — moins bien entendus — avanceront peut-être que la création terrestre n'est pas achevée par le seul fait de la présence d'une race intellectuelle, et que, d'un jour à l'autre, la puissance créatrice qui fit éclore le premier homme au berceau de l'humanité pourra donner le jour à une nouvelle race d'êtres supérieurs, un nouvel ordre d'êtres intelligents autant élevés au-dessus de nous que nous le sommes au-dessus du singe, qui viendra prendre possession de la Terre et dominer les êtres qui l'habitent aujourd'hui, — ce qui, par parenthèse, est fort peu désirable pour nous. Ces nouvelles créatures pourraient n'être point soumises aux conditions d'existence qui nous rattachent à la matière; leur organisation plus éthérée offrirait quelques analogies avec celle des habitants de ces mondes supérieurs dont nous parlions, et, dès leur arrivée ici-bas, elles domineraient par nature tous les êtres soumis aux vicissitudes des éléments matériels. L'essence et la nature de leurs facultés morales seraient autant inaccessibles à notre conception que la lumière l'est à celle de l'aveugle, le son à celle du sourd. Quoique cette opinion ait été partagée par quelques écrivains respectables, il semble qu'elle est tout à fait gratuite ; car, d'un côté, notre genre humain paraît prendre possession de la Terre en souverain, et, d'un autre côté, s'il surgissait un jour un nouveau degré dans la hiérarchie des êtres terrestres, ce degré se manifesterait immédiatement au-dessus de nous, car la Nature ne fait pas de saut d'une création à l'autre ; il n'y a point de lacune dans la gradation naturelle des êtres. Or cette seconde race d'hommes subirait forcément elle-même les conditions d'habitabilité du globe ; elle appartiendrait à la zoologie de la Terre, comme les précédentes ; son organisme serait lié comme les autres à l'organisme fondamental de l'animalité ; et imaginerait-on une série de races humaines nouvelles de plus en plus supérieures, la dernière et la plus parfaite serait encore une race terrestre, et rien ne pourra faire que la Terre ne soit toujours la Terre.

Éliminant donc cette supposition romanesque d'une nouvelle humanité, nous restons avec la nôtre, réduite à son vrai caractère. Or, non-seulement nous n'arriverons jamais à cette ère idéale de paix et d'heureuse tranquillité que nous aimons à contempler dans nos rêves, mais encore, si les conditions d'une telle existence nous étaient offertes, le meilleur parti pour nous serait de les refuser, car un pareil changement ne nous serait pas avantageux. Il faut que la loi du travail soit en vigueur sur la Terre ; sans elle, l'inactivité du loisir, loin de favoriser notre développement, nous laisse dépérir et tomber dans la perdition Les âmes supérieures, qui vivent de la vie intellectuelle, sont les seules qui puissent sans péril s'abstenir des travaux corporels; quant à nous, hommes de la Terre, nous savons, par la triste expérience de ceux qui habitent nos climats les plus fortunés, que le travail est la condition de notre développement et de notre prospérité, et que, si les forces de notre âme n'étaient pas physiquement contraintes d'être sans cesse en action, elles s'engourdiraient et resteraient stériles.

L'idée fondamentale qui doit résulter des considérations précédentes sur l'ordre moral des humanités de l'espace doit donc nous représenter, dans l'ensemble des mondes, une gradation de créatures intelligentes supérieures à nous, comme une gradation d'êtres organiques également supérieurs à nous. De même qu'ici-bas, en notre modeste séjour, tous les êtres sont affectés dans leur constitution intime par une *tendance naturelle vers la lumière,* depuis les plantes qui naissent dans le fond des cavités rocheuses jusqu'à l'enfant au berceau, qui se tourne vers le jour, de même, dans toute la création, les êtres sont en ascension vers une destinée supérieure. Dans l'universalité des mondes les humanités ne stationnent pas au même degré d'élévation; elles montent, elles établissent une diversité infinie dans les cieux, et toutes ont leur place marquée dans l'unité du plan divin que l'Éternel s'est formé au commencement du monde.

Nous allons compléter les vues précédentes, par un coup d'œil sur la nature des idées que les habitants des autres mondes peuvent et doivent avoir, relativement aux trois questions fondamentales de la philosophie : *le Beau, le Vrai et le Bien* ; nous apprendrons en même temps, par cette étude, à apprécier, autant que possible, ces questions à leur valeur absolue.

Si la forme que revêtent transitoirement les intelligences incarnées sur chacun des mondes peut varier suivant l'état naturel de ces mondes, il n'en est pas de même du sens moral intime, qui donne à chaque conscience humaine son caractère de créature responsable. Le revêtement extérieur des êtres, l'aspect physique de l'univers, sont soumis aux forces de la matière, forces qui n'ont rien d'absolu, qui n'ont qu'une existence contingente, et qui subissent dans leur action toutes les vicissitudes auxquelles la matière elle-même est soumise. L'unité physique du monde peut exister au milieu des transformations perpétuelles des corps, et la variation incessante des éléments matériels n'empêche pas le Cosmos de former un ensemble tout à la fois un et successif. Mais pour que l'unité morale de la création subsiste, il faut que toutes les intelligences soient rattachées à l'intelligence suprême par des liens indissolubles.

Or nous pouvons arriver à reconnaître que ces liens sont formés par les principes fondamentaux de l'esthétique, de la métaphysique et de la morale, et que toutes les âmes humaines de l'espace doivent avoir sur ces principes des notions suffisantes pour s'élever à la vérité, — notions plus ou moins claires ou plus ou moins confuses, selon le degré d'avancement de ces âmes et des mondes qu'elles habitent. Pour cela, nous examinerons en elles-mêmes les idées du Beau, du Vrai et du Bien qui sont en nous, et nous chercherons à distinguer le beau physique du beau idéal, et à comprendre celui-ci dans sa réalité.

Commençons par remarquer d'abord que, si l'idée du beau est la plus *relative* des trois idées fondamentales dont nous parlons, parce qu'elle se rattache en certains points à l'apparence des êtres, qui n'a rien d'absolu, nous pourrons trouver en nous, cependant, quelques principes irréductibles qui forment le fond de nos conceptions, et qui offrent les caractères de l'absolu et de l'universel. Voyons d'abord comment l'idée du beau est relative, en ce qu'elle se rattache aux objets extérieurs.

Prenons, comme précédemment, la nature terrestre pour exemple et pour base de nos raisonnements. Une excursion ethnologique de quelques instants suffira pour nous montrer quelle dissemblance sépare les diverses appréciations du beau en chaque peuple du monde, et pour établir que ces appréciations constituent une relativité et non point un absolu. Avons-nous sous les yeux le type de la beauté grecque, la Circassienne dans la splendeur de sa grâce et de sa perfection, soit la Vénus callipyge, mettons en regard le type de la beauté chinoise, cette femme au lourd embonpoint, aux pieds ridiculement contrefaits; ajoutons à ce groupe la Vénus hottentote, que tout le monde a pu voir à Paris, cette créature affreuse et repoussante dont nous détournons les regards avec aversion, et jugeons l'intervalle énorme qui sépare l'appréciation de la beauté dans les trois races, blanche, mongole et africaine. Il en est de même dans tous les détails du goût. Les cheiks des tribus de l'Amérique trouvent beau de se tatouer la peau, de se couvrir de plumes et de coquillages, de se suspendre des anneaux au nez, de se couper le bout des oreilles, etc. Les habitants de Taïti s'écrasent le nez et se teignent les cheveux en roux. Pour qu'une jeune fille soit présentable chez les Botocas d'Amérique, il faut qu'elle se donne un air repoussant en se cassant les dents incisives de la mâchoire supérieure. Il y a mieux encore chez les nègres qui habitent vers les sources du Nil, toute femme pour être belle doit avoir un tel embonpoint, qu'elle ne puisse se traîner qu'à quatre pattes. Plusieurs indigènes de l'Inde prolongent leur bouche en forme de bec, et se plantent des clous de bois dans la lèvre inférieure. Les Ceylanais ont rendu leurs dents noires en mâchant du bétel, les dents blanches leur inspirent du dégoût ; il en est de même pour les Javanais, qui ne veulent pas avoir les dents « blanches comme celles des chiens », etc., etc. La liste serait longue, si nous voulions passer en revue tous les caprices du goût, qui, suivant les peuples et suivant les âges, ont successivement constitué la mode de la beauté du jour.

Nous venons de prononcer un mot qui caractérise suffisamment la valeur capricieuse de certaines appréciations sur le beau. En effet, rien n'est aussi instable que *la mode*, et rien n'est soumis à autant d'éventualités, à autant de variations. Et si l'on était porté à voir, dans les exemples qui précèdent, l'indice des goûts initiaux, non encore formés, et qui ne peuvent point être pris pour de véritables jugements, parce qu'ils appartiennent à des peuples moins avancés que nous, nous présenterions ici nos propres appréciations qui constituent la mode de chaque année, et nous demanderions s'il est possible d'imaginer quelque chose de plus changeant, de plus incertain que cette mode. C'est bien le cas de dire avec Pascal : Vérité en deçà des Pyrénées, erreur au delà. Ce dont toute la nation était enthousiaste il y a dix ans est trouvé ridicule aujourd'hui, et reviendra quelque jour sur la scène jouir de sa renommée primitive. Ce que les

Allemands admirent passe pour détestable en deçà du Rhin. Et la forme, et la couleur, et le caractère, tout change d'une latitude à une autre.

Sans doute il ne faut pas prendre pour exemples du beau ceux qui nous sont offerts par les races inférieures et primitives; encore moins devons-nous chercher avec Jean-Jacques l'idée naturelle du beau dans l'état sauvage; nous devons reconnaître, au contraire, que ces sortes d'appréciations sont d'autant plus justes, plus vraies, que les peuples sont plus avancés dans la culture des choses de l'esprit, et que notre beau est réellement plus digne de ce nom que celui des grossières tribus africaines. Mais c'est précisément cette gradation qui met en évidence la relativité de ce beau de convention, puisque celui-ci est toujours susceptible d'un perfectionnement, et qu'il se perfectionne, en effet, à mesure que notre idéal est plus épuré; et nous devons d'autant mieux admettre cette relativité, qu'il serait peu logique de nous arrêter à notre beauté comme représentant le type supérieur et la limite de la beauté physique, et que nous devons concevoir parmi les ordres supérieurs au nôtre d'autres images de beauté plus élevées que la nôtre.

Nous montrerons tout à l'heure comment tous nos jugements sur le beau ne peuvent approcher de la vérité qu'autant que nous approchons nous-mêmes de la notion du beau idéal absolu, et que la beauté physique n'a de caractères absolus que ceux qu'elle peut puiser dans la beauté spirituelle. Exprimons auparavant, par un exemple en rapport direct avec notre sujet, comment cette beauté physique est essentiellement relative.

L'art dont l'objet nous est le plus intimement lié, c'est l'art de la statuaire, qui a pour but la représentation de notre être même. Prenons donc cet art pour exemple, et

mieux encore, choisissons-en les chefs-d'œuvre. Voici,
d'un côté, l'Apollon du Belvédère, en face la Vénus de
Médicis : deux compositions considérées à juste titre
comme les types du beau dans l'art. Contemplons ces
deux statues humaines. Sur la première, la jeunesse immortelle d'un dieu resplendit ; ce front est le siége de la
pensée ; cette attitude est pleine de majesté et de grandeur ; ce corps est animé d'un esprit céleste qui circule
doucement en lui. Le dieu a la conviction paisible de sa
puissance ; sa flèche mortelle a percé le serpent Python :
pénétré du bonheur de sa victoire, son auguste regard
semble l'avoir déjà oubliée, et se perdre au loin dans
l'infini. Mais que cette Vénus est admirable, à côté même
du beau corps d'Apollon ! Quelle grâce dans ce visage,
quelle harmonie, quelle suavité dans ces ondoyants contours ! Un reflet divin l'éclaire ; il semble que, comme
au jour de Pygmalion, les roses vont colorer cette chair ;
le sourire éclore sur ces lèvres, et le frémissement de la
vie courir sous ces formes ravissantes.

De toutes les œuvres de l'art, les deux que nous venons
d'observer sont celles qui nous paraissent offrir au plus
haut degré les caractères de la beauté absolue. Un jugement impartial, cependant, nous éclairera mieux sur ce
genre de beauté, et nous montrera que, comme toute
beauté physique, celle-ci est purement relative.

Elle représente le type de la beauté sur la Terre. D'accord. Mais tout ce qui est absolu est par là même immuable et universel : allons donc un peu plus loin, et
examinons si cet Apollon et cette Vénus pourraient vivre
en d'autres mondes. Nous savons depuis longtemps que
notre mode d'existence est intimement lié à notre séjour,
et ne saurait être transplanté sur d'autres régions de
l'espace sans subir d'énormes modifications organiques.

Si ces deux êtres charmants pour le climat tempéré d'Athènes ou de Rome auraient tant de peine à vivre sous le soleil brûlant de l'Afrique centrale ou sur les glaces de la Sibérie, et perdraient en ces contrées toute leur grâce et toute leur beauté, combien, à plus forte raison, seraient-ils incapables de supporter les conditions étrangères qu'ils devraient subir, transportés en d'autres séjours ? Faits pour vivre sur la Terre, leur organisation physique est établie en corrélation avec l'état de notre monde ; et c'est précisément là ce qui constitue leur beauté ; mais que deviendraient-ils dans la chaleur torride de Mercure, qui les accablerait instantanément, et dans le froid d'Uranus, qui figerait le sang dans leurs veines ? Comment agirait le mécanisme de leurs poumons dans une atmosphère cent fois plus dense que la nôtre ou dans un milieu cent fois plus raréfié ? — Or, les poumons changés, notre boîte thoracique change, et avec elle la forme de notre corps. A quoi serviraient leurs dents, leur appareil de nutrition et tous les organes qui servent à notre alimentation journalière, là où l'on serait purement herbivore, là où l'on serait purement carnivore, là où l'on ne serait ni l'un ni l'autre, et où les fonctions vitales n'offriraient aucun caractère commun avec les nôtres ? Or, l'appareil digestif changé, le reste de notre corps change en même temps. Nos yeux sont construits pour distinguer les objets rapprochés, avec lesquels nous sommes en relation perpétuelle ; à quoi serviraient ces yeux, là où notre travail ne s'exercerait plus sur ces sortes d'objets, là où nous voyagerions dans les plaines de l'air ou sous les flots d'un océan ? De semblables questions peuvent être adressées au sujet de tous les organes qui constituent notre corps. Que répondrait-on si nous soulevions de plus l'énigme des *sens*, qui mettent notre âme en rapport avec le monde extérieur? Ici, nous avons *cinq* sens qui suffisent à nos besoins de perception, et qui, se complétant l'un l'autre, forment l'unité de notre sensation. D'autres êtres n'ont que quatre sens, d'autres n'en ont que trois, deux, ou en sont totalement dépourvus : ces êtres n'en ont pas moins un système de sensation complet par lui-même, mais fort inférieur au nôtre, puisqu'il ne peut leur donner qu'une partie des perceptions qui nous sont accessibles. Or il est possible qu'*un sixième sens*, dont nous ne pouvons nous former la moindre idée, donne à d'autres êtres une nouvelle supériorité sur nous-mêmes, un sixième sens qui les mettrait en communication intime avec certaines propriétés de la nature qui nous sont inconnues. Au physique comme au moral donc, nous n'avons aucune raison pour croire que la gradation s'arrête à nous : tout nous invite à penser le contraire. Toutes les réponses que nous pouvons donner aux questions qui ont pour objet notre nature physique établissent unanimement que la beauté de la Terre n'est pas la beauté des autres mondes. Sur chacun d'eux il y a un Apollon et une Vénus typiques ; mais la beauté de ces êtres serait incomprise par nous, de même que la nôtre serait incomprise par eux.

La beauté physique est donc essentiellement relative. Cela ne veut pas dire qu'elle n'existe pas; il y a un abîme entre ne pas exister et exister relativement; mais cela veut dire que nous ne devons point nous arrêter à cette beauté comme devant l'absolu, car on peut toujours supposer quelque beauté plus parfaite : entre elle et la beauté absolue, il y a la même différence qu'entre le fini et l'infini.

La beauté absolue, c'est la beauté spirituelle, la beauté intellectuelle, la beauté morale ; de quelque nom qu'on la nomme, elle est au fond de nos consciences comme le principe de l'Idée du beau, comme l'idéal dont se rapprochent plus ou moins les beautés finies que nos sens perçoivent. Cet idéal est la mesure et la règle de tous nos jugements sur les beautés particulières; et si nous établissons des degrés dans ces diverses beautés, c'est parce que nous lui comparons, à notre insu même, ces beautés dont cette comparaison nous fait juges.

Ce principe irréductible est en nous dans son caractère absolu, et rien ne peut faire qu'il n'y soit pas. Plus ou moins voilé par notre infériorité, plus ou moins visible sous notre éducation morale, il juge, lors même que nous voudrions lui imposer silence, et juge non-seulement de la valeur de nos idées, mais encore de la valeur de celles de tous les hommes. Et lorsqu'un fait moral, soumis à notre jugement intime, a été déclaré beau en lui-même, nous le tenons pour beau, lors même que d'autres hommes affirmeraient qu'ils lui sont indifférents.

Nous prendrons un exemple dans les faits de l'ordre moral comme nous en avons pris un dans les œuvres de l'ordre physique.

Pendant un épisode de la guerre honteuse que la Russie livre actuellement à la triste Pologne, un fait qui dénote un courage surhumain s'est accompli. Des hordes russes avaient mis à feu et à sang de pauvres villages aux environs de Varsovie; les habitants que le fer du soldat avait pu atteindre avaient été massacrés, les femmes arrachées de leurs demeures et livrées à d'ignobles outrages, les petits enfants laissés mourants dans les neiges. Le reste de la population qui avait pu s'échapper s'était enfui, les Cosaques le poursuivirent. Ceux-ci arrivèrent bientôt à une rivière, au delà de laquelle ils aperçurent les Polonais fuyant toujours; mais ne connaissant point l'endroit guéable par où l'on pouvait traverser, ils cherchèrent dans la campagne quelque paysan occupé à la terre. Ils sommèrent le premier qui se rencontra de leur indiquer le gué, sous peine d'être impitoyablement massacré. Celui-ci leur affirma qu'il n'était pas du pays et ne connaissait pas la rivière. Ils employèrent les menaces et joignirent l'action à la parole; le Polonais persista dans son affirmation. Alors, à l'extrémité, ils lui ordonnèrent sous peine de mort immédiate de se jeter à l'eau, de chercher le gué et de le leur indiquer. Le Polonais se jeta à la nage et chercha le gué. Épuisé de fatigues, il trouva enfin l'endroit où l'on pouvait traverser la rivière de plain pied. Alors il simula de grands efforts, comme si l'eau était devenue plus profonde, s'abaissa peu à peu au-dessous de la surface, et se noya pour sauver ses frères.

Voilà une action que nous déclarons belle en elle-même. Ce jugement absolu, nous le portons en vertu du principe qui est en nous, et quiconque viendrait nous dire que cette action ne le touche point, nous tiendrions sa parole pour mensongère ou son sens moral pour interverti. Si nous raisonnons de cette sorte, c'est parce que cette action offre un genre de beauté qui se rattache à notre idéal de beauté absolue. Nous raisonnons de même pour tous les genres de beauté qui touchent à la beauté intellectuelle, que ce soit Vincent de Paul secourant les enfants, ou Régulus, comblé d'honneurs à Rome, retournant mourir à Carthage ; que ce soit la dernière parole de Socrate buvant la ciguë ou celle du divin Christ sur la croix ; que ce soit Newton pesant les mondes ou Platon contemplant Vénus-Uranie.

La beauté physique, la beauté sensible est donc relative, tandis que la beauté idéale est absolue ; celle-ci est le fond, le principe de la première. Toutes les beautés qui constituent le beau extérieur ne nous satisfont point; elles ne sont que l'indice d'une beauté supérieure qui est la beauté idéale. Et cet idéal est d'autant plus apparent au fond de notre âme, il paraît d'autant plus épuré, d'autant plus complet, que nous sommes plus élevés dans la sphère de l'intelligence; il semble s'élever et reculer à mesure que nous nous élevons nous-mêmes : il participe de l'infini, car il n'a son terme qu'en Dieu même, principe des principes.

Toutes les âmes humaines créées, qu'elles habitent la Terre ou d'autres séjours, sont réunies par ces mêmes principes irréductibles de beauté idéale; car ces principes possèdent les caractères de l'absolu et de l'universel. Si le beau dans les objets diffère suivant les mondes, il n'en est pas de même du beau dans l'esprit de l'homme; celui-ci est une notion nécessairement universelle. Il constitue, comme nous le verrons, avec les principes du vrai et du bien absolus, le lien moral qui rattache à l'Intelligence première toutes les intelligences créées. Sur toutes les terres habitées de l'espace comme sur la nôtre, les âmes humaines peuvent dire avec Platon[1] ces paroles inspirées :

« Beauté éternelle, non engendrée et non périssable, exempte de décadence comme d'accroissement, qui n'est point belle dans telle partie et laide dans telle autre; belle seulement en tel temps, en tel lieu, dans tel rapport; belle pour ceux-ci, laide pour ceux-là; beauté qui n'a point de forme sensible, un visage, des mains, rien de corporel; qui n'est point non plus telle pensée ou telle science particulière, qui ne réside dans aucun être diffé-

---

Le Banquet, discours de Diotime; éd. Cousin, t. VI.

rent d'avec lui-même, comme un animal, ou la terre, ou le ciel, qui est absolument identique et invariable par elle-même, de laquelle toutes les autres beautés participent, de manière cependant que leur naissance ou leur destruction ne lui apporte ni diminution, ni accroissement, ni le moindre changement! Pour arriver à toi, beauté parfaite, il faut commencer par les beautés d'ici-bas, et, les yeux attachés sur ta beauté suprême, s'y élever sans cesse, en passant, pour ainsi dire, par tous les degrés de l'échelle, jusqu'à ce que, de connaissances en connaissances, on arrive à la connaissance par excellence, qui n'a d'autre objet que le beau lui-même, et qu'on finisse par le connaître tel qu'il est en soi... Quelle ne serait pas la destinée d'un mortel à qui il serait donné de contempler le beau sans mélange, dans sa pureté et sa simplicité, non plus revêtu de chairs et de couleurs humaines, et de tous ces vains agréments condamnés à périr, à qui il serait donné de voir face à face, sous sa forme unique, la beauté divine! »

S'il y a, dans le beau, des principes absolus qui forment comme le fond et le type spirituel de la beauté, semblablement et à plus forte raison devrons-nous rencontrer ces mêmes principes absolus dans l'idée du *vrai* et du *bien*; car ici il n'y a plus rien de matériel, tout est essentiellement moral et appartient au règne de l'esprit. Ce qui est vrai est vrai, ce qui est bien est bien, dans la valeur absolue du mot; et si l'histoire des peuples semble montrer chez les uns des vérités non reconnues chez les autres, et infirmer par là le principe des vérités absolues, ce fait ne doit servir qu'à nous éclairer sur l'existence de ces vérités, à nous apprendre à les distinguer de certaines idées relatives, et à ne point prendre inconsidérément pour absolu ce qui n'en offre pas les caractères indestructibles.

Les vérités universelles offrent ce caractère distinctif, qu'elles existent nécessairement, indépendamment de nous, et qu'elles ne peuvent subir aucune altération de quelque part que ce soit. Elles sont axiomatiques et impérissables. Notre raison les perçoit, mais ne les invente pas; elle les trouve, mais ne les forme pas; et si tous les hommes ne peuvent au même degré en apprécier la valeur, parce que tous les hommes ne sont pas également élevés dans l'ordre moral et intellectuel, du moins leur notion est-elle accessible à toute conscience humaine, parce que cette notion doit être la règle de notre conduite intérieure.

Ces principes universels sont à la tête de toutes les sciences, et, sans leur autorité indiscutable, aucune science ne saurait être édifiée. A la tête des mathématiques nous avons nos axiomes, nos définitions premières, qui forment la base originelle de notre science, au delà de laquelle nous ne remontons pas, parce qu'en elle subsiste la confirmation inaliénable de nos théorèmes. Dans tous les pays du monde 2 et 2 font 4, le carré de 4 est 16, et 8 la racine carrée de 64. Les rayons du cercle sont égaux en quelque lieu que ce soit; de même que la sphère a partout pour mesure $\frac{4}{3}\pi R^3$. Rien ne peut faire que dans un triangle rectangle la somme des deux angles aigus ne soit égale à l'angle droit, ou que chaque côté de l'angle droit ne soit égal à l'hypothénuse multipliée par le sinus de l'angle opposé. Etc.

A la tête de la logique, cette mathématique du raisonnement, nous avons nos principes absolus, auxquels nous ramenons les divers points de notre discours, principes en vertu desquels nous prononçons d'autorité, et parvenons à la vérité cherchée. Tout effet proclame une cause, cause au moins égale à l'effet produit; toute action nécessite une force, et toute force ne peut s'appliquer que sur un point résistant. Rien ne peut faire que le contenant ne soit pas supérieur au contenu. Il n'y a pas d'acte sans agent, ni de qualité sans substance. Etc.

A la tête de la morale nous avons de même nos principes absolus et indiscutables, en vertu desquels nous jugeons les actions, les pensées même, et en apprécions la valeur. Ils sont la base de nos lois individuelles et de quelques-unes de nos lois sociales; ils sont la règle de notre conduite intime; ils s'étendent à tous les êtres moraux, sans distinction de mondes, d'espace et de temps. L'idée du juste et de l'injuste est au fond de nos consciences. La foi jurée oblige, et quiconque trahit ses serments commet une faute. L'homme envieux et jaloux de son frère est criminel; celui qui consacre sa vie au soulagement de l'infortune est vertueux. Etc. Ce sont là des vérités absolues et universelles.

Il ne faut pas confondre ces vérités *universelles* avec les vérités seulement *générales*, qui, malgré leur extension quelquefois illimitée, ne sont pas cependant absolues. Par exemple, lorsque nous disons que l'année dépend du mouvement de la Terre, nous énonçons une vérité générale, qui peut être étendue à un grand nombre d'astres, mais qui peut ne pas l'être à des astres soumis à un système différent du nôtre. Sur une Terre qui, par exemple, serait relativement immobile au centre d'un groupe de Soleils, l'année n'existerait pas; il y aurait une astronomie, une physique tout autres qu'ici; cependant il ne saurait y avoir d'autres principes mathématiques, ni d'autres principes de logique pour ses habitants, etc. Les vérités générales peuvent nous être fournies par les sens, par

17.

l'observation extérieure; et c'est pourquoi l'école empirique ne veut pas les distinguer d'avec les universelles. Les vérités absolues, qui ne dépendent ni du monde, ni de nous, sont conçues par notre raison; celle-ci les atteint, les découvre, à l'aide des principes universels dont elle est pourvue; elle ne les constitue point. C'est pourquoi nous disons que, dans toutes les humanités, ces vérités absolues sont comme chez nous la base originaire des travaux de l'intelligence.

A l'égard de l'origine des vérités absolues, nous suivrons l'exemple que nous a donné le père de la philosophie éclectique; nous établirons que ces vérités peuvent résider ou dans notre esprit, ou dans les êtres extérieurs, ou en elle-même, ou en Dieu; et nous reconnaîtrons : 1° que notre esprit aperçoit la vérité absolue, mais ne la constitue pas; 2° que les êtres extérieurs participent de la vérité absolue, mais ne l'expliquent pas; 3° que la vérité n'existe pas en elle-même; 4° qu'elle est en Dieu, principe des principes. L'Être suprême s'est rattaché toutes les intelligences par ce second lien; *la destinée de tous les êtres doués de raison est de s'élever à la connaissance des vérités absolues*, et ces êtres possèdent en eux les éléments et les notions nécessaires pour se développer et arriver à cette connaissance.

Lorsque nous disons que les principes universels de la vérité sont déposés par Dieu même en notre âme, et qu'ils forment la base de nos sciences, nous ne voulons pas dire qu'ils soient connus de tous au même degré, et que partout on ait élevé sur eux les édifices que nous y avons élevés sur la Terre. Loin de là, il importe d'établir, au contraire, que les connaissances humaines sont plus ou moins avancées, plus ou moins étendues, selon que nous sommes nous-mêmes plus ou moins élevés dans l'ordre mental. Des mêmes principes on peut tirer des conséquences très-différentes, quoique vraies, et aussi des conséquences erronées. Si, par exemple, des principes axiomatiques de la numération et de la géométrie nous avons successivement établi nos propositions d'arithmétique, de géométrie, d'algèbre, de trigonométrie, d'analyse et de mathématiques transcendantes, depuis les premiers théorèmes d'Euclide jusqu'au calcul différentiel et intégral que nous ont légué Descartes, Leibnitz, Fermat, Lagrange, etc., il n'est pas dit pour cela qu'en tous les mondes de l'espace, où les mathématiques sont cultivées, on ait élevé le même ensemble. Rien ne nous prouve que les moyens de calcul à nous connus soient les seuls que l'on puisse employer, et que la voie par nous suivie soit la seule qui puisse être ouverte au génie de l'homme. S'il est vrai, d'un côté, que Pascal et d'autres chercheurs isolés aient trouvé par eux-mêmes les mêmes propriétés géométriques qu'Euclide et d'autres avaient déjà trouvées, il est également possible qu'en d'autres mondes on ait identiquement les mêmes mathématiques que nous. Mais peut-être aussi, sur certains mondes, s'est-on arrêté aux équations du premier degré, peut-être Néper n'a-t-il pas eu d'émules, et les fécondes progressions logarithmiques sont-elles inconnues à de laborieux calculateurs; par contre, peut-être, en certains mondes, l'analyse infinitésimale est-elle le devoir des écoliers en bas âge, et s'est-on élevé là à des conceptions dont nous ne saurions nous faire aucune idée. Rien n'empêche encore que l'on ait construit tout un autre corps de mathémathiques sur les mêmes propositions fondamentales que nous; que l'on ait trouvé féconds certains principes que nous croyons stériles; qu'on en ait déduit des propositions nouvelles, et qu'on emploie, pour la solution des mêmes problèmes (ou d'autres), des méthodes toutes différentes de celles qui sont en usage chez nous. — N'avons-nous pas nous-mêmes diverses méthodes pour résoudre les mêmes questions? Il faut savoir, d'un côté, que chaque intelligence est limitée, si nous l'envisageons à un moment donné, et que, selon sa capacité, elle est comme au centre d'une sphère plus ou moins étendue, au delà de laquelle elle ne voit plus rien; il faut savoir, d'un autre côté, que chacun a ses aptitudes et sa faculté d'invention propre, de telle sorte que sur les mêmes principes universels une immense variété de sciences peuvent s'être élevées.

Cette restriction faite, rétablissons le point reconnu précédemment : que les principes absolus des vérités éternelles sont en la conscience de toute âme responsable; qu'ils sont la lumière illuminant tout homme naissant au monde, et qu'ils constituent avec ceux du Beau et du Bien l'unité morale de la création. En terminant, nous couronnerons nos assertions par les paroles de Bossuet dans son *Traité de la Connaissance de Dieu et de soi-même*, comme nous avons couronné nos assertions sur le Beau par des paroles empruntées au *Banquet* de Platon.

« Les vérités éternelles que nos idées représentent sont le vrai objet des sciences. — Si je cherche où et en quel objet elles subsistent éternelles et immuables, je suis obligé d'avouer un être où la vérité est éternellement subsistante, et où elle est toujours entendue; et cet être doit être la vérité même, et doit être toute vérité, et c'est de lui que la vérité dérive dans tout ce qui est et ce qui s'entend hors de lui. C'est donc en lui, d'une certaine manière qui m'est incompréhensible, c'est en lui, dis-je, que je vois ces vérités éternelles; et les voir, c'est me tourner à Celui qui est immuablement toute vérité, et recevoir ses lumières. Cet objet éternel, c'est Dieu éternellement subsistant, éternellement véritable, éternellement la vérité même. C'est dans cet éternel que les vérités éternelles subsistent. C'est là aussi que je les vois, et que tous les hommes les voient comme moi.

« D'où vient à mon esprit cette impression si pure de la vérité? D'où lui viennent ces règles immuables qui dirigent le raisonnement, qui forment les mœurs, par lesquelles il découvre les proportions secrètes des figures et des mouvements? D'où lui viennent, en un mot, ces vérités éternelles que j'ai tant considérées? Sont-ce les triangles et les carrés et les cercles que je trace grossièrement sur le papier qui impriment dans mon esprit leurs proportions et leurs rapports? Ou bien y en a-t-il d'autres dont la parfaite justesse fasse cet effet?... Y a-t-il quelque part, ou dans le monde, ou hors du monde, des triangles ou des cercles subsistant dans cette parfaite régularité, d'où elle serait imprimée dans mon esprit? Et des règles du raisonnement et des mœurs subsistent-elles aussi en quelque part, d'où elles me communiquent leur vérité immuable? Ou bien n'est-ce pas plutôt que Celui qui a répandu partout la mesure, la proportion, la vérité même, en imprime en mon esprit l'idée certaine?... Il est certain que Dieu est la raison primitive de tout ce qui est et de tout ce qui s'entend dans l'univers; qu'il est la vérité originale, et que tout est vrai par rapport à son idée éternelle, que cherchant la vérité nous le cherchons, et que le trouvant nous la trouvons. »

Ce que nous avons dit sur les idées universelles de beau et de vrai, qui sont communes à la raison de toutes les intelligences créées, doit être appliqué à plus forte raison aux idées absolues du bien, qui sont au fond de la conscience humaine. L'idée du bien est du reste intimement liée à l'idée du vrai, car le bien absolu n'est autre que la vérité morale absolue. Ce qui va suivre est donc le corollaire nécessaire de ce qui précède, et il sera plus facile encore de montrer qu'il y a à la base de la morale des principes absolus et indéfectibles, aussi bien qu'à la base de la psychologie, de la logique et de la métaphysique.

Ici comme précédemment, nous établirons que la philosophie n'invente pas, mais qu'elle constate et décrit ce qui est. L'homme ne peut créer, former une vérité morale, pas plus qu'il ne peut inventer une vérité de l'ordre métaphysique; tout ce qu'il peut faire, c'est de s'élever à la notion d'une vérité existante, de la découvrir et de la mettre en activité selon son code de raisonnement.

C'est pourquoi nous pensons, avec la plus grande majorité des philosophes, que les principes universels de la morale peuvent être établis d'après l'assentiment général du genre humain; que le rôle et la méthode de la philosophie se bornent ici à recueillir ce que l'humanité croit et pense, à être son interprète fidèle, et à exprimer en corps de doctrine les idées que tout homme au fond de sa conscience considère comme appartenant au bien. Et ici le sens commun est notre juge. Dans tous les âges, chez tous les peuples, l'homme a distingué le juste de l'injuste; partout l'homme a compris la notion du devoir, celle de la vertu, celle du dévouement et du sacrifice; partout, dans l'étude des langues, expression de la pensée, dans la vie extérieure des familles et des peuples, dans la conscience privée de chacun de nous, partout nous trouvons des jugements absolus d'estime ou de mépris sur la valeur morale des actions, des jugements décrétés au tribunal de notre âme, que celle-ci a rendus avec autorité et connaissance de cause, et dont nulle autorité ne saurait changer la nature.

Dans la morale comme dans la logique, comme dans l'esthétique, tous les hommes ne sont pas également capables de connaître et d'apprécier dans leur valeur intègre tous les principes qui constituent le bien ; cette faculté d'émettre des jugements toujours vrais, d'avoir au fond de la conscience la notion claire et précise du bon et du mauvais, et d'être par conséquent *responsables*, cette faculté est plus ou moins complète en nous, selon que nous sommes nous-mêmes plus ou moins élevés dans l'ordre moral. Aussi importe-t-il de ne pas confondre les principes de la morale et de la religion naturelles avec des idées puisées dans l'état de nature, et de ne point chercher, comme on l'a fait, les axiomes du bien et la sanction de nos jugements dans l'état sauvage des premiers hommes ou du moins des hommes inférieurs. De même que nous n'avons point cherché l'idée du beau et du vrai parmi ces êtres qui n'ont d'humain que le nom, et qui sont assis à l'échelon inférieur de notre règne, reliant en quelque sorte celui-ci au règne animal ; de même nous ne leur demanderons point le vrai code de la morale. Loin de là, cette considération mettra mieux en évidence notre doctrine de l'ordre hiérarchique des intelligences, et donnera une idée de cette hiérarchie universelle des âmes, plus ou moins élevées dans la notion et dans la pratique du bien.

Pour connaître les vrais principes de la morale, il faut les chercher dans la conscience de l'être humain arrivé à sa plénitude de vie intérieure, à son état d'activité libre et entière, et non point dans un prétendu état de nature ou dans l'humanité au maillot ; il faut interroger l'homme que l'étude de soi-même et l'apprentissage de la vie ont éclairé, et non point l'homme encore enveloppé dans les langes du premier sommeil. Or notre conscience universelle nous dicte ses lois, qui sont celles de la morale absolue. Elle nous enseigne que les principes que nous cherchons, et en vertu desquels nous jugeons du mérite ou du démérite, ne résident point dans la doctrine de la sensation, dans celle qu'Épicure a préconisée, ni dans la morale fondée sur l'intérêt, lesquelles conduisent au despotisme et à la décadence. Elle nous enseigne encore que la morale du sentiment, opposée à la morale de l'égoïsme, n'est pas suffisante ; que la morale fondée sur l'intérêt du plus grand nombre est incomplète, que celle établie sur la seule volonté de Dieu ou sur l'attente des peines et des récompenses futures est également défectueuse. L'analyse des faits psychologiques qui se passent en nous lorsque nous sommes appelés à juger les actions des autres et nos propres actions, cette analyse nous montre que le jugement du bien et du mal repose sur la constitution même de la nature humaine, comme le jugement du beau et le jugement du vrai, et que, comme ces deux jugements, le premier a pour caractère d'être simple, primitif et indécomposable. — Comme toutes les autres sciences, la morale a ses axiomes, et ces axiomes s'appellent dans toutes les langues des vérités morales; axiomes et vérités qui ne se plient à aucun caprice, qui prononcent d'autorité au fond de notre âme, qui y jettent le remords et la terreur, ou qui y répandent le calme et la sérénité; qui nous condamnent ou nous absolvent; qui nous jugent, enfin, dans notre valeur véritable.

Ces principes constituent la vraie morale, appartiennent à toutes les humanités de l'espace, et relient dans la même unité toutes les âmes responsables [1].

[1] M. Renan, dont le vague panthéisme ne laisse pas de temps

Ces principes, comme ceux du beau et du vrai, ne sont pas des entités purement abstraites et inexistantes ; ils ne sont pas la création imaginaire de nos conceptions ; ces principes existent, absolus, irrévocables, dans l'Être premier qui les constitue. De la notion du beau, de la notion du vrai, nous sommes remontés à une unité qui est la beauté absolue et la vérité absolue ; élevons-nous de même de la notion du bien à l'unité qui est le bien absolu. *Unité* suprême qui résume en soi la parfaite beauté, la parfaite vérité et le vrai bien, Être infini auquel sont rattachées toutes les âmes de tous les mondes par les principes universels que nous avons analysés, Être suprême qui occupe le sommet de la perfection, ou pour mieux dire, qui est la perfection même, et vers lequel la destinée de toute âme humaine est de s'élever sans cesse.

Et du fond du cœur, tout être pensant qui s'élève à la contemplation de l'Éternel peut l'invoquer avec amour, et, se laissant emporter par une sainte inspiration, lui dire, au nom de tous ses frères de l'espace : « Volonté sublime et vivante qu'aucun nom ne peut exprimer, qu'aucune idée ne peut embrasser, je puis cependant

---

en temps de jeter certaines lumières, s'est rencontré avec nous sur ce point. Rapportant la rencontre de Jésus avec la Samaritaine et ces paroles du maître : « On n'adorera plus ni sur cette montagne ni à Jérusalem, mais les vrais adorateurs adoreront le Père en esprit et en vérité. » — Ce jour, dit-il, Jésus fonda le culte pur, sans date, sans patrie, celui que pratiqueront toutes les âmes élevées jusqu'à la fin des temps. Non-seulement sa religion, ce jour-là, fut la bonne religion de l'humanité, ce fut la religion absolue ; et si d'autres planètes ont des habitants doués de raison et de moralité, leur religion ne peut être différente de celle que Jésus a proclamée près du puits de Jacob. (*Note de la 4ᵉ édition.*)

élever mon cœur à toi, car toi et moi nous ne sommes pas séparés ! Au dedans de moi ta voix se fait entendre; en toi, l'incompréhensible, ma propre nature et le monde entier me deviennent intelligibles; chaque énigme de mon existence est résolue, et une parfaite harmonie règne en mon âme. Tu créas en moi la conscience de mon devoir, celle de ma destination dans la série des êtres raisonnables; comment? je l'ignore; mais ai-je besoin de le savoir? Ce que je sais, c'est que tu connais mes pensées et acceptes mes intentions, et la contemplation de tes rapports avec ma nature finie suffit à me tranquilliser et à me rendre heureux. De moi-même, je ne sais trop ce que je dois faire; pourtant j'agirai simplement, sereinement et sans ruse, car c'est ta voix qui me commande, et la force avec laquelle j'accomplis mon devoir est la tienne propre. Je n'ai aucune crainte des événements de ce monde, car ce monde est le tien. Tout événement fait partie de ton plan; ce qui dans ce plan est positivement bien, ou seulement moyen d'éviter le mal, je l'ignore; mais je sais que dans ton univers tout finira bien, et dans cette foi je reste ferme. Qu'importe que je ne connaisse pas ce qui est pur germe, fleur ou fruit parfait? La seule chose qui me soit importante, c'est *le progrès de la raison et de la moralité à travers les êtres raisonnables*. Ah! quand mon cœur est fermé à tout désir terrestre, comme l'univers m'apparaît sous un glorieux aspect! Les masses mortes et embarrassantes qui servent seulement à remplir l'espace s'évanouissent, et à leur place un éternel flot de vie, de force et d'action découle de la grande source de vie primordiale, de ta vie, ô Toi, l'éternelle Unité [1] ! »

---

[1] Fichte, *Destination de l'homme*.

Résumons notre philosophie dans une dernière synthèse.

Il y a des principes absolus de justice et de vérité qui sont en Dieu, souverain Créateur. Ce sont ces principes qui constituent l'*unité morale* du monde; ce sont eux qui relient harmoniquement tous les esprits à l'Esprit suprême. Sur les mondes où ils sont en honneur et règnent sans partage, l'humanité a laborieusement parcouru l'immense série des épreuves; elle s'est affranchie de toutes les influences de la matière, elle s'est approchée de la perfection dernière et resplendit au sein de l'auréole divine. Là rayonne une nature toute belle, une vie sans ombre, un peuple sans tache; là repose l'esprit de Dieu, enveloppant tous les êtres, comme la pure lumière qui tombe du ciel oriental. Sur les mondes moins élevés, ces principes de justice et de vérité ne règnent pas encore en souverains, ils ne sont pas compris dans toute leur grandeur ni pratiqués dans toute leur étendue; ils ne sont pas l'unique boussole que les hommes consultent dans leur ascension vers le bonheur auquel ils aspirent. A mesure que l'on descend dans la hiérarchie des mondes, on reconnaît que ces principes sont de plus en plus voilés par la prédominance de la matière, et sur les mondes inférieurs où l'humanité s'est à peine avancée de quelques pas dans la voie de la perfection, les tendances primitives de l'animalité dominent et ne laissent point éclore les affections de l'âme. C'est en grand le spectacle qui se manifeste en petit dans notre propre séjour. L'esprit s'élève d'autant plus qu'il s'affranchit davantage de la domination des choses corporelles, en même temps il s'instruit dans la notion de la vérité et de la morale. Cette notion que toute conscience humaine porte en soi est à peine sensible dans l'âme primitive, où elle est confusément mêlée aux instincts grossiers ; plus tard elle devient distincte, se dégage et sert de fil conducteur à l'homme se perfectionnant. Elle est de cette sorte le lien universel qui rattache à Dieu toutes les humanités de l'espace.

Le monde de la Terre est situé parmi les rangs inférieurs de cette sorte d'hiérarchie morale. En le considérant à cette place, nous permettons à l'œuvre divine de se manifester dans toute sa grandeur. Le pessimiste ne renie plus le nom du Premier des êtres, car il sait que toute chose a sa place marquée dans l'ordre de la création, et que la nature est une immense ascension des êtres vers Dieu. L'univers est complet par lui-même ; la nature intelligente est intimement liée à la nature physique ; elles se complètent toutes deux l'une par l'autre ; isolées, leur existence serait stérile ; réunies, elles sont l'expression vivante de la Pensée divine. Pour celui qui croit en l'enseignement de la Pluralité des Mondes, l'ordre des intelligences s'agrandit comme l'ordre des êtres corporels, la vie universelle anime l'un et l'autre, et l'œuvre de Dieu, infinie dans ses développements successifs, apparaît aux yeux de l'âme comme la plus grandiose, comme la plus belle des images qu'il nous soit donné de concevoir.

III

L'HUMANITÉ COLLECTIVE

Les humanités des autres Mondes et l'humanité de la Terre sont une seule humanité. — L'homme est le citoyen du ciel. — La famille humaine s'étend, au delà de notre globe, aux terres célestes. — Parenté universelle. — Pluralité des Mondes et pluralité des existences. — L'éternité future n'est autre que l'éternité actuelle. — Régions de l'immortalité. — Dernières vues sur la doctrine de la Pluralité des Mondes.

Nous avons étudié l'univers sous son double aspect : sous son aspect physique, dans la grandeur des objets et dans l'harmonie des lois qui les régissent ; sous son aspect moral, dans la vie intellectuelle des êtres qui l'habitent.

Les mondes ont parcouru sous nos yeux le cycle de leurs révolutions immenses; ils se sont présentés à nous dans leur état réel, avec les éléments qui constituent leur individualité, avec les richesses variées qui les distinguent. A leur surface nous avons reconnu l'existence d'humanités de différents ordres, selon le monde auquel elles appartiennent.

Et dans ce double tableau, la vie nous a paru circuler de toutes parts, tourbillon invisible animant chaque atome de matière. L'espace infini qui s'étend au-dessus de nos têtes n'est plus vide, silencieux, désert pour nous; il ne nous est plus indifférent. Il est l'arène où se livrent les pacifiques combats de l'éternelle Vie; il est le champ où germent les épis d'or, où s'épanouissent les fleurs brillantes de cette vie sans fin, dont la force féconde a quelque chose d'infini, d'éternel comme son Auteur.

Notre esprit s'est agrandi à mesure que s'est développée la sphère de nos investigations, et nos pensées, dégageant leurs ailes des liens qui les rattachaient au terrestre séjour, se sont envolées vers le ciel, où elles se sont enrichies de connaissances nouvelles, résultat des conquêtes de leur ardent essor. Notre cœur lui-même n'est pas resté étranger à ces recherches, et plus d'une fois la sublimité du spectacle de la nature l'a touché d'une émotion salutaire.

Cependant notre esprit et notre cœur ne sont pas encore satisfaits.

Le grand travail auquel nous venons de nous livrer nous a instruits dans la science du monde; il nous a éclairés sur la valeur réelle de notre Terre et sur celle de ses habitants; il nous a isolés comme autant d'êtres insignifiants perdus dans l'universalité des mondes; il nous a montré notre misère et notre infériorité. C'est bien. — Mais l'œuvre serait inachevée si elle s'arrêtait là.

Nous ne voulons point être isolés du reste du monde; nous ne voulons point être froidement assis au milieu du vide, et nous sentir étrangers dans cette immense cité de la création. Nos droits de citoyens sont inscrits au fond de nos âmes et sur nos fronts d'hommes ; nous ne pouvons ni ne voulons nous soustraire à leur voix. Des aspirations légitimes se manifestent en nous : nous voulons sentir les liens inconnus qui nous rattachent à l'universelle vie des âmes. C'est là la prière invocatrice qui s'élève du fond de notre être vers le ciel des étoiles.

Oui, vous nous êtes apparus dans votre revêtement splendide, astres magnifiques qui étincelez dans l'éther ! Nous sommes montés jusqu'aux régions lointaines que vous parcourez dans les cieux ; nous avons suivi les lignes sinueuses de vos vastes orbes ; nous avons observé les transformations que les lois de la lumière et de la chaleur opèrent à votre surface ; nous avons assisté aux tableaux que la main savante de la Nature fait apparaître sur vos campages au lever du jour, au coucher de l'astre-roi, ou pendant vos nuits étoilées. Nous avons vu ces choses ; nous avons compris combien notre séjour est peu digne d'être mis en comparaison avec le vôtre ; nous avons mieux jugé quel intervalle nous éloigne de vous, astres sublimes ! Nous avons mieux senti la distance qui sépare notre humanité primitive des humanités glorieuses dont vous êtes le séjour...

Mais nous êtes-vous aussi étrangères que nous le pensons, ô lointaines humanités qui suivez avec nous les chemins variés du ciel ? Ne parcourez-vous pas un cycle de destinées semblable à celui que nous parcourons ici-bas ; n'êtes-vous pas entraînées vers le même but ; n'allons-nous pas ensemble à la même fin ? Répondez, ô populations inconnues, savez-vous s'il n'existe pas d'autres liens de relation entre nous que ces rayons lumineux que s'envoient mutuellement nos demeures ? savez-vous si l'unité et la solidarité de la création ne nous touchent pas, chacun de nous, atomes pensants, et si nous ne devons pas nous rencontrer quelque jour et nous reconnaître ? Avez-vous appris si nos premiers pères n'étaient pas frères avant de descendre sur chacune de nos patries, et d'y établir le berceau d'autant de familles humaines ?

Dites-nous vers quel point nous sommes tous emportés, planètes et soleils; quel lieu de repos nous cherchons à travers les espaces, et quelle est cette dernière demeure où nous devons nous réunir?

Oh non! vous ne nous êtes pas étrangères, blanches étoiles qui scintillez doucement pendant la nuit profonde! Toute âme qui s'est laissé absorber dans votre contemplation n'a pu se défendre du sentiment de sympathie qui descend de votre magique regard. Maintenant surtout que les régions de l'immortalité sont devenues plus visibles, depuis l'aurore sacrée où la main d'Uranie écarta le voile qui les couvrait; maintenant que le ciel nous est apparu dans sa grandeur et dans sa vérité; nous sommes devenus grands en brisant le cercle étroit des dogmes antiques, et notre vue s'est soudain développée, embrassant l'étendue de l'univers. Vous êtes venues à nous, ô blondes filles du ciel! vous avez répandu sur nos têtes l'inspiration que les muses d'un autre temps ne peuvent plus nous donner; vous nous avez enveloppés de lumière, et nous avons compris votre enseignement sublime.

O nuit majestueuse! comme ta splendeur s'est encore agrandie devant nos yeux depuis que nous avons entrevu la vie sous ta mort apparente! comme tes harmonies sont devenues délicieuses! comme ton spectacle s'est transfiguré devant nos âmes! Jadis, je me plaisais à vous contempler dans le silence de minuit, ô Pléiades lointaines dont la clarté diffuse nous emporte si loin de la Terre! je me plaisais à voir reposer sur vous l'essaim de mes pensées, parce que vous êtes une station brillante de l'infini des cieux. Mais aujourd'hui que je vois dans votre multiple rayonnement autant de foyers où des familles humaines sont rassemblées; aujourd'hui que dans ce rayonnement si calme je crois reconnaître les regards de frères inconnus, le regard peut-être des êtres chéris que j'aimais tant, et que la Mort inexorable a emportés loin de moi, de cet être, surtout, qui s'est envolé avec un sourire sur les lèvres pour ne point me laisser deviner ses souffrances, et qui maintenant est là, rêvant peut-être aussi en quelque point obscur d'une terre inconnue, se ressouvenant avec une tristesse inexplicable de nos amours brisées, et cherchant comme moi des regards égarés dans le ciel... Oh! maintenant je vous aime, rayonnantes Pléiades; je vous aime, ravissantes Etoiles; je vous aime comme le pèlerin aime les villes de son pèlerinage, comme il aime l'autel où tendent ses vœux, et où il déposera un jour le baiser de ses aspirations les plus chères!

Tout est grand maintenant, tout est divin pour nous. La nature n'est pas seulement le trône extérieur de la magnificence divine, elle est encore l'expression visible de la puissance infinie, l'image de la grandeur suprême. Autrefois nous considérions la Terre que nous habitons comme seule dans la nature, et nous pensions qu'étant l'unique expression de la volonté créatrice, elle était le seul objet de la complaisance et de l'amour de son Auteur. Nos croyances religieuses étaient fondées sur ce système égoïste et mesquin. Nous croyions alors notre humanité assez importante dans sa valeur absolue pour être le but d'une création qui dépendait tout entière de nos destinées; pour nous, le commencement de la Terre c'était le commencement du monde; de même que la fin de la Terre nous représentait la consommation de toutes choses. L'histoire de notre humanité était l'histoire de Dieu même; tel était le fondement de notre foi. Quand nos regards cherchaient à sonder les régions de notre immortalité future, nous assistions à la fin du monde, et l'heure où le dernier homme devra disparaître de la Terre caduque et glacée nous paraissait devoir marquer en même temps l'extinction de l'univers actuel et une révolution générale dans l'œuvre divine. Aujourd'hui, ces idées fausses sont éloignées de nos esprits mieux éclairés ; nous connaissons mieux notre état réel. Nous savons que la Terre n'est qu'un astre obscur, et que son habitant n'est qu'un membre de l'immense famille qui peuple la création entière. Nous savons que des astres resplendissants s'éteignent solitairement un jour ou l'autre, et que le monde ne change pas pour un événement aussi insignifiant que la mort d'un soleil, à plus forte raison pour la mort d'une petite planète comme la nôtre. Notre humanité tout entière serait détruite ce soir par un souffle mortel, qu'on ne s'en apercevrait pas sur les autres mondes, et qu'il n'y paraîtrait rien dans la marche journalière de l'univers.

Dès lors les Terres qui se balancent dans l'espace *ont été considérées par nous comme des stations du ciel et comme les régions futures de notre immortalité*. C'est là la Maison céleste de plusieurs demeures, et là où nous entrevoyons le lieu où sont parvenus nos pères, nous reconnaissons celui que nous habiterons un jour. Toute croyance, pour être vraie, doit s'accorder avec les faits de la nature. Le spectacle du monde nous enseigne que l'immortalité de demain est celle d'aujourd'hui et celle d'hier, que *l'éternité future n'est autre que l'éternité présente;* c'est là notre foi. Notre paradis, c'est l'infini des mondes [1].

---

[1] Cette thèse a été développée dans notre *Discours sur les Destinées de l'Astronomie.* Paris, 1863.

Aussi reconnaissons-nous avec un bonheur infini dans l'âme combien est grand le Dieu de notre adoration, et combien il est élevé au-dessus des créations de l'esprit humain. Du haut des sommets éternels où nous a portés la contemplation des cieux, la vanité de la Terre et des choses terrestres nous est apparue dans son état réel. Et les peuples qui s'égorgent pour la propriété d'un grain de poussière, et les hommes ambitieux qui rampent pour un peu d'or ou un peu de gloire, et les beautés passagères qui captivent nos cœurs et ravissent nos plus beaux jours, tout intérêt, toute affection terrestre a perdu son premier prestige pour nous apparaître dans sa grandeur relative. Tandis que les créatures venaient ainsi prendre chacune sous nos regards le rang qui leur appartient, le Créateur, au sein de sa majesté profonde, devenait plus grand à mesure que nos conceptions se développaient. Aussi nous croyons, sous l'inspiration de la vérité, comprendre mieux la splendeur divine en ne la définissant pas, en ne lui donnant pas de forme, en adorant seulement son éternelle présence, plutôt qu'en la rabaissant à nos conceptions grossières, et en prétendant la représenter sous les misérables images qui nous sont accessibles.

La destinée morale des êtres nous a paru de la sorte intimement liée à l'ordre physique du monde, car le système du monde physique est comme la base et la charpente du système du monde moral. Ce sont deux ordres de créations nécessairement solidaires. Nous devons voir tous les êtres qui composent l'univers reliés entre eux par la loi d'unité et de solidarité, tant matérielle que spirituelle, qui est une des premières lois de la nature. Nous devons savoir que rien ne nous est étranger dans le monde, et que nous ne sommes étrangers à aucune créature, car une parenté universelle nous réunit tous. Ce n'est plus seulement l'attraction physique des mondes qui constitue leur unité; ce ne sont plus seulement ces rayons de lumière, de chaleur, de magnétisme, qui resserrent tous les globes de l'espace en un seul réseau; ce ne sont plus seulement les principes universels de la vérité qui établissent des liens indissolubles entre les humanités stellaires; c'est une loi plus grande que les précédentes, c'est la loi divine de la famille. Nous sommes tous frères : la vraie patrie des hommes, c'est l'univers infini, auquel toutes les langues, par un accord merveilleux, ont donné le nom de *Ciel*, — ciel physique et ciel spirituel. Ne disons pas avec Voltaire que l'habitant du système de Sirius se rit du vermisseau de Saturne, comme celui-ci se rit à son tour de l'animalcule de la Terre. Ne disons pas avec Diderot : « Foin du meilleur des mondes si je n'en suis pas. » Rendons justice au plan de la nature, reconnaissons le lieu où nous sommes : que l'immense solidarité qui réunit tous les mondes laisse en nous l'impression de sa grandeur.

Il est bien vrai que le spectacle de la nuit s'est transfiguré devant nos âmes depuis que nous reconnaissons dans cette immensité sans bornes le théâtre futur de notre immortalité. Ce ciel que nous admirons, ce véritable ciel, ne nous raconte pas seulement la gloire de Dieu, il nous montre l'œuvre divine elle-même s'exécutant en notre présence. Le flambeau de l'Astronomie illumine ces régions mystérieuses, qui menaçaient de nous rester inconnues, malgré les efforts d'autres sciences moins puissantes; nos aspirations, coupées dans leur sève par la Mort, proclamaient hautement notre immortalité sans nous découvrir le champ où elle devait s'étendre; aujourd'hui ce champ nous est découvert; à l'infini de nos aspirations l'Astronomie donne l'infini de l'univers, et nous pouvons dès aujourd'hui contempler le ciel où nos destinées nous attendent.

Voilà l'*Humanité collective*. Les êtres inconnus qui habitent tous ces mondes de l'espace, ce sont des hommes partageant une destinée semblable à la nôtre. Et ces hommes ne nous sont point étrangers : nous les avons connus ou nous devons les connaître un jour. Ils sont de notre immense famille humaine; ils appartiennent à *notre* humanité. O mages de l'éternelle vérité, apôtres du sacrifice, pères de la sagesse, toi Socrate qui pris la ciguë, toi son élève, ô Platon, — vous, Phidias et Praxitèle, sculpteurs de la beauté, — vous, disciples de l'Évangile, Jean, Paul, Augustin, — vous, apôtres de la science, Galilée, Kepler, Newton, Descartes, Pascal, — et vous, Raphaël et Michel-Ange, dont les conceptions resteront toujours nos modèles, — et vous, chantres divins, Hésiode, Dante, Milton, Racine, Pergolèse, Mozart, Beethoven, seriez-vous donc maintenant immobilisés dans un paradis imaginaire; auriez-vous changé de nature; ne seriez-vous plus les hommes que nous avons connus et admirés, et dormiriez-vous maintenant, véritables momies, éternellement assis à votre place dernière? Non, l'immortalité ne serait qu'une ombre sans l'activité, et nous aimerions autant la tombe que le Nirvana rêvé par les bouddhistes. C'est la vie éternelle que nous voulons, et non la mort éternelle. La vie éternelle, vous l'avez conquise, âmes illustres, non par les travaux d'une seule existence, mais par ceux de plusieurs vies se continuant l'une l'autre; vous l'avez conquise, non comme un champ de repos où l'on va dormir après la bataille, mais comme une terre promise dans laquelle vous êtes entrés et où vous accomplissez maintenant les œuvres d'une existence glorieuse.

Vous développez maintenant ces facultés brillantes dont la Terre n'a connu que le germe, et qui demandèrent pour éclore d'autres soleils plus féconds que le nôtre ; vous donnez cours aux aspirations sublimes que l'on avait à peine devinées sur cette Terre où nul objet n'était vraiment digne de les attirer, où nulle force n'était capable de les soutenir ; vous poursuivez enfin dans l'activité incessante de votre esprit le but le plus cher à chacun de vous. C'est là où vous êtes, là dans ce ciel calme qui nous domine, au milieu de ces lumières inaltérables qui constellent l'éther. Nous vous contemplons d'ici dans ces demeures lointaines, et nous sentons avec amour que ces mondes silencieux ne nous sont point étrangers comme nous le pensions jadis. Plus heureux que nous, qui sommes encore ballottés sur les flots de l'incertitude, vous avez levé les voiles de l'univers ; peut-être apercevez-vous de là-haut notre petit Soleil, et distinguez-vous la petite tache qui se nomme la Terre et que vous reconnaissez pour votre ancienne demeure. Peut-être mettez-vous en action les forces de la pensée et en connaissez-vous les lois, et peut-être entendez-vous de votre séjour la prière admirative de ceux qui vous vénèrent !

Quoi qu'il en soit, et malgré l'obscurité qui nous enveloppe encore lorsque nous tentons de visiter en esprit ce monde mystérieux, nous devons, disciples fidèles de la philosophie naturelle, nous efforcer de comprendre dans sa simplicité et dans sa grandeur l'enseignement toujours unanime de la nature. Pluralité des Mondes, pluralité des existences : voilà deux termes qui se complètent et qui s'illuminent l'un l'autre. Nous pourrions chercher maintenant si le second n'est pas aussi rationnel, aussi admissible, aussi séduisant même que premier ;

mais nous avons atteint le but de cet ouvrage en démontrant celui-ci. C'est au lecteur d'interroger sa conscience dans la sincérité des recherches de bonne foi : c'est à lui de délivrer son âme de toute entrave qui pourrait encore s'opposer à la manifestation entière de sa liberté ; c'est à lui de se confier au vol instinctif de cette âme, qui se portera d'elle-même vers les régions lumineuses de la vérité.

La doctrine de la Pluralité des Mondes nous a conduits aux portes d'une croyance religieuse élevée sur le véritable système du monde ; la mission de ce livre n'est pas d'entrer dans l'arène et de discuter les éléments de cette croyance ; nous nous arrêterons donc ici, heureux et satisfaits d'être venus jusqu'au domaine religieux, et d'en avoir ouvert les portes. L'Astronomie tient en main les clefs de ce domaine ; elle a posé les fondements de la philosophie de l'avenir : nous le reconnaissons avec enthousiasme, et nous remercions la Science de l'univers de nous avoir conduits jusque-là. Mais ce n'est pas à cette Science de bâtir les cités de la métaphysique ; des philosophes sont déjà venus qui se sont imposé l'accomplissement de cette tâche, d'autres viendront bientôt qui continueront l'œuvre et chasseront les dernières ténèbres qui pèsent encore sur les vraies sciences de la théologie et de la psychologie[1].

Mais nous ne pouvons nous empêcher d'exprimer ici combien il est doux de voir l'univers tel que nous le voyons maintenant, dans sa beauté réelle, dans sa gran-

---

[1] Ces prévisions de l'auteur n'ont pas tardé à recevoir un commencement de confirmation. M. l'avocat Pezzani, lauréat de l'Institut, vient de publier un ouvrage, dans les vues qui viennent d'être signalées, sur la *Pluralité des Existences de l'Âme, conforme à la doctrine de la Pluralité des Mondes.*

(*Note de l'Éditeur.*)

deur, dans son objet et dans sa destinée. Les nuages qui l'obscurcissaient se sont dissipés, nos yeux ont été purifiés des causes qui rendaient notre vision confuse, et nous contemplons dans sa clarté naturelle l'œuvre sublime de la création. Or cette révélation de la science porte en soi les caractères de la vérité. Elle comble les aspirations innées de notre âme et elle satisfait les affections de notre cœur; c'est là un privilége qui n'appartient qu'à la vérité seule. Lorsque nous l'avons une fois conçue, cette idée de la création, rien ne peut nous en détacher, rien ne peut lui enlever notre sympathie, qu'elle s'est conquise dès le premier instant; nous sentons qu'elle touche à nos destinées suprêmes, à nos intérêts les plus chers, à toutes les fonctions de notre être; nous sentons en elle la loi sacrée qui nous domine tous, non d'une domination onéreuse à laquelle on voudrait se soustraire, mais d'une domination bienfaisante qui assure notre liberté; nouveau privilége qui ne saurait encore appartenir qu'à la vérité seule. Par cette loi, les attributs inviolables de la Divinité sont sauvegardés en même temps que les intérêts des êtres créés, et le Monde, œuvre divine, resplendit sous son double aspect dans toute sa grandeur.

Oui, notre doctrine porte en soi tous les caractères de la vérité naturelle; de plus, elle nous captive par sa beauté, elle est pleine d'onction, pleine de ravissements. Lorsque nous la contemplons, et lorsque nous nous laissons pénétrer par les idées qu'elle inspire, nous éprouvons ce bonheur que verse toujours en nous la contemplation de la nature, et nous sentons instinctivement en elle l'élément de la vie de notre âme. C'est une doctrine sainte, qui donne à toute créature son rang véritable et qui en même temps ennoblit tous les êtres devant notre foi. C'est une doctrine ineffable qui transfigure l'univers et qui donne à notre esprit un nouveau sens par lequel il se met en communication avec tous les enfants de la nature. Elle est bien l'expression la plus belle et la plus grandiose de l'œuvre divine. Ce n'est pas un système élevé par la main des hommes, ni une théorie imaginée par la fantaisie capricieuse de nos esprits, elle n'a pas été inventée par les philosophes ni rêvée par les songeurs, elle n'a pas été *faite*, mais elle a été *trouvée*; car elle est une vérité préexistante à nous. Elle est la Parole qui tombe du ciel étoilé pendant la nuit obscure, et que toute âme bien disposée peut recevoir et comprendre.

Nous avons choisi, pour ouvrir cet ouvrage, la scène qui convenait le mieux à la nature de notre sujet : nous nous sommes transporté par la pensée à ces nuits splendides où règnent une paix profonde, un calme inaltérable. Au sein de ce spectacle, il nous a semblé qu'un sentiment indéfinissable de tristesse occupait le fond de notre âme, parce que nous nous croyions étranger à cet univers magnifique, qui nous attirait comme un abîme, sans satisfaire notre soif de connaître. En terminant ce discours, laissons notre esprit retourner à la solitude qu'il affectionne, à la contemplation des cieux.

Maintenant nos yeux portent plus loin, comparent avec plus de justesse et apprécient mieux l'étendue qui nous entoure; notre esprit, mieux éclairé et plus franchement accessible aux impressions du monde extérieur, juge les objets célestes dans leur grandeur véritable. Nous savons maintenant où nous sommes, nous connaissons la valeur réelle de notre patrie, nous avons visité les nations circonvoisines, et nous avons porté nos regards sur les contrées lointaines qui se succèdent dans l'espace. L'observation et l'étude de l'étendue nous ont instruits sur notre double état, spirituel et matériel. Notre science et notre philosophie, trempées dans une nouvelle vie, se sont renouvelées, et elles se sont assises sur la vérité démontrée qui sera désormais la pierre angulaire de l'édifice de nos croyances. Aussi n'est-ce plus maintenant un sentiment de tristesse qui résulte en nous de la douce contemplation du ciel, mais un sentiment de bonheur intime, dont les traces resteront marquées par un parfum d'espérance. Nous nous reconnaissons de la grande famille des astres; nous savons que ces mondes lointains ne nous sont pas étrangers, et que la solitude apparente qui les enveloppe n'est qu'une illusion causée par la distance, comme il arrive pour nos cités les plus laborieuses et les plus actives, dont l'éclat et le bruit s'effacent et disparaissent au loin. Nous savons qu'en approchant d'eux nous reconnaîtrions la vie dans la splendeur de sa force et de son activité, et que, comme la Terre, ils sont les ateliers du travail humain, les écoles où l'âme grandissante vient progressivement s'instruire et se développer, en s'assimilant tour à tour les connaissances auxquelles tendent ses aspirations, en s'approchant ainsi de plus en plus du but de sa destinée. La notion de l'univers a fait disparaître en nous des incertitudes qui trop longtemps nous enveloppèrent de leurs ombres : elle a fixé notre philosophie. La conception de l'Unité des Mondes à laquelle nous nous sommes élevés nous permet enfin de sentir les liens mystérieux qui rattachent notre colonie aux autres colonies du céleste archipel; elle est à la fois la base de nos croyances religieuses, la boussole indicatrice des points cardinaux, l'ouverture par laquelle nous entrevoyons la campagne éthérée où l'ardent essor de nos âmes les emportera dans l'avenir.

Voilà notre édifice élevé, au moins dans son ensemble. *Exegi monumentum œre perennius*, disait Horace, dont l'édifice, plus opulent que le nôtre, était bâti de marbre et décoré de mosaïques précieuses. Ce n'est pas avec le même sentiment que nous mettons ici la dernière main à notre travail; nous n'avons aucuns droits à la fierté dont se drapait le poëte épicurien, et notre Muse n'est pas la sienne. Mais il convient néanmoins, avant de fermer le livre, de revoir sommairement ensemble les éléments fondamentaux qui ont servi à l'édification de notre œuvre.

Nous avons d'abord fouillé les archives de l'histoire humaine pour y chercher les noms et les idées de ceux qui ont enseigné notre doctrine, et nous avons reconnu que les génies illustres de tous les âges en ont été les apôtres plus ou moins convaincus, plus ou moins éloquents, selon le degré de science dont ils pouvaient disposer aux diverses époques où ils apparurent. Nous avons ensuite observé en détail et étudié chacun des mondes planétaires qui font partie du groupe auquel la Terre appartient, mondes que nous avons reconnus habitables comme le nôtre; puis, discutant les éléments spéciaux qui caractérisent chacun d'eux, nous avons vu que la vie a pu apparaître chez eux comme chez nous en harmonie avec leurs propres conditions d'existence. Examinant ensuite l'état de la vie à la surface de la Terre, tant dans ses âges antiques que dans sa période actuelle, nous avons constaté qu'une diversité merveilleuse distingue chacun des êtres, suivant les milieux où ils sont nés et où ils doivent vivre, et que ces êtres sont toujours en corrélation intime avec l'état organique du lieu où ils ont reçu le jour. Allant plus loin, analysant la force de vie et la mesurant dans ses manifestations diverses sur notre monde, dans les retraites les plus cachées et jusque dans le domaine microscopique des infiniment petits, nous avons reconnu que la fécondité de la nature est infinie ; que la plus grande somme de vie est toujours au complet, et que, partout où les éléments de cette vie universelle sont en présence, la vie elle-même apparaît sous toutes les formes possibles. Cherchant alors si cette universelle diffusion de la vie à la surface de la Terre ne dépendrait pas d'une fécondité exceptionnelle de notre globe, nous avons examiné les conditions d'habitabilité de ce globe, et nous avons vu que, loin d'être l'astre le plus favorablement établi pour l'apparition et l'entretien des êtres vivants, il est, au contraire, dans une condition fort inférieure, tant dans son régime astronomique que dans sa constitution géologique spéciale ; nous avons vu que, si la vie est née ici, c'est parce que la nature enfante des êtres partout où il y a séjour pour les recevoir, parce qu'elle n'en a pas seulement créé pour les mondes supérieurs, et qu'elle ne s'est pas épuisée en peuplant ces mondes d'une multitude de créatures. — La doctrine de la Pluralité des Mondes a été de la sorte successivement établie sur tous les faits qui constituent l'ordre physique du monde.

La contemplation générale du ciel vint ensuite nous éclairer sur le rang occupé par la Terre dans la création sidérale, et établir que le globe que nous habitons est invisiblement perdu parmi les myriades d'astres qui se succèdent dans l'immensité. Cette contemplation du ciel présenta la Terre, atome, devant l'infini des mondes.

De l'habitabilité passant à l'habitation, nous avons cherché quels peuvent être la nature physique et l'état moral des hommes des planètes. Le résultat général a été qu'une grande diversité distingue les humanités planétaires, tant dans la constitution physique des corps que dans le degré d'élévation des âmes. Mais nous avons reconnu que l'unité spirituelle du monde est aussi vraie et aussi nécessaire que son unité physique ; que cette unité spirituelle est constituée par les grands principes absolus du beau, du vrai et du bien, qui rattachent toutes les intelligences à l'Intelligence suprême ; que l'ensemble des mondes forme une hiérarchie progressive, et que la Terre est assise à l'un des rangs inférieurs de ce vaste ensemble.

Telle est, dans son exposé sommaire, la démonstration que nous avons faite de la doctrine générale de la Pluralité des Mondes.

Or, après les observations, les preuves, les exemples, les faits de tous ordres, de tous genres que nous avons successivement fait comparaître devant nous pour les discuter, les analyser et les appliquer à la démonstration de notre doctrine ; après tous les éléments que nous avons rassemblés, après tous les arguments que nous avons invoqués, contre lesquels aucune objection sérieuse n'a pu prévaloir ; après cette synthèse, enfin, dont la valeur, nous l'espérons, a eu pour résultat d'amener la certitude morale dans l'esprit du lecteur, quelques esprits malencontreux, comme il s'en rencontre encore dans quelques sectes, voudraient-ils chercher un dernier refuge dans une raison qui n'en est pas, en nous disant que, malgré la possibilité incontestable de ce que nous avons avancé, *rien ne prouve que cela soit en réalité?* — Si l'on avait le courage de chercher ici une pareille raison pour refuge, nous poserions cette objection en d'autres termes, et nous la traduirions ainsi :

Grâce aux découvertes de l'astronomie, nous connaissons la grandeur comparative de l'univers et l'exiguïté de la Terre, l'immensité de l'espace, la pluralité des mondes habitables, les distances des astres et le nombre incommensurable de ceux-ci, les lois qui les régissent, les forces qui les soutiennent et qui les animent; nous avons vu l'univers astral dérouler ses magnificences, et l'infini des cieux s'est entr'ouvert devant nos regards. Par ces considérations sublimes tout s'est ennobli, tout s'est divinisé; Dieu lui-même nous a paru plus grand, plus puissant, plus majestueux encore; et nous avons senti toute la beauté, toute la vérité de ce spectacle. Mais voici une idée à laquelle nous n'avions pas encore songé : si tout ce splendide univers, malgré ses millions et ses millions de mondes, n'était qu'un univers de parade,... une perspective inutile d'apparences mensongères...

Un univers de parade! C'est-à-dire, — pardonnez-nous l'expression, — une immense lanterne magique! une fantasmagorie faite d'ombres et d'apparences! Fantasmagorie, hélas! enivrante et fascinatrice, placée devant nos âmes pour les induire en erreur, — ravissantes images que l'Être suprême s'amuse à faire danser devant nos béates figures, comme dans ces petits théâtres en plein air on fait jouer des personnages de carton pour amuser les enfants rieurs!!!

Voilà le dernier refuge de ceux qui ne voudraient point encore de la Pluralité des Mondes.

Que celui qui se croit assez grand pour se poser devant l'œuvre divine et en affirmer cette monstrueuse interprétation, et qui est assez vil pour jeter un tel sacrilége à la face de l'Être suprême, se lève et accepte la responsabilité de son acte. Mais que celui qui a compris la vérité de la création et qui en a admiré la grandeur s'incline devant elle et proclame avec nous la doctrine de la Pluralité des Mondes. Cette vérité nous a précipités dans un abaissement profond et nous a couverts d'obscurité, nous qui nous croyions si grands sur la scène du monde ; notre piédestal fastueux s'est dissipé comme dans un songe, et nous nous voyons bien petits et bien misérablement perdus dans le tourbillon des choses. Mais si la doctrine de la Pluralité des Mondes, d'une main a fait justice de notre présomption ridicule et nous a ouvert les yeux sur nos ténèbres, c'est pour nous élever magnifiquement de l'autre, en affranchissant nos âmes des liens grossiers qui les attachaient à la Terre. Et voici que le rayonnement des régions immortelles les illumine, ces âmes jusque-là si pleines d'inquiétudes ; voici qu'elles vont prendre leur essor vers des sphères aimées. Elles ont reconnu leur infériorité actuelle dans l'Ordre général ; mais elles ont entrevu la grandeur de leur destinée. Elles se sont vues bien bas ; mais en même temps, sentant leurs ailes frémir, elles ont contemplé avec amour les régions supérieures ; car à l'infini de leurs aspirations la Pluralité des Mondes a ouvert l'infini de l'univers. Que désirent-elles au delà ? Elles sont rassurées dans leurs douces et trop timides espérances ; elles sont rassasiées dans leurs plus ardents désirs ; elles sont comblées dans leurs vœux les plus chers. Oh ! elles ont compris toute la grandeur de la doctrine, et elles s'y sentent instinctivement attachées.

Retournerons-nous maintenant dans l'ombre où nous dormions hier, et nous laisserons-nous retomber dans les abîmes du doute ? La lumière est là-haut qui brille : fermerons-nous les yeux pour ne pas la voir ? Les astres parlent, et leur parole éloquente tombe jusqu'à nous : resterons-nous sourds à leur voix ? Soyons humbles pour mériter de comprendre l'enseignement de la nature, mais soyons sincères quand nous l'avons compris. Reconnaissons qui nous sommes, et proclamons-le hautement. S'il a fallu soixante siècles et plus, avant que les sciences exactes aient pu apporter les éléments de notre certitude, nous éclairer sur notre rang et nous permettre d'arriver à la connaissance de notre destinée ; s'il a fallu cette longue et sainte incubation des années pour animer du souffle de vie notre belle doctrine et en affirmer la vraie grandeur ; oh ! gardons-la précieusement, cette doctrine, comme une richesse de l'âme ; consacrons-la au Dieu des Étoiles ; — et quand des nuits sublimes, nous enveloppant de magnificences, allumeront à l'orient leurs constellations diamantées et, dans le ciel sans bornes, dérouleront leurs mystérieuses clartés... à travers l'immensité des Mondes, parmi les cieux stellifères, sous le voile argenté des nébuleuses lointaines, dans les profondeurs incommensurables de l'infini, et jusque par delà les régions inconnues où se développe l'éternelle splendeur,... saluons ! mes frères, saluons tous : **ce sont les Humanités nos sœurs qui passent!**

APPENDICE

APPENDICE

NOTE A

LA PLURALITÉ DES MONDES DEVANT LE DOGME CHRÉTIEN

La doctrine de la pluralité des Mondes étant une œuvre philosophique, élevée sur le terrain de la science et indépendante de toute forme religieuse, nous avons pensé qu'il était convenable et en même temps nécessaire de la considérer comme une question purement scientifique et de ne point provoquer le tourbillon de discussions théologiques qui s'élève aussitôt qu'on entre dans la lice des dogmatiseurs. Aussi a-t-on pu remarquer que dans tout le cours de l'ouvrage nous nous sommes abstenu, non-seulement de toute discussion, mais encore de toute allusion au mystère chrétien. Nous ne nous sommes point fait l'écho des songeurs étonnés qui demandaient à l'Homme-Dieu la raison de son avénement sur notre petite planète; nous n'avons pas cru devoir discuter, au nom de la science physique, le privilége inouï dont il aurait plu à l'Éternel de gratifier la Terre; nous avons voulu laisser aux cœurs des croyants la doctrine qui les console, comme aux âmes heureuses la paix qui les soutient et les vivifie.

Mais la première édition de cet ouvrage, malgré la rapidité avec laquelle elle a disparu, nous a montré que certains esprits avaient considéré notre acte de prudence comme une lacune qui demandait à être comblée. Dans le camp des incrédules comme dans celui des chrétiens, on nous a fait entendre qu'il était de notre devoir d'exprimer notre manière de penser à cet égard.

Notre propre manière de penser ne nous paraît pas, dans un tel sujet, posséder en soi l'autorité suffisante pour déterminer et fixer l'opinion d'autrui. Pour cette raison, et pour quelques autres, il convient que nous gardions ici notre indépendance. Notre devoir est donc d'exposer impartialement l'état de la question, de la présenter sous ses aspects divers, avec les éléments qui la constituent et les jugements que l'on a portés à son égard, puis de laisser à chacun le soin de décider soi-même.

Voici la considération qui, ne le dissimulons pas, est à la fois l'argument des philosophes antichrétiens et la difficulté des croyants : La Terre que nous habitons n'étant qu'un atome insignifiant dans l'universalité des mondes, sur quoi se fonderait le privilége dont on la gratifie d'avoir été l'objet spécial de la complaisance divine, d'avoir reçu dans son habitation l'*Éternel lui-même*, qui n'aurait pas dédaigné de descendre s'incarner dans un peu de poussière terrestre? Faveur infinie, pour quelques orgueilleuses tribus humaines qui ne la méritent ni ne la comprennent!

Telle est l'expression de la grande difficulté ; telle est l'interrogation formidable qui s'élève dans les âmes croyantes et incroyantes, lorsqu'elles sont éclairées sur la grandeur de l'univers et sur l'insignifiance de notre planète ; difficulté que l'on a essayé de tourner par des faux-fuyants, que l'on a voulu éluder par de captieux sophismes, que d'autres, meilleurs amis de la vérité, ont cherché à expliquer devant le tribunal des faits scientifiques. Nous examinerons ces raisonnements divers; nous n'en trancherons pas le nœud, comme fit jadis Alexandre et ce qui est une mauvaise manière de terminer les choses ; nous chercherons à dénouer les fils inextricables qui s'embarrassent mutuellement, et l'exposition établie, chacun jugeant en connaissance de cause, pourra s'arrêter à la solution qui satisfera son esprit et son cœur.

Nous venons de présenter l'argument fondamental qui constitue la difficulté du mystère chrétien devant l'enseignement de la science. A cet argument s'en ajoute un autre qui dérive, non du mystère chrétien, mais de la doctrine cosmogonique renfermée dans les Livres saints, ou enseignée d'après eux par la tradition et fondée sur eux. Ce nouvel argument peut être exprimé comme il suit : La doctrine religieuse des Livres saints enseigne l'unité de la Terre, de l'humanité adamique, de la famille rachetée par le sang divin ; elle nous montre la Terre comme le seul lieu d'épreuves pour les âmes, le ciel comme le lieu des récompenses où les âmes viennent recevoir, pour l'éternité, la place réservée à leurs vertus. Dogmes en contradiction, au moins apparente, avec la doctrine de la pluralité des Mondes. — Telle est l'expression de la seconde difficulté que notre doctrine rencontre dans le camp des chrétiens.

Nous avons distingué ces deux ordres de discussions, afin de mettre le plus de clarté possible dans ce sujet assez délicat et que plusieurs esprits même considèrent comme très-grave ; la distinction que nous établissons ici n'existe pas en réalité d'une manière absolue, car ces deux points de vue s'unissent et se confondent dans l'unité religieuse ; mais il est souvent nécessaire de diviser les objets pour que notre esprit puisse sans peine les concevoir et les étudier séparément. Nous examinerons donc ces deux difficultés l'une après l'autre. Commençons par la première.

I

L'INCARNATION DE DIEU SUR LA TERRE

Le sacrifice du Calvaire pouvait être compris dans sa simplicité majestueuse lorsque les esprits humains ne connaissaient qu'une Terre et qu'un ciel. L'homme, créature que Dieu fit à son image, faillit et tombe dès les premiers jours de son existence; Dieu, plein d'une bonté compatissante, descend lui-même pour le relever. Voilà une croyance bien douce et bien consolante pour l'homme, que l'on peut présenter sans trop de mystères, et que les esprits les plus simples peuvent accepter et comprendre. Mais il n'en est plus ainsi dès que la révélation astronomique fait perdre à la Terre et à l'homme tout leur prestige en même temps qu'elle élève Dieu à une hauteur inaccessible. Cette Terre privilégiée, que dis-je? cette Terre *unique* était jadis enveloppée d'une auréole resplendissante; mais voilà qu'un jour nos yeux se sont ouverts, nous l'avons regardée en face, cette Terre environnée de gloire, et soudain son auréole brillante s'est dissipée, le palais des hommes a perdu sa richesse apparente, il s'est enfoncé dans l'obscurité, et bientôt une multitude d'autres terres sont apparues derrière lui, remplissant des espaces sans fin. Dès lors l'aspect du monde changea, et avec lui des croyances qui jusque-là nous avaient paru solidement fondées.

Dès l'époque de Copernic et de Galilée, on avait senti dans toute leur profondeur les difficultés que le nouveau système du Monde allait susciter contre le dogme du Verbe incarné; et quoi qu'en aient dit certains commentateurs, il ne faut pas seulement voir une affaire de jalousie ou de jésuitisme dans le mémorable procès de Galilée. Ce n'est pas la *personne* de l'illustre Toscan que l'on avait en vue, mais les *principes* dont il se faisait le défenseur. On répète depuis quatre-vingts ans, avec Mallet-Dupan, que Galilée ne fut pas persécuté comme bon astronome, mais comme mauvais théologien et pour avoir voulu mettre le sens des Écritures d'accord avec le nouveau système du Monde; c'est là une affirmation trop absolue et qui a eu trop bonne fortune. Non; n'attribuons pas ce grand événement aux rancunes de Maffei Barberini (Urbain VIII), qui, d'ailleurs, avait fort bonne opinion de son ancien ami, ni à son orgueil froissé du rôle de Simplicius que paraissaient lui faire jouer les célèbres *Dialogues*, ni à la conspiration des trois moines Caccini, Grassi et Firenzuola, commissaire de l'Inquisition; il y a bien un peu de tout cela dans cette affaire passablement compliquée, mais il y a quelque chose de mieux : il y a une raison plus grave, à la hauteur de la cause débattue. Cette raison grave, cette raison cachée, cette raison sourde, c'est celle qui fit mettre Bacon, Copernic, Descartes à l'index, c'est celle qui fit exiler Campanella et qui fit brûler vif Jordano Bruno au champ de Flore, à Rome, pour « l'hérésie de la nouvelle science du monde. » Cette raison, c'est celle qui avait fait incarcérer le jésuite Fabri, parce que dans un discours sur la constitution du Monde il avait dit que . Le mouvement de la Terre une fois démontré, l'Église devrait dès lors interpréter dans un sens figuré les passages de l'Écriture qui y sont contraires. Cette raison, c'est celle qui poussait Ciampoli à prévenir la condamnation de Galilée en écrivant à celui-ci (février 1615) : « Mettez une grande réserve dans vos paroles, car là où vous établissez simplement quelque ressemblance entre le globe terrestre et le globe lunaire, un autre renchérit et dit que vous supposez qu'il y a des hommes habitant la Lune, et cet autre commence à discuter comment ils peuvent être descendus d'Adam ou sortis de l'arche de Noé, avec beaucoup d'autres extravagances auxquelles vous n'avez jamais songé. » Cette raison, c'est celle qui, l'année même de la mort de Galilée, animait le R. P. Le Cazre, recteur du collége de Dijon, lorsqu'il cherchait à détourner Gassendi de la croyance au mouvement de la Terre et à la pluralité des Mondes, par la lettre que voici :

« Songe, dit-il, moins à ce que tu penses peut-être toi-même qu'à ce que penseront la plupart des autres qui, entraînés par ton autorité ou par tes raisons, se persuaderont que le globe terrestre se meut parmi les planètes. Ils concluront d'abord que, si la Terre est sans aucun doute, une des planètes, comme elle a ses habitants, il est bien à croire qu'il en existe aussi dans les autres, et qu'il n'en manque pas non plus dans les étoiles fixes, qu'ils y sont même d'une nature supérieure, et dans la même mesure que les autres astres surpassent la Terre en grandeur et en perfection. De là s'élèveront des doutes sur la Genèse, qui dit que la Terre a été faite avant les astres, et que ces derniers n'ont été créés que le quatrième jour, pour illuminer la Terre et mesurer les saisons et les années. Par suite, *toute l'économie du Verbe incarné et la vérité évangélique seront rendues suspectes.*

« Que dis-je? Il en sera ainsi de toute la foi chrétienne elle-même, qui suppose et enseigne que tous les astres ont été produits par le Dieu créateur, non pour l'habitation d'autres hommes ou d'autres créatures, mais seulement pour éclairer et féconder la Terre de leur lumière. Tu vois donc combien il est dangereux que ces choses soient répandues dans le public, surtout par des hommes qui, par leur autorité, paraissent en faire foi. *Ce n'est donc pas sans raison que,* dès le temps de Copernic, *l'Église s'est toujours opposée à cette er-*

reur, *et que*, tout dernièrement encore, non pas quelques cardinaux, comme tu dis, *mais le chef suprême de l'Église, par un décret pontifical, l'a condamnée dans Galilée*, et a très-saintement (*sanctissime*) défendu de l'enseigner à l'avenir, de vive voix ou par écrit[1]. »

Oui, notre philosophie de la pluralité des Mondes, que l'on entrevoyait dès l'aurore copernicienne, paraissait inconciliable avec le dogme chrétien, « elle rendait suspecte l'économie du Verbe incarné, » et pas une voix ne s'est élevée en sa faveur, qui n'ait été immédiatement bâillonnée par mesure de prudence. Depuis trois siècles, notre doctrine, assise sur le granit de la science, s'est consolidée, tandis que le jugement de la cour de Rome s'est affaibli par l'âge; les chrétiens peuvent dire aujourd'hui ce que Fontenelle n'osait encore avancer : que les habitants des planètes sont des hommes; et l'on n'est plus hérétique par le seul fait de la croyance au mouvement de la Terre : nous avons des amis au Collége romain qui observent les continents de Mars et qui croient en la pluralité des Mondes.

Le temps viendra où tous les esprits instruits et indépendants auront su s'affranchir des préjugés qui pèsent encore sur nos têtes et confesseront, avec l'accent d'une conviction inébranlable, la doctrine de la pluralité des Mondes, mais, aujourd'hui, de grandes difficultés d'écoles ou de sectes s'y opposent encore. Ce sont ces préjugés qu'il appartient à la philosophie de dissiper, ce sont eux dont il faut affranchir les âmes engourdies. Et ce n'est plus là une mission aussi rude ni aussi pénible que dans les siècles passés, car le progrès intellectuel a répandu partout sa clarté bienfaisante. Dans le sujet qui nous occupe, en particulier, les raisons que l'on objecte au nom de la foi ne sont plus entourées de la même autorité; la raison les discute et les contrôle.

La difficulté du mystère chrétien a été d'abord exprimée comme il suit : Si l'on admet la pluralité des terres habitées et des humanités, il faut admettre : ou que ces humanités

---

[1] Nous devons la communication de ce document à l'obligeance de M. L. de Noiron (l'auteur de la *Mission nouvelle du Pouvoir*). Ils sont empruntés au savant travail de M. Trouessart : *Quelques mots sur les causes du procès et de la condamnation de Galilée.*

sont restées fidèles à la loi de Dieu, et n'ont pas nécessité la descente du Rédempteur, ou qu'elles ont péché comme la nôtre et ont dû être rachetées. Dans le premier cas, ces humanités impeccables, pures et affranchies de la matière, sont par là même affranchies, au nom du dogme, de la loi du travail, et dès lors leur développement paraît impossible; il semble que ce soient des êtres sans objet de perfectionnement, sans force d'activité. « De plus, a-t-on ajouté, il n'y a pas de vertus possibles dans un tel paradis; dans le séjour du bonheur et de la paix, l'idée de la miséricorde ne peut avoir d'application ni même être nommée; la justice ne peut être comprise que là où est l'injuste, et la vérité que là où est le mensonge; les attributs moraux de l'Être suprême ne peuvent être compris et dépeints que là où existent le déshonnête et le faux; sa puissance, sa sagesse et sa bonté ne peuvent être représentées que dans un monde matériel, gouverné par les lois de la matière, sur lequel l'homme, dans sa nature physique, soit soumis à leur action et à leur contrôle. » Et ainsi la première partie du dilemme précité a paru inacceptable. Dans le second cas, si ces humanités ont péché comme la nôtre et ont dû être rachetées, le privilége prestigieux de la Rédemption perd de sa grandeur, car il se trouve répété près de millions et de millions de terres semblables à la nôtre, il tombe dans la loi commune, il fait partie de l'ordre général, sa splendeur sans seconde s'est éclipsée, et avec elle l'éclat *divin* dont il était enveloppé.

Alors sont venues plusieurs propositions explicatives, ayant pour objet, les unes et les autres, de lever la difficulté et de satisfaire à la fois la raison scientifique et la foi religieuse. Ces propositions sont au nombre de quatre.

Dans la première, la plus controversée et celle qui a paru la moins acceptable, on suppose qu'en vertu de la faculté spéciale de l'Ubiquité divine, inhérente à l'essence même de Dieu, le Verbe s'est incarné en même temps sur chacun des mondes prévaricateurs. La nature, le mode et la durée de cette Incarnation générale auraient été fixés d'avance dans les desseins éternels. Le Christ serait né, aurait souffert et serait mort *en même temps* sur toutes les terres pardonnées par l'Être offensé et conviées au banquet divin. Cette hypothèse a paru susciter d'insurmontables difficultés, et elle compte fort peu de partisans. C'est ce qui fait que nous ne nous étendrons pas plus longuement à son sujet.

Dans la seconde explication, le Fils de Dieu se serait de même incarné sur tous les mondes pécheurs, comme il s'est incarné sur la Terre; mais par un acte multiple et non au même instant. Il aurait tour à tour racheté les humanités coupables, en les visitant les unes après les autres. La première hypothèse fait ressembler Dieu à un prince qui, par un royal décret, délivre à la fois, le jour de sa miséricorde, tous les prisonniers auxquels sa grâce est accordée, avec cette différence que les princes, n'ayant pas le don d'ubiquité, ne peuvent que *faire exécuter* à la fois leurs décrets; la seconde représente Dieu visitant successivement les prisons de son État et mettant en liberté les heureux dont le tour est venu. On peut discuter longtemps cette double question, sans jamais arriver à sortir du doute le plus complet. Cela n'a pas empêché des gens sérieux (mais probablement inoccupés) de travailler longuement et péniblement à la solution de ces mystères.

Une troisième théorie suppose que la Terre est le seul monde où l'humanité ait, par sa désobéissance, encouru la disgrâce du Maître, et elle cherche à expliquer comment le caractère de la Majesté divine n'est point obscurci par la supposition que Dieu ait daigné racheter cette famille coupable. Nous allons exposer comment cette opinion a été soutenue par l'éminent théologien Chalmers, son défenseur.

La principale objection de l'incrédule consiste dans la considération du rang occupé par la Terre au sein de l'immensité des Mondes, par laquelle il devient invraisemblable que Dieu eût envoyé son Fils éternel mourir pour les habitants d'une province insignifiante, cette mission étant un don trop grand pour la Terre, lequel don ne lui aurait vraisemblablement pas été fait. Chalmers s'est chargé de répondre à cette objection[1]. Écoutons-le :

« Supposons, dit-il, que parmi les myriades innombrables de Mondes, l'un d'eux soit visité par une épidémie morale qui s'étendrait sur tout son peuple, et l'entraînerait sous l'arrêt

---

[1] *Astronomical Discourses On the Christian revelation viewed in connection with the modern Astronomy.* Discourse III : *On the extent of the divine condescension.*

d'une loi dont les sanctions seraient inflexibles et immuables. Ce ne serait pas une tache sur la personne de Dieu si, par un acte de juste indignation, il balayait cette offense loin de l'univers qu'elle a déparé. Nous ne devrions pas être surpris non plus si, parmi la multitude des autres Mondes qui charment l'oreille du Très-Haut, par l'hymne de leurs prières, par l'encens de la pure adoration qui monte vers son trône, il laissait le monde égaré périr solitairement dans la culpabilité de sa rébellion. Mais dites-moi, oh! dites-moi si ce ne serait pas un acte de la plus exquise tendresse dans le caractère de Dieu, s'il cherchait à ramener à lui ces enfants que l'erreur a séduits? et, quelque peu nombreux qu'ils soient lorsqu'on les compare à la multitude de ses adorateurs, ne conviendrait-il pas à sa compassion infinie de lui envoyer des messagers de paix pour l'appeler et le bien recevoir, plutôt que de perdre le seul Monde qui a dévoyé du droit chemin? Et si la justice demande un aussi grand sacrifice, dites-moi si ce ne serait pas un acte sublime de la Bonté divine de permettre à son propre Fils de supporter le fardeau de l'expiation, afin de pouvoir de nouveau regarder ce Monde avec complaisance, et tendre la main de l'invitation à toutes ses familles? »

Ainsi répond le docteur Chalmers aux adversaires de la religion chrétienne qui opposent l'insignifiance de la Terre au don suprême de la Rédemption divine, réponse digne du sujet auquel elle s'applique, que nous estimons au-dessus de toutes celles qui ont été faites à la même objection, mais qui nous paraît plutôt de nature à satisfaire les difficultés qui s'élèveraient chez les esprits chrétiens qu'à convaincre les incrédules de la réalité du sacrifice divin. Le style tendre de l'auteur est d'une séduction puissante; notre traduction est loin d'égaler sa douceur.

La quatrième proposition conciliatrice a pour but de montrer que l'Incarnation divine, tout en ayant la Terre pour théâtre, peut avoir étendu sa puissance rédemptrice à tous les Mondes coupables. Comme cette proposition a été émise par sir David Brewster, en réponse à l'ouvrage théologique du docteur Whewell contre la Pluralité des Mondes, il sera logique d'exposer d'abord les assertions singulières enseignées par cet ouvrage, avant de faire connaître la réponse du savant physicien.

Déclarons d'abord que le Rév. Whewell, trouvant impossible

de concilier la doctrine de la Pluralité des Mondes avec le mystère chrétien, crut n'avoir rien de mieux à faire qu'à dénaturer l'enseignement de l'astronomie et à bâtir un système à sa façon pour la commodité de sa thèse. Au lieu de raisonner d'après la vérité démontrée et de mettre ses appréciations et ses jugements en harmonie avec les faits et les déductions logiques qui en découlent, ce qui eût été modeste et convenable, il jeta un brouillard sur l'univers et illumina la Terre d'une clarté artificielle destinée à tromper les regards, absolument comme on eût fait il y a trois siècles. Nous devons ici présenter en abrégé ce système auquel plusieurs se sont laissé prendre et qui peut être regardé *non-seulement comme l'exposé des plus grandes difficultés théologiques qui se sont élevées contre la Pluralité des Mondes*, mais encore comme *la synthèse de toutes les théories par lesquelles les théologiens adverses ont cru, croient et croiront pouvoir sauvegarder un dogme exclusif.*

Prenant pour thèse les discours de Chalmers, dont il combat la tendance conciliatrice, il commence par déclarer qu'il trouve *extravagant et absurde* au plus haut degré de croire en même temps aux vérités de la religion naturelle et révélée et à une multiplicité de Mondes. Chalmers avait pour but de répondre aux objections des adversaires du christianisme qui croient en la Pluralité des Mondes; Whewell a pour but de montrer aux chrétiens qu'ils ne doivent ni ne peuvent admettre notre doctrine, et pour cela il cherche à leur faire croire que la Pluralité des Mondes n'est qu'un mythe. « Lorsqu'on nous dit que Dieu a pourvu et pourvoit constamment à l'existence et au bonheur de tous les êtres qui peuplent la Terre, dit-il[1], nous pouvons, par un effort de pensée et de réflexion, croire qu'il en est ainsi. Lorsqu'on nous dit qu'il a imposé une loi morale à l'homme, l'hôte intelligent de la Terre, et qu'il le gouverne par un gouvernement moral, nous pouvons arriver à la conviction qu'il en est ainsi. Lorsqu'on nous demande ensuite de croire que, l'homme ayant transgressé cette loi, l'intervention du Gouverneur du Monde a été nécessaire pour porter remède à cette transgression et rendre la loi claire devant l'homme, nous pou

---

[1] *On the Plurality of Worlds, an Essay.* London, 1853. (Ouvrage anonyme; mais le nom de M. Whewell n'a jamais été un mystère pour personne.)

vons encore, — lorsque nous savons que la race humaine occupe le sommet de l'œuvre matérielle de Dieu, dont elle est le couronnement, qu'elle est la fin du reste de la création et le théâtre choisi pour les manifestations divines, — nous pouvons concevoir cette vérité et trouver en elle notre satisfaction. Mais si l'on nous dit que ce monde n'est qu'un individu parmi des Mondes innombrables qui seraient tous comme lui l'ouvrage de Dieu ; tous comme lui le siége de la vie ; tous le séjour de créatures intelligentes, douées de volonté, soumises à une loi, capables d'obéissance et de désobéissance, comme nous ; il devient dès lors extravagant et inadmissible de penser que notre Monde ait été le théâtre de la complaisance et de la bonté de Dieu, et, qui plus est, l'objet de son interposition spéciale, de ses communications et de sa visite personnelle. C'est choisir un des millions de globes qui sont éparpillés à travers le domaine immense de l'espace, et supposer que ce Monde aurait été traité d'une manière spéciale et exceptionnelle, sans que nous ayons d'autres présomptions en faveur d'une telle idée que l'orgueil d'y être nous-mêmes. Avouons-le, si la religion nous requiert d'admettre qu'un coin de l'univers ait été singularisé de la sorte et qu'il fasse exception aux règles générales qui gouvernent les autres parties de l'univers, elle nous adresse là une demande qui ne peut manquer d'être rejetée par ceux qui étudient et admirent les lois de la nature. La Terre pourrait-elle être le centre de l'univers moral et religieux lorsqu'elle n'a pas la moindre distinction dans l'univers physique ? N'est-il pas aussi absurde de soutenir une pareille assertion qu'il le serait aujourd'hui de soutenir la vieille hypothèse de Ptolémée qui plaçait la Terre au centre des mouvements célestes ? »... Hélas le docteur Whewell n'est pas habile et défend mal sa religion.

« Au lieu de considérer ces objections comme émises par des adversaires de la religion, ajoute l'auteur, nous les considérerons comme des difficultés naissant dans l'esprit des chrétiens lorsqu'ils contemplent la grandeur de l'univers et la multitude des Mondes. Ils ont une profonde révérence pour l'idée de Dieu ; ils sont heureux de savoir qu'ils sont sous la dépendance perpétuelle de son pouvoir et de sa bonté ; ils sont désireux de reconnaître l'œuvre de sa providence, ils reçoivent la loi morale comme étant sa loi, avec humilité et soumission ; ils regardent leurs fautes contre cette loi comme un péché contre lui; et ils sont heureux de savoir qu'ils ont un mode de réconciliation avec lui lorsqu'ils lui sont devenus étrangers, et que ce Dieu est auprès d'eux. Mais lorsque la science vient leur présenter une longue file de groupes, une multitude, des myriades de Mondes que nous voyons d'ici, le trouble et la tristesse s'emparent de leur âme. Ils pensaient que Dieu était auprès d'eux; mais, pendant l'étude astronomique, Dieu s'éloigne à chaque pas et s'enfonce de plus en plus loin dans les cieux. Leur nouvelle connaissance de la Terre les a peut-être fait tressaillir, mais la piété de leur âme n'y a rien gagné. Car si Vénus et Mars ont aussi leurs habitants, si Saturne et Jupiter, globes si grands en comparaison de la Terre, ont une population proportionnelle, l'homme ne pourra-t-il pas être négligé et perdu de vue? Est-il digne d'être regardé par le Créateur d'un tel univers? Les âmes les plus pieuses ne pourront-elles pas, ne devront-elles pas revenir à l'exclamation du Psalmiste: « Qu'est-ce l'homme, Seigneur, pour que tu te souviennes de lui? » Et cette exclamation ne sera-t-elle pas suivie, sous le nouvel aspect du Monde, par un affaiblissement dans la croyance que Dieu se souvient de nous?

« Que sera-ce si nous continuons à nous élever dans la connaissance astronomique du Monde? Bientôt le système solaire tout entier ne sera plus qu'un point, la Terre disparaîtra de plus en plus et le moment viendra où elle sera complètement anéantie. Arrivé là, comment l'homme pourra-t-il espérer recevoir ce soin spécial, privilégié, providentiel et personnel que la religion nous fait connaître? Cette croyance éteinte, l'homme ne se sent-il pas désormais plein de trouble, malheureux, désolé et abandonné? »

Telle est l'éloquence du Rév. Whewell dans l'exposition des faits astronomiques qui ébranlent l'édifice religieux. Cette éloquence est fâcheuse, elle parle tout entière en faveur de notre doctrine, et c'est le plus mauvais service qu'il pouvait rendre à sa cause. Voyons maintenant comment il lève ces lourdes difficultés.

Selon notre docte négateur, il n'y a qu'une seule planète au monde qui soit susceptible d'avoir reçu le don de l'habitation, il n'y a qu'une seule planète qui soit dans les conditions voulues pour être le séjour de la vie et de l'intelligence, et cette planète..., vous le devinez sans peine, c'est la Terre que nous habitons. On pourra sans doute demander à M. Whewell sur quelle raison s'appuie cette assertion qui paraît tout à fait gratuite ; on pourra lui demander quelles sont ces conditions voulues, qui appartiennent à notre globe à l'exclusion de tout autre ; le savant docteur sera au fond très-embarrassé pour nous répondre. Mais comme les affirmations, les considérations, les raisonnements captieux ne lui font pas défaut, il prendra la Terre pour point de comparaison absolue ; et trouvant que les autres Mondes ne sont pas dans une condition identique, il en conclura tout simplement que ces autres mondes sont inhabitables. Au point de vue de la chaleur et de la lumière solaires, il considère le degré inhérent à notre séjour et déclare sans autre forme de procès que Mercure est trop chaud pour recevoir des êtres vivants, Uranus et Neptune trop froids et trop obscurs. Au point de vue de la densité, Saturne étant beaucoup moins dense que la Terre, l'est trop peu pour abriter des êtres solides. Au point de vue des causes finales, nous verrons tout à l'heure sa singulière manière d'en rendre raison. Mais écoutons plutôt l'auteur lui-même, dans son raisonnement le plus sérieux, dans son exemple fondamental.

Traitant la cause des planètes et de la plus importante d'entre elles : « Jupiter, dit-il, ne pèse que trois cent trente-trois fois plus que la Terre, ce qui, en raison de son volume, lui donne une densité qui n'est que le quart de celle de la Terre ; elle est donc moindre que celle des roches qui forment la croûte terrestre, et guère plus forte que celle de l'eau. Il est à peu près certain que la densité de Jupiter n'est pas plus grande qu'elle ne serait si son globe entier était composé d'eau, si l'on fait attention surtout à la compression que les parties intérieures subiraient sous le poids des parties supérieures. Ce n'est donc pas une conjecture tout à fait arbitraire de dire que Jupiter n'est qu'une sphère d'eau.

« Il y a dans l'aspect de Jupiter quelque chose qui confirme cette manière de voir, ajoute l'auteur. Cet astre n'est pas exactement sphérique, mais il est aplati comme une orange : cette forme est celle que revêt toute masse fluide entraînée dans un mouvement de rotation sur son axe. L'aplatissement de Jupiter est beaucoup plus prononcé que celui de la Terre, car son diamètre équatorial est à son diamètre polaire comme 14 est à 13. Nous avons donc là une confirmation que ce globe est composé de quelque fluide d'une densité équivalente à celle de l'eau. Outre ce fait, l'aspect de Jupiter nous présente des bandes de nuages, sombres ou éclairées, qui courent parallèlement à son équateur, et qui changent de lieu et de forme de temps à autre, ce qui a fait penser à presque tous les astronomes que Jupiter était environné de nuages dont la direction serait déterminée par des courants analogues à nos vents alizés. C'est là une preuve évidente qu'il y a beaucoup d'eau sur Jupiter, et c'est une confirmation de notre conjecture que cet astre tout entier n'est qu'une masse d'eau. »

« D'un autre côté, un homme serait deux fois et demie plus lourd sur Jupiter que sur la Terre; il serait donc accablé par son propre poids. Un tel accroissement de gravité est incompatible avec la constitution des grands corps animés; une petite créature, un insecte, pourrait courir, lors même qu'il serait deux ou trois fois plus lourd, mais un éléphant ne pourrait trotter avec deux éléphants sur son dos. »

Si, devant toutes ces conditions appartenant à Jupiter, sa densité, sa constitution fluidique, sa distance au Soleil, cinq fois plus grande que celle de la Terre; si, devant cet état de choses, on demande quelles espèces d'êtres vivants peuvent être apparues à sa surface, le docteur Whewell répondra que ce ne peuvent être que *des masses cartilagineuses et glutineuses*, probablement de faibles dimensions, quoique de grands monstres puissent vivre cependant dans un milieu aquatique. « Je ne sais pas, ajoute-t-il sérieusement, si les partisans de la pluralité des Mondes se contenteront de ces sortes d'êtres, mais il leur faut choisir entre cette création ou rien. Car en songeant que Jupiter ne paraît être qu'une masse d'eau, peut-être avec un noyau de cendres à son centre et une enveloppe de nuages autour de lui, on est tenté de ne point lui donner de vie du tout. »

Peut-être quelque penseur, étonné d'une pareille solution, se hasardera-t-il à demander à notre ingénieux théologien à quoi sert le monde de satellites qui fut donné à Jupiter, et ce qu'il pense de ce magnifique cortége de quatre Lunes qui enrichit le ciel de cette vaste planète. Le théologien répondra que les Lunes de Jupiter peuvent parfaitement aussi ne servir à rien du tout, et que, du reste, notre pauvre Lune n'avait pas d'autres fonctions pendant la longue période où notre globe était couvert d'eau et peuplé de monstres sauriens et de poissons cartilagineux semblables aux habitants de Jupiter.

Ainsi raisonne M. Whewell, et les considérations auxquelles Jupiter a servi de base sont appliquées avec variantes, selon le Monde, aux autres planètes du système. Saturne, ou n'a pas d'habitants, ou n'a que des créatures aqueuses, gélatineuses, trop apathiques, du reste, pour paraître vivantes, flottant dans leurs mers glacées, enveloppées pour toujours dans le linceul de leurs cieux humides... Pauvres habitants de Saturne ! Mais ne les plaignons pas, car le docteur Whewell nous assure qu'ils n'ont pas connaissance de leur triste état, que s'ils ont des yeux (ce dont il doute fort) ils ne peuvent voir ni le Soleil, ni cette armée de satellites, ni ces anneaux resplendissants, qui ne s'offrent en spectacle qu'à l'heureux habitant de la Terre.

Les autres planètes sont traitées à l'avenant. Quant aux étoiles, au lieu d'être des Soleils, comme nous le croyons, ce sont, pour la plupart, des amas de matière lumineuse diffuse; il en est ainsi, à plus forte raison, des nébuleuses. Nous ne nous arrêterons pas à des réfutations ; il faudrait recommencer notre livre pour répondre à tous les arguments gratuits dont l'auteur a étayé ses phrases. Quand on en est réduit à de pareilles suppositions pour soutenir un système, le pauvre système est bien malade.

Nous ne pouvons cependant résister au besoin d'édifier notre lecteur sur la manière dont l'auteur fait justice de nos croyances les plus chères, de nos croyances sur la grandeur de Dieu et sur la splendeur de son œuvre. Voici en quelques mots le résumé de son chapitre sur le plan divin (*The argument from design*).

L'auteur nous conseille d'abord de ne point nous fier à la toute-puissance de la Nature et de ne point assurer qu'elle a pu établir, en d'autres Mondes et avec d'autres éléments, des êtres vivants constitués autrement qu'ils le sont ici. Si, par exemple, nous disons que, malgré la faiblesse de sa densité comparative, Saturne peut néanmoins être un globe solide, servant de lieu fixe pour le séjour des créatures actives, il nous sera objecté que Saturne n'est qu'une sphère de vapeurs, et que si nous y mettons des habitants nous agissons à la façon des poëtes, de Virgile, du Tasse, de Milton, de Klopstock, sans autres bases

plus sérieuses,... et que nous avons la même raison pour rem
plir d'êtres les espaces interplanétaires, les queues des comètes, etc.!

« Peut-être y a-t-il des personnes qui, quoique ne pouvant
résister à la force de nos arguments, ajoute l'auteur (quelle
modestie!) ne les accepteront qu'avec regret, et ayant cru jusqu'ici les planètes habitées, se verront avec peine dépouillées
de cette croyance, parce qu'il leur semblera que nous rapetis-
sons la création divine. Peut-être ces sentiments seront-ils
encore accrus s'il leur faut croire maintenant que peu d'étoiles
pour ne pas dire aucune, sont le centre de systèmes habités. Il
leur semblera que le champ de l'œuvre de Dieu est diminué,
que sa bienveillance et son gouvernement s'attachent désormais
à un objet mesquin : car, au lieu d'être le maître et le gouverneur d'une infinité de Mondes, recevant l'adoration des intelligences qui peuplaient ces millions de sphères, il n'est plus
que l'auteur d'un petit Monde imparfait. Nous ne nions pas
qu'il n'y ait de grandes et pénibles difficultés pour l'homme
qui croit en la pluralité des Mondes à se dépouiller de cette
croyance; nous ne nions pas que ce changement ne lui cause
du trouble et même de l'aversion; mais, une fois le pas fait
(une fois la pilule prise), la religion est satisfaite. » M. Whewell
espère donc que le lecteur recevra avec candeur et patience les
arguments qui suivent:

« Et d'abord, il n'y a rien de si répugnant à croire que la
plus grande partie de l'univers soit vide de créatures, lorsque
nous savons, par la géologie, que la Terre a été dans cet état
pendant des millions d'années. L'homme n'est sur la Terre
que pour une certaine période limitée : avant son apparition,
ce globe n'était habité que par des brutes, des poissons, des
sauriens, des oiseaux, tous animaux dépourvus de facultés intellectuelles. Nous n'avons qu'à nous familiariser avec cette
considération, et bientôt les autres planètes nous apparaîtront
sous le même jour. Il faut nous résigner; et, du reste, ce n'est
pas la première résignation de ce genre qui nous soit deman-
dée. Jadis, on croyait que l'universel Ordonnateur dirigeait les
sphères par l'intermédiaire de ses anges; chacun était préposé
à la direction d'une sphère. La proportion, le nombre, les dimensions de ces sphères constituaient en même temps une
harmonie, non perçue par nos sens. Le jour vint où ces

croyances durent s'évanouir. Elles furent remplacées par l'hypothèse de la pluralité des Mondes ; aujourd'hui quittons celle-ci comme nous avons quitté l'autre. »

Si ceux qui ont établi quelque doctrine spiritualiste sur la splendeur visible des cieux ne sont pas satisfaits de cette manière de procéder, ils ne doivent pas être pris au sérieux pour cela ; ils ne prouvent qu'un fait : « c'est la nature religieuse de l'homme et le besoin invincible d'élever son âme vers l'idée de Dieu qui se manifeste dans chaque partie de l'univers. Et l'univers ne manque pas de grandeur parce qu'on le prive d'habitants : les plus grands objets de la nature sont dépourvus de vie. Ces montagnes alpestres qui s'élèvent dans la région des neiges perpétuelles, et ces nuées splendides aux mille nuances, et cet océan tumultueux avec ses montagnes de vagues, et l'aurore boréale avec ses mystérieux piliers de feu, tous ces objets inanimés sont sublimes et élèvent l'âme vers le Créateur. Ainsi en est-il des étoiles ; ainsi en est-il du beau Jupiter, de Saturne aux anneaux mystérieux. »

Mais peut-être objectera-t-on encore que les corps célestes qui montrent dans leur symétrie, dans leurs formes, dans leurs mouvements, dans leurs éléments harmoniques, la preuve évidente de la main divine qui les a façonnés, doivent être par cela même l'objet spécial du soin du Créateur. De telles lois, un tel ordre, une telle beauté impliquent apparemment que ces astres sont l'objet de quelque noble dessein. — Il n'en est rien, répondra le docteur, gardons-nous d'une pareille idée. Nous avons dans la nature terrestre la preuve du contraire. Des objets peuvent être beaux et façonnés par les lois qui régissent les molécules sans servir à aucun dessein connu. Voyons, par exemple, ces pierres triangulaires, carrées, hexagones, ces magnifiques formes cristallines que revêtent les gemmes, les minerais, les pyrites, les diamants, les émeraudes, les topazes et la multitude des pierres précieuses où l'œil du cristallographe découvre une géométrie admirable. Voyons ces espèces minérales qui, comme le spath calcaire, présentent des centaines de formes, toutes rigoureusement régulières, ces cristaux de glace, constitués par les mêmes lois de l'agrégation moléculaire, ces formes incomparables que les voyageurs ont trouvées dans les régions arctiques, ces magnifiques flocons de neige. Nous saurons alors que la beauté et la symétrie de ces objets est leur propre fin, et qu'elles sont l'effet nécessaire, et sans conséquences, des lois de la chimie et de la minéralogie. Que serait-ce si nous examinions le monde des végétaux, et si nous mettions en évidence la parure ravissante des fleurs? Observez les nuances de la rose, de la tulipe; songez au parfum du lis, de la violette ; contemplez cette merveilleuse texture des plantes, qui porte en soi le cachet de la Puissance infinie ; et dites à quoi servent ces beautés sans égales, dites si leur richesse n'est pas sa propre fin à soi-même, et si elles ne sont pas belles simplement parce qu'il a plu au Créateur qu'elles fussent belles. La beauté et la régularité sont nécessairement constituées par les lois mêmes de la nature, sans pour cela servir à aucune fin. A quoi servent, s'écrie l'auteur dans un noble enthousiasme, à quoi servent ces cercles splendides qui décorent la queue du paon, cercles dont chacun surpasse en beauté les anneaux de Saturne ? A quoi sert le tissu exquis des objets microscopiques, plus étonnamment régulier que tout objet découvert par le télescope? A quoi servent les somptueuses couleurs des oiseaux et des insectes du tropique, qui vivent et meurent sans que l'œil humain les ait jamais admirés ? A quoi servent les millions de papillons de diverses espèces, enrichis de leurs broderies brillantes et de leur plumage microscopique, dont un par million n'est pas aperçu, ou ne l'est que de l'écolier vagabond ? A quoi servent toutes ces merveilles? — Elles n'ont d'autre fin que de prouver combien il est vrai que la beauté et la régularité sont les traits caractéristiques de l'œuvre de la création.

« Puisqu'il en est ainsi, ajoute l'auteur triomphant, quelles que soient la beauté et l'harmonie des objets que le télescope nous découvre, ni Jupiter environné de ses lunes, ni Saturne au sein de ses anneaux, ni les plus régulières des étoiles doubles, des amas d'étoiles et des nébuleuses, ne peuvent être regardés comme les champs de la vie, comme les théâtres de la pensée. Ce sont, comme le poëte les désigne, les pierres précieuses de la robe de la Nuit les fleurs des campagnes célestes. On ne saurait trouver la moindre raison solide pour se permettre d'avancer que ces astres soient le séjour de la vie et de l'intelligence. »

Écoutons la péroraison de son discours. « Nous n'atténuons pas, dit-il, la grandeur de l'homme créé, ni la majesté de son

Auteur. Il ne serait pas vrai d'avancer que ce qui nous paraît amoindrir ou agrandir Dieu le fasse en réalité, car les vues de Dieu ne sont pas les nôtres. L'ordre et l'harmonie sont aussi bien établis dans notre seul Monde que dans une multitude. Et lorsque nous nous sommes familiarisés avec l'idée d'un seul Monde, cette idée nous touche plus intimement, nous plaît davantage, parce qu'elle nous montre le Seigneur plus près de nous. La majesté divine ne réside pas dans les planètes ni dans les étoiles, qui ne sont, après tout, que des roches inertes ou des masses de vapeurs. Au contraire, le monde matériel est inférieur au monde de l'esprit; le monde spirituel est le plus noble et le plus digne des soins spéciaux du Créateur; il vaut mieux que des millions et des millions d'astres, quand même ceux-ci seraient habités par des animaux mille fois plus nombreux que ceux qu'a produits la Terre. Si l'on considère enfin la destinée de l'homme, dans sa vie future, si l'on envisage les vérités de la religion révélée, et si l'on place devant soi le dogme de la vérité éternelle, la conjecture de la pluralité des Mondes se dissout et tombe en ruines. »

Quel travail, grand Dieu! quel labeur, quelle peine pour servir si mal sa cause! Quelle dépense inutile d'arguments spécieux, de sophismes plus ou moins habilement présentés, et, en somme, quelle tranchée profonde faite aux vieux remparts de la citadelle sacrée

Si nous avons donné à la théorie précédente plus d'attention qu'elle n'en paraît mériter aux yeux de l'astronome, c'est parce qu'elle représente non le système d'un seul homme, mais le système obligé de tous les théologiens qui veulent asservir la nature à leur obéissance : *Theologiæ humilis ancilla!* Oui, voilà à quels expédients en sont réduits ceux qui, trouvant inconciliables la grande philosophie de la nature et leur mesquine interprétation religieuse, veulent faire plier la première sous la main décharnée de la seconde; voilà dans quel abîme se perdent ceux dont les yeux, fermés à la beauté du monde extérieur, sont sans cesse tournés au dedans d'eux-mêmes, vers l'obscurité, vers le vide, vers le silence. De tels systèmes n'ont pas besoin de commentaires, de tels arguments n'ont pas besoin de réfutations; ils ne peuvent toucher, encore moins séduire l'âme éclairée par la vérité; ils tombent d'eux-mêmes, comme ces monceaux de sable que le caprice des vents édifie un jour de troubles, et leur ruine est à la fois funeste à la doctrine qu'ils prétendaient consolider et défendre.

Au lieu de dérouler ainsi et de mettre en évidence toutes les difficultés qui s'élèvent entre le dogme et la science, il serait plus prudent, à notre avis, surtout lorsque ces difficultés paraissent insolubles, de ne point provoquer de combat entre ces deux corps, dont l'état logique serait d'être unis dans une commune recherche de la vérité, loin d'être en antagonisme. Sans doute la discussion est bonne, toujours bonne; mais comme elle s'exerce ordinairement au bénéfice du plus fort, il est au moins imprudent de la part du plus faible de la provoquer même de loin. C'est ce qu'avait parfaitement compris la cour de Rome dès l'an du Seigneur 1633, et nous ne pensons pas qu'un livre de la nature de celui que nous venons d'examiner soit jamais conseillé ni approuvé par les princes de la ville éternelle.

De même que nous préférons les sentiments de Chalmers aux singularités du docteur Whewell, de même nous préférons à tous la théologie plus scientifique que sir David Brewster leur donna en réponse.

« C'est aussi injurieux, dit-il[1], pour les intérêts de la religion qu'avilissant pour ceux de la science, de voir les partisans de l'une et de l'autre se placer dans un état de mutuel antagonisme. Une simple déduction ou une hypothèse doit toujours céder le pas à une vérité révélée; mais une vérité scientifique doit être maintenue, quand même elle paraîtrait contradictoire aux doctrines les plus chères de la religion. En discutant librement le sujet de la Pluralité des Mondes, nous ne remarquerons aucune collision entre la raison et la révélation. Des chrétiens timides et mal informés ont, à diverses époques, refusé d'accepter certains résultats scientifiques, qui, au lieu d'être opposés à la foi, deviennent ses meilleurs auxiliaires; des écrivains sceptiques, prenant avantage de ce défaut, ont alors déployé les découvertes et les déductions de l'astronomie contre les doctrines fondamentales de l'Écriture. Cette controverse inconvenante qui s'est jadis irritée contre le mouvement de la Terre et la stabilité du Soleil, et plus récemment contre les

---

[1] *More Worlds than One, the creed of the philosopher and the hope of the Christian*, chap. IX, *Religious difficulties*.

doctrines et les théories de la géologie, se termine naturellement en faveur de la science. Les vérités de l'ordre physique ont une origine aussi divine que les vérités de l'ordre religieux. Au temps de Galilée elles triomphèrent sur le casuisme et le pouvoir séculier de l'Église, et de nos jours les vérités incontestables de la vie antédiluvienne ont remporté les mêmes victoires sur les erreurs d'une théologie spéculative et d'une fausse interprétation de la parole de Dieu. La science a toujours été et doit toujours être l'aide de la religion. La grandeur de ses vérités peut surpasser notre raison vacillante; mais ceux qui chérissent et prennent pour appui des vérités également sublimes, mais certainement plus incompréhensibles, doivent voir dans les merveilles du monde matériel la meilleure défense et la meilleure explication des mystères de leur foi. »

Arrivant à la grande difficulté de l'incarnation du Verbe, sir David Brewster commence par établir que, selon toute probabilité, un grand nombre d'humanités ont été comme la nôtre soumises à l'influence du mal. Contrairement donc à l'hypothèse de l'Américain Chalmers qui, dans la supposition d'un seul monde prévaricateur, montre quelle est la tendresse du Père éternel pour cette famille, lorsqu'il préfère le sacrifice de son Fils à la perte de ses créatures, M. Brewster cherche à expliquer la rédemption possible de toutes les humanités coupables. Et voici sa proposition.

« Lorsque, au commencement de notre ère, le grand sacrifice s'accomplit à Jérusalem, ce fut par le crucifiement d'un homme, d'un ange ou d'un Dieu. Si notre foi est celle des ariens et des sociniens, la difficulté religieuse sceptique est levée : un homme ou un ange peut être également envoyé pour la rançon des habitants des autres planètes. Mais si nous croyons avec l'Église chrétienne que le Fils de Dieu fut nécessaire pour l'expiation du péché, la difficulté se présente sous son aspect le plus formidable.

« Lorsque notre Sauveur mourut, l'influence de sa mort s'étendit en arrière, dans le passé, à des millions d'hommes qui n'avaient jamais entendu son nom, et en avant, dans l'avenir, à des millions qui ne devaient jamais l'entendre. Quoiqu'elle ne rayonnât que de la cité sainte, la Rédemption s'étendit aux terres les plus éloignées et à toute race vivant dans l'ancien et dans le nouveau monde. La distance, dans le temps ou dans l'espace, n'atténua point sa vertu salutaire. Ce fut une force « insaisissable pour les pensées créées » que la distance ne modifia point. Toute-puissante pour le larron sur la croix, en contact avec sa source divine, elle conserva la même puissance en descendant les âges, soit pour l'Indien et le Peau-Rouge de l'Occident, soit pour l'Arabe sauvage de l'Orient. Par une puissance de miséricorde que nous ne comprenons pas, le Père céleste étendit jusqu'à eux son pouvoir salutaire. Or, émanant de la planète moyenne du système, peut-être parce qu'elle le réclamait davantage, *pourquoi cette puissance n'aurait-elle pu s'étendre à ceux des races planétaires du passé*, lorsque le jour de leur rédemption fut venu, *et à celles de l'avenir*, lorsque la mesure des temps sera comblée? »

Pour faire mieux comprendre son argument, l'auteur fait la supposition que notre globe, au commencement de l'ère chrétienne, ait été brisé en deux parties, comme la comète de Biéla le paraît avoir été en 1846, et que ses deux moitiés, l'ancien et le nouveau monde, aient voyagé, soit comme une étoile double, soit indépendamment l'une de l'autre. Dans cette hypothèse, les deux fragments n'auraient-ils point partagé le bénéfice de la Croix, le vieux monde et le nouveau n'auraient-ils pas eu la même faveur? le pénitent des rives du Mississipi n'auraient-ils pas reçu la même grâce que le pèlerin des bords du Jourdain? Si donc les rayons du Soleil de justice, portant la guérison sur leurs ailes, eussent traversé le vide qui eût alors séparé le monde américain et le monde européen ainsi divisés, toutes les planètes, — Mondes créés par ce Dieu lui-même, formés des éléments matériels, baignés dans l'auréole du même Soleil, — n'ont-elles pu participer également au même présent du ciel?

Voilà une théorie qui nous paraît de nature à satisfaire les chrétiens les plus attachés à leur dogme, et qui peut à leurs yeux lever plus facilement les difficultés que le système excentrique du docteur Whewell. Cette théorie est encore préférable, selon nous, à celle qui présente un nombre d'incarnations divines égal au nombre des Mondes pécheurs, et qui fait descendre le Christ-Dieu dans autant d'humanités qu'il y eut d'Adams désobéissants. Dans cette dernière opinion, la Majesté divine et la Sagesse éternelle sont traitées avec un peu trop de familiarité.

Quant à l'argument qui s'appuie sur la pauvreté, sur l'exiguïté, sur l'insignifiance de la Terre, pour avancer que notre séjour perd sa valeur première devant le Dieu du ciel, lorsque les déductions astronomiques ont proclamé la doctrine de la Pluralité des Mondes, on a répondu avec raison que cet argument est sans valeur et sans la moindre autorité. Comme ce sujet est en dehors des discussions dogmatiques, nous donnons hautement notre opinion à son égard. A notre avis, c'est avoir une notion fausse et incomplète de la Toute-Puissance que d'imaginer en elle des degrés de plus ou de moins. L'infini n'a rien de commun avec les infirmités du fini; et toutes les fois que nous prêtons à Dieu notre manière de sentir, nous lui attribuons implicitement les infirmités de notre nature. Il faut sans doute un grand effort pour nous élever à l'idée d'une puissance infinie, d'une tendresse infinie, mais il faut ou faire cet effort ou nous abstenir de parler de Dieu. Que ceux qui sont portés à prêter à Dieu nos idées sur les grandeurs relatives, sur le moindre ou le plus grand, sur le facile ou le difficile, sur le long ou sur le bref, considèrent le grain de blé qui germe sous terre et disent si Dieu n'est pas aussi grand dans la germination de ce grain de blé que dans la direction d'un Monde. Qu'ils considèrent le chêne sortant du gland, le lis se revêtant de sa blancheur, la fauvette donnant la becquée à ses petits, l'œil de l'homme contemplant le monde extérieur et portant à l'âme le spectacle de la nature; et qu'ils disent si la force qui soutient et anime toutes choses n'est pas infinie dans le gland qui germe comme dans l'âme qui perçoit. Qu'ils étudient la nature, et qu'ils disent s'il est plus difficile à Dieu d'allumer un soleil que d'entr'ouvrir une rose. Non, cette grande et universelle Nature se joue des forces les plus formidables, et pour créer des merveilles, un sourire lui suffit. Voyez ces nuages du soir dont la frange empourprée découpe l'azur céleste; qu'a-t-il fallu pour y réunir en un clin d'œil et à profusion les couleurs les plus riches, les accidents les plus variés, les nuances les plus harmonieuses? qu'a-t-il fallu pour emplir ce feuillage des rayons crépusculaires et faire lever un horizon splendide? qu'a-t-il fallu pour répandre ces parfums dans l'atmosphère attiédie? qu'a-t-il fallu pour calmer cette mer orageuse et lui donner la sérénité du ciel? que faut-il à l'Être universel pour déployer les splendeurs d'une aurore boréale ou pour étendre une nébu-

20.

leuse dans les déserts du vide? Il lui faut moins qu'à nous pour nos travaux les plus simples; il lui suffit de *vouloir*.

C'est donc sans raison aucune que l'on présenterait la Terre comme indigne de l'attention divine, à cause de la multitude innombrable des Mondes qui voguent au sein de l'espace; la présence universelle et identique de Dieu enveloppe la création comme l'Océan fait d'une éponge, elle la pénètre, elle la remplit; elle est la même en chaque lieu et son caractère d'infinité lui est inviolablement attaché. La Providence du passereau est infinie comme la Providence de la Voie lactée, ni moins attentive, ni moins sage, ni moins puissante, *infinie*, en un mot, dans le sens unique attaché à ce caractère.

Il importait d'insister sur ce point, afin d'éloigner de certains esprits l'idée fausse que nos études mal interprétées auraient pu laisser en eux sur cet attribut sublime de la Personne divine.

On vient de voir quelles sont les explications que l'on a émises pour concilier la doctrine de l'Incarnation de Dieu sur la Terre avec la doctrine de la Pluralité des Mondes. C'était là le premier point de cette note. Passons maintenant au second.

II

COSMOGONIE DES LIVRES SAINTS

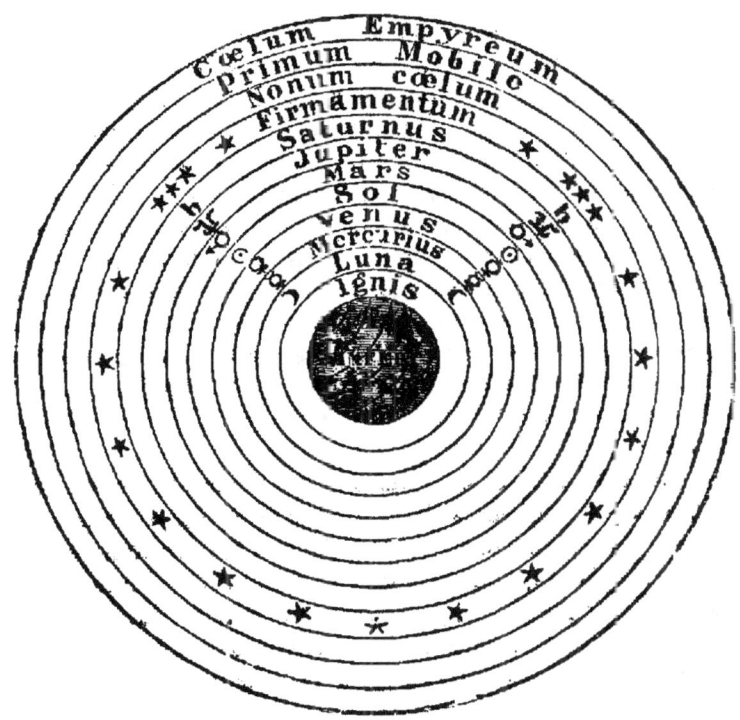

Tous les théologiens reconnaîtront cette antique et solennelle figure, qui leur rappellera le chapitre *de Ente loco-mobili* de la *Pars physica* de leurs traités séculaires, et qui les ramènera au moyen âge, leur glorieuse époque. En effet, nous extrayons cette figure d'un célèbre ouvrage imprimé en l'an 1591, siècle de Copernic; elle représente le système de Ptolémée christianisé, comme ces cartes muettes que l'on baptise de noms conventionnels. Au centre du monde trône *la Terre*, séjour de l'homme, théâtre de ses épreuves, habitation de sa vie temporelle. Sous la surface terrestre sont les lieux inférieurs, où les bonnes vues peuvent entrevoir l'antique Tartare, connu présentement sous le nom d'Enfer. Au delà de la Terre, en s'élevant vers le Ciel, on rencontre d'abord la sphère des éléments, où le feu succède à l'air; puis les sphères de la Lune, de Mercure, de Vénus, que visita successivement Dante le vendredi saint de l'an 1300; puis le Soleil, Mars, Jupiter et Saturne, septième et dernière planète. Plus haut on aperçoit le firmament (*firmus*, solide), où sont attachées les étoiles fixes[1]; puis le merveilleux neuvième ciel; puis le premier mobile, ou cristallin; enfin l'Empyrée, ou *séjour des bienheureux*.

Ce système est enseigné explicitement par les ouvrages théologiques qui, comme la *Summa* de saint Thomas d'Aquin, traitèrent les divers sujets en contact avec le dogme chrétien : il est reconnu implicitement par les Livres saints, qui, sans s'occuper spécialement de cosmogonie ou d'astronomie, subirent néanmoins l'influence des idées reçues à l'époque où ils furent écrits. Soit donc que l'on retrouve le système de Ptolémée exposé et défendu dans ces ouvrages, soit qu'il y soit passé sous silence, le fait fondamental sur lequel il importe d'appuyer ici, c'est que ce système est au fond de la théologie ancienne et du moyen âge.

Nous venons de dire que, en ce qui concerne la cosmogonie, les livres saints avaient *subi* l'influence des idées reçues à l'époque où ils furent écrits. C'est là, en effet, le fond de notre pensée. Ces livres, n'ayant pas pour mission d'enseigner la physique ou l'astronomie, n'entrèrent jamais dans le champ des discussions scientifiques : ce n'était pas leur rôle, mais ils subirent les opinions et admirent les théories enseignées de leur temps.

---

[1] Les anciens ne connaissaient pas l'impossibilité mécanique pour les étoiles de tourner en 24 heures autour de la Terre. Non-seulement la Terre est, en mécanique céleste, un point insignifiant tout à fait incapable d'être le centre de pareils mouvements; non-seulement les étoiles, isolées et distantes les unes des autres à toutes les profondeurs du ciel, n'auraient pu être entraînées dans un même cours; mais la vitesse avec laquelle les plus rapprochés même de ces vastes corps auraient dû être emportés dépasse toute quantité concevable. Pour que Sirius, par exemple, tournât autour de la Terre en 24 heures, il lui faudrait parcourir 3 mille millions de lieues par *seconde*.

A l'époque où le christianisme jeta ses premiers fondements, pendant les siècles de luttes qui succédèrent à l'apostolat évangélique, et jusqu'à l'établissement définitif par les conciles des vérités fondamentales de la foi chrétienne, ce fut le système de Ptolémée qui représenta le système du monde. On n'avait aucune notion de l'espace, ni du temps. On avait cru mesurer la hauteur du ciel en disant avec Hésiode qu'une enclume tombant du ciel mettrait neuf jours et neuf nuits pour arriver à la Terre, et autant pour arriver aux enfers. On trouvait singulier qu'un philosophe osât prétendre que le Soleil fût plus grand que le Péloponèse. On ne connaissait que la Terre, encore n'étaient-ce que les contrées habitées ; le reste, inconnu, se perdait dans le vague et l'obscurité des rêveries. La Terre ne pouvait être isolée dans l'espace ; sur quel fondement aurait-elle reposé ? On ne pouvait habiter qu'en haut ; le dessous de la Terre, personne ne l'avait vu, et si quelqu'un parlait des antipodes, on haussait les épaules, s'étonnant qu'un homme fût assez simple pour croire que des êtres pussent vivre la tête en bas et les pieds en haut. Les étoiles étaient de petites étincelles attachées à la voûte céleste ; le Soleil et la Lune étaient des flambeaux au service de la Terre. *La Terre* n'était pas une planète, un monde : c'était *le Monde*.

Si quelque comète échevelée apparaissait dans le ciel, elle était le signe précurseur d'un grand événement. Une éclipse n'était pas un fait naturel ; c'était encore un signe pour l'homme. « Sous le règne d'Huneric, roi des Vandales, dit Grégoire de Tours, le soleil s'assombrit au point qu'à peine le tiers de son disque fut lumineux. *La cause en est*, je crois, *à tant de crimes et à l'effusion du sang innocent.* » Cette phrase de Grégoire de Tours peut être appliquée avec variantes à l'interprétation de tous les phénomènes de la nature qui sortaient de sa marche journalière : tout se rapporte à l'homme. Les idées reçues sur le système du monde dominèrent les chrétiens comme les barbares. Nul alors n'aurait pu se soustraire à leur influence.

Aussi un examen minutieux n'est-il pas bien nécessaire pour constater que le système physique du monde adopté aux commencements de l'ère chrétienne et pendant les luttes des conciles a servi de charpente à l'édifice de la métaphysique religieuse ; l'observation de ce système et sa comparaison avec l'ensemble du dogme chrétien, tant en ce qui concerne la vie

présente qu'en ce qui touche à la vie future, montrent clairement que l'ancienne opinion cosmogonique était assise au fond
de tous les esprits qui siégèrent aux conciles, servant nécessairement de base et de point d'appui à l'édifice des idées.

Cela étant, une corrélation fut dès les premiers temps établie
entre l'enseignement doctrinaire et la physique du monde. Il
n'y a pas autant de distance qu'on le pense entre la physique
et la métaphysique; dans la sphère de l'idéal même, l'homme
n'est pas complètement indépendant; les principes fixés au
fond de son âme servent à son insu de fondements à ses conceptions habituelles, puis à celles qui lui paraissent le plus étrangères. D'un autre côté, nul édifice ne pouvant être bâti sur le
vide, l'édifice de la foi lui-même demanda un granit de fonda-
tion, et voilà pourquoi la foi chrétienne est en pleine harmonie
avec l'antique système du monde.

Dès lors on est fondé à questionner les défenseurs de cette
foi sur ce qu'ils pensent de la solidité de leur édifice, après le
coup terrible qui en a renversé la charpente il y a trois siècles;
on est fondé à leur demander si, en vertu de la solidarité qui
existe entre le système du monde physique et le système du
monde moral, leur symbole n'a pas ressenti quelques-unes des
atteintes portées au premier de ces systèmes.

La croyance chrétienne peut-elle, *sans recevoir aucune interprétation nouvelle*, aucune modification systématique, se concilier sans effort avec le nouveau système des mondes? Telle
était, telle est la grande question.

On y a répondu de deux manières. D'un côté par la négation, en déclarant net que, comprise littéralement telle qu'elle
l'a été jusqu'ici, la doctrine religieuse ne s'accorde point avec
l'enseignement de la nouvelle science astronomique. Cette
réponse établit une scission entre la science et l'Église. La
seconde a été en faveur de l'affirmative; mais, pour arriver à
une conciliation parfaite, elle a visiblement consenti à quelques
modifications de nuances, à quelques interprétations nouvelles;
elle n'est pas obstinément restée dans le sévère *non possumus*;
elle n'a pas gardé l'éternel *statu quo* de l'immuable.

Ce sont là les deux faces de la question. Développons-les,
afin de fournir au lecteur les éléments nécessaires pour lui permettre de juger le fait en litige et de fixer ses jugements.

Écoutons d'abord l'interprétation scientifico-dogmatique de

sir David Brewster, le savant associé de notre Institut. Son grand savoir ne l'empêche pas d'être profondément attaché au dogme, comme on l'a déjà vu ; il tient à sauvegarder l'un et l'autre. A l'opposé des savants français, les savants anglais tiennent plus à leurs dogmes religieux que nos docteurs en droit canon.

Lorsque nos connaissances sur l'espace ne s'étendaient pas au delà de l'Océan, dit-il, on ne pouvait placer le séjour des bienheureux que dans le ciel empyrée. Enveloppée dans une ombre vague, la vie future semblait un rêve à la raison du chrétien, quoiqu'elle fût une réalité pour sa foi; en vain pouvait-il se demander quelle serait cette vie future dans ses relations matérielles; dans quelles régions de l'espace elle devait s'accomplir; quels devoirs et quels travaux l'occuperaient, et quels dons intellectuels et spirituels lui seraient échus en partage. Mais lorsque la science lui eut enseigné l'histoire passée de notre Terre, sa forme, son volume et ses mouvements; lorsque l'astronomie eut observé le système solaire, mesuré les planètes, proclamé que la Terre est une sphère chétive, qui n'a aucune place distinctive parmi ses gigantesques compagnes, et lorsque le télescope eut établi de nouveaux systèmes de Mondes bien au delà des limites du nôtre, la vie future du sage prit place parmi ces Mondes, dans un espace sans limites comme dans une durée sans fin. Sur les ailes de l'aigle, l'imagination du chrétien s'éleva jusqu'au zénith, et continua son vol jusqu'à l'horizon de l'espace sans jamais atteindre un terme qui s'éloignait sans cesse; et dans l'infinité des Mondes, au sein d'une vie infinie, elle découvrit les campagnes de la vie future.

Les vues du chrétien, ajoute l'auteur, s'accordent avec les vérités de l'astronomie. En soutenant la Pluralité des Mondes, nous sommes heureusement dans une position plus favorable que le géologue, dont les recherches sur l'histoire primitive de la Terre se trouvèrent, en apparence, en opposition avec l'enseignement de l'Écriture. Il n'y a pas une seule expression, tant dans l'Ancien Testament que dans le Nouveau, qui soit incompatible avec cette grande vérité : il y a d'autres Mondes que le nôtre qui sont le siége de la vie et de l'intelligence. *Au contraire*, plusieurs passages de l'Écriture sont favorables à cette doctrine, et quelques-uns même seraient, à notre avis, inexplicables, si elle n'était pas admise comme vraie. Le texte magnifique[1], par exemple, dans lequel le Psalmiste inspiré exprime sa surprise que celui qui façonna les cieux et établit la lune et les étoiles dans l'ordre harmonieux des Mondes fût attentif à un être aussi insignifiant que l'homme, est, à notre avis, un argument décisif en faveur de la Pluralité des Mondes. Le poëte hébreu n'aurait pu manifester une telle surprise s'il n'avait vu dans les étoiles que des points brillants sans importance, dans le genre de ces feux follets qui voltigent sur des champs marécageux; on ne peut douter que l'inspiration ne lui eût révélé la grandeur, les distances et la destinée des sphères radieuses qui fixèrent son attention. Quand ces vérités lui furent connues, la création se divisa pour lui en deux parties, séparées par le contraste le plus frappant : d'une part l'homme dans son imagination relative, d'autre part les cieux, la lune et les étoiles dans leur grandeur absolue. Celui que Dieu fit un peu moins grand que les anges, celui qu'il couronna glorieusement et magnifiquement et pour la rédemption duquel il envoya son Fils unique souffrir et mourir, celui-là n'a pu être considéré par le Psalmiste comme un sujet insignifiant; or, devant sa haute estime de l'homme, il faut que son idée sur la valeur des astres ait été supérieure à toute autre. Comment cette idée sur les astres aurait-elle pu être aussi élevée s'il n'avait pas connu les vérités astronomiques? L'homme créé à l'image de Dieu eût été une créature plus noble que des étincelles scintillant dans l'espace ou que le luminaire de la nuit. Si donc on se demande sous quelle impression le Psalmiste a écrit, s'il regardait les Mondes comme des globes sans vie, ou s'il les considérait comme le séjour d'êtres raisonnables et immortels, la réponse ne sera pas difficile : il faut opter pour la dernière opinion. Et, en effet, si David eût tenu les Mondes pour inhabités, on ne peut en aucune façon expliquer la surprise qu'il manifeste sur l'attention de Dieu pour l'homme, car

---

[1] Ce passage est celui que nous avons rapporté dans les considérations de M. Whewell, p. 342, et que Chalmers a pris pour texte dans ses *Sermons* : « Quand je considère vos cieux, qui sont les ouvrages de vos doigts, la Lune et les étoiles que vous avez fondées, je m'écrie : Qu'est-ce que l'homme, pour que vous vous souveniez de lui, ou le Fils de l'homme, pour que vous le visitiez ! » (*Psaume* VIII, 3, 4.)

cette surprise ne saurait être motivée par ce fait que d'innombrables masses de matières existent dans l'univers et exécutent au loin des révolutions solitaires; au contraire, son étonnement aurait eu pour objet, non la faiblesse, mais la grandeur de celui qui, seul, aurait pu contempler les cieux et à l'usage duquel tant de corps magnifiques eussent été mis au jour. Mais si, au contraire, le poëte a envisagé les Mondes sidéraux comme autant de séjours de vie, comme autant de globes dont la préparation a demandé des millions d'années et qui sont enrichis aujourd'hui de nouvelles formes d'existence, de nouvelles manifestations de la pensée, nous pouvons alors comprendre pourquoi il s'étonne du soin de Dieu pour une créature relativement aussi insignifiante que l'homme.

Passant ensuite à d'autres interprétations, M. Brewster pèse la valeur et le sens du mot *cieux*, tel qu'il est employé dans la Bible. Ce mot, dit-il, se présente comme indépendant de la lune et des étoiles, comme indiquant une création matérielle, une œuvre des mains de Dieu, et non un espace vide que l'on supposerait habité par des êtres purement spirituels. Les auteurs du Testament expriment par le mot ciel une création matérielle séparée de la Terre; et on trouve des passages qui paraissent indiquer clairement que cette création est le séjour de la vie. Lorsque Isaïe parle des cieux *étendus comme une tente pour y habiter*, lorsque Job nous dit que Dieu, *qui étendit les cieux,* fit *Arcturus, Orion, les Pléiades et les chambres du midi*, lorsque Amos parle de *celui qui bâtit ses étages dans les cieux (maison de plusieurs demeures)*, les expressions dont ils se servent indiquent clairement que les corps célestes sont le séjour de la vie. Dans le livre de la Genèse même, il est dit que Dieu termina les cieux, et la terre, et *toute leur armée*. Néhémie déclare que Dieu fit le ciel, *le ciel des cieux et toute leur armée*, la terre et toutes les choses qu'elle renferme, et que l'armée des cieux l'adore. Le Psalmiste parle de *toute l'armée des cieux comme créée par le souffle sorti de la bouche de Dieu*, de même que pour la naissance d'Adam. Isaïe nous fournit un passage remarquable dans lequel les habitants de la terre et des cieux sont décrits séparément. « C'est moi qui ai fait la terre et c'est moi qui ai créé l'homme pour l'habiter; mes mains ont étendu les cieux, et c'est moi qui ai donné tous les ordres à la milice des astres. » A ces allusions on peut ajouter les suivantes également tirées d'Isaïe. « C'est pour cela que le Seigneur a formé la Terre et qu'il lui a donné l'être, et qu'il a créé les cieux ; *il ne l'a pas créée en vain, mais il l'a formée afin qu'elle fût habitée.* » N'est-ce pas là une déclaration formelle du prophète inspiré, que la terre aurait été créée en vain si elle n'avait pas été habitable et habitée ? N'en doit-on pas conclure que, comme on ne peut supposer que le Créateur ait créé en vain les Mondes de notre système et ceux de l'univers sidéral, on doit admettre qu'il les a créés pour être habités ?

Le même esprit d'interprétation trouve dans le Nouveau Testament des passages qui non-seulement sont en parfaite harmonie avec la doctrine de la Pluralité des Mondes, mais que de plus on ne saurait expliquer sans elle. Lorsque l'apôtre saint Jean annonce que les *Mondes* furent créés par la parole de Dieu, lorsque saint Paul enseigne que les *Mondes* sont une création du Sauveur, l'héritier de toutes choses, il n'est pas à supposer qu'il s'agisse ici de globes de matière inerte, sans population présente ou future. L'Écriture enseigne que le Sauveur a créé toutes choses et que Dieu s'est proposé de tout recevoir en Jésus-Christ, *tant ce qui est dans le ciel que ce qui est sur la terre.* Les créations indiquées par ces mots : *toutes choses,* sont les créations du ciel, et celles qui sont au-dessus des cieux, dont parle saint Paul ! quand il dit : *Celui qui est descendu est le même que celui qui est monté au-dessus de tous les cieux, afin de remplir toutes choses.* Ailleurs l'apôtre parle du mystère caché en Dieu qui a créé toutes choses par Jésus-Christ, mystère qu'il a reçu la grâce d'annoncer, afin que les principautés et les puissances qui sont dans les cieux connaissent par l'Église la sagesse de Dieu diversifiée dans ses effets. Quand le Seigneur parle du bercail dont il est la porte, de la brebis qui le suit et qui connaît sa voix, et pour laquelle il donne sa vie, il ajoute : « J'ai encore d'autres brebis qui ne sont pas de cette bergerie ; il faut aussi que je les amène ; elles écouteront ma voix, et il n'y aura qu'un troupeau et qu'un Pasteur. »

On peut s'apercevoir que le système de la rédemption collective défendu par M. Brewster se dessine visiblement dans ces textes choisis, et que l'interprétation se nuance quelque peu de l'opinion personnelle de l'auteur ; ce qui arrive souvent chez les protestants. Pour qu'on ne nous accuse pas de partialité, ou d'un choix purement scientifique, nous interrogerons maintenant l'éloquent orateur qui depuis quelques années s'est fait l'interprète de la science religieuse, celui qui du haut de la chaire de Notre-Dame s'est imposé la mission difficile de faire glorieusement comparaître les dogmes antiques au tribunal de la science contemporaine, et de les rendre lumineux au soleil du dix-neuvième siècle. Le R. P. Félix est également au nombre des conciliateurs.

Dans une conférence sur la Genèse et les sciences modernes, le prédicateur, énonçant l'objection scientifique que l'on a opposée au dogme chrétien, fait parler comme il suit ceux qui présentent cette objection.

« Le récit de Moïse fait de la Terre le centre de toute la création : et le dogme catholique lui-même la considère comme le théâtre réservé des grands desseins de Dieu. Là, Dieu s'est incarné ; seule, cette poussière terrestre fut touchée par les pieds divins et arrosée par le sang réparateur. Et d'après l'enseignement catholique, la terre seule porte l'intelligence et la vie ; là seulement Dieu a laissé tomber des êtres intelligents et libres, capables de faire monter jusqu'à lui l'hymne universel que chante la création. Or, est-il raisonnable de restreindre à ce point le théâtre de la vie et les manifestations de la gloire de Dieu? Les astres ne paraissent-ils pas faits tout exprès pour servir de supports à des êtres vivants? N'est-il pas plus digne d'ailleurs de l'idée que nous devons avoir du Créateur, de penser que partout il existe des êtres capables de le connaître et de publier sa gloire, que de dépouiller l'univers de tous les êtres intelligents, en le réduisant à une profonde solitude, où l'on ne retrouverait que les déserts de l'espace et les épouvantables masses d'une matière inanimée? Pourquoi d'ailleurs cette planète qui, devant l'immensité des cieux, est comme une goutte d'eau dans l'Océan, et comme un atome au milieu des soleils, pourquoi cette petite planète serait-elle seule dans la création honorée de la présence de la vie? et comment admettre que Dieu ait confiné dans cet imperceptible coin de l'univers les seuls témoins intelligents de sa sagesse et de sa puissance? Non, non, que le christianisme se le tienne pour dit : la science moderne n'admettra plus cette hypothèse de la théorie chrétienne. Elle ne renoncera plus à ses conquêtes. Au christianisme de voir et de décider s'il veut briser avec la science, ou marcher avec elle dans les sentiers nouveaux qu'elle s'ouvre chaque jour à travers les cieux.

« Il semble au premier abord que cette objection a de quoi nous déconcerter. Il n'en est rien cependant, et je pourrais d'un seul mot donner ici satisfaction à tous les savants qui se feraient de cette objection de la science moderne une raison péremptoire contre le christianisme. Je pourrais leur dire : Vous voulez absolument découvrir des habitants dans la lune ; vous voulez trouver, dans les étoiles et les soleils, des frères en intelligence et en liberté ; et, comme le disent certains génies qui prétendent à la vision intuitive de tous les mondes, vous voulez saluer de loin, à travers les espaces, des sociétés et des civilisations astronomiques. Soit. Si vous n'avez contre nous d'autre raison pour briser avec nous, rien ne s'oppose à ce que nous vous tendions la main et à ce que vous nous tendiez la vôtre. Mettez dans le monde sidéral autant de sociétés qu'il vous plaira, sous telle forme et à tel degré de température matérielle et morale que vous voudrez l'imaginer ; le dogme catholique est ici d'une tolérance qui va vous étonner : il vous demande seulement de ne pas faire de ces générations sidérales une postérité d'Adam ni une postérité du Christ.

« Certes, sur cette grandiose hypothèse, scientifiquement et au point de vue de la démonstration rigoureuse, il y a beaucoup à dire et surtout beaucoup à désirer. Longtemps encore, pour démontrer que le soleil, la lune et les étoiles, comme notre planète, portent l'intelligence et la vie, vous chercherez un axiome, un point de départ, d'où puisse sortir dans l'éclat de l'évidence une conclusion rigoureuse[1]. Supposez que Dieu voulût faire d'un atome le centre de la création : qui donc, parmi vous, je vous prie, oserait s'inscrire en faux contre la sagesse divine, et, au nom de la science, convaincre Dieu d'absurdité ? Dès lors, qu'y aurait-il de si absolument absurde à supposer que Dieu eût fait à la terre, malgré l'infiniment

[1] Notons pour mémoire que ces doutes sur notre doctrine ne sont pas personnels à l'orateur. Ils sont encore dans la majorité des esprits. On lit dans *la Vie future*, de M. Th. Henri Martin : « La science n'a fourni, jusqu'à ce jour, pour ou contre cette *supposition* (de la Pluralité des Mondes), aucune donnée, je ne dirai pas certaine, mais probable. » — Ce n'est pas à nous à dire si ces doutes étaient fondés jusqu'ici, et si notre travail a la puissance de les dissiper.

petit de son importance matérielle, un privilége réservé dans la création? Etant donné que Dieu a choisi la terre pour y poser le pied et y dérouler tout entier le grand mystère de l'incarnation et de la rédemption, qui ne voit que la terre, par cette vocation de choix, acquiert dans l'universalité des choses une dignité qui l'élève mille fois plus que le privilége de la masse et de l'étendue matérielle, et qu'une goutte du sang divin la fait plus grande que tous les soleils et toutes les étoiles ensemble?

« Mais enfin veut-on absolument que les planètes, les soleils, les étoiles aient leurs habitants, capables comme nous de connaître, d'aimer et de glorifier le Créateur? J'ai hâte de le proclamer, le dogme n'y répugne pas; il ne nie ni n'affirme rien sur cette libre hypothèse. L'économie générale du christianisme regarde la terre, rien que la terre; elle embrasse l'humanité, rien que l'humanité; l'humanité descendue d'Adam et rachetée par le Christ. En dehors de cette grande économie du christianisme atteignant l'humanité adamique, doit-on admettre dans les globes célestes des natures intelligentes qui aient avec la nôtre quelque analogie? Joseph de Maistre, dont l'austère orthodoxie n'est un mystère pour personne, inclinait à le croire; de grands penseurs dans la catholicité y inclinent avec lui; et il importe trop peu de vous dire ce que j'en pense moi-même, pour vous exprimer sur ce point mes préférences personnelles. Mais pour ce qui concerne le dogme catholique dont cette parole veut être toujours une interprète fidèle, *non-seulement il n'éprouve devant cette grande hypothèse aucun embarras*, je ne crains pas de dire qu'*il y trouve une ressource* pour vous répondre à vous-mêmes et une arme de plus pour se défendre contre vos propres attaques.

« Il y a une chose qui est pour beaucoup d'intelligences une pierre de scandale qui les arrête en chemin, et une arme dont on se sert pour nous mieux attaquer, c'est le nombre relativement petit des justes et des élus qui atteignent leur fin. Comment Dieu, qui est la bonté, a-t-il pu créer l'humanité, ayant devant son infaillible regard la chute de la majorité, si ce n'est de l'universalité? Messieurs, je ne discute pas pour le moment la valeur intrinsèque de cette difficulté, mais je me demande, devant l'hypothèse possible de la pluralité et de l'habitation des Mondes, devant les perspectives incommensurables qu'elle ouvre devant nous, que devient ce scandale si retentissant du petit nombre des élus et du grand nombre des damnés. Si, comme on le prétend, tous les Mondes portent leur population d'êtres intelligents proportionnés à leur volume et à leur importance matérielle; et si, comme il ne nous est pas interdit de le supposer, tous ces êtres demeurés fidèles à la loi de leur vie doivent atteindre le but de leur existence, que devient alors la défection de l'humanité coupable dans le plan général de la Providence, si ce n'est comme un désaccord à peine perceptible dans le concert universel? »

Si cette dernière considération satisfait le Révérend Père, elle est loin de satisfaire notre raison, et encore moins notre cœur. Nous ne voyons là qu'une bien pauvre et bien singulière consolation pour les malheureux damnés. Peut-être répond-elle à la difficulté soulevée par Voltaire dans sa statistique des damnés et des élus ; mais ce n'est probablement pas dans ce but qu'elle a été émise, et, dans tous les cas, elle n'arrête pas la vibration de la corde discordante. Certes, un désaccord dans l'harmonie éternelle n'est pas admissible par la raison qu'il produit moins d'effet dans l'ensemble. Mais ne nous éloignons pas de notre sujet.

On vient de voir, par les pages qui précèdent, comment on a concilié l'enseignement du dogme avec l'enseignement de la science, et comment on peut rester bon chrétien et même bon catholique tout en croyant à la pluralité des Mondes. C'est là le côté des conciliateurs, le plus fort et le meilleur, selon nous, le côté de ceux qui déjà avaient modifié l'interprétation *du miracle de Josué*, des *six jours de la Genèse*, de la *résurrection de la chair*, trois points d'une importance bien diverse, mais qui d'abord s'accordaient si peu avec la révélation des sciences. Avant de passer au camp des théologiens inflexibles qui se retranchent dans un *statu quo* de moins en moins soutenable, nous invitons le lecteur à vouloir bien comparer les sentiments du P. Le Cazre, cités au commencement de cette note, avec ceux du P. Félix. Il est curieux de voir que les craintes de l'un sont diamétralement opposées aux assurances de l'autre. Comme le P. le Cazre et le P. Félix sont le premier et le dernier des jésuites qui aient traité notre question, il nous a paru digne d'intérêt de les confronter ici l'un et l'autre.

Nous avons dit que le camp de ceux qui s'attachent à la

lettre se restreint de plus en plus, car la lettre tue, a-t-on remarqué, tandis que l'esprit vivifie. Nous ne donnerons donc pas à ce camp plus d'importance qu'il n'en a en réalité, et nous n'enregistrerons pas les mille puérilités que l'on a débitées sous prétexte de commenter littéralement l'enseignement biblique. Voici seulement un échantillon curieux du raisonnement de ces profonds docteurs ; il est choisi dans l'immense arsenal des commentaires théologiques que des esprits apparemment inoccupés s'amusèrent à coudre à la Genèse. Nous prenons le quatrième jour de la création, comme étant celui qui se rapporte directement à notre sujet.

Texte : « *Que des corps lumineux soient faits dans le firmament.* » Commentaire. « La lumière était déjà, dit l'auteur [1] ; la succession des jours et des nuits était réglée ; la Terre était fertile, tout ce qu'elle devait produire était formé ; elle était couronnée de fleurs et chargée de fruits ; chaque plante et chaque arbre n'avait pas seulement la perfection présente, mais aussi tout ce qui était nécessaire pour les perpétuer et les multiplier. De quel usage sera donc désormais le soleil, après que ce que nous attribuons à sa vertu est déjà fait ? *Que vient-il faire au monde plus ancien que lui et qui s'en est passé jusqu'ici ?* »

L'auteur n'en sait rien, apparemment, car il ne répond même pas à sa propre question. Il hasarde seulement cette explication : « Dieu prévoyait, dit-il, jusqu'où la raison de l'homme s'obscurcirait, et pensait bien qu'au lieu de remonter jusqu'à lui, elle s'arrêterait au soleil. Or il voulut que, par l'histoire même de la création (rapportée par Moïse!), la famille d'*Adam*, et ensuite celle de *Noé*, ne regardassent le soleil que comme un nouveau venu dans le monde, moins nécessaire qu'aucun des effets qu'on lui attribue. Une telle instruction, ajoute le naïf narrateur, n'a cependant retenu aucun peuple dans le devoir, ni même le peuple juif, qui adorait le soleil sous le nom de Baal! »

« *Afin qu'ils séparent le jour et la nuit.* » Commentaire. « Si tous les jours étaient égaux et qu'il n'y eût qu'une saison dans l'année, le cours du soleil *ne nous découvrirait qu'imparfaite-*

---

[1] Explication littérale de *l'Ouvrage des Six Jours*, par M. l'abbé Reuart, docteur, etc.

ment la sagesse de Dieu et son attention à conduire l'univers, mais aucun jour, à proprement parler, n'étant égal à celui qui l'a précédé, ni à celui qui le suit, il faut nécessairement que tous les jours le soleil coupe l'horizon à son lever et à son coucher dans des points indifférents, et que, selon l'expression de l'Écriture, le jour porte au jour qui le suivra un nouvel ordre, et que la nuit marque aussi à la nuit suivante en quel temps elle doit commencer et finir, et que la nature en suspens apprenne à chaque moment de Celui qui la conduit ce qu'elle doit faire, et jusqu'où elle doit aller, etc., etc., etc. »

« *Qu'ils servent de signes pour marquer les temps, les saisons (ou les assemblées solennelles).* » Commentaire. « Ce n'est pas seulement pour éclairer la Terre que Dieu a placé le soleil et la lune dans le firmament, mais pour régler les occupations de l'homme, lui marquer le jour pour le travail et la nuit pour le repos, lui donner une mesure pour chaque mois par le tour de la lune, lui apprendre à fixer le nombre de ses années par la révolution du soleil, qui commence sa course chaque année au même point d'où il l'avait commencée, lui enseigner à quel ouvrage il doit destiner chaque saison; mais c'est aussi pour faire servir les astres à l'usage de la religion.

« Mais ils n'ont pas eu longtemps cet usage, parce que nous avons péché dès le commencement. Cette religion primitive avait ses jours privilégiés : le dernier de chaque semaine et le premier de chaque mois ont été plus saints; le mois où la lune de Pâques a décidé de toutes les autres solennités a été honoré comme le plus célèbre; toutes les tribus d'Israël ont reçu ordre de s'assembler en ce jour, à la Pentecôte et à la fête des Tabernacles ; chaque septième année a été particulièrement consacrée, et ce nombre répété sept fois a été la figure du rétablissement de notre ancien héritage que nous attendons, et a dédié l'année entière du jubilé à cette espérance... » En un mot, voilà à quoi servent le Soleil et la Lune.

Une dernière citation pour bien faire apprécier toute la valeur de ces savants ouvrages[1].

---

[1] Ces singularités ne doivent pas être imputées à une aberration de l'auteur, mais aux théologiens en général. Saint Thomas lui-même assigne aux astres cette pauvre destination. Voy. *Les Mondes imaginaires et les Mondes réels*, 2ᵉ partie, ch. IV.

« *Il fit aussi les étoiles.* » Commentaire. Il n'appartient qu'à Dieu de parler avec cette indifférence. *Et stellas* : il dit en un mot ce qui ne lui a coûté qu'une parole... L'expression de l'Écriture est néanmoins *très-exacte*, non-seulement parce que, selon les sens, le soleil et la lune sont les deux plus grandes lumières du firmament, mais parce que, selon leur situation à l'égard de la Terre, et selon la manière dont elles l'éclairent il est certain que toutes les étoiles ensemble *font moins d'effet.* »

Le lecteur pourra comme corollaire de ce qui précède enregistrer la curieuse supputation que voici, extraite du commentaire sur le premier jour : « Le premier jour de la création était certainement un dimanche (puisque le septième était un samedi); et étant le plus voisin de l'équinoxe d'automne, en tenant compte de l'anticipation des jours équinoxiaux, il faut fixer le premier jour du Monde au *dimanche 23 octobre de l'an 0.* »

L'ouvrage dont nous venons de citer quelques fragments est déjà d'un certain âge; mais voici quelque chose de neuf, qui date de l'année dernière, du 16 avril 1863; ceux qui, surpris de pareils raisonnements, n'oseraient y ajouter foi, pourront s'édifier par ce qui suit.

Dans une *causerie scientifique* de M. J. Chantre, rédacteur scientifique du journal *le Monde*, des idées aussi singulières ont été émises, en effet, sur le sujet qui nous occupe. Cette causerie, disons-le pour mémoire, est écrite à propos de M. l'abbé Moigno. Celui-ci était, comme on sait, rédacteur en chef du journal *le Cosmos*. Des difficultés de plus d'un genre, dit le chroniqueur, amenèrent une séparation devenue nécessaire, et le savant abbé fonda une nouvelle revue scientifique qu'il nomma *les Mondes*. Sur ce, le chroniqueur se permet une petite « chicane », à propos du changement de titre, qu'il ne saurait considérer comme la traduction exacte du mot *Cosmos*; il trouve de plus que *les Mondes* ne peuvent servir d'enseigne au journal d'un orthodoxe austère, et qu'un abbé ne saurait, sans déroger, parler des Mondes, encore moins admettre l'utopie de la pluralité des Mondes.

« Tout savant chrétien, dit-il, croit qu'un seul esprit vaut mieux que les millions de soleils matériels qui brillent au-dessus de nos têtes; il ne mesure pas l'importance des soleils ou des planètes à leur grosseur ou à leur poids; il reconnaît une, tout étant créé pour l'homme dans le monde matériel, et l'homme pour Dieu, il n'est pas nécessaire d'imaginer des humanités pour chaque astre; il croit surtout que la Terre, théâtre des plus sublimes manifestations de Dieu, que la Terre, dont la substance a contribué à former le corps de la sainte Vierge et la substance de la divine humanité de Jésus-Christ, *que la Terre est certainement l'astre le plus important du monde matériel*. A la lumière de la révélation, le savant chrétien s'explique cette division *si parfaitement scientifique* de Moïse, qui fait créer *le Ciel* et *la Terre* en même temps, mettant ainsi le Ciel d'un côté et la Terre de l'autre, comme *deux grandes créations presque égales*. (Presque!) Il s'explique pourquoi l'écrivain inspiré attache *plus* d'importance à la Terre qu'à tout le reste du monde physique, pourquoi il donne des détails sur la création du soleil et de la lune, serviteurs de la Terre, tandis qu'il se contente de désigner la création de tous les autres astres par deux mots : *et stellas*. Nous savons pourquoi le soleil, pourquoi la lune, pourquoi la Terre; quant au reste, l'Écriture sainte nous en dit aussi le but : *Cœli enarrant gloriam Dei*. Est-il nécessaire pour cela qu'il y ait d'autres humanités que celle d'Adam? Est-il nécessaire que la Terre soit le centre de l'univers matériel? Nullement. Et nous pencherions à croire que notre système solaire se trouve plutôt à la circonférence qu'au centre, s'il est vrai, comme les astronomes le remarquent, que notre soleil tourne autour d'une autre étoile plus centrale, qui tourne peut-être autour d'une autre, et ainsi de suite, de façon que toutes tournent autour de ce point que Dieu a voulu être le centre de la création matérielle, et où il manifeste principalement sa puissance et sa gloire [1]. »

Ceci vient d'être écrit devant nous, en 1863!

Nous n'irons pas plus loin, le sujet n'est pas assez sérieux, et nous craindrions d'offenser nos lecteurs par ces conversations enfantines.

Il est vraiment bien heureux pour notre doctrine que notre monde ne soit pas le Soleil ou Jupiter; car, en vérité, s'il y a sur ces astres splendides des raisonneurs tels que les précédents, ils auront là du moins quelque bonne raison à invoquer

[1] Journal *le Monde* du 16 avril 1863.

en leur faveur ; et s'ils parviennent ici même à s'attacher des partisans, que serait-ce sur un monde dont l'état astronomique autoriserait leurs assertions singulières ?

Comment ose-t-on écrire encore que les étoiles aient été créées pour la satisfaction de notre vue et pour nous inspirer de bons sentiments, lorsqu'on connaît l'importance de ces astres et lorsqu'on sait que nous n'en voyons pas la millionnième partie ? Nous pouvons, il est vrai, considérer avec le docteur Bentley [1] que l'âme d'un homme vertueux et religieux est d'un plus grand prix que le Soleil et toutes les étoiles du monde, et que, pour cette raison, les étoiles pourraient n'avoir d'autre fin que de servir l'homme, s'il était prouvé qu'elles lui servent toutes, comme l'étoile polaire servit à la navigation et comme la Lune sert aux marées et à la nuit. Mais comme les dix-huit millions d'étoiles de la Voie lactée, les soixante millions qui sont au delà de la sixième grandeur jusqu'au terme de la vision télescopique, le nombre inconnu de celles que nous n'avons jamais vues et ne verrons jamais, les nébuleuses lointaines, etc., etc., ne nous rendent pas le plus petit service, l'argument tombe de lui-même. Voici, du reste, une réflexion naïve qui ne sera peut-être pas déplacée : La nuit n'est-elle pas faite pour dormir ? N'est-ce pas la période où la nature invite l'homme à fermer ses paupières ? Si dans la pensée éternelle les étoiles étaient faites uniquement pour être vues, il est probable que ce paradoxe flagrant n'existerait pas. Si l'on fait observer maintenant qu'elles donnent aux contemplateurs de la nuit une haute idée de l'Auteur de la nature, qu'elles nous portent à sa vénération, qu'elles élèvent nos pensées vers la prière : c'est bien. Mais ces excellents sentiments peuvent naître en nous lors même que nous croyons les étoiles habitées, et bien plus élevés encore, lorsque nous admirons dans ces étoiles autant de centres de mondes, autant de foyers d'où rayonne la splendeur éternelle.

Telles sont les opinions que la théologie, la scolastique, l'apologie chrétienne ont émises sur la doctrine de la Pluralité des Mondes. Nous voulions faire comparaître cette doctrine devant le mystère chrétien, et présenter les arguments qui se sont

[1] *On the Origin and Frame of the World*, by Dr Bentley, master of Trinity college. Cambridge.

croisés de part et d'autre, afin que l'on pût apprécier leur valeur respective et régler ses jugements sur une appréciation impartiale. Tous les points ayant été mis en évidence, les esprits désireux d'une hypothèse satisfaisante ont pu choisir et s'arrêter chacun suivant sa sympathie.

Nous ne pouvons cependant nous empêcher de dire, en terminant, que toutes ces discussions métaphysiques nous paraissent superflues et stériles : elles ne sont utiles ni à la gloire de l'Astronomie ni à l'autorité de la Religion. Discuter sur le mode de l'incarnation divine dans les planètes, sur l'action du Verbe de Dieu au delà de la Terre, sur la croyance cosmogonique personnelle des prophètes, des apôtres et des Pères de l'Église, etc., c'est discuter dans le vide. Tout ce qui peut résulter de ces discussions se bornera toujours à l'hypothèse, à l'arbitraire, au conjectural, et n'aura servi qu'à affaiblir dans les pensées disputeuses l'état glorieux de la Majesté divine. Pourquoi se donner tant de mal? Ceux qui tiennent le mystère chrétien pour indiscutable, — et il l'est en effet, — ceux qui font hommage au dogme d'une foi absolue, ne peuvent ni augmenter ni fortifier cette foi absolue. On s'est étonné de leur manière d'agir. Vous avez la parole de Dieu, leur a-t-on dit, vous la vénérez et vous l'adorez; comment donc osez-vous la faire descendre dans l'arène scientifique? Comment osez-vous comparer à la science de Dieu notre faible et pauvre savoir? Quoi! l'Être infini a daigné venir lui-même vous révéler la vérité, et vous osez raisonner devant lui, peser ses lois impénétrables, et comparer audacieusement la poudre de notre fourmilière aux parvis de son temple! La foi n'entend pas de pareilles prétentions : elle est absolue ou elle n'est pas. Cessez donc d'être illogiques avec vous-mêmes ; puisque vous savez d'une manière certaine tenir la vérité, gardez-la intégralement cette vérité; s'il y a contradiction entre elle et notre pauvre science humaine, laissez la contradiction subsister, mais ne pliez pas irrespectueusement votre vérité aux exigences de cette science. Mais s'il arrive que notre science humaine, toute faible qu'elle soit, fasse de temps en temps une brèche désastreuse à votre édifice, ce fait doit être pour vous un signe non équivoque que cet édifice n'est pas éternel.

Le véritable sentiment religieux n'est pas là, ni la vérité de la science, ni l'autorité de la philosophie. Combien nous préférons à ces discussions stériles les paroles suivantes, dictées autant par le cœur que par l'esprit, et dont l'éloquente simplicité captive l'âme sous le double attrait scientifique et religieux.

« Quand vous verrez toute cette flotte de mondes voguer de concert[1], et notre Terre aussi flottant comme un navire autour de cette île de lumière qui est notre Soleil; quand vous verrez les décroissances étranges de lumière, de chaleur et de mouvement, pour les mondes éloignés du centre; puis l'incroyable excentricité et l'espèce de folie des comètes, qui semblent se débattre sous la loi dont elles sont d'ailleurs dominées tout autant que les mondes habitables; et puis leur étonnante mobilité de formes, leurs combustions furieuses, tantôt dans la chaleur et tantôt dans le froid; quand vous verrez toute cette géométrie en action, toute cette physique vivante, tout ce merveilleux mécanisme de la nature toujours entretenu par la présence de Dieu, et manifestement réglé par sa sagesse, sous des lois qui sont son image; quand vous verrez la vie et la mort dans le ciel : un monde brisé dont les débris roulent près de nous, le ciel emportant avec lui ses cadavres dans son voyage du temps, comme la Terre emporte les siens; quand vous verrez les étoiles disparaître, pendant que d'autres naissent, croissent et grandissent; quand vous apercevrez ces nébuleuses, — que ce soient des groupes de soleils ou bien des groupes d'atomes, que les unes soient soleils, d'autres atomes, poussière d'atome ou poussière de soleil, qu'importe? — quand vous verrez les groupes de même race, mais de différents âges, parvenus sous nos yeux à différents degrés de formation, et laissant voir la marche du développement, comme nous voyons, dans une forêt de chênes, le développement de l'arbre dans tous ses âges; puis quand vous verrez sur tous les mondes ces alternances de nuit et de jour, ces vicissitudes de saisons en harmonie avec la vie de la nature, je dirai même avec la vie de nos pensées et de nos âmes : vicissitudes, alternatives, partout inévitables, excepté dans ce monde central où règnent un plein été, un plein midi;... alors, s'il n'entre dans votre astronomie ni poésie, ni philosophie, ni religion, ni morale, *ni espérances, ni conjectures de la vie éternelle* et de l'état

---

[1] A. Gratry, *les Sources*, chap. IX.

stable du monde futur; si vous ne croyez pas à cette prophétie de saint Pierre : « Il y aura de nouveaux cieux et une nou-« velle Terre; » et à cet oracle du Christ : « Il n'y aura plus « qu'une bergerie; » — si, en face de ces caractères grandioses et de ces traits fondamentaux de l'œuvre visible de Dieu, vous regardez sans voir et sans comprendre, sans soupçonner la possibilité du sens; alors, oh! alors, je vous plains! »

Certes, voilà des paroles à la fois chrétiennes et savantes, à la fois religieuses et philosophiques; l'idée large et grandiose qui les inspira est bien supérieure à celle qui dicta les discussions que nous avons passées en revue; il serait à désirer qu'elles fussent le langage de tous.

Nous terminerons cette étude par un discours de Galilée.

Quelques jours avant son départ pour Rome, en janvier 1633, l'illustre septuagénaire, alors à Florence, écrivait à Élie Diodati, jurisconsulte et avocat au parlement de Paris :

« ... Si je demande au théologien : De qui le Soleil, de qui la Lune et la Terre, leur position et leur mouvement sont-ils l'œuvre? je pense qu'il me répondra : Ce sont les œuvres de Dieu. Si je lui demande ensuite de quelle inspiration provient la sainte Écriture, il me répondra : De l'inspiration du Saint-Esprit, c'est-à-dire de Dieu lui-même. Il suit de là que le monde est *l'œuvre*, et la sainte Écriture la *parole* de Dieu. Si je lui pose cette autre question : Le Saint-Esprit emploie-t-il jamais des paroles qui sont en apparence contraires au vrai, parce qu'elles sont d'accord avec la grossièreté et proportionnées à l'intelligence vulgaire du bas peuple? Il me répondra certes, d'accord avec les Pères de l'Église, que l'on ne trouve pas autre chose dans l'Écriture sainte; que c'est son style propre, et que dans plus de cent endroits le simple sens littéral donnerait, je ne dis pas des hérésies, mais des blasphèmes, puisque Dieu lui-même y est représenté capable de colère, de repentir, d'oubli et de négligence, etc. Vais-je lui demander si Dieu, pour mettre son œuvre à la portée de la foule sotte et sans entendement, a jamais modifié sa création; si la nature, servante de Dieu, mais indocile à l'homme et que nul de ses efforts ne peut changer, n'a pas toujours conservé la même marche et ne suit pas toujours le même cours; je suis convaincu qu'il me répondra que la Lune a toujours été une sphère, bien que le peuple, pendant longtemps, l'ait prise pour un disque blanc; bref il avouera que la Nature n'a jamais rien changé pour nous plaire, que jamais elle ne s'est amusée à modifier ses œuvres conformément au désir, à l'opinion et à la crédulité des humains. S'il en est ainsi, *pourquoi donc, voulant connaître le monde et ses parties constitutives, irions-nous préférer, pour régler notre examen, à l'œuvre même de Dieu la parole de Dieu?* L'œuvre est-elle moins parfaite et moins noble que la *parole?* Supposez que l'on parvienne à établir qu'il y a hérésie à dire que la Terre tourne; supposez que plus tard les observations, la critique, l'ensemble des faits vinssent attester comme irréfragable le mouvement de la Terre; n'aurait-on pas fort compromis l'Église? Consentez, au contraire, *à n'assigner que la seconde place à la parole*, toutes les fois que *l'œuvre* semble l'éloigner; vous ne faites aucun tort à l'Écriture. — Il y a plusieurs années, au début de ce grand vacarme contre Copernic, je rédigeai un mémoire assez détaillé, dédié à Christine de Lorraine, dans lequel, m'appuyant sur l'autorité de la plupart des Pères de l'Église, j'essayai de démontrer qu'il y avait un grave abus à faire intervenir si souvent dans les questions scientifiques et d'observation l'autorité de l'Écriture sainte. Je demandais que l'on s'abstînt à l'avenir d'employer de telles armes dans les discussions de ce genre. Aussitôt que je serai moins assiégé d'inquiétudes, je vous ferai tenir une copie de cet écrit ; mais je suis à la veille de me rendre à Rome par ordre du Saint-Office qui vient d'arrêter la vente de mon dialogue, etc. »

« Pourquoi donc, voulant connaître le monde et ses parties constitutives, irions-nous préférer, pour régler notre examen, à l'œuvre même de Dieu la parole de Dieu? N'assignons que la seconde place à la parole. » Restons sur cette phrase de Galilée. Si nous ne tenions pas à garder ici une indépendance complète, nous présenterions cette phrase comme la conclusion la plus rationnelle à garder pour ceux qui nous ont convié à écrire cette note, et qui attachent de l'importance à la question débattue.

APPENDICE
NOTE B (PAGE 70)
PETITES PLANÈTES SITUÉES ENTRE MARS ET JUPITER
DANS L'ORDRE ET AVEC LA DATE DE LEURS DÉCOUVERTES

N°	Nom	Mois	Année	N°	Nom	Mois	Année
1.	Cérès,	janvier	1801	47.	Aglaia,	septembre	1857
2.	Pallas,	mars	1802	48.	Doris,	septembre	1857
3.	Junon,	septembre	1804	49.	Palès,	septembre	1857
4.	Vesta,	mars	1807	50.	Virginia,	octobre	1857
5.	Astrée,	décembre	1845	51.	Nemausa,	janvier	1858
6.	Hébé,	juillet	1847	52.	Europa,	février	1858
7.	Iris,	août	1847	53.	Calypso,	avril	1858
8.	Flore,	octobre	1847	54.	Alexandra,	septembre	1858
9.	Métis,	avril	1848	55.	Pandore,	septembre	1858
10.	Hygie,	avril	1848	56.	Melete,	septembre	1859
11.	Parthénope,	mai	1850	57.	Mnémosyne,	septembre	1859
12.	Victoria,	septembre	1850	58.	Concordia,	avril	1860
13.	Egérie,	novembre	1850	59.	Olympia,	septembre	1860
14.	Irène,	mai	1851	60.	Danaé,	septembre	1860
15.	Eunomia,	juillet	1851	61.	Echo,	septembre	1860
16.	Psyché,	mars	1852	62.	Erato,	septembre	1860
17.	Thétis,	avril	1852	63.	Ausonia,	février	1861
18.	Melpomène,	juin	1852	64.	Angelina,	mars	1861
19.	Fortuna,	août	1852	65.	Maximiliana,	mars	1861
20.	Massalia,	septembre	1852	66.	Maja,	avril	1861
21.	Lutetia,	novembre	1852	67.	Asia,	avril	1861
22.	Calliope,	novembre	1852	68.	Leto,	avril	1861
23.	Thalie,	décembre	1852	69.	Hesperia,	avril	1861
24.	Thémis,	avril	1853	70.	Panopea,	mai	1861
25.	Phocéa,	avril	1853	71.	Niobé,	août	1861
26.	Proserpine,	mai	1853	72.	Feronia,	février	1862
27.	Euterpe,	novembre	1853	73.	Clytia,	avril	1862
28.	Bellone,	mars	1854	74.	Galathée,	août	1862
29.	Amphitrite,	mars	1854	75.	Eurydice,	septembre	1862
30.	Uranie,	juillet	1854	76.	Freia,	octobre	1862
31.	Euphrosine,	septembre	1854	77.	Frigga,	novembre	1862
32.	Pomone,	octobre	1854	78.	Diane,	mars	1863
33.	Polymnie,	octobre	1854	79.	Eurynome,	septembre	1863
34.	Circé,	avril	1855	80.	Sapho,	février	1864
35.	Leucothée,	avril	1855	81.	Terpsichore,	septembre	1864
36.	Atalante,	octobre	1855	82.	Alcmène,	novembre	1864
37.	Fidès,	octobre	1855	83.	Beatrix,	avril	1865
38.	Léda,	janvier	1856	84.	Clio,	août	1866
39.	Lætitia,	février	1856	85.	Sémélé,	janvier	1866
40.	Harmonia,	mars	1856	86.		juin	1866
41.	Daphné,	mai	1856	87.	Sylvie,	mai	1866
42.	Isis,	mai	1856	88.	Thisbé,	juin	1866
43.	Ariane,	avril	1857	89.		août	1866
44.	Nysa,	mai	1857	90.	Antiope,	octobre	1866
45.	Eugenia,	juillet	1857	91.		novembre	1866
46.	Hestia,	août	1857				

NOTE C (PAGE 79)

SUR LA CHALEUR A LA SURFACE DES PLANÈTES

La chaleur à la surface des planètes peut dépendre de deux causes principales : elle peut avoir sa source : 1° dans le foyer calorifique de la planète même ; 2° dans le rayonnement du Soleil. Nous examinerons l'une après l'autre ces deux causes indépendantes.

La première se rattachant à l'origine cosmogonique que l'on adopte pour les planètes, nous donnerons un aperçu des différents systèmes que l'on a proposés pour expliquer cette origine, et les conséquences qu'on en a tirées sur la question dont il s'agit.

Burnet est le premier auteur moderne qui ait imaginé un système cosmogonique. Son ouvrage parut en 1681 sous le titre de *Telluris Theoria sacra*, titre mettant tout d'abord en évidence l'intention formelle de l'auteur de ne rien avancer qui puisse paraître en contradiction avec l'enseignement biblique. Sa théorie est neptunienne : c'est à l'eau qu'il attribue les changements successifs survenus à la surface du globe. La terre était d'abord une masse fluide, un chaos de matières diverses, qui ne revêtit une figure sphérique que lorsque les matériaux les plus lourds descendirent au centre pour former un noyau solide. L'eau, plus légère, enveloppa ce noyau, et fut enveloppée elle-même par l'atmosphère. Cependant des matières grasses surnagèrent, et les particules terreuses en suspens dans l'atmosphère recouvrirent ces matières grasses : ce fut la première terre cultivée par les hommes avant le déluge, terre légère, fertile, unie comme un miroir. Mais la chaleur du soleil la dessécha peu à peu, et, au bout de quinze ou seize siècles, la crevassa de telle sorte que cette croûte tomba dans l'abîme des eaux qui se trouvaient au-dessous d'elle. Ce fut là la cause du déluge. Nos continents actuels sont les restes de la croûte terrestre qui ne se sont pas enfoncés ; les inégalités des montagnes furent produites par cet effondrement gigantesque. — Dans cette hypothèse, le Soleil est la seule source de la chaleur des planètes.

Ce système eut une célébrité de quelques années ; il recruta quelques partisans et divers commentateurs. Il est complétement oublié aujourd'hui. L'auteur avait dû passer sous silence un fait d'une haute importance qui commençait à se révéler et qui doit être regardé comme le premier pas de la géologie moderne : le fait de l'existence des débris fossiles dans les couches terrestres. Non-seulement Burnet, mais la plupart des savants de cette époque trouvaient fort difficile d'expliquer cette existence et de rester d'accord avec la Genèse; aussi, au lieu de voir en eux les vestiges d'une vie disparue, imagina-t-on qu'une certaine *force plastique* avait imprimé à des sucs pierreux des formes organiques, ou encore que des pierres inertes avaient pris, *sous l'influence des corps célestes*, la configuration qu'elles présentaient : explications dont Voltaire s'amusa beaucoup, tout en les partageant. Mais, grâce aux travaux persévérants de Fracastor, de Bernard Palissy, de Stenon, on ne put s'empêcher de reconnaître dans ces prétendues *pierres figurées* les reliques authentiques des siècles antédiluviens.

Dans les mêmes temps les Anglais Woodward et Whiston entassaient miracles sur miracles pour exposer un système de création tout à la fois scientifique et dogmatique. Le premier suppose qu'à l'époque du déluge, Dieu fit que tous les corps terrestres furent réduits en poussière, et de là en pâte molle par les eaux diluviennes; les corps marins auraient facilement pénétré dans cette pâte. Le second suppose que la Terre était autrefois une *comète*, où la confusion des éléments ne formait qu'un vaste et ténébreux abîme. Dès le lendemain de la création, au fameux *Fiat lux*, la Terre devint sphérique, s'épura et permit aux rayons solaires de l'illuminer. Le déluge fut produit par une *comète* dont la queue aqueuse enveloppa la Terre pendant quarante jours. — On voit que les comètes étaient fort utiles à l'auteur.—Pour expliquer comment les couches remplies de fossiles marins, recouvertes d'eau jadis, se trouvaient à sec aujourd'hui, Whiston admit un changement dans l'obliquité de l'écliptique, par suite duquel les mers auraient abandonné leurs anciens lits; mais Newton ayant démontré l'impossibilité de cette hypothèse, l'auteur donne pour double cause à l'évaporation des eaux la chaleur solaire et la chaleur centrale du globe. La Terre ayant, dans son système, été tout d'abord une comète, avait acquis un haut degré de chaleur à son périhélie, comme il arriva pour la comète de 1680 qui passa si près du soleil, qu'on eut lieu de lui supposer une chaleur deux mille fois plus élevée que celle du fer rouge, chaleur qui demanderait cinquante mille ans pour s'éteindre. La température intérieure du globe terrestre aurait encore dans ce système une grande intensité à la surface.

Leibnitz, à son tour, écrivit sa Protogée. Il voyait dans les planètes autant de petits soleils, jadis allumés comme le nôtre, maintenant éteints depuis l'époque où leurs éléments de combustion furent consumés. Ce sont les forces plutoniennes qui dominèrent dans les révolutions du globe ; c'est au feu qu'il faut attribuer les événements qui dans les systèmes précédents ont été attribués à l'eau. Lorsque la surface terrestre eut atteint un certain degré de refroidissement, la vapeur de l'atmosphère se condensa en partie et forma les mers et les divers amas d'eau qui baignent actuellement le globe terrestre.

Un autre auteur, de Maillet (Telliamed, anagramme transparent), émit le premier l'idée assez singulière que nos ancêtres avaient été des poissons, théorie que de savants géologues de nos jours cherchent à remettre en vigueur. Il supposa que notre globe était à l'origine entièrement entouré d'eau, et, que sous l'influence des rayons solaires, cette eau s'évapora progressivement jusqu'au point où en sont nos mers d'aujourd'hui. Selon lui, les planètes n'appartiennent pas d'origine à notre soleil, elles vont d'un soleil à l'autre : soit qu'à l'extinction du soleil auquel elles appartiennent, elles errent dans l'espace jusqu'à la rencontre d'un nouveau soleil, soit que ce nouveau soleil passe à travers notre tourbillon et les emporte. La Terre entre autres appartenait jadis à un soleil qui, pendant les derniers temps de son extinction, a permis aux eaux de s'amonceler sur la Terre, au point d'y produire le déluge biblique ; c'est de cette époque que date l'apparition de notre soleil actuel, qui allongea l'année de plus de quatre fois sa valeur primitive (ainsi se trouve expliquée la longévité des premiers hommes), et qui par sa chaleur puissante commença l'évaporation des eaux et les réduisit au point où elles sont aujourd'hui. Dans ce système la chaleur à la surface des planètes subit des irrégularités perpétuelles, n'est soumise à aucune loi constante. — On peut encore le reléguer au rang des fables.

Buffon vint ensuite et s'adonna avec plus d'ardeur et plus

de soins que tous les précédents à la détermination de la quantité de chaleur que les planètes manifestent à leur surface, quantité de chaleur qu'il voulut suivre dans ses affaiblissements depuis l'origine des Mondes jusqu'à nos jours, et, plus que cela encore, jusqu'à la fin des Mondes. Le sujet ne manquait, comme on voit, ni de grandeur, ni d'intérêt. Le célèbre auteur de l'*Histoire naturelle*, considérant que les planètes ont toutes une direction commune d'occident en orient, et que l'inclinaison de leurs orbites est très-faible, en conclut que le système planétaire tout entier devait avoir la même origine, la même impulsion première, et que cette origine, comme cette impulsion, devait venir du Soleil. On peut trouver là le principe de l'hypothèse cosmogonique émise plus tard par Laplace. Mais Buffon ne se contenta pas de chercher l'origine de l'état astronomique actuel, il voulut encore en chercher le pourquoi, et ne trouva d'autre mode d'explication que d'imaginer une comète tombant obliquement dans le Soleil et en faisant jaillir, comme autant d'éclaboussures, les planètes qui circulent autour de lui.

On sait aujourd'hui que la masse d'une comète serait infiniment trop faible pour que sa chute dans le Soleil pût occasionner une pareille révolution; si une comète venait à croiser la Terre dans son cours, il est de la plus haute probabilité que ce choc resterait inaperçu pour nous.

La comète en question ayant donc séparé la 650e partie de la masse du Soleil, cette partie s'échappa comme un torrent liquéfié et forma les planètes. Les parties les plus légères s'éloignèrent le plus du corps solaire; Saturne, dernière planète connue du temps de Buffon, en est un exemple; puis vinrent dans l'ordre des densités: Jupiter, Mars, la Terre, Vénus et Mercure. L'expérience montre de plus que ces parties n'ont pu s'échapper qu'en tournant sur elles-mêmes et en s'engageant dans une direction oblique où la force centrifuge combinée avec la force centripète forme l'orbite de chaque planète. Quant aux satellites, l'obliquité du coup a pu être tel, dit Buffon, qu'il se sera séparé du corps de la planète principale de petites parties de matière qui auront conservé les mêmes directions que la planète même; ces parties se seront unies, suivant leurs densités, à différentes distances de la planète par la force de leur attraction mutuelle, et en même temps elles auront nécessairement suivi la planète dans son cours autour du Soleil, en tournant elles-mêmes autour de la planète. Telle est l'origine des satellites.

Les recherches de Buffon sur le refroidissement de la Terre et des autres planètes ont été exposées par lui-même en deux mémoires qui n'occuperaient pas moins de deux cents pages comme celles-ci. Nous en ferons grâce à nos lecteurs. Nous résumerons seulement ce travail par les tableaux suivants qui renferment les derniers résultats des discussions hypothétiques de l'auteur.

TABLEAU DES TEMPS DU REFROIDISSEMENT DES PLANÈTES ET DES SATELLITES D'APRÈS BUFFON

	CONSOLIDÉES JUSQU'AU CENTRE	REFROIDIES A POUVOIR LES TOUCHER	REFROIDIES A LA TEMPÉRATURE ACTUELLE	REFROIDIES A 1/25e [1] DE LA TEMPÉRATURE ACTUELLE
	ans	ans	ans	ans
La Terre...	en 2936	en 34270	en 74832	en 168123
La Lune...	644	7515	16109	72514
Mercure...	2127	24813	54192	187765
Vénus.....	3596	41969	91643	228540
Mars......	1130	13034	28538	60326
Jupiter....	9433	110118	240151	483121
1er satellite.	6238	71166	155986	311973
2e satellite.	5262	61425	135549	271098
3e satellite.	4788	56651	123701	247401
4e satellite.	1938	22600	49348	98696
Saturne....	5140	59911	130821	262020
Anneau...	4604	53711	88784	177568
1er satellite.	3433	40021	87392	174784
2e satellite.	3291	38451	83964	167928
3e satellite.	3132	35878	78329	156658
4e satellite.	1502	17523	38262	76525
5e satellite.	421	4916	10739	47558

[1] Buffon donne ce degré de refroidissement comme étant la limite de l'existence des êtres vivants.

Cependant des considérations fondées sur l'influence de la chaleur rayonnante des planètes sur leurs satellites, et quelques points de détail sur la physiologie des êtres, engagèrent Buffon à modifier les nombres qui précèdent. Après un examen de plusieurs années, il donna le tableau suivant qui est son dernier mot dans la théorie qui nous occupe ici.

TABLEAU DU COMMENCEMENT, DE LA FIN ET DE LA DURÉE DE L'EXISTENCE DE LA NATURE ORGANISÉE DANS CHAQUE PLANÈTE, D'APRÈS BUFFON

	DATE DE LA FORMATION DES PLANÈTES : 74832 ANS			
	COMMENCEMENT A COMPTER DE LA FORMATION DES PLANÈTES	FIN A DATER DE LA FORMATION DES PLANÈTES	DURÉE ABSOLUE	DURÉE A DATER DE CE JOUR
	ans	ans	ans	ans
Vᵉ sat. de ♄.	5161	47558	42389	0
La Lune....	7890	72514	64624	0
Mars.......	13685	60326	58641	0
IVᵉ sat. de ♄	18399	76525	57126	1693
IVᵉ sat. de ♃	23730	98696	74966	23874
Mercure....	26053	187765	161712	112933
La Terre....	35983	168123	132140	93291
IIIᵉ sat. de ♄	37672	156658	118986	81826
IIᵉ sat. de ♄	40373	167928	127655	93096
Iᵉʳ sat. de ♄	42021	174784	132763	99952
Vénus......	44067	228540	184473	153708
Anneau de ♄	56396	177568	121172	102736
IIIᵉ sat. de ♃	59483	247401	187918	172569
Saturne.....	62906	262020	199114	187188
IIᵉ sat. de ♃	64496	271098	206602	196266
Iᵉʳ sat. de ♃	74724	311973	237249	237141
Jupiter.....	115623	483121	367498	

Il suit donc de la théorie générale de Buffon :
1º Que la nature organisée, telle que nous la connaissons, ne serait pas encore née dans Jupiter, dont la chaleur serait trop

grande encore aujourd'hui pour pouvoir en toucher la surface, et que ce ne serait que dans 40,791 ans que les êtres vivants pourraient y subsister, et qu'ils y dureraient 367,498 ans;

2° Que la nature vivante, telle que nous la connaissons, serait éteinte dans le cinquième satellite de Saturne depuis 27,274 ans, dans Mars depuis 14,506 ans, et dans la Lune depuis 2,318 ans;

3° Que la nature serait prête à s'éteindre dans le quatrième satellite de Saturne, puisqu'il n'y a plus que 1,693 ans pour arriver au point extrême de la plus petite chaleur nécessaire au maintien des êtres organisés; le quatrième satellite de Jupiter serait presque dans le même cas;

4° Que sur la planète Mercure, sur la Terre (qui a encore 93,291 ans à vivre), sur le troisième, le second et le premier satellite de Saturne, sur le second et le premier de Jupiter, la nature vivante serait actuellement en pleine existence, offrant le spectacle de mouvement et d'activité que nous offre la nature terrestre.

Les systèmes précédents, dont celui de Buffon ferme la liste, sont les uns et les autres élevés sur des principes trop exclusifs et fort peu scientifiques. A l'époque où leurs auteurs les promulguèrent, le progrès général des sciences n'était pas assez avancé pour que l'on eût pu, sans sortir de la science expérimentale et théorique, élever des conjectures sur ces questions enveloppées de tant de mystères; aussi la critique scientifique n'a-t-elle reconnu là aucune solution satisfaisante, et a-t-elle dû faire justice de ces diverses erreurs. La fameuse théorie de Buffon n'est plus elle-même, comme ses antérieures, qu'une curiosité historique.

Il est démontré aujourd'hui que la chaleur à la surface de la Terre et des autres planètes n'a pas sa source seulement dans le foyer calorifique de la planète, mais encore et surtout dans le rayonnement du Soleil, influencé par la hauteur, la densité et la composition chimique de l'atmosphère.

C'est à J.-B. Fourier que l'on doit d'avoir repris jusque dans ses fondements la théorie mathématique de la chaleur, de l'avoir discutée dans ses éléments divers, de lui avoir appliqué l'analyse mathématique, et de l'avoir établie sur une base solide, qui lui donna la plus grande autorité scientifique. Voici, d'après Fourier lui-même, l'ensemble des grands résultats auxquels il est parvenu : c'est en même temps l'ensemble de nos connaissances actuelles sur ce sujet.

Notre système solaire est placé dans une région de l'univers dont tous les points ont une température commune et constante, déterminée par les rayons de lumière et de chaleur qu'envoient tous les astres environnants. Cette température froide planétaire est peu inférieure à celle des régions polaires du globe terrestre.

La Terre n'aurait que cette même température du ciel, si deux causes ne concouraient à l'échauffer : l'une est l'action continuelle des rayons solaires qui pénètrent toute sa masse, et entretiennent à la superficie la différence des climats ; l'autre est la chaleur intérieure qu'elle possédait lorsque les corps planétaires ont été formés, et dont une partie seulement s'est dissipée à travers la surface.

Considérons d'abord l'influence des rayons solaires.

Les alternatives de la présence et de l'absence du Soleil auront, dès l'origine des choses, déterminé des variations diurnes et annuelles, semblables à celles que nous observons maintenant. Tout détail sur ce sujet serait superflu ; tout le monde comprend, en effet, comment la surface échauffée par la présence du Soleil au-dessus de l'horizon doit se refroidir chaque soir après le coucher de cet astre. La cause des variations annuelles est aussi évidente. Dans nos climats, le Soleil, étant, pendant l'été, plus longtemps chaque jour au-dessus de l'horizon, et dardant ses rayons plus directement sur nos têtes, il doit résulter de cette double cause un échauffement plus considérable que celui qui a lieu dans l'hiver, temps où le Soleil, malgré sa proximité de la Terre, y produit moins d'effets. Ces effets périodiques ne se remarquent qu'à l'extrême surface, et il suffit de pénétrer à quelques pieds au-dessous, pour les voir sensiblement modifiés.

En vertu d'une loi générale de la nature, les couches placées immédiatement au-dessous de la superficie lui soutirent une partie de la chaleur qui lui est communiquée par le Soleil ; et le même effet se produit de proche en proche jusqu'à une profondeur qui dépend essentiellement du temps qui s'est écoulé depuis l'époque où la cause échauffante a commencé à agir. Mais ces couches inférieures ne peuvent plus être soumises aux mêmes variations de température que la surface. A une certaine profondeur les variations diurnes ne se feront plus sentir. La température n'y sera jamais ni si chaude que pendant le jour, ni si froide que pendant la nuit, mais prendra un degré intermédiaire. Un thermomètre placé à cette profondeur ne variera pas dans l'espace de vingt-quatre heures, et marquera constamment, pendant une saison, un degré moyen de température. Plus bas encore, dans les couches où la transmission de la chaleur solaire ne pourra s'opérer qu'après un temps assez considérable pour que l'alternative des saisons ne s'y fasse plus sentir, on aura une température fixe, qui sera la moyenne entre celle des saisons, c'est-à-dire exactement celle qu'on obtiendrait en prenant la valeur moyenne de toutes les températures observées à chaque instant à la surface pendant un grand nombre d'années.

Cette température fixe des lieux profonds une fois établie pour chaque point de la Terre à une certaine distance de la surface, il arrive, par suite des lois du rayonnement, qu'elle se propage toujours la même pour chaque point jusqu'aux plus grandes profondeurs, de manière que le résultat final de l'influence solaire, après un temps suffisamment prolongé, ne peut manquer d'être l'établissement d'une température fixe pour chaque lieu de la Terre, se prolongeant toujours la même, à partir du point où les variations périodiques cessent de se faire sentir jusqu'au centre de la Terre.

Dans l'état final dont nous venons de parler, toute la chaleur qui pénètre par les régions équatoriales est exactement compensée par celle qui s'écoule à travers les régions polaires; de sorte que la Terre rend aux espaces célestes toute la chaleur qu'elle reçoit du Soleil.

Concluons de ce que nous venons de dire que, si la Terre avait été exposée pendant un temps très-considérable à la seule action des rayons du Soleil, on observerait, dans toute la profondeur de la couche superficielle qui nous est accessible, une température variable avec la latitude, qui ne changerait pas sensiblement lorsqu'on s'enfoncerait en suivant une ligne verticale. La chaleur pourrait décroître, à mesure qu'on descendrait davantage, si l'échauffement n'était pas parvenu à son terme; mais dans aucun cas l'échauffement n'augmenterait avec la profondeur.

Les effets dus à la chaleur solaire seront modifiés par l'enveloppe atmosphérique qui recouvre la surface de la Terre et par les eaux qui la baignent. Les grands mouvements de ces fluides rendent la chaleur plus uniforme; d'un autre côté, la présence de l'air augmente la température en offrant un passage libre à la chaleur lumineuse, et en s'opposant à la sortie de celle que la Terre exhale dans l'espace.

Passant à la seconde cause de la température du globe, nous reconnaîtrons l'augmentation graduelle de la chaleur terrestre à mesure que l'on s'enfonce à de plus grandes profondeurs. Ce fait résulte unanimement (comme on le verra dans la note suivante) des observations multipliées que l'on a faites et discutées sur la chaleur intérieure du globe terrestre. Il faut en rapporter la cause à l'existence d'un foyer brûlant situé au centre du globe.

La théorie de Fourier démontre rigoureusement que ce foyer calorifique central n'a qu'une influence insignifiante sur la température de la surface. Pour obtenir ce résultat remarquable, il fallait 1° avoir la mesure exacte de l'élévation de la température dans les couches situées immédiatement au-dessous du sol; 2° connaître le degré de facilité avec lequel la chaleur peut pénétrer chacune des substances qui les composent. On conçoit, en effet, que le foyer central ne pouvant exercer d'influence sur la surface terrestre que par l'intermédiaire des couches qui se trouvent au-dessous de cette surface, on pourra facilement déterminer cette influence si les deux points précédents sont connus. On a été conduit, par ces recherches, à admettre que l'excès de la chaleur communiquée à la surface par le foyer interne n'est que d'un trente-deuxième de degré, valeur insignifiante.

Les observations géodésiques ont, du reste, incontestablement établi de leur côté l'origine ignée de notre sphéroïde planétaire, de même que les observations thermométriques montrent que la distribution actuelle de la chaleur dans l'enveloppe terrestre est celle qui aurait lieu si le globe, primitivement très-chaud, s'était ensuite progressivement refroidi jusqu'à l'état où nous le voyons maintenant. Mais, comme nous venons de le rappeler, ce feu central n'a qu'une influence insensible à la surface du globe.

Cette théorie mathématique de la chaleur s'applique aux autres planètes comme à la Terre, tous les mondes de notre système ayant la même origine et se trouvant dans la même condition relative.

Cependant on serait dans l'erreur si on leur appliquait sans restriction les conclusions absolues qui précèdent. Tout en admettant qu'en général, chez eux comme chez nous, le foyer interne n'ait qu'une influence inappréciable sur la surface, et que la chaleur de cette surface dépende presque exclusivement de leurs distances respectives au Soleil, il ne faut pas perdre de vue que l'agencement moléculaire des matériaux dont se composent les autres planètes pouvant être d'une autre nature que celui des matériaux terrestres, il pourrait se faire que la chaleur centrale les traversât plus facilement et se fit sentir à la surface d'une manière appréciable, surtout dans les mondes lointains où la chaleur solaire est si faible. On doit de plus faire intervenir les diverses causes que nous avons mentionnées dans notre texte, et surtout les considérations fondées sur l'endosmose et sur le pouvoir absorbant des atmosphères. Mais, en somme, le point fondamental à établir, c'est que : *La température des corps planétaires dépend en première ligne de leur distance du soleil.*

On a vu que Buffon supposait 74,832 ans d'âge à la Terre et que ce laps de temps lui avait suffi pour passer de la chaleur de fusion primitive à la température actuelle. Or il est démontré que dans cet intervalle elle se refroidirait à peine d'un degré. Fourier a établi qu'en raison de son volume, la Terre, une fois échauffée à une température quelconque et plongée dans un milieu plus froid qu'elle, ne se refroidit pas plus dans l'espace de 1,280,000 années qu'un globe d'un pied de diamètre, formé de matières pareilles, et placé dans les mêmes circonstances, ne le ferait en *une seconde;* c'est-à-dire que, dans cette immense durée, sa température n'aurait pas varié d'une manière appréciable. Buffon, comme ses prédécesseurs, n'avait pas la notion du *temps;* il fallait que les découvertes de l'astronomie stellaire et de la géologie vinssent initier l'homme aux mystères de ces nombres innomés.

Il importe de terminer cette note par l'exposé des recherches que l'on a faites sur la chaleur des espaces interplanétaires, chaleur qui influe puissamment sur celle des globes, puisque c'est à elle que ces globes demandent par leur rayonnement mutuel l'équilibre de la température.

« Pour arriver à la connaissance de la chaleur propre aux espaces, dit Fourier, il faut examiner quel serait l'état thermométrique de la masse terrestre, si elle ne recevait que la chaleur du Soleil; et pour rendre cet examen plus facile, on peut d'abord supposer que l'atmosphère est supprimée. Or, s'il n'existait aucune cause propre à donner aux espaces planétaires une température commune et constante, c'est-à-dire si le globe terrestre et tous les corps qui forment le système solaire étaient placés dans une enceinte privée de toute chaleur, on observerait des phénomènes entièrement contraires à ceux que nous connaissons; les régions polaires subiraient un froid immense, et le décroissement des températures depuis l'équateur jusqu'aux pôles serait incomparablement plus rapide et plus étendu.

Dans cette hypothèse du froid absolu de l'espace, s'il est possible de le concevoir, tous les effets de la chaleur, tels que nous les observons à la surface du globe, seraient dus à la présence du Soleil; les moindres variations de la distance de cet astre à la Terre occasionneraient des changements très-considérables dans les températures; l'intermittence des jours et des nuits produirait des effets subits et totalement différents de ceux que nous observons. La surface des corps serait exposée tout à coup, au commencement de la nuit, à un froid infiniment intense; les corps animés et les végétaux ne résisteraient point à une action aussi forte et aussi prompte qui se reproduirait en sens contraire au lever du Soleil.

La chaleur du Soleil conservée dans l'intérieur de la masse terrestre ne pourrait point suppléer à la température extérieure de l'espace et n'empêcherait aucun des effets que l'on vient de décrire; car nous connaissons avec certitude, par la théorie et les observations, que l'effet de cette chaleur centrale est devenu depuis longtemps insensible à la superficie, quoiqu'il puisse être très-grand à une profondeur médiocre.

Nous concluons de ces dernières remarques, et principalement de l'examen mathématique de la question, qu'il existe une cause physique toujours présente, qui modère les températures à la surface du globe terrestre, et donne à cette planète une chaleur fondamentale, indépendante de l'action du Soleil et de la chaleur propre que sa masse intérieure a conservée. Cette température fixe que la Terre reçoit ainsi de l'espace diffère peu de celle que l'on mesurerait aux pôles terrestres ; elle est nécessairement moindre que la température qui appartient aux contrées les plus froides.

Après avoir reconnu l'existence de cette température fondamentale de l'espace, sans laquelle les effets de la chaleur observée à la superficie du globe seraient inexplicables, nous ajoutons que l'origine de ce phénomène est pour ainsi dire évidente. Il est dû au rayonnement de tous les corps de l'univers, dont la lumière et la chaleur peuvent arriver jusqu'à nous; les astres que nous apercevons à la vue simple, la multitude innombrable des astres télescopiques ou des corps obscurs qui remplissent l'univers, les atmosphères qui environnent ces corps lumineux, la matière rare disséminée dans diverses parties de l'espace concourant à former ces rayons qui pénètrent de toutes parts dans les régions planétaires. On ne peut pas concevoir qu'il existe un tel système de corps lumineux ou échauffés, sans admettre qu'un point quelconque de l'espace qui les contient acquiert une température déterminée.

Le nombre immense des corps célestes compense les inégalités de leurs températures, et rend l'irradiation sensiblement uniforme.

Cette température de l'espace n'est pas la même dans les différentes régions de l'univers; mais elle ne varie pas dans celles où les corps planétaires sont renfermés, parce que les dimensions de cet espace sont incomparablement plus petites que les distances qui les séparent des corps rayonnants. Ainsi dans tous les points de leur orbite les planètes trouvent la même température. Elles participent toutes à cette température commune, qui est plus ou moins augmentée pour chacune d'elles par l'impression des rayons du Soleil, selon la distance de la planète de cet astre. »

Cette température ne serait peut-être pas inférieure à 40° au-dessous de 0. D'après cette théorie, les planètes les plus éloignées, Uranus, Neptune, manifesteraient à leur surface une température au moins égale à ce degré, et très-probablement fort supérieure. Quoi qu'il en soit, la moyenne de la chaleur nécessaire au soutien de la vie dans ces froides contrées sera toujours égale à la moyenne de la chaleur propre à ces **contrées.**

NOTE D (PAGE 180)

SUR LA CONSTITUTION INTÉRIEURE DU GLOBE TERRESTRE

Dans nos climats tempérés et sur le sol paisible de la France, on a coutume de se reposer tranquillement sur la solidité de la Terre, et de ne point songer aux causes d'instabilité qui depuis les temps passés ont jeté le trouble sur tant de nations éprouvées. L'affirmation même d'un théoricien n'engage pas notre confiance, et il nous faut des témoins oculaires et dignes de foi pour atténuer en nous cette certitude de l'éternelle stabilité du globe. Notre devoir sera donc ici de placer sous les yeux du lecteur les assertions, tout expérimentales, pour ainsi dire, de notre contemporain regretté le savant cosmopolite qui écrivit le *Cosmos* : ces observations permettront au lecteur de se former une idée rationnelle sur la mobilité de l'état intérieur du globe.

Une seule cause, dit de Humboldt[1], l'augmentation graduelle de la chaleur terrestre depuis la surface jusqu'au centre, peut nous rendre compte à la fois des tremblements de terre, du soulèvement successif des continents et des chaînes de montagnes, des éruptions volcaniques et de la formation des roches et des minéraux.

Tremblements de terre. — Les tremblements de terre se manifestent par des *oscillations* verticales, horizontales ou circulaires, qui se suivent et qui se répètent à de courts intervalles. Les deux premières espèces de secousses sont souvent simultanées ; c'est là du moins le résultat des nombreuses observations de ce genre qu'il m'a été donné de faire, sur terre et sur mer, dans les deux parties du monde. L'action verticale de bas en haut a produit à Riobamba, en 1797, l'effet de l'explosion d'une mine ; les cadavres d'un grand nombre d'habitants furent lancés au delà du ruisseau de Lican, jusque sur la Culca, colline *dont la hauteur est de plusieurs centaines de pieds.* Or-

---

[1] *Cosmos*, t. I, p. 227.

dinairement la secousse se propage en ligne droite ou ondulée, à raison de 4 ou 5 myriamètres par minute; quelquefois elle s'étend à la manière des ondes, et il se forme des cercles de commotion où les secousses se propagent du centre à la circonférence, mais en diminuant d'intensité, comme pour les liquides.

Les secousses circulaires sont les plus dangereuses. Des murs ont été retournés, sans être renversés, des allées d'abord rectilignes ont été courbées, des champs couverts de cultures différentes ont glissé les uns sur les autres, lors du grand tremblement de Riobamba, dans la province de Quito, le 4 février 1797 : ces singuliers effets s'étaient déjà produits en Calabre, le 5 février et le 28 mars 1783. Ces terrains qui glissent, ces pièces de terre cultivées qui se superposent, prouvent un mouvement général de translation, une sorte de pénétration des couches superficielles; évidemment le sol meuble s'est mis en mouvement comme un liquide, et les courants se sont dirigés d'abord de haut en bas, puis horizontalement, et enfin de bas en haut. Lorsque je levais le plan des ruines de Riobamba, on me montra la place où, au milieu des décombres d'une maison, on avait retrouvé tous les meubles d'une autre demeure; il fallut que l'*audiencia* prononçât sur les contestations qui s'élevèrent au sujet de la propriété d'objets qui avaient été transportés ainsi à plusieurs centaines de mètres.

L'intensité des bruits sourds qui accompagnent presque toujours les tremblements de terre ne croît pas dans le même rapport que la violence des secousses. Je me suis assuré, par l'étude attentive des diverses phases du tremblement de terre de Riobamba, que la grande secousse ne fut signalée par aucun bruit. La détonation formidable qu'on entendit sous le sol de Quito et d'Ibarra se produisit 18 ou 20 minutes *après* la catastrophe. Un quart d'heure après le célèbre tremblement qui détruisit Lima, on entendit à Truxillo un coup de tonnerre souterrain, mais sans ressentir de secousse. La nature du bruit varie beaucoup : il roule, il gronde, il résonne comme un cliquetis de chaînes entre-choquées; il est saccadé comme les éclats d'un tonnerre voisin, ou bien il retentit avec fracas, comme si des masses d'obsidienne ou de roches vitrifiées se brisaient dans les cavernes souterraines. Ces bruits peuvent s'entendre à une distance énorme du point où ils se sont produits. A Caracas, dans les plaines de Calabozo et sur les bords du Rio-Apure, l'un des affluents de l'Orénoque, c'est-à-dire sur une étendue de 1,300 myriamètres carrés, on entendit une effrayante détonation au moment où un torrent de lave sortait du volcan Saint-Vincent, situé dans les Antilles, à une distance de 120 myriamètres. C'est, par rapport à la distance, comme si une éruption du Vésuve se faisait entendre dans le nord de la France.

Les ravages des tremblements de terre peuvent s'étendre sur des milliers de lieues. Dans les Alpes, sur les côtes de la Suède, aux Antilles, au Canada, en Thuringe, et jusque dans les marais du littoral de la Baltique, on a ressenti la secousse du tremblement de terre qui a détruit Lisbonne, le 1er novembre 1755. Des rivières éloignées furent détournées de leurs cours; les sources thermales de Tœplitz tarirent d'abord, puis elles revinrent colorées par des ocres ferrugineuses et inondèrent la ville. A Cadix, les eaux de la mer s'élevèrent à 20 mètres au-dessus de leur niveau ordinaire; dans les petites Antilles, où la marée n'est guère que de 70 à 75 centimètres, les flots montèrent, noirs comme de l'encre, à une hauteur de plus de 7 mètres. On a calculé que les secousses se firent sentir, dans cette fatale journée, sur une étendue de pays quatre fois plus grande que celle de l'Europe. Aucune force destructive, sans en excepter notre plus meurtrière invention, n'est capable de faire périr autant d'hommes à la fois, dans un espace de temps aussi court : en quelques minutes, ou même en quelques secondes, *soixante mille hommes* périrent en Sicile, l'an 1693; trente ou quarante mille dans le tremblement de terre de Riobamba, en 1797; peut-être cinq fois autant dans l'Asie Mineure et en Syrie, sous Tibère et sous Justin l'Ancien, vers les années 19 et 526.

Si l'on pouvait avoir des nouvelles de l'état journalier de la surface terrestre tout entière, on serait probablement bientôt convaincu que cette surface est toujours agitée par des secousses en quelques-uns de ses points, et qu'elle est *incessamment soumise à la réaction de la masse intérieure*. Quand on considère la fréquence et l'universalité de ce phénomène, provoqué sans doute par la haute température et par l'état de fusion des couches inférieures, on comprend qu'il soit indépendant de la nature du sol où il se manifeste... Il ne se borne pas à soulever au-dessus de leur ancien niveau des pays entiers, il fait naître aussi des éruptions d'eau chaude, de vapeurs aqueuses, de mofettes, si nuisibles aux troupeaux qui paissent sur les Andes, de boues, de fumées noires, et même de flammes. Pendant le grand tremblement de terre qui détruisit Lisbonne, on vit des flammes et une colonne de fumée sortir, près de la ville, d'une crevasse nouvellement formée dans le rocher d'Avidras ; plus les détonations souterraines devenaient intenses, et plus cette fumée s'épaississait. Une grande quantité de gaz acide carbonique qui sortit des crevasses pendant le tremblement de terre de la Nouvelle-Grenade, dans la vallée du Magdalena, asphyxia une multitude de serpents, de rats et d'autres animaux qui vivaient dans les cavernes.

Il est évident que le foyer où ces forces destructives naissent et se développent est situé au-dessous de l'écorce terrestre... Il faut attribuer à la réaction des vapeurs soumises à une pression énorme dans l'intérieur de la Terre, toutes les secousses qui en agitent la surface, depuis les explosions les plus formidables jusqu'aux plus faibles secousses. Les volcans actifs doivent être regardés comme des soupapes de sûreté pour les contrées voisines. Si l'ouverture du volcan se bouche, si la communication de l'intérieur avec l'atmosphère se trouve interrompue, les contrées voisines sont menacées de secousses prochaines. (On peut songer à ce qui arriverait si toutes ces soupapes volcaniques se trouvaient un jour fermées.)

Avant de quitter ce grand phénomène, je dois signaler l'origine de l'impression profonde, de l'effet tout particulier qu'un premier tremblement de terre produit sur nous, même quand il n'est accompagné d'aucun bruit souterrain. Cette impression ne provient pas, à mon avis, de ce que les images des catastrophes dont l'histoire a conservé le souvenir, s'offrent alors en foule à notre imagination. Ce qui nous saisit, c'est que nous perdons tout à fait notre confiance dans la stabilité du sol. Dès notre enfance, nous étions habitués au contraste de la mobilité de l'eau avec l'immobilité de la terre. Tous les témoignages de nos sens avaient fortifié notre sécurité. Le sol vient-il à trembler, ce moment suffit pour détruire l'expérience de toute la vie. C'est une puissance inconnue qui se révèle tout à coup; le calme de la nature n'était qu'une illusion, et nous nous sentons rejetés violemment dans un chaos de forces destructives. Alors chaque bruit, chaque souffle d'air excite l'attention; on se défie surtout du sol sur lequel on marche. Les animaux éprouvent la même angoisse; les crocodiles de l'Orénoque, d'ordinaire aussi muets que nos petits lézards, fuient le lit ébranlé du fleuve et courent en rugissant vers la forêt. Un tremblement de terre se présente à l'homme comme un danger indéfinissable, mais partout menaçant. On peut s'éloigner d'un volcan, on peut éviter un torrent de lave; mais quand la terre tremble, où fuir? Partout on croit marcher sur un foyer de destruction. Heureusement les ressorts de notre âme ne peuvent rester ainsi tendus bien longtemps, et ceux qui habitent un pays où les secousses sont peu sensibles et se suivent à de courts intervalles, finissent par éprouver à peine un faible sentiment de crainte.

Nous terminerons ces considérations de l'illustre doyen de la science moderne par un coup d'œil rapide sur la constitution intérieure du globe terrestre.

Un fait universellement constaté par les géologues, c'est l'accroissement de la chaleur à mesure que l'on s'enfonce au-dessous de la surface de la Terre, accroissement proportionnel à 1 degré par 33 mètres. Il suit de là qu'à une profondeur assez petite (de 40 à 50 kilomètres) comparativement au rayon du globe, toutes les substances doivent se trouver en fusion; et c'est là, comme nous venons de le voir, la seule explication possible de l'agitation perpétuelle de la croûte terrestre, des éruptions volcaniques et de la plupart des phénomènes géologiques. Les sources thermales s'expliquent de la même manière par cet état calorifique du globe. Toutes les eaux qui gisent à une profondeur de 4 kilomètres ont atteint le degré de l'ébullition.

Relativement à la constitution générale du globe, il semble inviolablement acquis à la science que la masse intérieure tout entière a conservé la fluidité ignée de la Terre primitive, et qu'une pellicule, à peine égale à la centième partie du rayon, forme seule la croûte solide habitée par les végétaux, les animaux et les hommes. Cette sphère immense de matières en fusion forme donc la presque totalité du globe; par elle, tous les faits géognotiques sont explicables; sans elle, l'histoire de la Terre est illisible. Quand une révolution importante s'accomplit autour de cette masse tournoyante, l'écorce terrestre se soulève en certains points, s'affaisse en d'autres régions sous l'action des forces plutoniennes inférieures : alors des continents sont submergés, et le lit des anciennes mers est mis à sec : alors les générations s'éteignent pour faire place à d'autres plus avancées sur l'échelle de vie; et la surface de la Terre revêt un vêtement plus riche et plus splendide. Un jour, peut-être, — ou mieux probablement, — notre race, atteinte dans les conditions mêmes de son existence, tombera sous une de ces révolutions fatales; et le quatrième règne, le règne hominal, intellectuel, sera marqué par l'éclosion de nouvelles générations plus avancées sur l'échelle du progrès; et nous, nous dormirons, débris fossiles d'un monde disparu, jusqu'à ce que les fouilles des géologues futurs viennent déterrer nos squelettes de pierre, et (pourquoi ne pas le dire?) nous ranger peut-être ensemble, vous et moi, lecteur, dans un amphithéâtre de paléontologie, où nous serons bien étonnés de nous retrouver, si loin de l'époque présente.

Mais ne nous arrêtons pas sur cette idée pittoresquement lugubre du sort possible de la race humaine sur la Terre. Proclamons au-dessus d'elle cette vérité plus certaine : que les grandes catastrophes du monde ne se montrent qu'à des intervalles prodigieusement éloignés; que si l'on compte par millions les années qui ont séparé le bouleversement du globe aux temps antédiluviens, il n'y a probablement pas 10,000 ans que le dernier déluge s'est produit sur la Terre, et que d'ici au prochain il y aura peut-être autant de *siècles futurs* que d'*années passées*. Le temps n'est sensible que pour nous, dont la vie éphémère ne fait que passer de la naissance à la mort; le temps n'est rien pour l'éternelle Puissance qui donna l'impulsion première aux soleils des lointains espaces.

APPENDICE.

NOTE E (PAGE 191)

COMMENT ON DÉTERMINE LES DISTANCES DES ÉTOILES A LA TERRE, OU CALCUL DE LA PARALLAXE

Supposons-nous traverser une vaste plaine entourée d'arbres. Par suite de notre marche, les arbres changeront de position respective vis-à-vis de nous. A mesure que nous avançons, les arbres qui sont devant semblent s'écarter les uns des autres, ceux de côté semblent reculer, ceux de derrière semblent se resserrer de plus en plus. Ce mouvement apparent des arbres, immobiles en réalité, provient de notre seule marche; les plus rapprochés passent devant les plus éloignés, emportés par un mouvement opposé au nôtre, les plus éloignés restent immobiles. Si, arrivés à une certaine distance de notre point de départ, nous revenons à celui-ci pour recommencer le même mouvement, le même phénomène se reproduira dans la translation apparente des arbres. Ce fait vulgaire, dont tout le monde a pu être témoin, nous aidera à comprendre comment on peut calculer la distance de certaines étoiles, et pourquoi on ne peut déterminer celle de beaucoup d'autres.

En vertu du mouvement elliptique annuel de la Terre sur son orbite autour du Soleil, les étoiles les plus rapprochées de nous agissent comme les arbres dont nous venons de parler : elles ont un déplacement apparent dans le ciel. Elles décrivent une certaine ellipse sur la sphère céleste. Tandis que les plus éloignées restent immobiles, les plus proches se font reconnaître par un déplacement d'autant plus grand qu'elles sont plus rapprochées de nous. Cela posé, voyons par quelles méthodes on arrive à déterminer la distance des étoiles à la Terre.

Représentons l'orbite terrestre par la courbe circulaire suivante. Soit S, le Soleil, situé au centre; soit TST' le diamètre de l'orbite terrestre; soient T la position de la Terre à une certaine époque de l'année, T' sa position six mois plus tard, et, par conséquent, à l'extrémité du même diamètre; soit, enfin, E l'étoile dont on veut mesurer la distance.

CALCUL DE LA DISTANCE DES ÉTOILES.   397

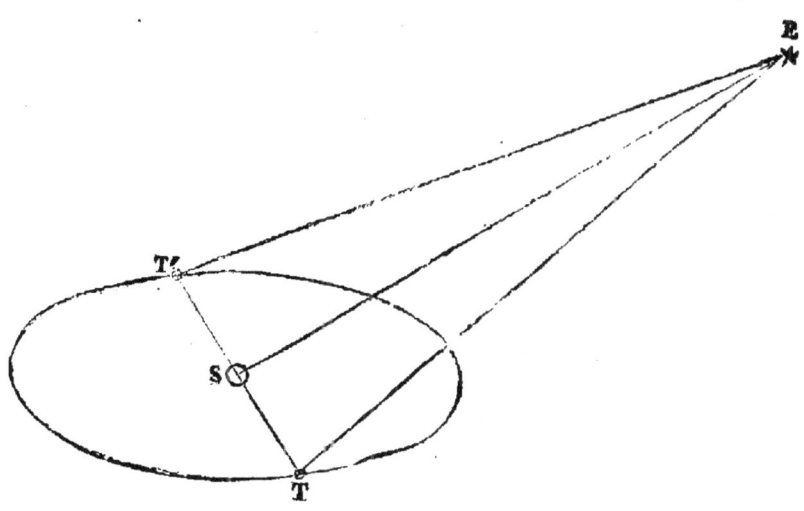

Imaginons que l'observateur en T mesure d'abord l'angle STE, puis que, parvenu en T', il mesure ensuite l'angle ST'E. On sait que dans tout triangle la somme des trois angles est égale à deux droits, c'est-à-dire à 180°. Si donc on fait la somme des deux angles mesurés STE et ST'E, et si l'on retranche cette somme de 180°, on aura la valeur de l'angle T'ET, troisième angle du triangle. La valeur de cet angle sera connue aussi exactement que si l'on avait pu se transporter dans l'étoile E et le mesurer directement.

La moitié de cet angle, ou l'angle SET, est l'angle sous lequel on voit, de l'étoile, le rayon de l'orbite terrestre. On appelle cet angle la *parallaxe annuelle* de l'étoile E.

En prenant toujours des observations correspondantes à deux points diamétralement opposés de l'orbite terrestre, on pourra obtenir, dans le cours de l'année, un grand nombre de mesures de la parallaxe annuelle de l'étoile E. Dans notre exemple, nous avons supposé que la ligne ES est perpendiculaire sur la ligne TT' et que par conséquent l'étoile est située au pôle de l'écliptique. La méthode est la même pour les autres cas, quoiqu'un peu moins simple, et notre exemple suffit pour faire comprendre la nature de ces sortes de déterminations.

La parallaxe annuelle d'une étoile, c'est donc *l'angle sous lequel, étant placé sur l'étoile, on verrait de face le rayon de*

23

l'orbite terrestre. Cet angle est plus ou moins grand, suivant que l'étoile est plus ou moins rapprochée.

Voyons maintenant comment on procède dans la pratique pour déterminer la parallaxe.

Reportons-nous à ce qui a été dit plus haut sur le mouvement apparent des étoiles causé par le déplacement annuel de la Terre autour du soleil. La courbe décrite par l'étoile sur la sphère céleste est une petite ellipse semblable à celle que décrit la Terre dans son orbite, lorsque l'étoile observée se trouve au pôle de l'écliptique. Dans toutes les positions comprises entre ce pôle et l'écliptique elle-même, on observe que ces ellipses, dont le grand axe reste constant, se rétrécissent de plus en plus, et que pour les étoiles situées dans le plan de l'écliptique, elles deviennent des lignes droites égales au grand axe.

Or la parallaxe annuelle d'une étoile étant, comme nous l'avons dit, l'angle sous-tendu à l'étoile par la moitié du grand axe de l'orbite terrestre, on voit que cette parallaxe est, en même temps, précisément égale à l'angle sous-tendu à la Terre par la moitié du grand axe de l'ellipse décrite par l'étoile.

Il est évident par là que de la connaissance du mouvement annuel de l'étoile on pourra déduire immédiatement celle de la parallaxe.

C'est à Bessel, astronome de Kœnigsberg, que l'on doit les premières recherches et les premières déterminations relatives à la parallaxe des étoiles.

Cet astronome ayant remarqué qu'une étoile de la constellation du Cygne, la 61e, était animée d'un mouvement propre, supposa qu'elle devait être l'une des moins éloignées, — comme dans l'exemple des arbres dont nous parlions. Il chercha donc à reconnaître quelle est l'étendue du déplacement périodique qu'elle subit par suite du mouvement de la Terre, et pour cela il la compara, aux diverses époques de l'année, à deux étoiles voisines, non animées de mouvements propres, et par conséquent enfoncées loin d'elle dans les cieux. Les observations nombreuses et extrêmement précises auxquelles s'adonna cet homme laborieux lui permirent de déterminer d'une manière incontestable le mouvement annuel et périodique de la 61e du Cygne, dû au déplacement de la Terre autour du So-

CALCUL DE LA DISTANCE DES ÉTOILES.

leil. Pendant six mois de l'année cette étoile se rapprochait constamment de l'une des deux auxquelles il la comparait; pendant les six mois opposés elle se rapprochait de l'autre. Le résultat de ces comparaisons fut que l'angle sous-tendu par le demi-grand axe de l'ellipse est égal à 0″,35. Ces observations étaient faites en 1838. Depuis cette époque le résultat obtenu par Bessel a été unanimement confirmé par les observations postérieures faites en divers observatoires.

Nous venons de dire que le demi-grand axe mesurait 0″,35. Or, *pour que la longueur apparente d'une ligne droite quelconque, vue de face, se réduise à 0″,35, il faut que cette ligne soit à une distance de l'œil égale à 595,435 fois sa longueur*. La parallaxe annuelle de la 61ᵉ du Cygne n'étant autre chose que la grandeur apparente du demi-grand axe, ou à fort peu près, du rayon, de l'orbite terrestre, vu par un observateur placé sur cette étoile, il s'ensuit que la distance de cette étoile est égale à 595,435 fois le rayon de l'orbite terrestre.

On a pu mesurer quelques autres parallaxes, celles des étoiles dont le déplacement est appréciable. Nous disons *quelques*, car ce déplacement est si faible, en d'autres termes, les étoiles sont si éloignées, que le rayon de l'orbite terrestre est infiniment petit comparativement à elles, et que les deux lignes TE, T'E sont presque parallèles. Pour donner une idée de l'exiguïté de ce déplacement inférieur à 1″, nous dirons que les fils de platine qui traversent le champ de la lunette et servent à fixer la position des étoiles, fils mille fois plus fins que ceux des araignées, couvrent la portion tout entière de la sphère céleste où s'effectue le mouvement annuel de ces étoiles. Aussi ne peut-on se servir des instruments ordinaires pour ces sortes de déterminations.

Parmi ces *quelques* autres étoiles dont on a pu mesurer le déplacement apparent, nous citerons spécialement l'étoile α du Centaure, que l'on a trouvée être la plus proche. Sa parallaxe est égale à 0″,94. C'est la distance la plus faible de toutes : elle est égale à 226400 fois le rayon de l'orbite terrestre, car pour qu'une ligne droite quelconque se réduise à 0″,94, il faut que cette ligne soit éloignée de 226400 fois sa longueur.

Pour exprimer ces distances en lieues, il suffit évidemment de les multiplier par la valeur du rayon de l'orbite terrestre, égal, en nombre rond, à 38,000,000 de lieues. Rien n'est donc plus facile que de former le tableau suivant, qui représente le nom des principales étoiles dont la parallaxe a été mesurée, la valeur de chaque parallaxe, la distance qui en résulte, en rayons de l'orbite terrestre, et enfin la distance en lieues. Des quarante étoiles dont on a déterminé la distance, à divers degrés d'approximation, les suivantes sont celles qui méritent le plus de confiance et qui peuvent être regardées, dans les limites où elles se tiennent, comme rigoureusement exactes.

	Parallaxe.	DISTANCE A LA TERRE	
		Rayons de l'orbite terrestre.	millions de lieues.
α du Centaure	0″91	226,400	8,603,200
61ᵉ du Cygne	0 35	589,300	22,735,400
α de la Lyre (Véga)	0 26	330,700	50,830,000
α du Grand Chien (Sirius)	0 15	1,373,000	52,174,000
ι de la Grande Ourse	0 133	1,550,000	58,934,200
α du Bouvier (Arcturus)	0 127	1,624,000	61,712,000
α de la Petite Ourse (Polaire)	0 106	3,078,600	117,600,000
α du Cocher (la Chèvre)	0 046	4,484,000	170,400,000

NOTE F (PAGE 278)

DE GENERATIONE

Inter instrumenta corporis humani, non dubito quin ea quæ efficiunt ut genus ipsum servari possit, permaxima habeantur. Aliis enim instrumentis, scilicet respirationis et nutricatus, per quæ vita fruimur, illa si adjunxeris, tunc humanæ constitutionis posueris fondamentum, cui intime adjumenta secundaria adhærent.

Si forte mutatio quædam in respirationis et nutricatus instrumentis inesset, inde consequeretur in ipso toto Ente nostro correlativa mutatio; ita etiam, si ea de procreatione constructio quam a Natura, ut liberi gignantur, accepimus, jam non permaneret eadem, quantum corporis constitutio et conformatio immutandæ forent, omnibus evidenter apparet.

Hæc mutatio fieri potest, et ea quam mente comprehendo nec lepore nec lenocinio caret; cui vel quædam inest præstantia qua alii orbes orbem nostrum longe superarent.

Verequidem aliquantisper obliviscendum lætitiam et voluptatem per quas habillima Natura certam fecit generis humani stabilitatem ; modum vero generationis attentione placida videndum est. Ex hoc amplius apparet quam humilem tenemus locum : scilicet rubori nobis esse quod efficimus ut alii eadem vita nostra fruantur. Si naturales corporis actus procreationi adhærentes alium a Natura modum accepissent, si nobilissimæ sordissimis non miscerentur, pulcher et gloriosus noster esset amor, de re ipsa vir probus non erubesceret. Nonne hunc materialem actum veluti optimum ejusdem Naturæ fœdus secum reputaret? De partu non dicitur : quid esset si dolores ejus hic arcesserentur?

Itaque amborum animarum, quas purissimo sensu accensas existimamus, amorem paulisper mente concipio ; non autem platonicum, sed eum divinum quo Seraphim ipsi afficerentur. Licet hoc discrimen quod de procreatione existit idem retineam (distinctionem et legem sexuum) : non hominem terranum, sed animas carne abjecta liberatas atque in excelentioribus universis agentes, has naturas quasi spirituales inspicio.

Ignarus sum quam eis formam aut corporis harmoniam Natura dedit, sed, meo consilio, hæ autem duæ animæ sibi invicem suavissima præbent oscula quæ testentur amorem. Tunc, quid obstat cur *idem osculum quod a nobis tantum veluti signum existimatur, ex tempore fiat ipsum factum?* Etenim, si hi homines nobis præstent, nihil est in illis nisi maxime eximium, et Natura ad optima corporis consilia de generatione ipsos aptavit.

Hanc existimationem spero ad memoriam non revocare Homunculum Wagnerii, Fausti in officinâ.

EXTRAITS PHILOSOPHIQUES

POUR SERVIR A L'HISTOIRE DE LA PLURALITÉ DES MONDES

PLUTARQUE

OPINIONS DE QUELQUES ANCIENS SUR LA LUNE [1]

« Je voudrais, dit Théon, que l'entretien se portât sur l'opinion qui place des habitants dans la Lune. Je désirerais savoir, non pas précisément si elle est habitée, mais s'il est possible qu'elle le soit. S'il est imposible qu'il y ait des habitants, on ne peut soutenir raisonnablement que la Lune soit une terre; autrement elle aurait été créée en vain et sans motif, puisqu'elle ne porterait aucun fruit, et qu'aucune race d'hommes n'y trouverait une assiette solide pour y naître et pour s'y nourrir, fins pour lesquelles nous croyons avec Platon qu'a été formée la Terre que nous habitons ; Dieu l'a faite pour être la nourrice du genre humain, pour produire le jour et la nuit et en maintenir fidèlement la durée. Vous savez qu'on dit sur cette matière beaucoup de choses sérieuses et beaucoup de plaisanteries. On prétend que ceux qui habitent au-dessous de la Lune ont, comme autant de Tantales, cette planète suspendue sur leur tête ; et que ceux qui habitent au-dessus y sont attachés comme d'autres Ixions, et sont emportés avec elle par

---

[1] *De facie in orbe lunæ*, Ed. Ricard.

la révolution la plus rapide. La Lune a plus d'un mouvement; on en distingue trois, qui lui ont fait donner le nom de Trivia; elle se meut dans le zodiaque en longitude, en latitude et en profondeur.

« Il ne faut donc pas s'étonner si la violence de ces mouvements a fait tomber une fois de la Lune un lion dans le Péloponnèse[1]? On doit plutôt être surpris de ne pas voir tous les jours des milliers d'hommes et d'animaux, fortement secoués, en tomber la tête la première. Car il serait ridicule de disputer sur leur habitation dans la Lune, s'ils ne pouvaient ni naître, ni subsister dans cette planète. Si les Égyptiens et les Troglodytes, qui n'ont qu'un seul jour, dans les solstices, le Soleil perpendiculaire sur leur tête, et qui le voient aussitôt s'éloigner, sont presque brûlés par la sécheresse de l'air qu'ils respirent, comment les habitants de la Lune pourraient-ils soutenir tous les ans les chaleurs de douze étés, lorsque le Soleil, à chaque pleine Lune, frapperait à plomb sur leur tête? Quant aux vents, aux nuages et aux pluies, sans lesquels les fruits de la Terre ne peuvent naître ni se conserver, est-il possible d'en supposer dans une planète où l'air est si vif et si chaud, puisque ici-bas même les plus hautes montagnes n'éprouvent point des hivers âpres et rigoureux[2]? Comme l'air y est pur et tranquille à cause de sa légèreté, il est à l'abri de la condensation que le nôtre éprouve pendant l'hiver. A moins qu'on ne dise que, comme Minerve donnait à Achille du nectar et de l'ambroisie quand ce héros ne prenait aucune nourriture, de même la Lune, qui s'appelle et qui est véritablement Minerve, nourrit ses habitants, en faisant croître tous les jours pour eux l'ambroisie, cet aliment ordinaire des dieux, suivant Phérécide. Pour cette racine indienne que font brûler, suivant Mégasthène, certains peuples de l'Inde, qui, n'ayant point de bouche, sont, pour cette raison, appelés *Astomes*, qui ne man-

---

[1] On sent que cette prétendue chute du lion de Némée n'a pas besoin de réfutation. Il en est de même de la fable de ce peuple de l'Inde, nommé Astomes, que Plutarque va rapporter.

[2] L'expérience dément cette assertion. Les glaces qui couvrent toute l'année les plus hautes montagnes montrent la rigueur des hivers qu'on y éprouve. — Nous ne nous arrêterons point à réfuter les erreurs scientifiques dont ce traité est rempli; c'est au point de vue historique que nous donnons cet extrait.

gent ni ne boivent, et ne font que respirer l'odeur de cette plante, comment pourrait-elle naître dans la Lune, qui n'est jamais arrosée d'aucune pluie? »

Quand Théon eut fini, je pris la parole. Dans tout ce qui a été dit, rien ne prouve que la Lune ne puisse pas être habitée. Sa révolution douce et tranquille rend l'air qui l'environne léger et uni et lui donne une agréable température, en sorte qu'il n'y aurait point de chute à craindre pour ceux qui l'habiteraient, à moins qu'elle ne tombât elle-même. La variété et les aberrations de son mouvement ne viennent pas d'inégalité ou de désordre; les astronomes démontrent, au contraire, qu'elles sont l'effet d'un ordre et d'un cours admirables.

Quant à l'excessive et continuelle chaleur que le Soleil lui ferait éprouver, vous cesserez de la craindre, si vous opposez premièrement aux douze conjonctions de l'été les douze oppositions, ensuite la continuité de ces changements, qui, ne laissant pas aux affections extrêmes un long espace de temps, et leur ôtant ce qu'elles ont de trop violent, les réduisent à une température très-agréable, et rendent le temps qui s'écoule entre les deux extrêmes assez semblable à notre printemps. D'ailleurs le Soleil nous envoie ses rayons à travers un air épais; et sa chaleur, nourrie par ces vapeurs, en acquiert beaucoup plus de force, au lieu que dans la Lune, où l'air est subtil et transparent, les rayons, ne trouvant aucun corps qui leur serve de foyer et d'aliment, se divisent et se dispersent. Chez nous, ce sont les pluies qui nourrissent les arbres et les fruits; mais ailleurs, comme chez vous à Thèbes et à Siène, ce n'est pas l'eau de la pluie qui fournit à leur nourriture, c'est celle de la terre même, qui, toujours pénétrée d'humidité, fécondée d'ailleurs par les vents et la rosée, ne le cède point en fertilité au sol le mieux arrosé, tant elle est naturellement grasse et féconde. Dans nos contrées, les mêmes espèces d'arbres qui ont éprouvé un hiver rigoureux portent en abondance de très-bons fruits; mais en Afrique, et chez vous en Égypte, les arbres sont très-incommodés par le froid. La Gédrosie et la Troglodytide, situées sur les bords de l'Océan, sont frappées de stérilité et ne produisent point d'arbres à cause de la sécheresse du sol. Mais la mer adjacente nourrit jusque dans le fond de ses eaux des plantes d'une grandeur extraordinaire, qu'ils appellent les unes des oliviers, les autres des lauriers, et d'autres, enfin, des cheveux d'Isis. La plante nommée anacampserote, quand elle a été arrachée de terre et qu'on la suspend, se conserve autant qu'on veut et pousse même de nouvelles feuilles. Entre les graines qu'on sème, il en est, comme la centaurée, qui, semées dans une terre grasse et souvent arrosée, perdent leurs propriétés naturelles, parce qu'elles aiment la sécheresse, et qu'un sol aride leur conserve toute leur vertu. Il y en a d'autres, telles que la plupart des plantes d'Arabie, qui ne peuvent pas supporter même la rosée, et qui se flétrissent et meurent dès qu'elles sont mouillées. Quelle merveille donc s'il croît dans la Lune des racines, des semences et des plantes qui n'ont besoin ni d'hiver ni de pluies, et auxquelles un air sec, comme celui de l'été, est seul convenable?

Et pourquoi ne serait-il pas vraisemblable qu'il y a dans la Lune des vents tièdes et doux, et que le mouvement même de sa révolution excite des haleines tempérées, des rosées et des vapeurs légères qui s'étendent partout et suffisent à la nourriture des plantes? La température de cette planète n'est-elle pas plutôt molle et humide que sèche et brûlante? Il ne nous en vient aucun effet de sécheresse, mais plusieurs d'humidité; et, s'il est permis de parler ainsi, de mollesse fécondante, tels que l'accroissement des plantes, l'attendrissement des viandes, l'altération des vins, les enfantements faciles. Je ne vais pourtant pas jusqu'à attribuer, avec les Stoïciens, le flux et le reflux de l'Océan à l'humidité qui tombe de la Lune.

Il est des hommes qui vivent sans nourriture solide, voire même de la seule odeur des mets. Épiménide le prouvait par son exemple et faisait voir que la nature soutient un animal avec bien peu d'aliments, et qu'il n'en fallait que la grosseur d'une olive pour suffire à sa nourriture. Or les habitants de la Lune, s'il y en a, doivent être d'une constitution légère et faciles à nourrir des aliments les plus simples... Comme la Lune ne ressemble en rien à la Terre, nous avons peine à croire qu'elle soit habitée. Pour moi, je pense que ses habitants sont encore plus surpris que nous, lorsqu'ils aperçoivent la Terre, qui leur paraît comme la lie et la fange du monde, à travers tant de nuages, de vapeurs et de brouillards, qui en font un séjour obscur et bas et la rendent immobile. Ils ont peine à croire qu'un lieu pareil puisse produire et nourrir des animaux qui aient du mouvement, de la respiration et de la chaleur. Ils croient certainement que la Terre est un affreux séjour; ils ne doutent pas que l'enfer et le Tartare ne fussent placés dans notre globe, et que la Lune, également éloignée des cieux et des enfers, ne soit la véritable Terre.

Quoi qu'il en soit, il peut exister dans la Lune certains habitants; et ceux qui prétendent qu'il faut que ces êtres aient besoin de tout ce qui est nécessaire aux nôtres n'ont jamais fait attention aux variétés que la nature nous offre, et qui font que les animaux ont plus de différence entre eux qu'ils ne diffèrent eux-mêmes des substances inanimées.

CYRANO DE BERGERAC

D'UNE LANGUE UNIVERSELLE, PAR UN HABITANT D'UNE DES PETITES PLANÈTES QUI MEUVENT AUTOUR DU SOLEIL

Au bout de quelque espace de chemin, j'arrivai dans une fondrière où je rencontrai un petit homme, tout nu, assis sur une pierre, qui se reposait. Je ne me souviens pas si je lui parlai le premier, ou si ce fut lui qui m'interrogea; mais j'ai la mémoire toute fraîche, comme si je l'écoutais encore, qu'il me discourut, pendant trois grosses heures, en une langue que je sais bien n'avoir jamais ouïe, et qui n'a aucun rapport avec pas une de ce monde-ci, laquelle toutefois je compris plus vite et plus intelligiblement que celle de ma nourrice. Il m'expliqua, quand je me fus enquis d'une chose si merveilleuse, que dans les sciences il y avait un Vrai, hors lequel on était toujours éloigné du facile; que plus un idiome s'éloignait de ce vrai, plus il se rencontrait au-dessous de la conception et de moins facile intelligence. « De même, continua-t-il, dans la Musique, ce vrai ne se rencontre jamais, que l'âme aussitôt soulevée ne s'y porte aveuglément. Nous ne le voyons pas, mais nous sentons que Nature le voit; et, sans pouvoir comprendre en quelle sorte nous en sommes absorbés, il ne laisse pas de nous ravir, et nous ne saurions remarquer où il est... C'est pourquoi, si vous en aviez l'intelligence, vous pourriez communiquer et discourir de toutes vos pensées aux bêtes, et les bêtes à vous, de toutes les leurs, à cause que c'est le langage même de la Nature, par qui elle se fait entendre à tous les animaux.

« Que la facilité donc avec laquelle vous entendez le sens d'une langue qui ne sonna jamais à vos oreilles, ne vous étonne plus. Quand je parle, votre âme rencontre, dans chacun de mes mots, ce Vrai qu'elle cherche à tâtons ; et, quoique sa raison ne l'entende pas, elle a chez soi Nature, qui ne saurait manquer de l'entendre. »

LE LANGAGE DES HABITANTS DE LA LUNE

Cyrano raconte que pendant son voyage dans la lune il fut pris par un charlatan et mis en représentation comme une bête curieuse. Il charmait ses loisirs par des conversations avec un démon qui venait le visiter dans sa cage. C'est après une de ces conversations que vient le récit suivant.

« Nous discourions depuis quelque temps, quand mon bateleur s'aperçut que la chambrée commençait à s'ennuyer de mon jargon, qu'ils n'entendaient point, et qu'ils prenaient pour un grognement non articulé. Il se remit de plus belle à tirer ma corde, pour me faire sauter, jusqu'à ce que les spectateurs, étant soûls de rire et d'assurer que j'avais presque autant d'esprit que les bêtes de leur pays, se retirèrent chacun chez soi.

« J'adoucissais la dureté des mauvais traitements de mon maître par les visites que me rendait mon officieux démon ; car de m'entretenir avec ceux qui me venaient voir, outre qu'ils me prenaient pour un animal des mieux enracinés dans la catégorie des brutes, ni je ne savais leur langue, ni eux n'entendaient la mienne, et jugez ainsi quelle proportion ; car vous saurez que *deux idiomes seulement sont usités dans ce pays* : l'un qui sert aux grands, et l'autre qui est particulier pour le peuple.

Celui des grands n'est autre chose qu'une différence de tons non articulés, à peu près semblables à notre musique, quand on n'a pas ajouté les paroles à l'air, et certes c'est une invention tout ensemble et bien utile et bien agréable ; car, quand ils sont las de parler, ou quand ils dédaignent de prostituer leur gorge à cet usage, ils prennent ou un luth ou un autre instrument, dont ils se servent aussi bien que de la voix à se communiquer leurs pensées ; de sorte que quelquefois ils se rencontreront quinze ou vingt de compagnie, qui agiteront un point de théologie, ou les difficultés d'un procès, par un concert le plus harmonieux dont on puisse chatouiller l'oreille.

Le second, qui est en usage chez le peuple, s'exécute par le trémoussement des membres, mais non pas peut-être comme on se le figure, car certaines parties du corps signifient un discours tout entier. L'agitation, par exemple, d'un doigt, d'une main, d'une oreille, d'une lèvre, d'un bras, d'un œil, d'une joue, feront, chacun en particulier, une oraison ou une période, avec tous ses membres. D'autres ne servent qu'à désigner des mots, comme un pli sur le front, les divers frissonnements des muscles, les renversements des mains, les battements de pieds, les contorsions de bras ; de sorte que quand ils parlent, avec la coutume qu'ils ont d'aller tout nus, leurs membres, accoutumés à gesticuler leurs conceptions, se remuent si dru, qu'il ne semble pas un homme qui parle, mais un corps qui tremble. »

DE LA SÉPULTURE

Voyant qu'on portait un cercueil enveloppé de noir, je m'informai d'un regardant ce que voulait dire ce convoi semblable aux pompes funèbres de mon pays. Il me répondit que ce méchant — nommé du peuple par une chiquenaude sur le genou droit — qui avait été convaincu d'envie et d'ingratitude, était décédé le jour précédent, et que le parlement l'avait condamné, il y avait plus de vingt ans, à mourir dans son lit, et puis à être enterré après sa mort. Je me pris à rire de cette réponse ; et lui m'interrogeant pourquoi : Vous m'étonnez, dis-je, de dire que ce qui est une marque de bénédiction dans notre monde, comme la longue vie, une mort paisible, une sépulture honorable, serve en celui-ci d'une sépulture exemplaire. — Quoi ! vous prenez la sépulture pour quelque chose de précieux ? me repartit cet homme. Et par votre foi, pouvez-vous concevoir quelque chose de plus épouvantable qu'un cadavre marchant sous les vers dont il regorge, à la merci des crapauds qui lui mâchent les joues, enfin la peste revêtue du corps d'un homme? Bon Dieu! la seule imagination d'avoir, quoique mort, le visage embarrassé d'un drap et sur la bouche une pique de terre me donne de la peine à respirer. Ce misérable que vous voyez porter, outre l'infamie d'être jeté dans une fosse, a été condamné d'être assisté dans son convoi de cent cinquante de ses amis, et commandement à eux, en punition d'avoir aimé un envieux et un ingrat, de paraître à ses funérailles avec un visage triste; et tant que les juges en ont pitié, imputant en partie ses crimes à son peu d'esprit, ils auraient ordonné d'y pleurer. Hormis les criminels, on brûle ici tout le monde; aussi est-ce une coutume très-décente et très-raisonnable ; car nous croyons que, le feu ayant séparé le pur d'avec l'impur, la chaleur rassemble par sympathie cette chaleur naturelle qui faisait l'âme, et lui donne la force de s'élever toujours, en montant jusqu'à quelque astre, la Terre de certains peuples plus immatériels que nous et plus intellectuels, parce que leur tempérament doit répondre et participer à la pureté du globe qu'ils habitent. »

JUGEMENT A PROPOS DE LA PLURALITÉ DES MONDES
(Allusion ingénieuse au récent procès de Galilée)

Je fus interrogé, en présence d'un grand nombre de courtisans, sur quelques points de physique, et mes réponses, à ce que je crois, en satisfirent un, car celui qui présidait m'exposa fort au long ses opinions sur la structure du monde : elles me semblèrent ingénieuses, et sans qu'il passât à son origine, qu'il soutenait éternelle, j'eusse trouvé sa philosophie beaucoup plus raisonnable que la nôtre. Mais sitôt que j'entendis soutenir une rêverie si contraire à ce que la Foi nous apprend, je brisai avec lui, dont il ne fit que rire; ce qui m'obligea de lui dire que, puisqu'ils en venaient là, je recommençais à croire que leur monde n'était qu'une Lune. — Mais, me dirent-ils tous, vous y voyez de la terre, des rivières, des mers; que serait-ce donc tout cela? N'importe, repartis-je, Aristote assure que ce n'est que la Lune, et si vous aviez dit le contraire dans les classes où j'ai fait mes études, on vous aurait sifflés. Il se fit sur cela un grand éclat de rire. Il ne faut pas demander si ce fut de leur ignorance; mais cependant on me reconduisit dans ma cage.

Mais d'autres savants, plus emportés que les premiers, avertis que j'avais osé dire que la Lune d'où je venais était un monde, et que leur monde n'était qu'une Lune, crurent que cela leur fournissait un prétexte assez juste pour me faire condamner à l'eau : c'est la façon d'exterminer les impies. Pour cet effet, ils furent en corps faire leur plainte au roi, qui leur promit justice, et ordonna que je serais remis sur la sellette.

Quand je voulus défendre ma cause, j'en fus délivré par une aventure qui va vous surprendre. Un homme, qui avait eu grande difficulté à traverser la foule, vint choir aux pieds du roi, et se traîna longtemps sur le dos en sa présence. Cette façon de faire ne me surprit pas, car je savais que c'était la posture où ils se mettaient quand ils voulaient discourir en public. Je rengaînai seulement ma harangue : voici celle que nous eûmes de lui.

Justes, écoutez-moi! Vous ne sauriez condamner cet homme, ce singe ou ce perroquet, pour avoir dit que la Lune est un monde d'où il venait; car s'il est homme, quand même il ne serait pas venu de la Lune, puisque tout homme est libre, ne lui est-il pas libre aussi de s'imaginer ce qu'il voudra? Quoi! pouvez-vous le contraindre à n'avoir pas vos visions? Vous le forcerez bien à dire que la Lune n'est pas un monde, mais il ne le croira pas pourtant : car, pour croire quelque chose, il faut qu'il se présente à son imagination certaines possibilités plus grandes au oui qu'au non; à moins que vous ne lui fournissiez ce vraisemblable, ou qu'il ne vienne de soi-même s'offrir à son esprit, il vous dira bien qu'il croit, mais il ne croira pas pour cela.

« J'ai maintenant à vous prouver qu'il ne doit pas être condamné, si vous le posez dans la catégorie des bêtes. Car, supposé qu'il soit animal sans raison, en auriez-vous vous-mêmes de l'accuser d'avoir péché contre elle? Il a dit que la Lune était un monde; or les bêtes n'agissent que par instinct de la Nature; donc c'est la Nature qui le dit et non pas lui. —

De croire que cette savante Nature qui a fait le Monde et la Lune ne sache ce que c'est elle-même et que vous autres, qui n'avez de connaissance que ce que vous en tenez d'elle, le sachiez plus certainement, cela serait bien ridicule. Mais quand même la passion vous ferait renoncer à vos principes, et que vous supposeriez que la Nature ne guidât pas les bêtes, rougissez à tout le moins des inquiétudes que vous donnent les caprices d'une bête. En vérité, messieurs, si vous rencontriez un homme d'âge mûr, qui veillât à la police d'une fourmilière, pour tantôt donner un soufflet à la fourmi qui aurait fait choir sa compagne, tantôt en emprisonner une qui aurait dérobé à sa voisine un grain de blé, ne l'estimeriez-vous pas insensé de vaquer à des choses trop au-dessous de lui? Comment donc, vénérable assemblée, défendrez-vous l'intérêt que vous prenez au caprice de ce petit animal? Justes, j'ai dit. »

Dès qu'il eut achevé, une sorte de musique d'applaudissement fit retentir toute la salle ; et, après que toutes les opinions eurent été débattues un gros quart d'heure, le roi prononça :

« Que dorénavant je serais censé homme, comme tel mis en liberté, et que la punition d'être noyé serait modifiée en un amende honteuse (car il n'en est point en ce pays-là d'*honorable*), dans laquelle amende je me dédirais publiquement d'avoir soutenu que le Lune était un monde, à cause du scandale que la nouveauté de cette opinion aurait pu apporter dans l'âme des faibles. »

Cet arrêt prononcé, on m'enlève hors du palais; on m'habille par ignominie fort magnifiquement; on me porte sur la tribune d'un magnifique chariot, et, traîné que je fus par quatre princes qu'on avait attachés au joug, voici ce qu'ils m'obligèrent de prononcer aux carrefours de la ville :

« Peuple, je vous déclare que cette lune-ci n'est pas une lune, mais un monde; et que ce monde-là n'est pas un monde, mais une lune. Tel est ce que le Conseil trouve bon que vous croyiez. »

FONTENELLE

ENTRETIENS SUR LA PLURALITÉ DES MONDES

(Soirée supplémentaire)

Il y avait longtemps que nous ne parlions plus des Mondes, madame la marquise de G. et moi, et nous commencions même à oublier que nous en eussions jamais parlé, lorsque j'allai un jour chez elle, et y entrai justement comme deux hommes d'esprit, et assez connus dans le monde, en sortaient.

« Vous voyez bien, me dit-elle aussitôt qu'elle me vit, quelle visite je viens de recevoir; je vous avouerai qu'elle m'a laissée avec quelque soupçon que vous pourriez bien m'avoir gâté l'esprit.

— Il serait bien glorieux, lui répondis-je, d'avoir eu tant de pouvoir sur vous; je ne crois pas qu'on pût rien entreprendre de plus difficile.

— Je crains pourtant que vous ne l'ayez fait, reprit-elle. Je ne sais comment la conversation s'est tournée sur les Mondes, avec ces deux hommes qui viennent de sortir; peut-être ont-ils amené ce discours malicieusement. Je n'ai pas manqué de leur dire aussitôt que toutes les planètes étaient habitées. L'un d'eux m'a dit qu'il était fort persuadé que je ne le croyais pas : moi, avec toute la naïveté possible, je lui ai soutenu que je le croyais; il a toujours pris cela pour une feinte d'une personne qui voulait se divertir, et j'ai cru que ce qui le rendait si opiniâtre à ne pas me croire moi-même sur mes sentiments, c'est qu'il m'estimait trop pour s'imaginer que je fusse capable d'une opinion si extravagante. Pour l'autre qui ne m'estime pas tant, il m'a crue sur ma parole. Pourquoi m'avez-vous entêtée d'une chose que les gens qui m'estiment ne peuvent pas croire que je soutienne sérieusement?

— Mais, madame, lui répondis-je, pourquoi la souteniez-vous sérieusement avec des gens que je suis sûr qui n'entreraient dans aucun raisonnement qui fût un peu sérieux? Est-ce ainsi qu'il faut commettre les habitants des planètes?

Contentons-nous d'être une petite troupe choisie qui le croyons, et ne divulguons pas nos mystères dans le peuple.

— Comment! s'écria-t-elle, appelez-vous peuple les deux hommes qui sortent d'ici?

— Ils ont bien de l'esprit, répliquai-je, mais ils ne raisonnent jamais. Les raisonneurs, qui sont gens durs, les appelleront peuple sans difficulté. D'autre part, ces gens-ci s'en vengent en tournant les raisonneurs en ridicule; et c'est, ce me semble, un ordre très-bien établi que chaque espèce méprise ce qui lui manque. Il faudrait, s'il était possible, s'accommoder à chacune; il eût bien mieux valu plaisanter des habitants des planètes avec ces deux hommes que vous venez de voir, puisqu'ils savent plaisanter, que d'en raisonner, puisqu'ils ne le savent pas faire. Vous en seriez sortie avec leur estime, et les planètes n'y auraient pas perdu un seul de leurs habitants.

— Trahir la vérité! dit la marquise. Vous n'avez point de conscience.

— Je vous avoue, répondis-je, que je n'ai pas un grand zèle pour ces vérités-là, et que je les sacrifie volontiers aux moindres convenances de la société[1]. Je vois, par exemple, à quoi il tient et à quoi il tiendra toujours que l'opinion des habitants des planètes ne passe pour aussi vraisemblable qu'elle l'est. Les planètes se présentent toujours aux yeux comme des corps qui jettent de la lumière, et non point comme de grandes campagnes ou de grandes prairies. Nous croirions bien que des prairies et des campagnes seraient habitées; mais des corps lumineux, il n'y a pas moyen. La raison a beau venir nous dire qu'il y a dans les planètes des campagnes, des prairies; la raison vient trop tard, le premier coup d'œil a fait son effet sur nous avant elle: nous ne la voulons plus écouter. Les planètes ne sont plus que des corps lumineux; et puis comment seraient faits leurs habitants? Il faudrait que notre imagination nous représentât aussitôt leurs figures; elle ne le peut pas; c'est le plus court de croire qu'ils ne sont point. Voudriez-vous que pour établir les habitants des planètes,

---

[1] Nous regrettons de dire que l'on sent de temps en temps, dans tout Fontenelle, des assertions blâmables comme celle-là, qui déparent son récit et en affaiblissent l'autorité.

dont les intérêts me touchent d'assez loin, j'allasse attaquer ces redoutables puissances qu'on appelle les sens et l'imagination ? Il faudrait bien du courage pour cette entreprise ; on ne persuade pas facilement aux hommes de mettre leur raison en la place de leurs yeux. Je vois quelquefois bien des gens assez raisonnables pour vouloir bien croire, après mille preuves, que les planètes sont des terres ; mais ils ne le croient pas de la même façon qu'ils le croieraient, s'ils ne les avaient pas vues sous une apparence différente ; il leur souvient toujours de la première idée qu'ils ont prise, et ils n'en reviennent pas bien. Ce sont ces gens-là qui, en croyant notre opinion, semblent, cependant, lui faire grâce et ne la favoriser qu'à cause d'un certain plaisir que leur fait sa singularité.

— Eh quoi ! interrompit-elle, n'en est-ce pas assez pour une opinion qui n'est que vraisemblable ?

— Vous seriez bien étonnée, repris-je, si je vous disais que le terme de vraisemblance est assez modeste. Est-il simplement vraisemblable qu'Alexandre ait été ? Vous vous en tenez fort sûre, et sur quoi est fondée cette certitude ? Sur ce que vous en avez toutes les preuves que vous pouvez souhaiter en pareilles matières et qu'il ne se présente pas le moindre sujet de douter qui suspende et qui arrête votre esprit ; car, du reste, vous n'avez jamais vu Alexandre, et vous n'avez pas de démonstration mathématique qu'il ait dû être.

Mais que diriez-vous si les habitants des planètes étaient à peu près dans le même cas ? On ne saurait vous les faire voir, et vous ne pouvez pas demander qu'on vous les démontre comme l'on ferait une affaire de mathématique ; mais toutes les preuves qu'on peut souhaiter d'une pareille chose, vous les avez ; la ressemblance entière des planètes avec la Terre, qui est habitée, l'impossibilité d'imaginer aucun autre usage pour lequel elles eussent été faites, la fécondité et la magnificence de la Nature, et certains égards qu'elle paraît avoir eus pour les besoins de leurs habitants, comme d'avoir donné des lunes aux planètes éloignées du soleil ; et ce qui est très-important, tout est de ce côté-là et rien du tout de l'autre ; et vous ne sauriez imaginer le moindre sujet de doute, si vous ne reprenez les yeux et l'esprit du peuple. Enfin, supposé qu'ils soient, ces habitants des planètes, ils ne sauraient se déclarer par plus de marques, et par des marques plus sensibles ; et après cela c'est à vous à voir si vous ne les voulez traiter que de choses purement vraisemblables.

— Mais vous ne voudriez pas, reprit-elle, que cela me parût aussi certain qu'il me le paraît qu'Alexandre a été ?

— Non, pas tout à fait, répondis-je ; car, quoique nous ayons sur les habitants des planètes autant de preuves que nous en pouvons avoir dans la situation où nous sommes, le grand nombre de ces preuves n'est pourtant pas grand.

— Je m'en vais renoncer aux habitants des planètes, interrompit-elle, car je ne sais plus en quel rang les mettre dans mon esprit : ils ne sont pas tout à fait certains, ils sont plus que vraisemblables ; cela m'embarrasse trop.

— Ah ! madame, répliquai-je, ne vous découragez pas. Les horloges les plus communes et les plus grossières marquent les heures ; il n'y a que celles qui sont travaillées avec plus d'art qui marquent les minutes. De même les esprits ordinaires sentent bien la différence d'une simple vraisemblance à une certitude entière ; mais il n'y a que les esprits fins qui sentent le plus ou le moins de certitude ou de vraisemblance, et qui en marquent, pour ainsi dire, les minutes par leur sentiment. Placez les habitants des planètes un peu au-dessous d'Alexandre, mais au-dessus de je ne sais combien de points d'histoire qui ne sont pas tout à fait prouvés : je crois qu'ils seront bien là.

— J'aime l'ordre, dit-elle, et vous me faites plaisir d'arranger mes idées. »

HUYGENS

LETTRE A SON FRÈRE

Servant d'introduction au *Cosmothéoros*

Il n'est pas possible, mon très-cher frère, que ceux qui sont du sentiment de Copernic, et qui croient véritablement que la terre que nous habitons est au nombre des planètes qui tournent autour du Soleil et qui reçoivent de lui toute leur lumière, ne croient aussi que tous ces globes sont habités, cultivés et ornés comme le nôtre : ils se rendront aisément à nos conjectures, en portant leur attention sur les nouvelles découvertes qui ont été faites dans le ciel depuis le temps de Copernic, sur les astres qui accompagnent Jupiter et Saturne, sur les monts et les campagnes découverts dans la Lune, et sur beaucoup d'autres choses par lesquelles on a eu non-seulement de nouvelles preuves de la vérité du nouveau système, mais encore de nouveaux points de ressemblance et d'analogie entre la Terre et les autres planètes. Cela me fait ressouvenir des entretiens que nous avons eus, vous et moi, sur ce sujet, lorsque nous considérions ensemble la situation et les mouvements des astres avec de puissantes lunettes ; ce que nous n'avons pu faire depuis plusieurs années, à cause de vos occupations et de vos absences. Dans ce temps-là, nous croyions fermement ne devoir pas espérer d'acquérir jamais aucune connaissance des ouvrages de la Nature dans ces contrées célestes, et que, par conséquent, il serait inutile d'en faire la recherche ; à dire vrai, tant parmi les philosophes anciens que parmi les modernes, je n'en ai trouvé aucun qui ait essayé de faire une découverte de cette nature. Si, dès la naissance de l'astronomie, lorsqu'on s'aperçut que la Terre est ronde, environnée d'air de tous côtés, il y en eut qui osèrent assurer qu'il y avait sur les astres d'autres Mondes que le nôtre, en si grand nombre qu'on ne les pourrait compter; si ceux qui sont venus après, comme le cardinal de Cusa, Bruno et Kepler, ont avancé que les planètes sont habitées, il ne paraît pas cependant que les uns ni les autres aient rien recherché au delà, ni qu'ils aient poussé plus loin leurs découvertes, non plus que le nouvel auteur français des Entretiens sur la Pluralité des Mondes (Fontenelle). Quelques-uns se sont contentés de débiter certaines fables touchant les peuples de la Lune, dans lesquels il n'y a guère plus de vraisemblance que dans celles de Lucien ; je mets au nombre de celles-là les fables de Kepler, qui a voulu délasser son esprit en nous débitant son Songe Astronomique. Quant à moi, qui ne me crois pas plus éclairé que ces grands hommes, mais seulement plus heureux, pour être venu après eux, m'étant appliqué depuis quelque temps à méditer sur cette matière avec plus de soin que je n'avais encore fait, il m'a semblé que la Providence ne nous avait pas bouché toutes les avenues qui peuvent conduire à la recherche de ce qui se passe dans les lieux si éloignés de celui-ci.

J'espère que vous lirez volontiers cet ouvrage, ayant autant d'ardeur que vous en avez pour l'astronomie. Je vous avoue que j'ai pris beaucoup de plaisir à l'écrire et j'éprouve aujourd'hui (ce que j'ai fait déjà autrefois) la vérité de ce que dit Archytas : Si quelqu'un était monté au ciel, et qu'il eût considéré attentivement l'économie de l'univers et la beauté des astres, l'admiration qu'il aurait pour tant de merveilles lui deviendrait désagréable, s'il ne trouvait personne à qui les raconter. Mais plût à Dieu que je pusse ne pas raconter à tout le monde ces productions d'esprit, et qu'à la réserve de vous il me fût permis de choisir des lecteurs à ma fantaisie, qui ne fussent pas tout à fait ignorants en astronomie et dans la bonne philosophie, et dans lesquels j'eusse assez de confiance pour croire qu'ils donneraient aisément leur approbation à ces essais, et qu'un tel ouvrage n'eût pas besoin de protection pour en faire excuser la nouveauté!

VOLTAIRE.

SYSTÈME VRAISEMBLABLE. — MICROMÉGAS

Puisque Brama, Zoroastre, Pythagore, Thalès, tant de Grecs et tant de Français et d'Allemands ont fait chacun leur système, pourquoi n'en ferait-on pas aussi? Chacun a le droit de chercher le mot de l'énigme.

Voici l'énigme, il faut avouer qu'elle est difficile.

Il y a des milliasses de globes lumineux dans l'espace, et de ces globes nous en connaissons au moins douze mille par le secours des télescopes, en comptant les deux mille qu'on a découverts dans Orion. Les anciens n'en connaissaient que mille et vingt-deux. Chacun de ces soleils, placés à des distances effroyables, a autour de lui des mondes qu'il éclaire, qui tournent autour de sa sphère, qui gravitent sur lui, et sur lesquels il gravite.

Parmi tous ces globes innombrables, parmi tous ces mondes roulant dans l'espace, asservis tous aux mêmes lois, jouissant de la même lumière, nous roulons nous autres dans un coin de l'univers autour de notre soleil.

La matière dont notre globe est composé ainsi que tous ses habitants est telle, qu'elle contient beaucoup plus de pores, de vides, d'interstices que de solide. Notre monde et nous, nous ne sommes que des cribles, des espèces de réseaux.

Notre terre et nos mers, tournant perpétuellement d'occident en orient, laissent échapper sans relâche une foule de particules aqueuses, terrestres, métalliques, végétales, qui couvrent le globe jour et nuit à la hauteur de quelques milles, et qui forment les vents, les pluies, les éclairs, les tonnerres, les tempêtes ou les beaux jours, selon que ces exhalaisons se trouvent disposées, selon que leur électricité, leur attraction, leur élasticité ont plus ou moins de force.

C'est à travers ce voile continuel, tantôt plus épais, tantôt plus délié, qu'un océan de lumière est dardé de notre soleil. Le rapport constant de nos yeux avec la lumière est tel, que nous voyons toujours notre amas de vapeurs sur nos têtes en voûte surbaissée; que chaque animal est toujours au milieu de son horizon; que dans un temps serein, nous distinguons, pendant la nuit, une partie des étoiles, et que nous croyons toujours être au centre de cette voûte surbaissée et occuper le milieu de la nature. C'est par cette mécanique des yeux que nous voyons le Soleil et les autres astres là où ils ne sont pas, et qu'en regardant un arc-en-ciel nous sommes toujours au centre de ce demi-cercle, en quelque endroit que nous nous placions.

C'est en conséquence des erreurs perpétuelles et nécessaires du sens de la vue que dans de belles nuits, les étoiles, éloignées l'une de l'autre de tant de millions de degrés, nous paraissent des points d'or attachés sur un fond bleu, à quelques pieds de distance entre eux; et ces étoiles placées dans les profondeurs d'un espace immense, et les planètes, et les comètes, et le vide prodigieux dans lequel elles tournent, et notre atmosphère, qui nous entoure comme le duvet arrondi d'une herbe qu'on nomme dent-de-lion, nous appelons tout cela le ciel; et nous avons dit : « Cette épouvantable fabrique s'est faite uniquement pour nous, et nous sommes faits pour elle. »

L'antiquité a cru que tous les globes dansaient en rond autour du nôtre, pour nous faire plaisir ; que le Soleil se levait le matin pour courir comme un géant dans sa voie, et qu'il venait le soir se coucher dans la mer. On n'a pas manqué de placer un dieu dans ce soleil, dans chaque planète qui semble courir autour de la nôtre ; et on a empoisonné juridiquement Socrate pour avoir douté que ces planètes fussent des dieux.

Tous les philosophes ont passé leur vie à contempler cette voûte bleue, ces points d'or, ces planètes, ces comètes, ces soleils, ces étoiles innombrables ; et tous ont demandé : « A quoi bon tout cela ? Ce grand édifice est-il éternel ? S'est-il construit de lui-même ? Est-ce un architecte qui l'a bâti ? Quel est cet architecte ? A quel dessein a-t-il fait cet ouvrage ? Que lui en peut-il revenir ?.... » Chacun a fait son roman ; et ce qu'il y a de pis, c'est que quelques romanciers ont poursuivi à feu et à sang ceux qui voulaient faire d'autres romans qu'eux.

D'autres curieux s'en sont tenus à ce qui se passe sur notre petit globe terraqué. Ils ont voulu deviner pourquoi les moutons sont couverts de laine ; pourquoi les vaches n'ont qu'une rangée de dents, et pourquoi les hommes n'ont pas de griffes. Les uns ont dit qu'autrefois il avait été poisson ; les autres, qu'il avait eu les deux sexes, avec une paire d'ailes. Il s'en est trouvé qui nous ont assuré que toutes les montagnes avaient été formées des mers dans une suite innombrable de siècles. Ils ont vu évidemment que la pierre à chaux était un composé de coquilles, et que la terre était de verre. Cela s'est appelé la physique expérimentale. Les plus sages ont été ceux qui ont cultivé la terre, sans s'inquiéter si elle était de verre ou d'argile, et qui ont semé sans savoir si cette semence devait mourir pour produire des épis ; et malheureusement, il est arrivé que ces hommes, toujours occupés à se nourrir et à nourrir les autres, ont été subjugués par ceux qui, n'ayant rien semé, sont venus ravir leurs moissons, égorger la moitié des cultivateurs et plonger l'autre moitié dans une servitude plus ou moins cruelle. Cette servitude subsiste aujourd'hui dans la plus grande partie de la terre, couverte des enfants des ravisseurs et des enfants des asservis. Les uns et les autres sont également malheureux, et si malheureux, qu'il en est peu qui n'aient plus d'une fois souhaité la mort. Cependant, de tant d'êtres pensants qui maudissent leur vie, il n'y en a guère qu'un sur cent, chaque année, du moins dans nos climats, qui s'arrache cette vie, détestée souvent avec raison et aimée par instinct. Presque tous les hommes gémissent; quelques jeunes étourdis chantent leurs prétendus plaisirs et les pleurent dans leur vieillesse.

On demande pourquoi les autres animaux, dont la multitude surpasse infiniment celle de notre espèce, souffrent encore plus que nous, sont dévorés par nous et nous dévorent. Pourquoi tant de poisons au milieu de tant de fruits nourriciers ? Pourquoi cette terre est-elle d'un bout à l'autre une scène de carnage ? On est épouvanté du mal physique et du mal moral qui nous assiégent de toutes parts ; on en parle quelquefois à table ; on y pense même assez profondément dans son cabinet ; on essaye si on pourra trouver quelque raison de ce chaos de souffrance, dans lequel est dispersé un petit nombre d'amusements ; on lit tout ce qu'ont écrit ceux qui ont eu le nom de sages ; le chaos redouble à cette lecture. On ne voit que des charlatans qui vous vendent sur leurs tréteaux des recettes contre la pierre, la goutte et la rage; ils meurent eux-mêmes de ces maladies incurables qu'ils ont prétendu guérir, et sont remplacés d'âge en âge par des charlatans nouveaux, empoisonneurs du genre humain, empoisonnés eux-mêmes de leurs drogues. Tel est notre petit globe. Nous ignorons ce qui se passe dans les autres.

Extrait de Micromégas. — Quelle adresse merveilleuse ne fallut-il pas à notre philosophe de Sirius pour apercevoir les atomes (les hommes) dont je viens de parler! Quand Leuwenhohek et Hartsoëker virent les premiers ou crurent voir la graine dont nous sommes formés, ils ne firent pas, à beaucoup près, une si étonnante découverte. Quel plaisir sentit Micromégas en voyant remuer ces petites machines, en examinant tous leurs tours, en les suivant dans toutes leurs opérations! Comme il s'écria! comme il mit avec joie un de ses microscopes dans les mains de son compagnon de voyage! « Je les vois, disait-il, tous deux à la fois; ne les voyez-vous pas qui portent des fardeaux, qui se baissent, qui se relèvent? » En parlant ainsi, leurs mains tremblaient par le plaisir de voir des objets si nouveaux, et par la crainte de les perdre. Le Saturnien, passant d'un excès de défiance à un excès de crédulité, crut apercevoir qu'ils travaillaient à la propagation. « Ah! disait-il, j'ai pris la nature sur le fait. » Mais il se trompait sur les apparences, ce qui n'arrive que trop, soit qu'on se serve ou non du microscope.

Micromégas, bien meilleur observateur que son nain (le Saturnien), vit clairement que les atomes se parlaient; et il le fit remarquer à son compagnon, qui, honteux de s'être mépris sur l'article de la génération, ne voulut point croire que de pareilles espèces pussent se procurer des idées. Il avait le don des langues aussi bien que le Sirien; il n'entendait point parler ces atomes, et il supposait qu'ils ne parlaient pas; d'ailleurs, comment des êtres aussi imperceptibles auraient-ils la voix, et qu'auraient-ils à dire? Pour parler, il faut penser, ou à peu près; mais s'ils pensaient, ils auraient donc l'équivalent d'une âme : or, attribuer l'équivalent d'une âme à cette espèce, cela lui paraissait absurde. « Mais, dit le Sirien, vous avez vu tout à l'heure qu'ils faisaient l'amour; est-ce que vous croyez qu'on puisse faire l'amour sans proférer une seule parole, ou du moins sans se faire entendre? Supposez-vous d'ailleurs qu'il soit plus difficile de produire un argument qu'un enfant?—Pour moi, l'un et l'autre me paraissent de grands mystères; je n'ose plus ni croire, ni nier, dit le nain; je n'ai plus d'opinion; il faut tâcher d'examiner ces insectes, nous raisonnerons après. — C'est fort bien dit », reprit Micromégas; et aussitôt il tira une paire de ciseaux dont il se coupa les ongles, et d'une rognure de l'ongle de son pouce, il se fit sur-le-champ une trompette parlante, comme un vaste entonnoir, dont il se mit le tuyau dans l'oreille. La circonférence de l'entonnoir enveloppait le vaisseau et tout l'équipage. La voix la plus faible entrait dans les fibres circulaires de l'ongle; de sorte que, grâce à son industrie, le philosophe de là-haut entendit parfaitement le bourdonnement de nos insectes de là-bas. En peu d'heures il parvint à distinguer les paroles et enfin à entendre le français. Le nain en fit autant, quoique avec plus de difficulté. L'étonnement des voyageurs redoublait à chaque instant. Ils entendaient des mites parler d'assez bon sens; ce jeu de la nature leur paraissait inexplicable. Vous croyez bien que le nain et son compagnon brûlaient d'impatience de lier conversation avec les atomes; le nain craignait que sa voix de tonnerre, et surtout celle de Micromégas, n'assourdît les mites sans en être entendue. Il fallait en diminuer la force. Ils se mirent dans la bouche des espèces de petits cure-dents, dont le bout, fort effilé, venait donner près du vaisseau. Le Sirien tenait le nain sur ses genoux et le vaisseau avec l'équipage sur son ongle; il parlait bas en baissant la tête. Enfin, moyennant toutes ces précautions et bien d'autres encore, il commença ainsi son discours :

« Insectes invisibles que la main toute-puissante du Créateur s'est plu à faire naître dans l'abîme de l'infiniment petit, je le remercie de ce qu'il a daigné me découvrir des secrets qui semblaient impénétrables. Peut-être ne daignerait-on pas vous regarder à ma cour; mais je ne méprise personne, et je vous offre ma protection. »

Si jamais il y eut quelqu'un d'étonné, ce furent les gens qui entendirent ces paroles. Ils ne pouvaient deviner d'où elles partaient. L'aumônier du vaisseau récita les prières des exorcismes, les matelots jurèrent, et les philosophes du vaisseau firent des systèmes; mais quelque système qu'ils fissent, ils ne purent jamais deviner qui leur parlait. Le nain de Saturne, qui avait la voix plus douce que Micromégas, leur apprit en peu de mots à qui ils avaient affaire. Il leur raconta le voyage de Saturne, les mit au fait de ce qu'était M. Micromégas, et après les avoir plaints d'être si petits, il leur demanda s'ils avaient toujours été dans ce misérable état si voisin de l'anéantissement, ce qu'ils faisaient dans un globe qui paraissait devoir appartenir à des baleines, s'ils étaient heureux, s'ils multipliaient, s'ils avaient une âme, et cent autres questions de cette nature.

Un raisonneur de la troupe plus hardi que les autres, et choqué de ce qu'on doutait de son âme, observa l'interlocuteur avec des pinnules braquées sur un quart de cercle, fit deux stations, et à la troisième il parla ainsi : « Vous croyez donc, monsieur, parce que vous avez mille toises de la tête aux pieds que vous êtes un.... — Mille toises! s'écria le nain; juste ciel! d'où peut-il savoir ma hauteur? Mille toises! il ne se trompe pas d'un pouce! Quoi! cet atome m'a mesuré! Il est géomètre, il connaît ma grandeur; et moi, qui ne le vois qu'à travers un microscope, je ne connais pas encore la sienne! — Oui, je vous ai mesuré, dit le physicien, et je mesurerai encore bien votre compagnon. » La proposition fut acceptée; Son Excellence se coucha de tout son long; car, s'il se fût tenu debout, sa tête eût été trop au-dessus des nuages. Nos philosophes lui plantèrent un grand arbre dans un endroit que le docteur Swift nommerait, mais que je me garderai d'appeler par son nom, à cause de mon grand respect pour les dames... Puis, par une suite de triangles liés ensemble, ils conclurent que ce qu'ils voyaient était en effet un jeune homme de cent vingt mille pieds de roi.

Alors Micromégas prononça ces paroles : « Je vois plus que jamais qu'il ne faut juger de rien sur sa grandeur apparente. O Dieu ! qui avez donné une intelligence à des substances qui paraissent si méprisables, l'infiniment petit vous coûte autant que l'infiniment grand ; et s'il est possible qu'il y ait des êtres plus petits que ceux-ci, ils peuvent encore avoir un esprit supérieur à ceux de ces superbes animaux que j'ai vus dans le Ciel, dont le pied seul couvrirait le globe où je suis descendu. »

Un des philosophes lui répondit qu'il pouvait en toute sûreté croire qu'il est en effet des êtres intelligents beaucoup plus petits que l'homme. Il lui conta, non pas tout ce que Virgile a dit de fabuleux sur les abeilles, mais ce que Swammerdam a découvert et ce que Réaumur a disséqué. Il lui apprit enfin qu'il y a des animaux qui sont pour les abeilles ce que les abeilles sont pour les hommes, ce que le Sirien lui-même était pour ces animaux si vastes dont il parlait, et ce que ces grands animaux sont pour d'autres substances devant lesquelles ils ne paraissent que comme des atomes.

SWEDENBORG

DES TERRES DANS NOTRE MONDE SOLAIRE QUI SONT APPELÉES PLANÈTES ; DE LEURS HABITANTS ET DE LEURS ESPRITS

Qu'il y ait plusieurs Terres et sur elles des hommes, et par conséquent des Esprits et des Anges, c'est ce qui est bien connu dans l'autre vie ; car là, à quiconque le désire d'après l'amour du vrai et de l'usage qui en procède, il est accordé de parler avec les esprits[1] des autres Terres, et d'être par là confirmé

---

[1] Swedenborg appelle esprits de chaque Terre les âmes de ceux qui l'ont habitée. Ces âmes restent dans les régions environnant leur Terre,

sur la Pluralité des Mondes, et instruit que le genre humain provient non pas seulement d'une Terre, mais de Terres innombrables; et, en outre, de quel génie et de quelle vie sont les habitants, et quel est leur culte divin.

J'ai parlé quelquefois avec des esprits de notre Terre sur ce sujet, et il m'a été dit que l'homme qui jouit d'un bon entendement peut savoir, d'après beaucoup de choses qu'il connaît, qu'il y a plusieurs Terres, et qu'elles sont habitées par des hommes... Il y a des esprits dont l'unique application est d'acquérir des connaissances, parce qu'elles seules font leurs délices; il est en conséquence permis à ces esprits d'aller de tous côtés, et de passer aussi du monde de ce Soleil dans les autres Mondes, et de recueillir pour eux des connaissances : ils m'ont dit qu'il y a des Terres habitées par des hommes, non-seulement dans ce monde solaire, mais aussi hors de ce monde, dans le ciel astral, en nombre immense. Ces esprits sont de la planète de Mercure.

DE LA TERRE DE MERCURE

... Des esprits vinrent à moi, et il me fut dit du ciel qu'ils étaient de la Terre la plus près du Soleil, planète qui sur notre Terre est appelée du nom de Mercure; et dès qu'ils furent venus, ils recherchèrent d'après ma mémoire les choses que je connaissais : — c'est ce que les esprits peuvent faire très-habilement, car lorsqu'ils viennent vers l'homme, ils voient dans sa mémoire chacune des choses qui y sont; lors donc qu'ils recherchaient diverses choses, et parmi elles les villes et les lieux où j'avais été, je remarquai qu'ils ne voulaient pas connaître les temples, les palais, les maisons, les rues, mais seulement les choses que je savais avoir été faites dans ces lieux, puis celles qui concernaient le gouvernement, le génie et les mœurs des habitants et autres choses semblables, car de telles choses

parce qu'elles sont d'un même génie que ceux qui l'habitent, qu'elles leur rendent des services, etc. C'est par ces esprits que Swedenborg dit avoir connu l'habitation des autres mondes.

Ceux qui désirent faire connaissance avec cette mystérieuse figure pourront consulter avec intérêt le récent ouvrage de M. Matter.

sont adhérentes aux lieux, dans la mémoire chez l'homme; c'est pourquoi quand les lieux sont rappelés elles surviennent aussi. J'étais étonné que ces esprits fussent tels; en conséquence, je leur demandai pourquoi ils négligeaient les magnificences des lieux et recherchaient seulement les causes et les faits qui s'y étaient passés; ils répondirent qu'ils n'avaient aucun plaisir à considérer des objets matériels, corporels et terrestres, mais qu'ils aimaient seulement regarder les choses réelles. Par là il fut confirmé que les esprits de cette Terre représentent dans le Très-Grand Homme la mémoire des choses, abstraction faite de ce qui est matériel et terrestre.

Il m'a été dit que telle est la vie des habitants sur cette Terre, c'est-à-dire qu'ils ne font aucune attention aux objets terrestres et corporels, mais qu'ils s'occupent des statuts, des lois et des gouvernements, des nations qui y sont, puis aussi des choses qui concernent le Ciel, lesquelles sont innombrables. Ils ont en aversion le langage des mots, parce qu'il est matériel; aussi avec eux, lorsqu'il n'y avait pas d'esprits intermédiaires, n'ai-je pu parler que par une espèce de pensée active.

Je désirais savoir de quelle face et de quel corps sont les hommes de la Terre de Mercure, et s'ils sont semblables aux hommes de notre Terre; alors s'offrit à mes yeux une femme tout à fait semblable à celles qui sont sur la Terre; son visage était beau, mais un peu plus petit que celui des femmes de notre Terre; elle était aussi plus mince de corps, mais d'une égale grandeur : sa tête était enveloppée d'une étoffe posée sans art. Il s'offrit de même un homme, qui de corps était aussi plus mince que ne le sont les hommes de notre Terre; il était vêtu d'un habit bleu foncé, s'adaptant juste au corps, sans plis ni saillies d'aucun côté : il me fut dit que tels étaient les hommes de cette Terre, quant à la forme et au vêtement du corps. Ensuite se présentèrent des espèces de leurs bœufs et de leurs vaches, qui, il est vrai, différaient peu des espèces de notre Terre, mais qui étaient plus petits, et approchaient en quelque sorte d'une espèce de biches et de cerfs…

— Si nous nous étions proposé de commenter ici Swedenborg, nous ferions part du grand étonnement qu'a toujours produit en nous la lecture des relations sur les habitants des planètes. La lecture des ouvrages écrits sur notre sujet ferait vraiment croire qu'aux yeux de leurs auteurs la Terre est le type du monde, et l'homme de la Terre, le type des habitants des cieux. Il est cependant bien plus probable que, la nature des mondes étant essentiellement variée, l'état des milieux et les conditions d'existence essentiellement différentes, les forces qui présidèrent à la création des êtres, et les substances qui entrèrent dans leur constitution réciproque, essentiellement distinctes, notre mode d'existence ne peut en aucune façon être considéré comme applicable aux autres globes. Ceux qui ont écrit sur ce sujet se sont laissé dominer par les idées terrestres et sont tombés dans l'erreur.

Sur les costumes, habits, justaucorps au autres, des habitants des planètes, leur description porte souvent les plaisants à demander aux auteurs de ces relations s'il n'y a pas dans les mondes quelques fabriques de drap ou de soie analogue à celles de Sedan et de Lyon. A ce sujet, un ouvrage anonyme fort curieux répond comme il suit :

« Dans Mercure, la nature fournit les vêtements gratis, et c'est l'empereur qui les distribue. Les magasins sont toujours ouverts, et chacun peut aller choisir, pourvu qu'il présente une ordonnance de l'intendant commis à cet emploi. Ceux qui en veulent plus qu'il n'est réglé par le tarif ordinaire ont besoin d'un ordre de l'empereur, qui ne leur est que difficilement accordé. Cela n'empêche pas que les garde-robes les plus magnifiques et les plus diversifiées qui soient dans l'univers ne se trouvent dans Mercure. La manufacture de ces étoffes contient toute l'étendue d'un grand lac, placé dans les jardins de l'Empereur : ce vaste jardin est toujours rempli d'une liqueur que les philosophes appellent Mercure principe. C'est de cette substance que sont composées les étoffes fabriquées par les Salamandres.

« Les bords du lac où sont tous ces chefs-d'œuvre sont entourés à une certaine distance de magasins superbes (comme au Palais-Royal), dans lesquels les Salamandres portent et conservent leur travail, qu'ils distribuent gratis au choix de ceux qui en souhaitent, pourvu qu'ils montrent une ordonnance de l'empereur, ou la marque de l'intendant. Outre les étoffes, on trouve dans ces magasins tous les assortiments qui conviennent à la parure des hommes, aussi bien qu'à celle des femmes.

« Ce peuple ingénieux et délicat n'est frappé que des mélanges industrieux de la nature et des productions de l'art : aussi toute la magnificence de leurs étoffes consiste-t-elle dans la finesse, dans l'éclat des couleurs et dans la variété des dessins. C'est surtout dans cette dernière partie que les Salamandres excellent : ils représentent dans leurs ouvrages, non-seulement les fleurs, les fruits, les animaux, les grotesques, mais de plus, comme ils savent tout ce qui se passe dans Mercure et dans les autres planètes, ils en font de petits tableaux énigmatiques, en sorte qu'on verra quelquefois sur une même robe les aventures anecdotiques de cinq ou six planètes, peintes comme les miniatures de nos plus belles tabatières[1]. »

Mais laissons notre romanesque auteur, et revenons à Swedenborg.

DE LA TERRE DE VÉNUS

Dans la planète de Vénus, il y a deux espèces d'hommes, d'un caractère opposé : il y en a qui sont doux et humains, et il y en a qui sont cruels et presque sauvages (en cela ils ne diffèrent pas beaucoup des habitants de la Terre). Ceux qui sont doux et humains apparaissent de l'autre côté de Vénus, ceux qui sont cruels et presque sauvages apparaissent de ce côté-ci (?).

Quelques-uns des esprits qui apparaissent de l'autre côté de la planète, et qui sont doux et humains, vinrent vers moi, et se présentèrent à ma vue au-dessus de la tête. Je m'entretins avec eux sur divers sujets. Entre autres choses ils me dirent que quand ils étaient dans le monde, ils avaient reconnu, et à plus forte raison reconnaissaient maintenant Notre-Seigneur pour leur unique Dieu ; ils disaient que sur leur Terre ils l'avaient vu, et ils représentaient aussi comment ils l'avaient vu. Ces esprits, dans le Très-Grand-Homme (l'univers), représentent la mémoire des choses matérielles, qui concorde avec la mémoire des choses immatérielles, que représentent les esprits de Mercure. C'est pourquoi les esprits de Mercure s'accordent très-bien avec les esprits de Vénus. Aussi, lorsqu'ils étaient ensemble, ai-je senti, d'après l'influx qui provenait de

---

[1] *Relation du monde de Mercure*, Genève, 1750.

là, un changement notable et une forte opération dans mon cerveau.

Je ne me suis pas entretenu avec les esprits des habitants de l'autre côté, et qui sont cruels et presque sauvages ; mais il m'a été rapporté par les anges de quels caractères ils sont, et d'où leur vient cette nature si féroce ; c'est à savoir que là ils trouvent beaucoup de plaisir dans les rapines, et le plus grand plaisir à manger ce qu'ils ont pillé... Il m'a été dit aussi que ces habitants, quant à la plus grande partie, sont des géants, et que les hommes de notre Terre n'atteindraient qu'à leur nombril ; puis aussi, qu'ils sont stupides, qu'ils ne s'inquiètent pas de ce que c'est que le Ciel ou de ce que c'est que la vie éternelle, mais qu'ils s'occupent seulement de ce qui concerne leur terre et leurs troupeaux.

DE LA TERRE DE MARS

Parmi les hommes de ce système solaire, ceux de Mars sont les meilleurs de tous, car pour la plus grande partie ils sont hommes célestes, non différents de ceux qui furent de la très-ancienne Église sur notre Terre.

Un jour que les esprits de Mars étaient chez moi et s'étaient emparés de la sphère de mon mental, des esprits de notre Terre arrivaient et voulaient s'introduire aussi dans cette sphère ; mais alors les esprits de notre Terre devinrent comme insensés, et cela parce qu'ils ne peuvent s'accorder avec ceux de Mars. Il me fut présenté un habitant de Mars ; ce n'était pas, il est vrai, un habitant, mais il était semblable à un habitant. Sa face était comme celle des habitants de notre Terre, mais la partie inférieure de la face était noire, non de barbe, car il n'en avait pas, mais d'une noirceur qui en tenait la place : cette noirceur s'étendait de chaque côté jusque sous les oreilles. La partie supérieure de la face était blonde, comme la face des habitants de notre Terre qui ne sont pas absolument blancs.

Ils me dirent que les habitants de cette Terre se nourrissent des fruits des arbres, et surtout d'un certain fruit rond qui germe de leur Terre ; et, outre cela, de légumes ; qu'ils sont vêtus là de vêtements qu'ils fabriquent avec les fibres de l'écorce de certains arbres, fibres qui ont la consistance convenable pour pouvoir être tissues, et être aussi conglutinées par une espèce de gomme qui est chez eux. Ils me racontèrent, en outre, qu'ils savent y faire des feux fluides, par lesquels ils ont de la lumière le soir et la nuit.

DE LA TERRE DE JUPITER

Par les esprits qui sont de cette Terre j'ai été informé de diverses choses qui concernent les habitants; par exemple, de leur marche, de leur nourriture et de leur habitation. Quant à ce qui concerne leur marche, ils ne vont pas le corps droit, comme les habitants de notre Terre et de plusieurs autres, ni en se traînant à la manière des animaux; mais quand ils marchent, ils s'aident des paumes des mains, ils s'élèvent alternativement à demi sur les pieds, et de plus, à chaque troisième pas qu'ils font en marchant, ils regardent de la face sur le côté et derrière eux, et alors ils courbent même un peu le corps, ce qui est fait avec rapidité, car chez eux il est indécent d'être vu autrement que par la face. Quand ils marchent ainsi, ils tiennent toujours la face élevée, comme chez nous, afin que de cette manière ils regardent aussi le ciel [1]; ils ne la tiennent pas baissée pour regarder la terre, ils appellent cela le damné; c'est ce que font chez eux les plus vils, qui, s'ils ne prennent pas l'habitude de lever la face, sont bannis de leur société.

Ceux qui vivent dans leurs zones brûlantes vont nus, toutefois cependant avec un voile autour des reins; et ils ne rougissent point de leur nudité, car leurs mentals sont chastes, et ils n'aiment que leurs épouses et abhorrent les adultères. Ils étaient surtout étonnés de ce que les esprits de notre Terre, en apprenant qu'ils marchaient ainsi et qu'ils étaient nus, avaient des pensées lascives, et de ce qu'ils ne faisaient aucune attention à leur vie céleste, mais s'occupaient seulement de semblable chose; ils disaient que c'était un signe qu'ils s'ap-

---

[1] Personne ne répudiera jamais l'*Os sublime dedit.*

pliquaient plus aux corporels et aux terrestres qu'aux célestes, et que des choses indécentes occupaient leurs mentals. Je leur dis que la nudité n'est point un sujet de honte ni de scandale pour ceux qui vivent dans la chasteté et dans l'état d'innocence, mais qu'elle en est un pour ceux qui vivent dans la lascivité et dans l'impudicité.

Quand les habitants de cette Terre sont couchés dans le lit, ils tournent leur face par devant, ou du côté de la chambre, et non pas par derrière ou vers la muraille, etc... (Il faut convenir que ces détails et tant d'autres sont des puérilités bien terrestres. Il serait difficile d'en trouver l'importance ou l'utilité. Passons aux repas.)

Ils aiment beaucoup prolonger leurs repas, non pas tant pour le plaisir de manger que pour l'agrément de la conversation. Quand ils sont à table, ils s'assoient non pas sur des chaises, ou sur des bancs, ou sur des lits de gazon élevés, ni sur l'herbe, mais sur des feuilles d'un certain arbre; ils ne voulaient pas me dire de quel arbre étaient ces feuilles, mais comme j'en nommais plusieurs par conjecture, quand je prononçai le nom du figuier, ils affirmèrent enfin que c'étaient des feuilles de cet arbre. De plus ils me dirent que ce n'était pas pour le goût, mais pour l'usage, qu'ils mangent. Il y eut sur ce sujet une conversation entre les esprits, et il fut dit : Que cela est avantageux pour l'homme, car il a ainsi à cœur d'avoir un mental sain dans un corps sain [1], et qu'il en est autrement pour ceux chez qui le goût commande, parce que leur corps languit.

Leurs habitations m'ont été aussi montrées ; elles sont peu élevées, faites en bois, mais en dedans elles sont recouvertes de liber, ou écorce d'un bleu pâle, et parsemées tout autour et dans le haut de pointes semblables à de petites étoiles, à l'image du Ciel ; car ils veulent donner à l'intérieur de leurs maisons la figure du Ciel visible avec ses astres, et cela parce qu'ils croient que les astres sont les demeures des anges.

Les habitants de la terre de Jupiter ont aussi un langage de mots, mais il n'est pas aussi sonore que chez nous ; un langage aide l'autre, et la vie est insinuée dans le langage de mots par

---

[1] *Un mental sain dans un corps sain* : c'est la traduction la plus littérale du *Mens sana in corpore sano*

le langage de la face. J'ai été informé par les anges que le premier langage de tous sur chaque terre a été le langage par la face, et cela au moyen des lèvres et des yeux, qui en sont les deux origines; si ce langage a été le premier, c'est parce que la face a été formée pour présenter l'image de ce que l'homme pense et de ce qu'il veut; de là aussi la face a été nommée l'image et l'indice du mental. » Swedenborg s'est longuement étendu sur cette sorte de langage dans les *Arcanes de la vie future*, n°° 607, 1118, 7361, pour le langage en général; n°° 4799, 7359, 8248, 10587, pour le langage dans les planètes.

DE LA TERRE DE SATURNE

Les habitants de Saturne sont très-humbles dans le culte, car ils se considèrent alors comme rien ; ils adorent Notre-Seigneur, et le reconnaissent pour l'unique Dieu : le Seigneur leur apparaît même parfois sous une forme angélique, et aussi comme homme, alors le Divin brille sur sa face et affecte le mental. Les habitants aussi, quand ils parviennent à un certain âge, conversent avec les esprits, qui les instruisent sur le Seigneur, sur la manière dont il doit être adoré, et sur la manière dont on doit vivre.

Ils me dirent que sur leur terre il y a aussi des hommes qui appellent Seigneur la Lueur nocturne, qui est grande ; mais ceux-là sont séparés des autres, et ne sont point tolérés parmi eux. Cette Lueur nocturne vient de ce grand Anneau, qui entoure à distance cette terre, et des Lunes qui sont appelées satellites de Saturne.

De plus, les esprits de cette terre m'ont donné des informations sur les habitants, sur ce que sont leurs consociations, et sur plusieurs autres choses : ils me dirent qu'ils vivent distingués en familles, chaque famille séparée d'une autre : ainsi, le mari et l'épouse avec leurs enfants; et que ceux-ci quand ils se marient, quittent la maison de leurs parents et n'y donnent plus leurs soins; que c'est pour cela que les esprits de cette terre apparaissent deux à deux ; qu'ils s'inquiètent peu de la nourriture et du vêtement; qu'ils vivent des fruits et des légumes que leur terre produit, et qu'ils se couvrent légèrement, parce qu'ils sont enveloppés d'une peau épaisse ou tunique qui les garantit du froid ; que, de plus, tous sur leur terre savent qu'ils vivront après la mort ; et que, par conséquent, ils ne font cas de leurs corps que pour ce qui regarde la vie, qui, ainsi qu'ils disent, leur restera et servira le Seigneur ; que c'est aussi pour cela qu'ils n'ensevelissent pas les corps des morts, mais les jettent loin et les couvrent de branches d'arbres de la forêt. »

Nous avons extrait de Swedenborg ce qu'il a de moins diffus, de moins incompréhensible ; de plus longues citations eussent été fastidieuses pour un trop grand nombre de lecteurs. Pour tout commentaire, nous dirons qu'en physique, Swedenborg ne sort pas de la Terre ; qu'en métaphysique, il ne sort pas du christianisme ; — et que, s'il s'échappe quelquefois de la sphère humaine, c'est bien souvent pour errer tout autour dans un vague où nulle raison ne peut le suivre.

CHARLES BONNET
DE GENÈVE

CONTEMPLATION DE LA NATURE

L'univers. Lorsque la sombre nuit a étendu son voile sur les plaines azurées, le firmament étale à nos yeux sa grandeur. Les points étincelants dont il est semé sont *les Soleils* que le Tout-Puissant a suspendus dans l'espace pour éclairer et échauffer *les mondes* qui roulent autour d'eux.

Les cieux racontent la gloire du Créateur, et l'étendue fait connaître l'ouvrage de ses mains. Le génie sublime qui s'énonçait avec tant de noblesse, ignorait cependant que les astres qu'il contemplait fussent des soleils[1]. Il devançait les temps et entonnait le premier hymne majestueux que les siècles futurs,

---

[1] Les opinions diffèrent ! on se rappelle la discussion de M. Brewster, p. 360 et suiv.

plus éclairés, devaient chanter après lui à la louange du Maître des Mondes.

L'assemblage de ces grands corps se divise en différents systèmes, dont le nombre surpasse peut-être celui des grains de sable que la mer jette sur ses bords.

Chaque système a donc à son centre ou à son foyer une étoile ou un soleil, qui brille d'une lumière propre, et autour duquel circulent différents ordres de globes opaques, qui réfléchissent, avec plus ou moins d'éclat, la lumière qu'ils empruntent de lui et qui nous les rend visibles.

C'était l'astronomie moderne qui devait apprendre aux hommes que les étoiles sont réellement innombrables, et que des constellations où l'antiquité n'en comptait qu'un petit nombre en renferment des milliers. Le ciel des Thalès et des Hipparque était bien pauvre en comparaison de celui que les Huygens, les Cassini, les Halley nous ont dévoilé.

Mortel orgueilleux et ignorant! lève maintenant les yeux au ciel et réponds-moi. Quand on retrancherait quelques-uns de ces luminaires qui pendent à la voûte étoilée, tes nuits en deviendraient-elles plus obscures? Ne dis donc pas : Les étoiles sont faites pour moi, c'est pour moi que le firmament brille de cet éclat majestueux. Insensé! tu n'étais point le premier objet des libéralités du Créateur lorsqu'il ordonnait Sirius et qu'il en compassait les sphères.

Les étoiles, comme autant de soleils, éclairent d'autres Mondes, que leur prodigieux éloignement nous dérobe, et qui ont, comme le nôtre, leurs productions et leurs habitants. L'imagination succombe sous le poids de la création. Elle cherche la Terre et ne la démêle plus : elle se perd dans cet amas immense de corps célestes comme un grain de poussière dans une haute montagne.

Portés sur les ailes majestueuses de la révélation, traversons ces myriades de Mondes et approchons-nous du ciel où Dieu habite.

Parvis resplendissants de la gloire céleste, demeures éternelles des esprits bienheureux, Saint des saints de la création, trône auguste de Celui qui est, un vermisseau pourrait-il vous décrire!

Division générale des êtres. Les *esprits purs*, substances immatérielles et intelligentes ; les *corps*, substances étendues et solides; les *êtres mixtes*, formés de l'union d'une substance immatérielle et d'une substance corporelle, sont les trois classes générales d'êtres que nous voyons ou que nous concevons dans l'univers.

S'il n'existe pas deux feuilles, deux chenilles, deux hommes semblables, que sera-ce de deux planètes, de deux tourbillons planétaires, de deux systèmes solaires? Chaque globe a son économie particulière, ses lois, ses productions.

Il est peut-être des mondes si imparfaits relativement au nôtre qu'il ne s'y trouve que des êtres de la première ou de la seconde classe.

D'autres mondes peuvent être au contraire si parfaits, qu'il n'y ait que des êtres propres aux classes supérieures. Dans ces derniers mondes, les rochers sont organisés, les plantes sentent, les animaux raisonnent, les hommes sont anges.

Quelle est donc l'excellence de la Jérusalem céleste où l'ange est le moindre des êtres intelligents?

Là rayonnent de toutes parts les anges, les archanges, les séraphins, les trônes, les chérubins, les vertus, les principautés, les dominations, les puissances. Au centre de ces augustes sphères éclate le Soleil de justice, l'Orient d'en haut, dont tous les autres astres empruntent leur lumière et leur splendeur.

Habitants de la Terre, qui avez reçu une raison capable de vous persuader l'existence de ces Mondes, n'y porterez-vous jamais vos pas? L'Être infiniment bon qui vous les montre de loin vous en refuserait-il à jamais l'entrée? Non; appelés à prendre place un jour parmi les hiérarchies célestes, vous volerez, comme elles, de planètes en planètes; vous irez éternellement de perfection en perfection. Tout ce qui a été refusé à votre perfection terrestre, vous l'obtiendrez sous cette économie de gloire : vous connaîtrez comme vous avez été connus

YOUNG

LA NUIT

Que Dieu est grand! qu'il est puissant, l'Être qui lance la lumière au travers des masses opaques de tous ces globes, qui a tissu l'ensemble brillant de la nature, et suspendu l'univers comme un riche diamant à la base de son trône! Laisse tomber un poids de la hauteur d'une étoile fixe, combien de siècles s'écouleront avant qu'il arrive à la Terre? Où commence donc, où finit ce vaste édifice? Où s'élèvent les derniers murs qui, dominant sur l'abîme du néant, enferment dans leur enceinte le séjour des êtres? A quel point de l'espace le Créateur s'est-il arrêté, a-t-il terminé les lignes de son plan et déposé sa balance?

L'univers que je vois est-il son seul ouvrage, ou bien a-t-il loin de mes yeux fécondé d'un souffle le sein de l'espace? A-t-il encore tiré du chaos une infinité d'autres Mondes, et s'est-il placé au milieu d'une infinité de ces systèmes divers, comme un Soleil central qui les pénètre tous de ses rayons, les voit flotter autour de lui comme des atomes dans les torrents de sa lumière et retomber dans la nuit du chaos, s'il en arrête les jeux brillants? Le désir de toucher au terme des êtres s'éveille dans mon âme; je veux m'élever de sphère en sphère et parcourir l'échelle radieuse que la nuit me présente. Elle s'abaisse jusqu'à l'homme, c'est pour qu'il monte. Je ne balance plus, je me livre à la pensée. Enlevé sur son aile de feu, je m'élance de la Terre comme de ma barrière. Comme je vois son globe s'éloigner et décroître à mes yeux! Avec quelle vitesse je me sens monter! J'ai passé l'astre de la nuit; je touche au rideau d'azur des cieux. Je suis passé, j'ai pénétré dans les espaces reculés. C'est ici qu'atteint l'œil savant de l'astronome : c'est ici que se borne sa vue allongée par le tube merveilleux. A chaque planète que je trouve sur ma route, je m'arrête, je l'interroge sur Celui qui fait briller et rouler son orbe. Du vaste anneau de Saturne, où des milliers de Terres comme la nôtre seraient perdues, je m'élève et suis avec audace le vol hardi de la comète. J'arrive avec elle au milieu de ces Soleils souverains qui brillent d'une lumière indépendante, âmes des mondes, par lesquelles tout vit et respire. Que vois-je ici? Un espace sans bornes, semé de sources enflammées; des globes, plus vastes que les nôtres, roulant dans des cercles plus élevés. Avançons plus loin, ma course n'est que commencée. Ce n'est sans doute que le portique du palais de l'Eternel. Quelle est mon erreur! l'Eternel est bien au-dessus; je rampe encore. Plus j'avance vers lui, plus il recule loin de moi.

Où suis-je? où est la Terre? Soleil, où es-tu? Que le cercle où tu voyages est étroit! Je suis ici debout sur le sommet de la nature. Mes regards dominent son enceinte. Que de milliers de Cieux et de Mondes je vois rouler sous mes pieds, comme des grains brillants! Arrivé si loin et dans des régions si nouvelles pour moi, puis-je n'être pas curieux d'apprendre quels sont les habitants de ces climats si différents de la Terre? Aucun mortel n'y a jamais abordé vivant.

O vous, placés loin de ma chétive demeure, à une distance que les rayons les plus rapides de mon Soleil ne pourraient traverser en un siècle, j'erre loin de ma patrie. Je cherche des merveilles nouvelles à l'admiration de l'homme. Quel est le nom de cette contrée du domaine immense du Maître à qui tout obéit? Voisins du séjour de la félicité, êtes-vous des mortels ou des dieux? Êtes-vous une colonie venue des cieux? Quelle que soit votre nature, vous devez vivre une autre vie, parler un autre langage, avoir bien d'autres idées que l'homme. Quelle variété dans les ouvrages de notre Créateur!... Mais de quelle nature sont vos pensées? La raison est-elle ici sur un trône, règne-t-elle en souveraine sur les sens, ou se révoltent-ils contre elle? Quand son flambeau s'éteint, en avez-vous un second dont la lumière vous guide? Vos heureux royaumes jouissent-ils encore de leur âge d'or? Vos premiers ancêtres ont-ils conservé leur innocence? La vertu vous est-elle facile et naturelle? Est-ce ici votre dernier séjour? Si vous en changez, êtes-vous transférés vivants, ou vous faut-il mourir? De quelle espèce est votre mort? Connaissez-vous la douleur et la maladie, connaissez-vous la guerre horrible? A l'heure où je vous parle, une guerre fatale déchire l'Europe gémissante : nous appelons ainsi un petit coin de l'univers, où s'agitent des rois insensés. Dans le monde où je suis né, on n'attend pas que la mort vienne à la suite des ans; l'intempérance hâte l'œuvre de la vieillesse. La mort a trouvé qu'elle était trop lente à nous détruire, elle a déposé son carquois, suspendu ses faux et chargé les rois d'entretenir à sa place une boucherie continuelle de l'espèce humaine. Leur ambition la sert mieux que son glaive. Croiriez-vous qu'on en a vu qui faisaient égorger leur troupeau après l'avoir dépouillé, et qui buvaient dans un repas le sang de plusieurs milliers de sujets?

O vous, habitants de ces mondes éloignés, répondez-moi, ceux qui vous envoient mourir sont-ils aussi sur des trônes? Chez vous, la fureur de détruire fait-elle des dieux? Les conquérants trouvent-ils la gloire en répandant le sang des hommes? Mais peut-être êtes-vous exempts de la mort et de la douleur; peut-être qu'un éther pur et délié compose votre être privilégié? Affranchis de la pesanteur et de la corruption, vous vous élevez sans doute, vous planez à votre gré dans l'espace. Que votre sort est différent du sort de notre humanité! Esclaves malheureux d'un limon vil et grossier qui tue l'âme, nous sommes un tout formé de deux parties qui ne peuvent se concilier et qui se font une guerre éternelle. Mais vous n'avez aucune idée de l'homme ni de la Terre (c'est le nom d'un hôpital où sont les fous de l'univers). La raison même y est insensée, et souvent y joue le rôle de la folie. Que ce récit doit vous paraître étrange! N'avez-vous jamais entendu parler de l'existence de ce genre humain? Le char enflammé d'Hénoc et d'Élie n'a-t-il point passé près de ces lieux? L'ange des ténèbres, lorsqu'il tombait des cieux, n'a-t-il point souillé la pureté de votre éther? N'a-t-il point éclipsé quelques instants votre globe par le passage de son ombre immense?...

Si je me trompe en multipliant les univers, mon erreur est sublime. Elle est appuyée sur une vérité, elle a pour base l'idée de la grandeur de Dieu. Et qui me démontrera que c'est une erreur? Qui osera assigner des bornes à la Toute-Puissance? L'homme peut-il imaginer au delà de ce que Dieu peut faire? Un monde ne lui coûte pas plus à créer qu'un atome. Qu'il dise : Qu'ils soient! et des milliers de Mondes vont naître. Froid censeur, ne condamne point mon enthousiasme. Laisse-moi ces idées qui m'agrandissent et m'enflamment. Mon imagination ne peut plonger sans un sentiment d'horreur dans l'empire muet et désert du néant : elle aime à le resserrer en reculant les bornes de l'être ; elle croit ajouter à la gloire du Créateur.

L'expérience vient elle-même appuyer ma conjecture. De l'infiniment petit à l'infiniment grand, les deux termes de la création se répondent et se font équilibre l'un à l'autre : la pensée ne doit pas craindre de trop descendre vers l'extrême petitesse, ni de trop s'élever vers l'extrême grandeur. L'erreur sera toujours dans le défaut et jamais dans l'excès. Quel effet peut paraître trop grand quand on songe à la cause? Étonnant Architecte! mon âme peut s'abaisser ou s'élever à son gré dans l'immensité de ton idée, sans jamais pouvoir quitter le centre. *Je suis* est ton nom. Toute existence t'appartient. La création n'est encore qu'un néant ; ce n'est qu'un voile flottant devant toi comme l'atmosphère légère devant l'astre.

Savants de la Terre, observateurs de la nature, génies supérieurs qui volez sur les traces de Newton, avez-vous découvert Celui qui voit le faîte de la création abaissée dans la profondeur d'un abîme ? Avez-vous trouvé l'orbe du grand Être, du Soleil universel qui attire à lui tous les êtres; avez-vous reconnu les satellites qui l'environnent, les étoiles du matin qui assistent à son lever et forment sa cour? Ce n'est pas la science, c'est la religion qui me conduira jusqu'à lui ; l'humble amour pénètre où la raison superbe ne peut atteindre... Chacun de ces astres est un temple où Dieu reçoit l'hommage qui lui est dû. J'ai vu fumer leurs autels ; j'ai vu leur encens s'élever vers son trône ; j'ai entendu les sphères retentir des concerts de sa louange. Il n'est rien de profane dans l'Univers. La nature entière est un lieu consacré.

Each of these stars is a religious house;
I saw their altars smoke, their incense rise,
And heard hosannahs ring through every sphere!

Admirables pensées ; Milton n'avait pas été plus **beau**.

What if that light,
Sent from her through the wide transpicuous air,
To the terrestrial moon be as a star,
Enlightening her by day, as she by night

This Earth? Reciprocal, if land be there,
Fields and inhabitants : her spots thou seest
As clouds, and clouds may rain, and rain produce
Fruits in her seften'd soil, for some to eat
Allotted there; and other suns perhaps,
Which their attendant moons, thou wilt descry,
Communicating male and female light;
Which two great sexes animate the world,
Stored in each orb perhaps with some that live :
For such vast room in nature unpossess'd
By living soul, desert, and desolate,
Only to shine, yet scarce to contribute
Each orb a glimpse of light, conveyed so far
Down to this habitable, which returns
Light back to them, is obvious to dispute.

(Paradise lost, book VIII.)

DE FONTANES

LES MONDES

. . . .
Comme le nôtre aussi, sans doute ils ont vu naître
Une race pensante avide de connaître :
Ils ont eu des Pascals, des Leibnitz, des Buffons.
Tandis que je me perds en ces rêves profonds,
Peut-être un habitant de Vénus, de Mercure,
De ce globe voisin qui blanchit l'ombre obscure,
Se livre à des transports aussi doux que les miens.
Ah! si nous rapprochions nos hardis entretiens!
Cherche-t-il quelquefois ce globe de la Terre
Qui, dans l'espace immense, en un coin se resserre?
A-t-il pu soupçonner qu'en ce séjour de pleurs
Rampe un être immortel qu'ont flétri les douleurs?
Habitants inconnus de ces sphères lointaines,
Sentez-vous nos besoins, nos plaisirs et nos peines?
Connaissez-vous nos arts? Dieu vous a-t-il donné
Des sens moins imparfaits, un destin moins borné?
Royaumes étoilés, célestes colonies,
Peut-être enfermez-vous ces esprits, ces génies,

APPENDICE.

Qui, par tous les degrés de l'échelle du ciel,
Montaient, suivant Platon, jusqu'au trône éternel.
Si pourtant, loin de nous, de ce vaste empyrée,
Un autre genre humain peuple une autre contrée,
Hommes, n'imitez pas vos frères malheureux.
En apprenant leur sort, vous gémiriez sur eux.
Vos larmes mouilleraient nos fastes lamentables.
Tous les siècles en deuil, l'un à l'autre semblables,
Courent sans s'arrêter, foulant de toutes parts
Les trônes, les autels, les empires épars ;
Et, sans cesse frappés de plaintes importunes,
Passent en me contant nos longues infortunes.
Vous, hommes, nos égaux, puissiez-vous être, hélas!
Plus sages, plus unis, plus heureux qu'ici-bas!

FIN DES NOTES.

TABLE ANALYTIQUE

A

Absolu (De l') dans le monde physique, p. 245 et suiv.; — dans le monde moral, 285 et suiv.

Aérolithes. Leur analyse confirme nos vues sur la Pl. des mondes, p. 155 et suiv.

Agrippa (Corneille). Opinions astrologiques, p. 52, 222, 224.

Air. Composition chimique de l'atmosphère terrestre, p. 91; — des atmosphères planétaires, p. 91-93.

Alexandre le Grand. Allusions à la Pl. des Mondes, p. 25.

Alimentation terrestre, — non nécessaire, p. 276.

Ames illustres des morts, p. 317.

Amos, p. 361.

Anacharsis, p. 47.

Analogie. Méthode féconde, mais limitée, p. 251, 266.

Analogie passionnelle, p. 233.

Analyse spectrale des corps célestes, p. 125.

Anaxagore. Sur l'habitabilité de la Lune, p. 20; persécuté pour son opinion sur le mouvement de la Terre et sur la grandeur du Soleil, p. 20.

Anaxarque, partisan de la Pl. des Mondes, p. 25.

Anaximandre, enseigne la Pl. des Mondes, p. 19.

Anaximène, enseigne la Pl. des Mondes, p. 19.

Animaux des temps primitifs, p. 131; — fabuleux, 113.

Antagonisme de la nature terrestre, p. 177 et suiv.

Anthropomorphisme, — combattu par Xénophane, p. 22, — est notre grave illusion, 241 et suiv.

Anti-Lucrèce. Son auteur se range avec Lucrèce en faveur de la Pl. des Mondes, p. 27.

Antiquité. Opinion sur la Pl. des Mondes, p. 13-31, 402.

Appareils pulmonaire et nutritif, p. 277, 290.

Apparition d'étoiles, p. 195-198.

Arabes. Leur croyance en la Pl. Mondes, p. 16.

Arago. Astronomie des habitants des planètes, p. 45, note; croyait à l'habitabilité du Soleil, p. 16. — Recherches sur les variations séculaires de l'orbite terrestre, p. 174.

Archélaüs de Milet, partisan de la Pl. des Mondes, p. 19.

Archimède, p. 24.

Arcturus (α du Bouvier). Sa distance, p. 400.

Archytas de Tarente, partisan de la Pl. des Mondes, p. 21.

Arimaspes, p. 122.

Arioste, p. 52.

Aristarque, partisan de la Pl. des Mondes, p. 19.

Aristote. Son opinion sur le système du monde, p. 24. — Cité en épigraphe, p. 109.

Aristoxène, p. 24.

Aryas, p. 17.

Aspect général de la vie à la surface de la Terre, p. 112 et suiv.

ASTROLOGIE JUDICIAIRE, p. 223 et suiv.
ASTRONOMIE PLANÉTAIRE, p. 61-108.
ASTRONOMIE STELLAIRE, p. 191-206.
ATHANASE. Sur la Pl. des Mondes, p. 29.
ATMOSPHÈRES. Rôle et fonction à la surface des planètes, p. 88. — Propriétés sur l'économie des êtres, p. 89. — Rôle dans la physique du globe, p. 90. — Action sur la Terre et sur les autres Mondes, p. 91 et suiv. Sur la Lune, p. 96.
AVENIR DU MONDE, p. 271 et suiv.

B

BABINET. Sur la Pl. des Mondes, dans ses *Études et Lectures*, p. 45, note.
BACON, p. 334.
BAILLY. Histoire de l'astronomie ancienne, p. 19, note; p. 20. — Partisan de la Pl. des Mondes, p. 42.
BALLANCHE, partisan de la Pl. des Mondes, p. 43.
BALZAC. Sur la Pl. des Mondes, p. 45, note.
BARBARIE. Suites et restes, p. 275.
BARTHÉLEMY. Voyages du jeune Anacharsis, p. 23, note. Cité 48-50.
BASTILLE. Triste expérience d'un prisonnier sur la sensibilité possible de l'œil, p. 119, note.
BAYLE, partisan de la Pl. des Mondes, p. 41.
BAUME (Grotte), Ses poissons aveugles, p. 120, note.
BEAU. Principes fondamentaux applicables à tous les Mondes, p. 284-295.—L'appréciation diffère suivant le degré d'élévation des individus et des peuples, p. 286. — Beau de convention, p. 287; types du Beau dans l'art, p. 289; relativité de la beauté physique, p. 289-291. — Du Beau idéal absolu, p. 292-294.
BÉRIGARD (Claude), partisan de la Pl. des Mondes, p. 34.
BERNARDIN DE SAINT-PIERRE, partisan de la Pl. des Mondes, p. 42. — Description de la planète Vénus, p. 235.
BERNOUILLI, partisan de la Pl. des Mondes, p. 41. — Lettre à Leibnitz sur l'infiniment petit et l'infiniment grand, p. 246.
BIBLE. Cosmogonie, p. 355. — Commentée, p. 360-367.
BIEN. Principes universels applicables à tous les Mondes, p. 301-306. — Sens commun, juge du bien, 302. — La philosophie n'invente pas, mais trouve les notions de vérité, p. 302. — Morale universelle, p. 303-305.
BIOT, 120.
BODE enseigne la Pl. des Mondes, p. 43. — Sur l'habitabilité du Soleil, p. 86. — Loi hiérarchique sur les humanités planétaires, p. 219.
BONAMY. Mémoire à l'Académie des inscriptions, p. 23, note.
BONNET (Charles), de Genève, partisan de la Pl. des Mondes, p. 42. — Contemplation de la Nature, p. 434.
BOREL (Pierre), Son *Discours sur la Pl. des Mondes*, p. 34.
BOSSUET. Des vérités éternelles, p. 300.
BREWSTER. Son livre sur la Pl. des Mondes, p. 44, note. — Vie universelle sur les Mondes, p. 150. — Mondes supérieurs, p. 176. — Sa doctrine sur le mystère de la Rédemption dans les autres mondes, p. 339, 350 et suiv.
BRUNO (Jordano), brûlé pour son livre sur l'infinité des Mondes, p. 32, 334.
BÜCHNER. Positivisme matérialiste, p. 155.
BUFFON, partisan de la Pl. des Mondes, p. 42.—Son système sur

la formation des planètes, p. 379.
BURNET, partisan de la Pl. des Mondes, p. 41. — Sa théorie de la Terre, p. 377.
BURTON (Sir Robert), partisan de la Pl. des Mondes, p. 34.

C

CALLIPPE, p. 24.
CAMPANELLA, partisan de la Pl. des Mondes, p. 33. — Exilé, p. 334.
CARACTÈRES DISTINCTIFS D'UN MONDE SUPÉRIEUR, p. 279 et suiv.
CARDAN, 33.
CARNAC. Édifices symboliques, p. 18.
CARNIOLE. Lac de Zirknitz peuplé de poissons aveugles, p. 120, note.
CASSIOPÉE. Etoile mystérieuse de 1592, p. 195.
CAUSES FINALES, p. 82. — Discussion générale sur la causalité, p. 129. — Sur les divers systèmes explicatifs, p. 130-131. — Sur le plan divin, p. 132 et suiv.
CELTES GAULOIS. Leurs croyances cosmologiques, p. 17.
CENTAURE (α du). Sa distance, p. 192, 400.
CHALEUR, du Soleil, p. 65, — à la surface des planètes. — Exposition, p. 78-82. — Discussion de la théorie, p. 377-389, — intérieure de la Terre, p. 393.
CHALMERS. Astronomical discourses. Sur la Pl. des Mondes, p. 44, note. — Discussions théologiques, p. 338.
CHAMSKY, p. 44, note.
CHANTREL. Singularités à propos de la Pl. des Mondes, p. 369.
CHÈVRE (étoile). Sa distance, p. 191, 400.
CHEYNE, partisan de la Pl. des Mondes, p. 42.
CHIMIE DES ASTRES, p. 125, — des aérolithes, p. 156 et suiv.
CHINOIS. Leur croyance à la Pl. des Mondes, p. 16.

CHRISTIANISME. Premier siècle, 29. Croyances cosmogoniques, p. 451 et suiv.
CICÉRON, p. 25.
CIAMPOLI. Lettre à Galilée, p. 335.
CIEL, physique et spirituel, p. 316.
CIEUX (les). Livre IV, p. 185-206.
CODRE (De la) 44, note.
COMÈTES. Sur leur habitabilité, p. 87-88. — Etendue de leurs orbites, p. 189, — imaginaire du 13 juin 1857, p. 196.
COMMUNICATION TÉLÉGRAPHIQUE avec la Lune, p. 212, — des habitants de Saturne avec leurs satellites, p. 226.
COMPARAISONS BURLESQUES de Cyrano de Bergerac, p. 98.
COMTE (Auguste). Sur les variations de l'obliquité de l'écliptique et leurs conséquences, p. 166.
CONDILLAC, partisan de la Pl. des mondes, p. 42.
CONDITION ASTRONOMIQUE DE LA TERRE, p. 162 et suiv.
CONNAISSANCE DES TEMPS, citée p. 174.
CONSTITUTION DE LA TERRE, p. 180. — Exposé géologique, p. 390.
CONTEMPLATION DU MONDE, p. 314, 320, 324.
COPERNIC, p. 334.
CORPS. Les trois états. — Physique des globes planétaires, p. 93.
COSMEIL (Esprit), compagnon de Kircher dans son voyage extatique, p. 36.
COSMOGONIE THÉOLOGIQUE, p. 313, 333, 355 et suiv.
Cosmos, de Humboldt, cité p. 119, 147, 213.
Cosmos. Revue du progrès des sciences, citée p. 63, note; p. 69, id.
COSMOTHÉOROS. Conjectures sur les Terres célestes, par Huygens, p. 40. — Exposé sommaire de la théorie, p. 239.
COUSIN. Opinions philosophiques, p. 281, 298.

CRÉATION DU MONDE. Commentaire curieux de la Genèse, p. 366.
CRÉATIONS FANTASTIQUES, p. 122.
CRÉATURES. Finies et limitées, p. 268.
CUSA (le cardinal de), partisan de la Pl. des Mondes, p. 32.
CUVIER, p. 118.
CYGNE (étoile 61e). Sa distance, p. 191, 400.
CYRANO DE BERGERAC. Voyage à la Lune et Histoire des États du Soleil, p. 35. — Comparaisons burlesques sur le Soleil et la Terre, p. 98. — Singulière explication du mouvement de la Terre par un moine, p. 214, — d'une langue universelle, p. 406. — Langage des habitants de la Lune, 417. — Sépulture, 408. Jugement à propos de la Pl. des Mondes, p. 409.

D

DACTYLES, p. 122.
DANTE, p. 52.
DARWIN. Election naturelle des espèces, p. 144.
DAVID LE PSALMISTE, p. 360.
DAVY (Sir Humpry) est invité à visiter le dessous de la Terre, p. 214.
DÉMOCRITE partisan de la Pl. des Mondes, p. 21, 48.
DENSITÉS DES PLANÈTES. Comparaison avec la Terre, p. 100-101.
DERHAM (Astrotheology), partisan de la Pl. des Mondes, p. 42. — Son opinion sur les êtres habitant les comètes, p. 87.
DESCARTES partisan de la Pl. des Mondes, p. 33. — A l'index, p. 334
DESCOTTES, p. 45, note.
DESPRÉAUX (Louis-Cousin), partisan de la Pl. des Mondes, p. 43. —Considérations sur la Pl. des Mondes, p. 50.
DESTINÉE MORALE DES ÊTRES, p. 315.

DESTINÉES DE L'ASTRONOMIE, 314
DÉVOUEMENT, p. 292.
DIDEROT, partisan de la Pl. des Mondes, p. 42.
DIEU. Son existence, p. 130. — Principe de l'esprit et principe de la matière, p. 133. — Aberrations des sceptiques et des athées, p. 134 et suiv. — Eloquence du plan divin, p. 137 et suiv. — L'idée de Dieu et l'état de la Terre, p. 257-270. — Dieu, principe des principes, 294, 300, 306.
DIFFÉRENCES fondamentales entre les Mondes, p. 254.
DIFFICULTÉS entre le dogme chrétien et la doctrine de la Pl. des Mondes, p. 332 et suiv.
DIOGÈNE D'APOLLONIE, p. 19.
DISCUSSIONS métaphysiques, souvent stériles, p. 372,
DISTANCES. — Du Soleil, p. 68; des planètes, p. 67-74; des comètes, p. 189; des étoiles, 191 et suiv. — Comment on les détermine, p. 396.
DIVERSITÉ DES ORGANISMES, p. 121; — naturelle des êtres, p. 248 et suiv.; — des opérations cosmiques originelles, p. 253.
DIX-SEPTIÈME SIÈCLE. Mouvement scientifique en faveur de la Pl. des Mondes, p. 34.
DOGME CHRÉTIEN (le) et la Pl. des Mondes, p. 331-375.
DOUTES GÉNÉRAUX sur la vérité de la Pl. des Mondes, p. 364.
DUPONT DE NEMOURS, partisan de la Pl. des Mondes, p. 304.
DRUIDES. Leur science cosmologique, p. 17.

E

EAU. Composition chimique des liquides terrestres, p. 91. — Des liquides planétaires, p. 92.
ÉDUENS, Leurs croyances cosmologiques, p. 17.
EGYPTIENS. Leur croyance en la Pl. des Mondes, p. 18.

EHRENBERG. Sur la vie aux régions polaires, p. 141, 146.
EIMMART, partisan de la Pl. des Mondes. p. 42.
ELFES, 122.
ELÉATES. Leurs croyances cosmogoniques, p. 21.
ÉLECTION NATURELLE DES ÊTRES, p. 145, 273.
ÉLÉMENTS DU SYSTÈME SOLAIRE, p. 59 et Tableau.
ÉLÉMENTS chimiques des Mondes, p. 125, 156.
ELLIOT. Sur l'habitabilité du Soleil, p. 86.
EMPÉDOCLE, partisan de la Pl. des Mondes, p. 19.
ENTRETIENS SUR LA PLURALITÉ DES MONDES, de Fontenelle, p. 38, 412.
ÉPICTÈTE. Sur la loi de vie, p. 277.
ÉPICURE. Sa doctrine sur les Mondes, p. 24. — Succès de sa philosophie dans notre humanité, p. 281.
ÉPICURIENS. Leurs croyances cosmogoniennes, p. 25 et suiv.— Croyaient à l'infinité des Mondes, p. 26.
ESPACES CÉLESTES, p. 189 et suiv. — Ce qu'ils sont en valeur absolue, p. 245.
ÉTAT DE L'HUMANITÉ TERRESTRE, p. 269 et suiv.
ÉTAT ORIGINAIRE et gradation des êtres, 265 et suiv.
ÉTENDUE DU SYSTÈME SOLAIRE, p. 75. — Insignifiante dans l'espace, p. 189.
ÉTERNITÉ, p. 314.
ÉTOILES. Distances, 191-193, 396. — Transformations et variations, 194-198. — Nombre 199. — Multiples, 201. — Agglomérations, 202. — Nébuleuses, p. 203 et suiv.
EXCENTRICITÉ DES ORBITES PLANÉTAIRES. — Son influence, p. 173.
EXCEPTION. Comment la Terre serait une *exception* si elle était seule habitée, p. 155.

EXISTENCES SUCCESSIVES DE L'AME INCARNÉE, p. 313-318.
EXTENSION du bénéfice de la Croix aux autres Mondes, p. 337-352.
EXTRAITS PHILOSOPHIQUES pour servir à l'histoire de la Pl. des Mondes, p. 402-440.

F

FABRI, incarcéré pour ses opinions sur la cosmogonie chrétienne, p. 334.
FABRICIUS. Bibliothèque grecque, p. 21, note; partisan de la Pl. des Mondes, p. 34.
FAMILLE HUMAINE, s'étend aux Terres célestes, p. 311-318.
FÉCONDITÉ DE LA NATURE, p. 148 et suiv.
FÉLIX (R. P.). Conférences de Notre-Dame, p. 45, note, p. 363.
FERGUSON enseigne la Pl. des Mondes, p. 43.
FICHTE. Sur le Bien éternel, p. 306.
FOI CHRÉTIENNE, p. 313, 333.
FONTANES chante la Pl. des Mondes, p. 43. — Les Mondes, p. 439.
FONTENELLE. Jugements sur son œuvre, p. 38-40. Cité, 95. — Entretiens avec la marquise, p. 412.
FORCE DE VIE (la), p. 144.
FOURIER (J.-B.-Jo.), Théorie mathématique de la chaleur, p. 78. — Discussion, p. 383-389.
FOURIER (Charles). Cosmogonie, p. 229 et suiv.
FOURIÉRISTES. Opinions sur les planètes et leurs habitants, p. 226, 229, 233.
FULLER, p. 45, note.

G

GALILÉE, partisan de la Pl. des Mondes, p. 32. — Procès et condamnation, p. 334. — Parallèle entre la science et l'Écriture sainte, p. 374.
GASPARIN (Mme de), p. 144, note.

GASSENDI, partisan de la Pl. des Mondes, p. 34. — Lettre du P. Le Cazre sur la Pl. des Mondes et le dogme chrétien, p. 335.
GÉNÉRATION, p. 144.
GÉNÉRATION (modes de la), p. 400.
GÉNÉRATION SPONTANÉE, p. 143.
GENÈSE, p. 361.
GÉNIE DES ANCIENS AGES, p. 317.
GÉOMANCIENS, p. 222, 224.
GILBERT (Guillaume), partisan de la Pl. des Mondes, p. 35.
GNOMES, p. 122.
GODWIN. Son livre sur *L'homme dans la Lune*, p. 35.
GOETHE, partisan de la Pl. des Mondes, p. 43, 267. — Ame des plantes, p. 272.
GRADATION des êtres sur la Terre, p. 115, 261.
GRADATION UNIVERSELLE DES MONDES, p. 264 et suiv.
GRANDEUR DES PLANÈTES. — Rapports à la Terre, p. 94.
GRATRY. Sur les Mondes, p. 373.
GRAVITATION UNIVERSELLE, p. 65.
GREW (Néhémie), partisan de la Pl. des Mondes, p. 41.
GRIFFONS, p. 122.
GUERICKE (Otto de), partisan de la Pl. des Mondes, p. 34.
GUERRE, odieuse aberration de l'homme, p. 273.

H

HABITABILITÉ DE LA TERRE, livre III, 3, p. 162-183.
HABITANTS DES AUTRES MONDES, livre V. 1, p. 208-255.
HABITATION DE LA TERRE RÉDUITE A SA VALEUR POSITIVE, p. 272-284.
HABITATION DES MONDES, conséquence de l'habitabilité, p. 137 et suiv.
HALLER. Sur les Mondes supérieurs, p. 218.

HARMONIES DU MONDE, p. 261 et suiv.
HARPIES, p. 122.
HÉRACLIDE. Son opinion sur les Mondes, p. 21.
HÉRACLITE. De la Pl. des Mondes p. 21.
HERDER, partisan de la Pl. des Mondes, p. 43.
HÉRÉSIE DU MOUVEMENT DE LA TERRE et de la doctrine de la Pl. des Mondes, p. 334.
HERSCHEL (sir John). Considérations sur la théorie de la Pl. des Mondes, p. 53. — Lettre à Flammarion sur la Pl. des Mondes, p. 54.
HERSCHEL (William), enseigne la Pl. des Mondes, p. 43. — Sur l'habitabilité du Soleil, p. 86.
HERVAS Y PANDURO, p. 219.
HERVEY chante la Pl. des Mondes, p. 43.
HÉVÉLIUS. Sélénographie, p. 35.
HIÉRARCHIE HARMONIQUE DES MONDES, p. 261 et suiv.
HILL (Nicolas), partisan de la Pl. des Mondes, p. 34.
HIPPARQUE, p. 24.
HIPPOCENTAURES, p. 122.
HIPPONAX DE RHÉGIUM, partisan de la Pl. des Mondes, p. 21.
HISTORIQUE de la Pl. des Mondes, livre I, p. 11-57.
HOFFMANN. Contes fantastiques.— Voyage à la planète Nazar, p. 215.
HOMÈRE. Sur la nourriture des dieux, p. 278.
HOMME, citoyen du ciel, p. 310-318.
HOMME DE LA TERRE. Préparation de son séjour pendant les temps antédiluviens, p. 114.— Son infériorité relative, p. 256-284.
HOMMES DES AUTRES MONDES, p. 298 à 317.
HORACE, p. 25.
HORIZONS CÉLESTES, p. 44, note.
HORLOGE DE FLORE, p. 123.
HOWELL (Jacques), partisan de la Pl. des Mondes, p. 34.

TABLE ANALYTIQUE

HUGGINS. Recherches sur les éléments constitutifs du Monde, p. 125, note.
HUGO (Victor). Sur la Pl. des Mondes, p. 45, note. — Sur le Monde de Saturne, p. 225.
HUMANITÉ COLLECTIVE, livre V, 3, p. 309-328. — Les humanités des autres Mondes et l'humanité de la Terre sont une seule humanité, p. 311 et suiv.
HUMANITÉ (L') DANS L'UNIVERS, livre V, p. 207-328.
HUMANITÉ TERRESTRE (L') n'a pu être la seule famille intelligente qui soit dans le but de la création, p. 152, 181, 219. — Son état d'infériorité et d'imperfection, p. 258, 270 et suiv.
HUMBOLDT. Cité, épigraphe, p. 59. — Croyait à l'habitabilité du Soleil, p. 86.—Cité, 119.—Sur la diffusion de la vie, p. 147. — Est invité à visiter le dessous de la Terre, p. 214. — Chaleur centrale, p. 390.
HUYGENS. *Cosmotheoros*, p. 40. Cité 55. — Exposé sommaire de sa théorie sur les hommes des planètes, p. 239. — Lettre sur la Pl. des Mondes, p. 415.
HYPERBOLUS dans les planètes, p. 44, note.

I

IMMENSITÉ DES CIEUX, p. 187 et suiv.
IMMORTALITÉ (régions de l'), p. 317 et suiv.
IMPERFECTION DE LA TERRE, p. 258-284.
IMPOSSIBILITÉ DE LA VIE, si l'on peut la prononcer, p. 125.
INCARNATION DE DIEU SUR LA TERRE, p. 333.
INDIENS. Leur croyance en la Pl. des Mondes, p. 17.
INFÉRIORITÉ DE LA TERRE, livre III, 3, 177; livre V, 2, p. 256-308. — Cause première du mal, p. 275.
INFINI DANS LA VIE, p. 145 et suiv.
INFINI DANS LES CIEUX, p. 205 et suiv.
INFINIMENT PETITS, p. 146 et suiv. — Sur l'infiniment petit et l'infiniment grand, p. 245 et suiv.
INFINITÉ, nous environne de toutes parts, p. 155.
INFLUENCE des causes extérieures sur l'organisme, p. 119.
INQUISITION, p. 334.
INSTITUTIONS POLITIQUES, fondées sur la raison du plus fort, p. 274.
INSUFFISANCE DE NOTRE SAVOIR pour prétendre tout expliquer dans l'œuvre de la nature, p. 127-201 ; — des connaissances terrestres, p. 265
INVOCATION AUX ÉTOILES, p. 313.
IRÉNÉE et les Valentiniens, p. 29.
IONIENS. Leurs croyances cosmogoniques, p. 19.
ISAIE, p. 361.
ISOLEMENT des connaissances terrestres de l'homme, cause de nos erreurs, p. 265 et suiv.

J

JACOB (W.-S.), p. 44, note.
JEAN, apôtre, p. 362.
JÉSUS-CHRIST, p. 333 et suiv., 362.
JOB, p. 361.
JOUR. Relation entre sa longueur et la chaleur du globe, p. 79.
JUGEMENT CURIEUX à propos de la Pl. des Mondes, p. 409.
JUPITER. Distance à la Terre et au Soleil. — Durée du jour, de l'année. — Grosseur. — Atmosphère. — Nuages, Vents tropicaux. — Chaleur et lumière, saisons.—Géographie.—Masse. — Densité.—Satellites, p. 70-71. — La Terre vue de Jupiter, p. 95. — Printemps perpétuel, 175.— Ses habitants selon Kant, p. 218. — Leur taille, selon Wolff, p. 228. — Leur manière de vivre selon J.-J. de Littrow.

249. — Êtres cartilagineux du Dr Whewell, p. 314. — Selon Swedenborg, p. 429.
JUSTICE MORALE de la doctrine de la Pl. des Mondes, p. 256-284.
JUVÉNAL. Satire X, p. 25.

K

KABIRES, p. 122.
KANT, partisan de la Pluraité des Mondes, p. 43. — Considérations sur la doctrine, p. 50. — Loi hiérarchique sur les humanités planétaires, p. 217 et suiv.
KEPLER, partisan de la Pl. des Mondes, p. 33.
KIRCHER. Voyage extatique céleste, p. 35. — On s'est mépris sur son opinion, p. 36-38.
KNIGHT. Sur l'habitabilité du Soleil, 86.
KRAUSE, partisan de la Pl. des Mondes, p. 43.

L

LACS SOUTERRAINS, peuplés de poissons, p. 119, note.
LACTANCE. Sur l'habitation de la Lune, p. 28.
LALANDE, enseigne la Pl. des Mondes, p. 43.
LAMBERT, partisan de la Pl. des Mondes, p. 42.
LAMIES, p. 122.
LAPLACE, enseigne la Pl. des Mondes, p. 43. — Considérations sur la théorie de la Pl. des Mondes, p. 53. — Sa réponse à Napoléon Ier sur l'existence de Dieu, p. 131, note. — Cité en épigraphe, 185.
LARDNER. Mémoire sur les planettes habitées, p. 45, note.
LAVATER, partisan de la Pl. des Mondes, p. 42.
LE CAZRE. Lettre à Gassendi sur la Pl. des Mondes et le dogme chrétien, p. 335.

LEIBNITZ, partisan de Pl. des Mondes, p. 41. — Sur l'infiniment petit et l'infiniment grand, 246. — Son système sur la création, p. 379.
LENORMAN, p. 279.
LESBIE suppose creuse la sphère terrestre, p. 213.
LEUCIPPE, partisan de la Pl. des Mondes, p. 19.
LIBERTÉ. Doit tendre vers le bien, p. 279. — Tend ici vers le mal, p. 280.
LIMITES (Théorie des), p. 269.
LITTROW (J.-J. de). Astronomie des habitants des planètes, p. 45, note.
LIVRES SAINTS. Leur cosmogonie, p. 355 et suiv.
LOCKE, partisan de la Pl. des Mondes, p. 34.
LOI DÉSASTREUSE DE LA MORT, p. 277 et suiv.
LOI DE LA VIE SUR LA TERRE, p. 277 et suiv.
LOIS HIÉRARCHIQUES de Kant et de Bode sur les humanités planétaires, p. 217 et suiv.
LUCRÈCE, De natura rerum, cité en épigraphe, 11, 13. — Sur l'infinité des Mondes, p. 26-27.
LUMIÈRE à la surface des planètes, p. 78, 79. — que la Terre envoie à la lune, p. 82.
LUMIÈRE. Sa vitesse, p. 192. — Temps qu'elle emploie à nous venir des étoiles, p. 192 et suiv.
LUMIÈRE, tendance naturelle des êtres, p. 284.
LUNE, Satellite de la Terre, p. 68. — Rôle au point de vue des causes finales, p. 82. — Constitution physique, p. 83. — Destinée, p. 84. — Saisons, p. 175.
LUNE. Selon les Egyptiens, p. 19; suivant Orphée, p. 19; suivant Anaxagore, p. 20; suivant Lactance, p. 28. L'Homme dans la Lune de Godwin, p. 35. Voyage à la Lune de Bergerac, p. 35-406. — Proposition d'une communi-

cation télégraphique, p. 212. — Lettre d'un habitant sur Beaumarchais, p. 213; note. — Voyage d'Edgar Poe, p. 215. — Découvertes apocryphes du cap de Bonne-Espérance, p. 44, note, 216. — Opinions des anciens, p. 35, 402. — Langage de ses habitants, p. 407.

M

MACROBE, p. 24.
MAESLINES, partisan de la Pl. des Mondes, p. 34.
MAILLET (*Telliamed*), sur la Pl. des Mondes, p. 41. —Son système sur la création, p. 379.
MAISTRE (Joseph DE), partisan de la Pl. des Mondes, p. 13.
MAL. Explication de son existence sur la Terre, p. 267 et suiv. — Causes générales, p. 272.
MALTHUS. Sa loi physiologiste, p. 273, note.
MARCEL PALINGENIUS, p. 52.
MARCHE philosophique de l'astronomie moderne, p. 106-108.
MARMONTEL, partisan de la Pl. des Mondes, p. 42.
MARS. Distance à la Terre et au Soleil. — Analogies. — Durée de l'année, — du jour. — Atmosphère. — Neiges. — Configuration géographique.— Constitution physique, p. 68-69 et planche du frontispice. — Valeur des saisons, p. 175. —Ses habitants selon Swedenborg, p. 428.
MARTIN (Henri), p. 18, note.
MARTIN (Th.-H.), p. 45, note ; 364, *id.*
MASSES DES PLANÈTES. Comparaison avec la Terre, p. 100, 105. —Du Soleil, 106.
MATÉRIALITÉ DE NOTRE ORGANISME, p. 275 et suiv.
MAXIMUM DES ÊTRES VIVANTS, constamment réalisé par la loi d'élection naturelle, p. 145.
MAXWELL, p. 44, note.

MERCURE. Distance au Soleil. — Année. — Jour. — Grandeur. — Densité. —Chaleur à la surface. — Constitution physique, p. 66, 67. — Saisons, p. 175.
MERCURE (Relation du Monde de) par X***, p. 213. — Ses habitants selon Swedenborg, p. 424.
MERCURE TRISMÉGISTE, p. 52.
MERSENNE, partisan de la Pl. des Mondes, p. 35.
MELLIER. (Testament du curé), p. 259, note.
MESURES DU GLOBE TERRESTRE, p. 75, note.
MÉTRODORE DE CHIO, partisan de la Pl. des Mondes, p. 21.
MÉTRODORE DE LAMPSAQUE. Ses assertions sur la Pl. des Mondes, p. 24.
MICROSCOPE ET TÉLESCOPE. Découvertes simultanées agrandissant le domaine de la vie, p. 140 et suiv.
MILLER. Recherches sur les éléments constitutifs des Mondes, p. 125, note.
MILTON chante la Pl. des Mondes, p. 35, 438.
MOESTLIN partisan de la Pl. des Mondes, p. 33.
MOIGNO (l'abbé), p. 369.
MONDES ANIMÉS, p. 231.
MONDE ASTRAL. Ses terres, suivant Swedenborg, p. 237.
MONDES IMAGINAIRES, p. 43, 52, 219, 424 et suiv.
MONDES PLANÉTAIRES. Livre II, p. 59-108.
MONTAIGNE, partisan de la Pl. des Mondes, p. 32. — Considérations sur la doctrine, p. 49-50.
MORALE UNIVERSELLE, p. 303-306.
MORE WORLDS THAN ONE, by sir David Brewster, p. 44, note.
MORT, règne en souveraine sur la Terre, p. 277 et suiv.
MOYEN AGE. Opinions sur la Pl. des Mondes, p. 32, 37, 331 et suiv.
MUTABILITÉ INCESSANTE DE L'UNIVERS, p. 197 et suiv.

N

NARES (Edouard), p. 44, note.
NATURE. Ce que l'auteur entend par ce mot, p. 81.
NÉBULEUSES. Définition, p. 202. — Le Soleil, avec son système, appartient à une nébuleuse, p. 202. — Voie lactée, p. 202. — Etendue des nébuleuses, p. 203.— Leur éloignement, p. 203 et suiv.
NÉCESSITÉ PHILOSOPHIQUE de la doctrine de la Pl. des Mondes, p. 256-284.
NÉHÉMIE, p. 361.
NECKER, partisan de la Pl. des Mondes, p. 43.
NEPTUNE. Distance.— Lumière et chaleur. — Année. — Saisons. — Densité. — Volume. — Satellite, p. 74.
NEWTON, partisan de la Pl. des Mondes, p. 41.
NICÉTAS DE SYRACUSE enseigne le vrai système et la Pl. des Mondes, p. 21.
NIRVANA INDIEN, p. 317.
NOBLE (S.), p. 45, note.
NOIRON (de), p. 335.
NOMBRE DES ÉTOILES, p. 198 et suiv.
NOURRISSON. Progrès de la pensée humaine, p. 22, note.
NUIT. Invocation, p. 313.

O

OBJECTIONS du dogme chrétien contre la Pl. des Mondes, et réciproques, p. 332, 336 et suiv.
OBLIQUITÉ DE L'ÉCLIPTIQUE. Ses conséquences, p. 166. — Son histoire, p. 170. — Sa valeur mathématique et son oscillation perpétuelle, p. 172.
OCELLUS DE LUCANIE, partisan de la Pl. des Mondes, p. 21.
OPTIMISME ET PESSIMISME, p. 257-284.
ORDRE DU MONDE, p. 261 et suiv.

ORGANISMES TERRESTRES, grossiers, p. 273.
ORIGÈNE. Sa doctrine sur les Mondes, p. 28.
ORIGINE DE LA DOCTRINE DE LA PLURALITÉ DES MONDES, p. 15.
ORPHÉE. Vers orphiques sur l'habitation de la Lune, p. 19.
OURSE (Grande). Distance de l'étoile ι, p. 400.
OUVRAGES ÉCRITS DANS NOTRE SIÈCLE sur la Pl. des Mondes, p. 45, note.

P

PALINGÉNÉSIE STOÏCIENNE ET CHALDÉENNE, p. 28.
PARADIS, p. 314, 317.
PARALLAXE DES ÉTOILES. Comment on la détermine, p. 396.
PARENTÉ UNIVERSELLE ENTRE LES MONDES, p. 311-320.
PARMÉNIDE, partisan de la Pl. des Mondes, p. 22.
PASCAL. Sur l'infinité de la Nature, p. 154.
PASSIONS. Influence du corps, p. 275.
PATTERUS, partisan de la Pl. des Mondes, p. 34.
PAUL, apôtre, p. 362.
PELLETAN. Sur la Pl. des Mondes, p. 45, note.
PERFECTIBILITÉ PROGRESSIVE, loi de la Nature, p. 267.
PESANTEUR à la surface des planètes, p. 100. — Comment on la calcule, p. 101. — Ses rapports avec l'organisation des êtres, p. 103.—Intensité, p. 108. — Poids des corps, p. 104.
PEZZANI, p. 45, note, 319.
PHÉDON, p. 24.
PHÉRÉCIDE DE SYROS, partisan de la Pl. des Mondes, p. 19.
PÉTRON D'HIMÈRE. Son Système de 183 Mondes, p. 22.
PHILASTRE, évêque. Sur la Pl. des Mondes, p. 29.
PHILOLAÜS, enseigne le vrai Système et la Pl. des Mondes, p. 21.

PHYSIOLOGIE DES ÊTRES, livre III, p. 109-183.
PHYSIQUE DES GLOBES, p. 93.
PIERRES TOMBÉES DU CIEL. Leur analyse, p. 156.
PIPÉRICOLES. Habitants des grains de poivre. Leurs jugements suivant Bernouilli, p. 247.
PLANÈTES. Description, p. 67-74. — Etude comparative, p. 77-108. — A chacune sa vie propre, p. 123.
PLANÈTES (petites), p. 19. — Liste générale, p. 376.
PLATON. Sa doctrine sur le système du Monde, 23. — Sur la beauté spirituelle, p. 294.
PLÉIADES. Invocation, p. 313.
PLINE, p. 24.
PLISSON, p. 44, note.
PLURALITÉ DES EXISTENCES, p. 318.
PLURALITY OF WORLDS by A. Maxwell, p. 44, note.
PLURALITY OF WORLDS, AN ESSAY. Dr Whewell, p. 44, note; 340.
PLUTARQUE. *Opinions des philosophes*, p. 20, note, p. 24, id. — *Cessation des oracles*, p. 23, id. — *De la face de la Lune*, p. 28. — Rapprochement entre les animaux de la mer et les habitants des planètes, p. 127. — Opinions de quelques anciens sur la Lune, p. 402.
PLUTON ET PROSERPINE. Astres imaginaires circulant dans l'intérieur du globe, p. 214.
POE. Voyage à la Lune, p. 215.
POIDS des planètes, p. 105; — du Soleil, p. 105; — de la Terre, p. 106.
POISSON. Recherches sur les variations séculaires de l'orbite terrestre, p. 174.
POLIGNAC (le cardinal de) proclame la Pl. des Mondes dans l'*Anti-Lucrèce*, p. 27.
POPULATION HUMAINE DE LA TERRE, p. 97.
POLAIRE (étoile). Sa distance, p. 191, 400.
PORTEOUS, p. 45, note.

POWELL, p. 44, note.
PRESSE SCIENTIFIQUE DES DEUX MONDES, p. 157.
PRIMITIVE organisation du globe, p. 114 et suiv.
PRINCIPES FONDAMENTAUX DE LA PHILOSOPHIE, p. 284. — Absolus du Beau, p. 284-296, — du Vrai, p. 297-300, — du Bien, p. 301-306.
PROGRESSION GÉOMÉTRIQUE donnant le nombre des étoiles suivant la grandeur, p. 199, note.
PTOLÉMÉE, p. 24. — Son système, charpente de la théologie chrétienne, p. 355.
PUCES. Argument de Voltaire à propos de la Pl. des Mondes, p. 42, note.
PYRRHON, p. 25.
PYTHAGORE. Sa croyance au mouvement de la Terre et à la Pl. des Mondes, p. 20. — A la métempsycose, p. 21.
PYTHAGORICIENS. Leurs croyances cosmogoniques, p. 21.

R

RACE HUMAINE TERRESTRE, p. 215, 270 et suiv. — D'une race future, p. 282.
RAPPORTS DU PHYSIQUE ET DU MORAL, p. 274 et suiv.
RÉDEMPTION DES AUTRES MONDES, p. 387 et suiv.
RÉDUCTION DE LA TERRE; ce qui se manifesterait pour nous si la Terre se réduisait à la grosseur d'une bille ordinaire, p. 243.
REITA (Antonio), partisan de la Pl. des Mondes, p. 34.
REICHENBACH, analyse des aérolithes, p. 157.
RELATIVITÉ ESSENTIELLE DES CHOSES, p. 243 et suiv.
RELIGION NATURELLE, p. 303. — universelle, 304. — des hommes des planètes, 380.
RENAN. Sur la religion des mondes, p. 304, note.
RESPIRATION; peut servir à l'ali-

mentation du corps, p. 276.
REVUE SYNTHÉTIQUE DE LA DOCTRINE, p. 323.
REYNAUD (Jean); regrets, p. VII. — Terre et Ciel, p. 44, note. — Paroles sur l'infériorité de la Terre, p. 178.
ROMANS SCIENTIFIQUES, construits à propos de la Pl. des Mondes, p. 213 et suiv.
Ross (J.). Voyages aux régions polaires, p. 121.
Ross (lord). Télescope, p. 200.

S

SACRIFICE DE LA CROIX, p. 333 et suiv.
SAINT-LAMBERT chante la Pl. des Mondes, p. 43.
SAISONS sur la Terre et sur les autres planètes, p. 164-173, — explication, p. 165; conséquences, p. 166.
SATELLITES de la Terre, p. 68; — de Jupiter, p. 71; — de Saturne, p. 72; — d'Uranus, p. 73; — de Neptune, 74; — leur rôle au point de vue des causes finales, p. 82; — leurs saisons, p. 175.
SATURNE. Distance à la Terre et au Soleil. — Durée de l'année, du jour. — Grandeur. — Saisons. — Neiges polaires. — Aplatissement. — Atmosphère. Anneaux. — Satellite, p. 71-72. — Valeur des saisons, p. 175.
SATURNE, selon le P. Kircher, p. 36. — Opinion ancienne des astrologues, p. 223 et suiv. — Contemplations de Victor Hugo, p. 225. — Suivant des fouriéristes, p. 226, 231, 233. — Ses êtres aqueux, selon le Dr Whewell, p. 345. — Habitants selon Swedenborg, 431.
SATYRES, p. 122.
SCHELLING, partisan de la Pl. des Mondes, p. 43.
SCIENCE. Ce qu'elle est au point de vue de l'absolu, p. 248.

SCIENCES SUR LES AUTRES MONDES, p. 222.
SÉLÉNÉ, nom donné à la Lune, p. 19.
SÉLÉNOGRAPHIE D'HÉVÉLIUS, p. 35.
SÉLEUCUS, partisan de la Pl. des Mondes, p. 23.
SÉNÈQUE. Questions naturelles, p. 21.
SENSATION. Philosophie secrète de la majorité des hommes, p. 281.
SIRÈNES, p. 122.
SIRIUS. Sa distance, p. 191 et suiv., 400.
SOLEIL. Nature, p. 61. — Constitution physique, p. 62. — Grosseur, p. 63. — Poids, p. 64. — Rotation, p. 64. Chaleur, p. 65. — Habitabilité, p. 85-87. — Volume et surface comparés à la Terre, p. 97. — Sa composition chimique, p. 143.
SOLEIL (Histoire des États du), de Bergerac, p. 35.
SOLIDARITÉ entre les êtres terrestres et l'état physiologique de la Terre, p. 123. — Grande loi cosmologique, p. 154-156.
SPEUSIPPE, p. 24.
SPHYNX, p. 122.
SPINOSA, p. 26.
STAEL (Mme de). Sur la Pl. des Mondes, p. 45, note.
STAR ou de Cassiopée, p. 44, note.
STATIONNEMENT et rétrogradation des sciences aux premiers siècles de l'ère chrétienne, p. 29.
STÉRILITÉ DE LA TERRE, p. 179.
STOBÉE. Éloge des philosophes, p. 19, note.
STRUVE, p. 200.
SUPERFICIE DES PLANÈTES, p. 94.
SWEDENBORG, partisan de la Pl. des Mondes, p. 42. — Ses voyages aux Terres du Monde astral, p. 237 et suiv. — Des Terres du Monde solaire : Mercure, p. 424; Vénus, p. 427; Mars, p. 428; Jupiter, p. 429; Saturne, p. 431.
SYNTHÈSE de notre philosophie, p. 323.

Système physique du Monde, charpente du système spirituel, p. 355 et suiv.
Système solaire. Description, p. 61-76. — Au delà de Neptune, p. 78. — Son étendue, p. 188. — Son insignifiance dans l'espace, p. 189.
Systèmes stellaires, p. 191-202.

T

Tatius (Achilles). Phénomènes célestes, p. 21, note.
Taylor, Sur la Pl. des Mondes, p. 44, à la note.
Télescope et Microscope. Découvertes simultanées agrandissant le domaine de la vie, p. 140 et suiv.
Température à la surface des planètes, 78-82, 377-389; — de l'espace, 389.
Temps. Ce qu'il est en valeur absolue, p. 245.
Terre (la). Éléments astronomiques, p. 68; — sa position dans le système, p. 77; — n'a aucune prééminence marquée sur les autres planètes, 128. — Son état d'habitabilité, p. 162. — Obliquité de l'écliptique, p. 166 et suiv. — Constitution intérieure, 180; — est un individu dans l'ensemble des Mondes, p. 267. — Exposé de sa constitution géologique, p. 390.
Terre (la) vue de Jupiter, p. 95.
Terreurs populaires causées par les phénomènes et les prédictions astronomiques, p. 195.
Tertullien, p. 29.
Testament (Ancien et Nouveau), p. 456.
Thalès, fondateur de la secte ionienne, p. 19.
Théologiens. Comment ils parlent de la Pl. des Mondes, p. 331-375.
Théories imaginaires sur les hommes des planètes, p. 219-340
Timée de Locres, partisan de la Pl. des Mondes, p. 21.

Traité de l'opinion de Le Gendre, p. 52, note.
Thomas d'Aquin, p. 356.
Thompson chante la Pl. des Mondes, p. 43.
Toussenel. Singularités de l'Analogie passionnelle, p. 231.
Transformations (les) du ciel, p. 194-200.
Transmigration des âmes, p. 312-318.
Travail. Loi de vie, p. 265, 283.
Tremblements de terre, p. 390.
Trouessart, p. 336.
Tycho Brahé, partisan de la Pl. des Mondes, p. 32.
Type humain sur les Mondes, p. 253.

U

Unité, grande loi cosmologique, p. 154-156.
Unité hiérarchique des mondes, p. 261 et suiv.
Unité morale et spirituelle, p. 307 et suiv.
Univers vivant, p. 230.
Uranus. Distance à la Terre et au Soleil. — Durée de l'année. — Grandeur. — Densité. — Lumière et chaleur. — Satellites, p. 73. — Saisons, p. 175.
Urbain VIII, p. 334.

V

Vampires, p. 122.
Védas, p. 17, 241.
Véga (α de la Lyre), sa distance, p. 191, 400.
Végétaux des temps primitifs, p. 114.
Vénus. Année. — Distance au Soleil. — Lumière et chaleur. — Durée du jour. — Saisons. — Etendue. — Masse. — Densité. — Montagnes. — Atmosphère. — Constitution physique, p. 67-68. — Valeur des saisons, 175. — Description de Bernardin de Saint-Pierre, p. 235. — Ses habitants selon Swedenborg, p. 427.

Vices. Principes dans l'état de nature, p. 275.
Verbe incarné sur les autres mondes, p. 333 et suiv.
Vie a la surface de la Terre, p. 112. — Elle transforme ses manifestations suivant les temps, les lieux et les circonstances, p. 114. — Son infinie diversité, p. 118. — Variétés, 122. — Propre à chaque monde, 123 et suiv. — Si des limites lui peuvent être assignées, 125. — L'infini dans la vie, 140 et suiv. — Maximum de l'existence constamment réalisé, 145 et suiv. — Abondance et diffusion merveilleuse, p. 147. Vie universelle, p. 149 et suiv.
Vie sur les autres mondes, 242, 276 et suiv.
Virgile, p. 25.
Vitesse de la lumière, p. 192, — dont seraient animées les étoiles si elles tournaient autour de la Terre, p. 356.
Vitruve, p. 24.
Voie lactée. Le Soleil et son système en font partie, p. 202. — Nombre des étoiles qui la composent, 202. — Voies lactées étrangères, 203 et suiv.
Volumes des planètes, p. 98.
Voltaire. *Micromégas* d'un côté et sa *Physique* de l'autre, p. 42. Cité, 417.
Voyage au monde de Descartes, du P. Daniel, p. 213, note.
Voyages dans les planètes. p. 44, note, 215-240. Jugement sur ces romans en général, p. 242.
Voyages de circumnavigation autour de la Terre, de Saturne, du Soleil, p. 95, note.
Vrai. Principes universels applicables à tous les Mondes, p. 295 à 300. — Vérités de conscience, p. 276. — Axiomes des sciences, p. 296. — Les vérités absolues ont leurs principes en Dieu, p. 298. — Des sciences sur les autres mondes, p. 299.

Vues (dernières) sur la doctrine de la Pl. des Mondes, p. 321-328.

W

Whewell. Son livre contre la Pl. des Mondes, p. 44, note. — Réponse française, 44, note. — Objection relative à la puissance de la nature, p. 117; — relative à la constitution de la Terre, 222. — Discussions théologiques, p. 339 et suiv.
Whiston, partisan de la Pl. des Mondes, p. 41. — Son système sur la création, p. 378.
Wilkins (l'évêque). Sur la Lune habitable, p. 34.
Wolf, partisan de la Pl. des Mondes, p. 41. — Son calcul sur la taille des habitants de Jupiter, p. 222.
Woodward. Son système sur la création, p. 378.

X

Xénocrate, p. 24.
Xénophane. Habitabilité de la Lune et des planètes, p. 21-22. — Anthropomorphisme, p. 241.

Y

Young, chante la Pl. des Mondes, p. 3. — *La Nuit*, harmonie religieuse, p. 435.

Z

Zantedeschi. Lettres à Flammarion sur la constitution physique du Soleil, p. 63, à la note.
Zénon de Cittium. Son opinion sur la nature, p. 25.
Zénon d'Elée, partisan de la Pl. des Mondes, p. 23.
Zimmermann, p. 121.
Zoroastre, p. 17.

TABLE DES MATIÈRES

Préface de la deuxième édition.................... v
Préface de la quatrième édition................... viii
Introduction..................................... 1

LIVRE PREMIER
ÉTUDE HISTORIQUE

I. *De l'antiquité jusqu'au moyen âge.* — L'histoire de la pluralité des mondes commence avec l'histoire de l'intelligence humaine. — Qui le premier s'éleva à cette croyance. — Les Aryas. — Les Celtes Gaulois et les druides. — Opinions de l'antiquité historique. — Égyptiens. — Sectes grecques. — La Lune, suivant Orphée. — École ionique; Anaxagore. — Les pythagoriciens; harmonie du monde. — Xénophane et les Éléates. — Les cent quatre-vingt-trois mondes de Pétron d'Himère. — Les platoniciens. — L'école d'Épicure; Lucrèce. — Premiers siècles du christianisme........ 11

II. *Du moyen âge jusqu'à nos jours.* — Suite de l'histoire de la pluralité des mondes. — La Renaissance. — Cusa. — Bruno. — Montaigne. — Galilée. — Descartes. — Kepler. — Campanella. — Le discours du conseiller Pierre Borel sur *les Terres habitées.* — *L'homme dans la Lune* de Godwin. — Cyrano de Bergerac et son *Histoire des États et empires du Soleil et de la Lune.* — Séléno-

graphie d'Hévélius. — Le P. Kircher et son *Voyage dans le ciel*. — *Les Mondes* de Fontenelle. — *Le Cosmotheóros* de Huygens. — Dix-huitième siècle; Leibnitz. — Newton. — Wolff. — Swedenborg. — Voltaire. — Lambert. — Bailly. — Kant. — Herschel. — Lalande. — Laplace, etc. — Conclusion tirée de l'histoire de la doctrine...... 32

LIVRE II

LES MONDES PLANÉTAIRES

I. *Description du système solaire.* — Nature et rôle du Soleil. — Gravitation universelle. — Les mondes planétaires. — Mercure. — Éléments astronomiques de Vénus. — La Terre. — Le globe de Mars. — Planètes télescopiques. — Le monde de Jupiter. — Saturne; ses anneaux et ses satellites. — Uranus et son cortège. — Neptune. — L'ensemble du système.................... 59

II. *Étude comparative des planètes.* — Position de la Terre dans le système. — Conditions d'habitabilité des mondes. — Quantité de chaleur et de lumière sur chaque planète. — Nombre des satellites; leur rôle. — L'habitabilité de la Lune; — du Soleil; — des comètes. — Les atmosphères à la surface des mondes; propriétés importantes; l'*air* et l'*eau*. — Grandeurs, surfaces et volumes; la Terre vue de Jupiter; notre monde comparé au Soleil. — Densité des planètes. — Poids des corps à leur surface. — Ce que pèse le Soleil. — Conclusion tirée de l'étude des mondes planétaires........ 77

LIVRE III

PHYSIOLOGIE DES ÊTRES

I. *Les êtres sur la Terre.* — Aspect général de la vie à la surface de notre monde; la vie transforme ses manifestations suivant les temps, les lieux et les circonstances : ce qu'elle fut pendant les périodes antédiluviennes; ce qu'elle est aujourd'hui. — Diversité merveilleuse des organismes vivants. — Relation intime de chacun d'eux avec les milieux où ils vivent — Les êtres diffèrent suivant la constitution des mondes. — Analyse spectrale et composition chimique des corps célestes. — Si l'on peut tracer des limites à la possibilité de la vie et à l'apparition des êtres vivants sur un globe. — Moyens, éléments et puissance de la nature. — Digression sur les causes finales, la destinée des êtres, la réalité d'un plan divin et l'existence d'un Dieu créateur.. 109

I. *La vie.* — L'infini dans la vie. — Vision microscopique et vision télescopique. — Géographie des plantes et des animaux; universelle diffusion de la vie. — La plus grande somme de vie est toujours au complet. — Le monde des infiniments petits, son aspect et son enseignement : la fécondité de la nature est infinie. — Comment la pluralité des mondes est surabondamment prouvée par le spectacle de la Terre. — Ce que nous sommes : une double infinité s'étend au-dessus et au-dessous de nous. — Loi d'unité et de solidarité. — Vie universelle. — Éléments constitutifs des substances tombées du ciel : l'analyse des aérolithes couronne les démonstrations et les raisonnements qui précèdent........................... 139

III. *L'habitabilité de la Terre.* — Condition astronomique de la Terre. — Les saisons sur notre monde et sur les autres planètes; leur influence sur l'économie du globe et sur les organismes vivants. — Valeur et oscillations de l'obliquité de l'écliptique, — de l'excentricité des orbites planétaires. — Sur la supposition d'un printemps perpétuel, d'une supériorité dans l'état primitif de la Terre ou d'une amélioration pour les âges futurs. — Condition inférieure de notre monde ; antagonisme de la nature; désaccord entre l'état physique du globe et les convenances de l'homme; difficultés de la vie humaine. — Constitution fluidique intérieure; légèreté de l'enveloppe solide sur laquelle nous habitons, son état d'instabilité, ses mouvements partiels et les révolutions du globe. — Mondes supérieurs; comparaison et conclusion............................. 162

LIVRE IV

LES CIEUX

Immensité des cieux. — Comment les sept milliards de lieues de notre système planétaire sont une quantité insignifiante. — Systèmes stellaires. — Distance des étoiles les plus voisines. — Vitesse de la lumière; durée de son trajet pour nous venir des étoiles. — Les transformations des astres; étoiles dont l'éclat diminue; étoiles colorées; étoiles éteintes; étoiles dont l'éclat augmente; étoiles périodiques; étoiles qui sont subitement apparues. — Déterminations sur le nombre des astres. — Par delà le ciel visible. — Étoiles doubles. — Nébuleuses; la Voie lactée est une nébuleuse dont nous faisons partie; ses dix-huit millions de Soleils. — Créations des espaces lointains. — Dernières régions explorées par le télescope. — Au delà. — L'infini !................................. 183

LIVRE V

L'HUMANITÉ DANS L'UNIVERS

I. *Les habitants des autres mondes.* — Opinions diverses sur les hommes des planètes. — Romans scientifiques. — Les habitants de la Lune. — Astres souterrains circulant dans l'intérieur de la Terre. — Loi hiérarchique de Kant et de Bode sur les humanités. — Ce que l'on pense de Saturne. — Taille des habitants de Jupiter, selon Wolff. — Cosmogonie de Fourier. Singularités de l'analogie passionnelle. — Aspect des planètes pour leurs habitants. — Description de Vénus par Bernardin de Saint-Pierre. — Voyages de Swedenborg aux terres du monde astral. — Conjectures de Huygens sur les hommes des planètes. — Difficulté de la question. — Erreur générale. — L'*anthropomorphisme* est notre grave illusion; tout est relatif. — L'infiniment grand et l'infiniment petit. Rien d'absolu dans la physique. — Diversité infinie des Mondes et des êtres... . 207

Infériorité de l'habitant de la Terre. — La Pluralité des Mondes est une doctrine juste dans l'ordre moral et nécessaire dans l'ordre philosophique. — L'idée de Dieu et l'état de la Terre. — Optimisme et pessimisme. — La Terre est un monde inférieur; elle ne peut être unique. — Hiérarchie harmonique des Mondes. — État incomplet et inférieur du nôtre. — Matérialité de notre organisme; son influence. — Habitation de la Terre réduite à sa valeur positive. — Questions fondamentales du Beau, du Vrai et du Bien; leurs caractères absolus. — Principes universels, applicables à tous les Mondes. — Axiomes de la métaphysique et de la morale. — Les principes absolus et universels constituent l'unité morale du monde et relient toutes les intelligences à l'Intelligence suprême................. 256

III. *L'humanité collective.* — Les humanités des autres Mondes et l'humanité de la Terre sont une seule humanité. — L'homme est le citoyen du ciel. — La famille humaine s'étend, au delà de notre globe, aux terres célestes. — Parenté universelle. — Pluralité des Mondes et pluralité des existences. — L'éternité future n'est autre que l'éternité actuelle. — Régions de l'immortalité. — Dernières vues sur la doctrine de la Pluralité des Mondes............ 309

APPENDICE

Note. A. — *La Pluralité des Mondes devant le dogme chrétien.* 331

I. L'incarnation de Dieu sur la Terre..................... 333

II. Cosmogonie des Livres saints........................ 355

Note B. — Petites planètes situées entre Mars et Jupiter...... 376

— C. — Sur la chaleur à la surface des planètes........... 377

— D. — Sur la constitution intérieure du globe terrestre.... 390

— E. — Comment on détermine la distance des étoiles à la Terre... 396

— F. — De Generatione............................ 400

Extraits philosophiques pour servir à l'histoire de la pluralité des Mondes... 402

Tableau des principaux éléments du système solaire........... 441

Table analytique.. 441

FIN DE LA TABLE DES MATIÈRES.

PARIS. — IMP. P.-A. BOURDIER ET COMP., RUE DES POITEVINS, 6.

www.ingramcontent.com/pod-product-compliance
Lightning Source LLC
Chambersburg PA
CBHW051620230426
43669CB00013B/2115